GROSSES HANDBUCH
BIOLOGIE

GROSSES HANDBUCH

BIOLOGIE

Grundwissen
und Gesetze

Compact Verlag

Text: Harald Gärtner, Manfred Hoffmann, Juliette Irmer, Ingo Kilian,
Dr. Hans W. Kothe, Horst Schaschke, Ina Maria Schürmann, Ulrike Siedel,
Nicole Zitzmann
Chefredaktion: Dr. Angela Sendlinger
Redaktion: Iris Glahn
Fachredaktion: Torsten Zander
Produktion: Wolfram Friedrich
Abbildungen: Sonja Heller
Umschlaggestaltung: Inga Koch

ISBN 978-3-8174-7750-0
7177501

Besuchen Sie uns im Internet: www.compactverlag.de

Vorwort

Die Biologie ist diejenige Naturwissenschaft, die sich mit den Lebewesen befasst, mit der Organisation und Entwicklung ihrer Individuen sowie deren Interaktion untereinander und mit ihrer Umwelt. Sie ist damit die Lehre von der lebendigen Natur.

Von der Antike bis ins Mittelalter beruht die Biologie hauptsächlich auf Beobachtungen der Natur. Erst spät wird daraus eine Wissenschaft. So systematisiert der Schwede Carl von Linné im 18. Jahrhundert die Verwandtschaftsverhältnisse in der Natur, indem er sie in Gruppen, Untergruppen, Unteruntergruppen einteilt. Eine weitere wichtige Erkenntnis formuliert Rudolf Virchow: „omnis cellula e cellula" – jede Zelle entstammt einer Zelle. Leben wurde nicht geschaffen, sondern habe sich nach und nach entwickelt, sagt Charles Darwin wenige Jahre später in seiner Evolutionstheorie. Die Grundlage der Evolution entdeckt Gregor Mendel. An Erbsen studiert er die Vererbung von Eigenschaften. Das Substrat der Genetik wird jedoch erst im 20. Jahrhundert erkannt: Hershey und Chase identifizieren die DNA als Träger der Erbinformation.

Der vorliegende Band richtet sich sowohl an Schüler bis zum Abitur als auch an Studenten der ersten Semester sowie an biologisch interessierte Laien.

Er beinhaltet alle wichtigen Themen wie Zellstoffwechsel, Botanik, Zoologie, Genetik, Mikrobiologie, Neurobiologie, Verhaltensbiologie, Entwicklungsbiologie, Immunbiologie, Ökologie und Evolution.

„Das große Buch der Biologie" ist nicht nur ein zuverlässiges Nachschlagewerk, sondern enthält auch eine Reihe praxisbezogener Übungen, anhand derer der Benutzer prüfen kann, ob er die Inhalte richtig verstanden hat. Ein ausführlicher Lösungsteil ermöglicht eine problemlose Selbstkontrolle.

Der Erklärungsteil ist durch eine klare Struktur gekennzeichnet und in einer gut verständlichen Sprache verfasst. Zahlreiche treffende Beispiele sorgen für zusätzliche Anschaulichkeit der Inhalte. Wichtige Aussagen, Definitionen und Regeln sind durch Unterlegung besonders hervorgehoben. Komplexe Sachverhalte werden zudem durch übersichtliche grafische Darstellungen wiedergegeben.

Wichtige Fachbegriffe kann der Leser gezielt in einem umfassenden Lexikonteil nachschlagen. Ein detailliertes Inhaltsverzeichnis sowie ein umfangreiches Register ermöglichen das rasche Auffinden eines bestimmten Teilgebiets bzw. eines konkreten Stichworts.

Das Buch trägt somit zu einem besseren Verständnis der Biologie bei und eignet sich darüber hinaus für die Vorbereitung auf Prüfungen.

I. Grundbausteine des Lebens – Wasser, Makromoleküle und die Zelle

Was würde einem außerirdischen Besucher auf dem Planeten Erde wohl als Erstes auffallen? Sehr wahrscheinlich die enorme Vielfalt des Lebendigen: Bakterien, Moose, Bäume, Insekten, Fische, Vögel oder Säugetiere – um nur einige Gruppen von Lebewesen zu nennen. Die äußeren Erscheinungsbilder und die Lebensweisen dieser Organismen sind offensichtlich sehr unterschiedlich.

Geht man aber eine Strukturebene tiefer – in den Größenbereich von Zellen –, ergibt sich ein ganz anderes Bild. Denn jedes Lebewesen – egal ob Bakterium, Pflanze, Tier oder Mensch – besteht aus einer oder mehreren Zellen, also mikroskopisch kleinen Gebilden, die von einer Hülle (Membran) umgeben und mit einer flüssigen bis gelartigen Lösung gefüllt sind. Die Bezeichnung „Zelle" wurde von dem Engländer Robert Hooke geprägt, der im Jahr 1665 feine Korkdünnschnitte mithilfe eines leistungsfähigen Mikroskops untersuchte. Die beobachteten Strukturen erinnerten ihn an Kammern in Klöstern oder Gefängnissen, weshalb er sie Zellen nannte.

Einige Organismengruppen bestehen aus nur einer einzigen Zelle, z. B. Bakterien oder Amöben. Alle anderen Lebewesen, die so genannten vielzelligen Organismen, setzen sich dagegen aus einer Vielzahl, z. T. aus Milliarden von Zellen zusammen. So besteht der Mensch beispielsweise aus etwa 10^{12}, d. h. zehn Billionen Zellen!

Im Grundaufbau stimmen alle lebenden Zellen überein. Zwar unterscheiden sie sich, je nach Funktion und Lage im Organismus, geringfügig hinsichtlich der äußeren Gestalt, der Größe und der Zellbestandteile, doch die stoffliche Zusammensetzung von Zellen ist in allen Organismen grundsätzlich gleich. In jeder lebenden Zelle sind organische Substanzen vorhanden, darunter hauptsächlich Kohlenhydrate, Fette und Eiweiße (Proteine) sowie verschiedene anorganische Stoffe, in erster Linie Wasser. Die Informationen für die Herstellung dieser Zellbausteine sind in einem großen fadenförmigen Molekül im Zellinneren gespeichert, das als DNA (engl. deoxyribonucleic acid = DNS, dt. Desoxyribonukleinsäure) bezeichnet wird. Die DNA eines Bakteriums unterscheidet sich in ihrem Aufbau nicht wesentlich von der DNA eines Menschen. Auf der zellulären Ebene bzw. auf der Ebene der Moleküle gibt es also kaum noch Unterschiede zwischen den äußerlich doch so verschiedenen Lebewesen – von Vielfalt ist hier keine Spur mehr.

Es sind diese erstaunlichen molekularen und zellulären Übereinstimmungen zwischen Bakterien, Pflanzen, Tieren und Menschen, die zeigen, dass es trotz aller Unterschiede in Form und Lebensweise einen gemeinsamen Ursprung gibt. Sie sind der Beweis, dass alle Lebewesen von einem gemeinsamen Vorfahren abstammen und miteinander verwandt sind.

1.1 Wasser – das Medium des Lebens

Wasser ist das wichtigste Medium des Lebens. Dafür sprechen viele Eigenschaften unserer Erde und ihrer Lebewesen. So fand die frühe Entwicklung des Lebens auf der Erde ausschließlich im Wasser statt. Es ist bis heute der Lebensraum für eine Vielzahl von Organismen. Ferner bestehen alle Lebewesen bzw. ihre Zellen zu mehr als 70 %, Pflanzen sogar zu deutlich mehr als 95 % aus Wasser. Das wässrige Milieu dient als Reaktionsraum für alle chemischen Reaktionen, die in den Zellen der Lebewesen ablaufen. Wasser ist zudem bei den meisten biochemischen Reaktionen ein wesentlicher Ausgangsstoff. Und nicht zuletzt handelt es sich bei Wasser um ein wichtiges polares Lösungsmittel, das außerdem für viele Stoffe als Transportmittel dient. Aus diesem Grund wird im Folgenden zunächst auf die chemischen Eigenschaften und ihre Bedeutung für das Leben eingegangen.

Eigenschaften des Wassers

Antoine Laurent de Lavoisier machte 1783 eine bahnbrechende Entdeckung: Er erkannte die molekularen Eigenschaften des Wassers (H_2O). Lavoisier fand heraus, dass es sich um die Verbindung eines Sauerstoffatoms mit zwei Wasserstoffatomen handelt (vgl. Abb. 1). Da der Sauerstoff über die größere Elektronegativität (s. u.) von 1,4 verfügt, werden die gemeinsamen Elektronenpaare vom Kern des

Sauerstoffatoms stärker angezogen. Dadurch entstehen Ladungsschwerpunkte am Sauerstoffatom, die durch die beiden nicht bindenden Elektronenpaare noch zusätzlich verstärkt werden.

Elektronegativität

Um den Typ einer Bindung abzuschätzen, wird der Begriff der Elektronegativität eingeführt. Je stärker elektronegativ ein Atom ist, umso stärker kann es die beiden Elektronen, die eine Bindung zwischen zwei atomaren Partnern bilden (dargestellt durch einen Strich zwischen den Atomen) an sich ziehen. Diesem elektronegativen Atom gibt man das Symbol $\delta-$, dem anderen Bindungspartner das Symbol $\delta+$.

Unter der Elektronegativität (EN) eines Atoms versteht man sein Bestreben, innerhalb eines Moleküls Bindungselektronen an sich zu ziehen. Im Periodensystem der Elemente nimmt die Elektronegativität innerhalb einer Gruppe von oben nach unten mit steigender Ordnungszahl ab (weil der Metallcharakter zunimmt) und innerhalb einer Periode von links nach rechts zu.

Dipolcharakter

Aufgrund der deutlich höheren Elektronegativität des Sauerstoffs zieht dieser die Bindungselektronen an sich und es bilden sich zwei Ladungsschwerpunkte im Wassermolekül: ein partiell negativer Pol auf Seiten des Sauerstoffs, der die negativ geladenen Elektronen zu sich zieht, und ein partiell positiver Pol bei den Wasserstoffatomen. Der resultierende Dipolcharakter der Wassermoleküle sorgt dafür, dass sich benachbarte Wassermoleküle über Wasserstoffbrückenbindungen (vgl. Abb. 1) zu Aggregaten zusammenlagern. D. h., die Wassermoleküle einer Lösung bilden ein über Wasserstoffbrückenbindungen verbundenes zusammenhängendes Netz. Diese Bindungen erklären die vergleichsweise hohe Schmelztemperatur (0 °C) und Siedetemperatur des Wassers (100 °C) bei Normaldruck. Zum Vergleich: Schwefelwasserstoff (H_2S), ein ähnlich kleines Molekül, siedet bereits bei –62 °C.

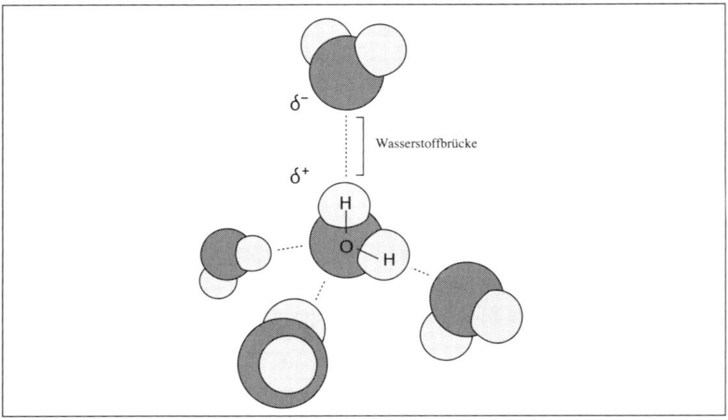

Abb. 1: Wassermolekül und Wasserstoffbrücken

Eine kurze Einführung in das Periodensystem am Beispiel des Wassers

Wasser besteht aus den beiden Elementen Wasserstoff und Sauerstoff. Reinstoffe, die sich auf chemischem Weg nicht mehr weiter zersetzen lassen, heißen Elemente. Die verschiedenen Elemente sind im Periodensystem der Elemente (PSE) systematisch geordnet zusammengefasst. Die Elemente werden durch Buchstaben symbolisiert, die meist aus den lateinischen bzw. griechischen Namen der Elemente abgeleitet sind.

Beispiele:
- Sauerstoff: O von Oxygenium
- Wasserstoff: H von Hydrogenium
- Eisen: Fe von Ferrum
- Stickstoff: N von Nitrogenium

Atome

Die Atome sind die kleinsten Teilchen der Elemente. Die Atome eines Elements sind gleichartig und haben dieselbe Masse. Sie sind auf chemischem Weg nicht teilbar.

Man schreibt die Elemente in der Reihenfolge ihrer Ordnungszahl in einem rechteckigen Schema auf. Aus der Stellung des Elements im Periodensystem kann man die Verteilung der Elektronen in den Elektronenschalen erkennen. In der ersten Zeile stehen die Elemente, die bis zu zwei Elektronen in der Außenschale haben. In der zweiten Zeile sind die Elemente aufgeführt, die über eine zusätzliche Elektronenschale verfügen, in der bis zu acht Elektronen (Ne) vorliegen. In jeder weiteren Zeile stehen die Elemente, deren Elektronen gerade wieder eine neue Schale auffüllen. Wasserstoff besteht aus einem Proton, einem Neutron und einem Elektron. Es hat also nur ein Elektron in seiner Außenschale und kann eine Bindung mit einem Partner eingehen, beispielsweise mit einem Wasserstoffatom (H_2).

Valenzelektronen

Valenzelektronen sind die Elektronen der äußersten Schale in der Hülle eines Atoms.

Sie werden vom Kern am wenigsten fest gebunden und können daher relativ leicht abgespalten werden. Nur die Valenzelektronen (Außenelektronen) sind an einer chemischen Reaktion beteiligt. Wasserstoff besitzt lediglich ein Valenzelektron.

Moleküle

Verbindungen (wie z. B. Wasser, Kohlendioxid, Ammoniak) kommen nach Dalton dadurch zustande, dass sich verschiedene Atome zu Verbänden zusammenschließen und auf diese Weise neue Einheiten entstehen, die man als Moleküle bezeichnet.

Verbinden sich beispielsweise zwei Wasserstoffatome (Symbol: H) mit einem Sauerstoffatom (Symbol: O), so bildet sich ein Wassermolekül, für das der Chemiker die Schreibweise H_2O wählt (vgl. Abb. 1). Eine „Sauerstoffkugel" hat sich mit zwei „Wasserstoffkugeln" zu einem neuen Teilchen verknüpft. Es ist zu beachten, dass die kleinsten Teilchen der Verbindungen die Moleküle und nicht die Atome sind, wenngleich die Moleküle wiederum aus Atomen aufgebaut sind. Aber durch den Zusammenschluss von Atomen zu Molekülen entstehen Stoffe, die sich durch vollkommen neue Eigenschaften auszeichnen. Insofern ist es gerechtfertigt, die Moleküle als die kleinsten Einheiten der Verbindungen zu betrachten. So hat die Flüssigkeit Wasser beispielsweise völlig andere Eigenschaften als die Gase Wasserstoff und Sauerstoff, aus denen sie gebildet ist.

In einem Reinstoff liegen lauter gleichartige Moleküle vor. Sie bestehen aus zwei oder mehr aneinander gebundenen Atomen. In einigen Fällen haben die untereinander gleichartigen Atome eines Elements ebenfalls die Fähigkeit, sich in bestimmter Anzahl und Ordnung zu so genannten Elementmolekülen zusammenzuschließen. Dies trifft z. B. für die Elemente Wasserstoff, Sauerstoff oder Stickstoff zu, ihre Moleküle bestehen aus jeweils zwei Atomen. Ihre chemischen Formeln lauten deshalb: H_2, O_2, N_2. Ozon (O_3) ist eine Elementmodifikation des Sauerstoffs.

Aggregatzustände des Wassers

Wasser kommt in der Natur in drei Aggregatzuständen vor: fest, flüssig und gasförmig. Der feste Zustand ist durch ein durch Wasserstoffbrückenbindungen stabilisiertes hexagonales Gitter mit Hohlräumen zwischen den Molekülen gekennzeichnet. Geht es in den flüssigen Zustand über, werden fluktuierende, tetraedrische Aggregate aufgebaut. Erhöht sich die Temperatur und schmilzt das Eis dadurch, so brechen die starren Strukturen des hexagonalen Gitters auseinander. Die Packungsdichte der Moleküle erhöht sich. Das Dichtemaximum, welches bei einer Temperatur von +4 °C liegt, führt dazu, dass sich das Volumen verringert (Dichteanomalie des Wassers). Bei Temperaturen von über 100 °C geht Wasser in den gasförmigen Zustand über, d. h., die einzelnen Wassermoleküle können sich frei bewegen.

Biologische Bedeutung von Wasser

Aufgrund der chemischen Besonderheiten des Wassers liegt der größte Teil des Wassers der Erde in der flüssigen Form vor. Wegen der geringen Dichte von Eis gefrieren Gewässer immer von oben nach unten zu. Bei der Abkühlung sinkt das Wasser mit einer Temperatur von +4 °C immer nach unten. Ausreichend tiefe

Gewässer gefrieren daher nie bis zum Grund und den Organismen bleibt immer ein letzter Rest Lebensraum. Zudem sorgt das Wasser durch seine Volumenausdehnung beim Gefrieren für die Verwitterung von Gesteinen: Das Wasser dringt in flüssigem Zustand in die Spalten der Steine ein und sobald es gefriert, wird das Gestein durch die größere Volumenausdehnung von Eis gesprengt.

Deutlich größer als bei anderen Stoffen ist die Schmelz- und Verdampfungswärme, die beim Übergang des Wassers zwischen den Aggregatzuständen frei wird. Ebenso ist die Wärmekapazität größer. Dies liegt daran, dass auch im flüssigen Zustand Aggregate gebildet werden. Dieses Phänomen spielt sowohl bei der Temperaturregulation unseres Körpers als auch bei der Klimaregulation unseres Planeten eine wichtige Rolle, da der entsprechende Körper beim Verdampfen der sich auf der Körperoberfläche befindenden wässrigen Lösung (z. B. Schweiß) Energie bzw. Wärme verliert.

Aufgrund der Polarität der Wassermoleküle und der dadurch erzeugten vielen Wasserstoffbrückenbindungen wird Wasser einerseits durch die so genannte Kohäsion (Bindungsenergie zwischen den Wassermolekülen in z. B. einer Wassersäule) zusammengehalten, andererseits bewirkt die so genannte Adhäsion die Anheftung an andere, ebenfalls mit Partialladungen ausgestattete Stoffe. Beim Wassertransport bewirken diese beiden Eigenschaften des Wassers einen kontinuierlichen Wassertransport durch die Leitbahnen der Pflanzen bis in die Baumspitzen.

1.2 Struktur und Funktion biologischer Makromoleküle

Makromoleküle sind riesige organische Moleküle, die mehr als 100 Atome umfassen. Sie spielen im Aufbau und der Funktion der Lebewesen eine maßgebliche Rolle. Zu den biologischen Makromolekülen gehören die Kohlenhydrate (Energiespeicher), die Lipide (neben Speicherfunktion wichtiger Bestandteil der Biomembranen), die Proteine (Bauelemente und Biokatalysatoren) und die Nukleinsäuren (Weitergabe der Erbinformation). Da es sich bei allen biologischen Makromolekülen um komplexe Kohlenwasserstoffverbindungen handelt, wird im Folgenden zunächst noch auf den Kohlenstoff eingegangen.

Die organische Chemie untersucht die spezifischen Verbindungen, die der Kohlenstoff vor allem mit Wasserstoff, Sauerstoff, Stickstoff und den Halogenen eingeht. Das Kohlenstoffatom ist vierwertig, d. h., es kann mit seinen vier Valenzelektronen in einem Molekül vier Atombindungen ausbilden.

Ein Kohlenstoffatom kann sich mit vier einwertigen Wasserstoffatomen (CH_4) verbinden oder sich mit zwei zweiwertigen Sauerstoffatomen (CO_2) zusammentun oder sich mit einem einwertigen Wasserstoffatom und einem dreiwertigen Stickstoffatom (HCN) verknüpfen. Das Kohlenstoffatom hat eine geringe Elektronegativität (vgl. S. 13).

Zu den allgemeinen Eigenschaften von organischen Verbindungen zählt, dass sie wenig wärmebeständig sind und geringe Reaktionsgeschwindigkeiten haben. Kohlenwasserstoffverbindungen mit gerader oder verzweigter Kohlenstoffkette heißen aliphatische Verbindungen. Man unterscheidet folgende Arten von aliphatischen Verbindungen (an allen endständigen Bindungsstrichen denke man sich ein H-Atom): Kohlenstoffketten, die eine maximal mögliche Anzahl von Wasserstoffatomen binden, heißen gesättigt. Kohlenstoffketten mit Doppelbindungen oder Dreifachbindungen heißen ungesättigt, wobei man zwischen einfach ungesättigt und mehrfach ungesättigt unterscheidet.

Kohlenhydrate

Alle Kohlenhydrate (Saccharide) wie Glukose, Stärke, Glykogen und Zellulose sind aus den Atomen Kohlenstoff (C), Wasserstoff (H) und Sauerstoff (O) aufgebaut. Man unterteilt Kohlenhydrate in Einfach-, Zweifach- und Vielfachzucker.

Einfach- und Zweifachzucker schmecken i. d. R. süß und sind die Grundbausteine der komplexeren Kohlenhydrate. Neben ihrer Funktion als Energielieferanten dienen sie im Organismus als Speicherformen (z. B. Stärke und Glykogen) sowie als Strukturelemente (z. B. Zellulose). Im Folgenden werden die verschiedenen Formen kurz erklärt.

Einfachzucker (Monosaccharide)

Zu den wichtigsten Monosacchariden zählen u. a. Glukose, Fruktose und Galaktose. Es handelt sich um Aldehyd- oder Keton-Derivate geradkettiger Polyalkohole (Alkohole mit mehreren OH-Gruppen); sie enthalten zusätzlich zu den Hydroxy-Gruppen noch weitere funktionelle Gruppen (vgl. Abb. 2).

In Abhängigkeit von der Position der Karbonyl-Gruppe (C = O) bezeichnet man die Aldehyd-Derivate auch als Aldosen (z. B. Glukose, Ribose, Desoxyribose) und die Keton-Derivate als Ketosen (z. B. Fruktose, Ribulose). Die Karbonyl-Gruppe findet sich bei den Aldosen am Anfang der Kohlenstoffkette (C 1-Atom), während sie sich bei den Ketosen innerhalb der Kohlenstoffkette (in der Regel am C 2-Atom) befindet. Die Elemente C, H und O treten meist im Verhältnis 1:2:1 auf, daraus ergibt sich die allgemeine Summenformel: $C_n(H_2O)_n$. Die Einteilung der Monosaccharide erfolgt nach der Anzahl ihrer Kohlenstoffatome: Triosen (drei C-Atome), Tetrosen (vier C-Atome), Pentosen (fünf C-Atome), Hexosen (sechs C-Atome), usw.

Spiegelbildisomerie bei Zuckern

Asymmetrische Kohlenstoffatome finden sich in Ketosen, die vier oder mehr Kohlenstoffatome besitzen, und in Aldosen mit drei oder mehr Kohlenstoffatomen. In Abhängigkeit von der Ausrichtung (nach links = L-Form oder rechts = D-Form) der daran angelagerten Hydroxy-Gruppe unterscheidet man zwischen der L-Form und der D-Form. Diese Moleküle werden Spiegelbildisomere genannt, sie verhalten sich spiegelbildlich. In der Natur kommt als häufigsten Monosaccharid die D-Glukose vor, deren Hydroxy-Gruppe also rechts ausgerichtet ist.

Ringbildung bei Zuckern

Ringbildung kann in Monosacchariden mit mehr als vier C-Atomen vorkommen. Die Ringbildung beruht oft auf der Reaktion zwischen einer Hydroxy-Gruppe und der Karbonyl-Gruppe des Monosaccharids. Einfachzucker aus Fünferringen bezeichnet man als Furanosen, jene aus Sechserringen nennt man Pyranosen. Charakteristische Furanosen sind Ribosen und Desoxyribosen. Sie kommen als Bestandteil der RNA bzw. der DNA vor. Der Zucker Ribulose-1-5-Bisphosphat ist eine bedeutende Verbindung im Calvin-Zyklus der Fotosynthese (vgl. S. 71). Pyranosen sind Einfachzucker wie Fruktose oder Glukose.

α- und β-Zucker

Es können zwei unterschiedliche Ringstrukturen vorkommen. Je nachdem, ob die OH-Gruppe beim Ringschluss am C 1-Atom nach unten oder nach oben gerichtet ist, wird zwischen α- und β-Zuckern unterschieden. Ist die Orientierung von der Ringebene nach unten gerichtet, handelt es sich um α-Glukose, befindet sich die OH-Gruppe dagegen oberhalb der Ringstruktur, wird das Molekül β-Glukose genannt. Chemisch unterscheiden sich beide Formen nur wenig, dennoch sind viele Enzyme aufgrund der Passgenauigkeit ihrer aktiven Zentren (vgl. S. 67) in der Lage, auch diesen kleinen Unterschied zu erkennen (molekulare Erkennung).

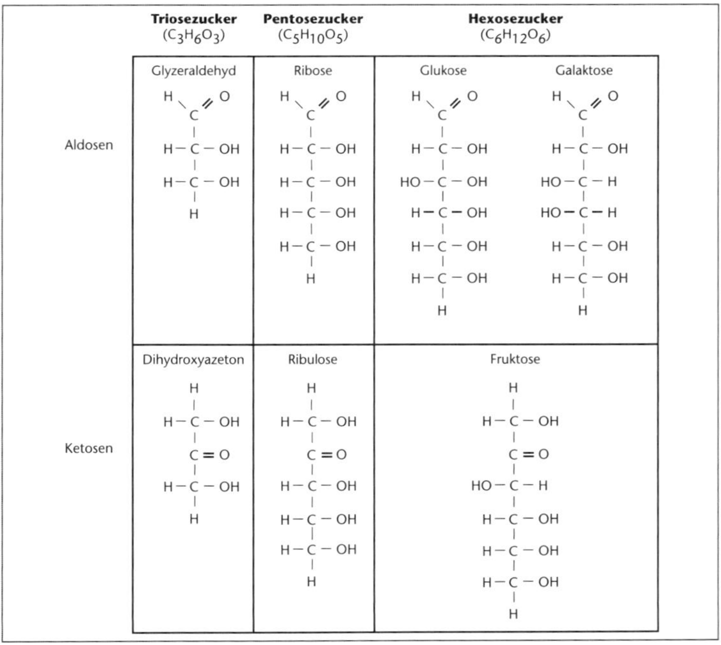

Abb. 2: Einfachzucker

Zweifachzucker (Disaccharide)

Disaccharide bestehen aus zwei Einfachzuckern. Bei ihrer Bildung reagieren zwei Hydroxy-Gruppen unter Abspaltung von Wasser. Die resultierende kovalente Bindung (die Verknüpfung zweier Atome über eine Elektronenpaarbindung) bezeichnet man als glykosidische Bindung (vgl. Abb. 3).

Zu den wichtigsten Disacchariden zählen:
- *Saccharose* (Rohrzucker): Sie transportiert Kohlenhydrate.
- *Laktose* (Milchzucker): Sie bildet den Kohlenhydratbestandteil der Milch.
- *Maltose* (Malzzucker): Sie findet bei der Bierherstellung Verwendung.

Während die Aminosäuren in Eiweißen nur linear miteinander verknüpft werden, können Monosaccharide auch Verzweigungen bilden.

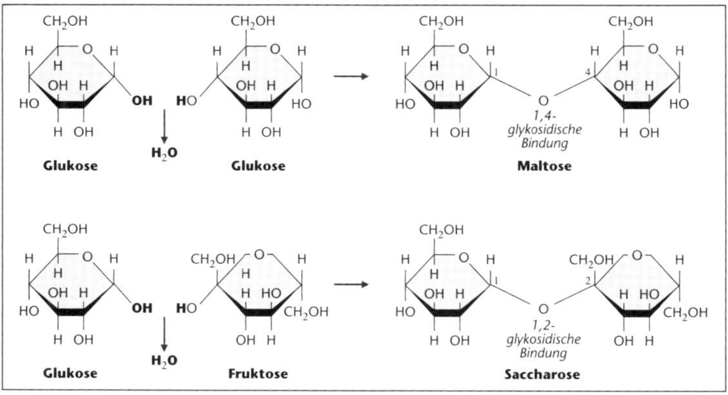

Abb. 3: Zweifachzucker

Vielfachzucker (Polysaccharide)

Polysaccharide bestehen aus mehr als zehn einzelnen Zuckerresten. Sie sind durch glykosidische Bindungen miteinander verknüpft. Große Polysaccharide können aus einigen zehntausend Monosacchariden bestehen (vgl. Abb. 4).

Mit der Nahrung nehmen wir insbesondere Stärke, Zellulose und Glykogen auf. Stärke, die Speicherform der Pflanzen, kommt als wasserlösliche α-Amylose und als wasserunlösliches Amylopektin vor (vgl. Abb. 4). Bei der α-Amylose handelt es sich um ein lineares Polysaccharid. Es besteht aus mehreren tausend Glukosemolekülen, die aufgrund der α-1,4-glykosidischen Bindung einen spiralförmig gewundenen Molekülstrang bilden. Amylopektin besteht zum großen Teil aus denselben Einheiten wie Stärke. Allerdings weist sie nach etwa 25 Glukosemolekülen jeweils eine α-1,6-Bindung auf, weshalb eine verzweigte Struktur entsteht.

Zellulose besteht aus β-1,4-glykosidisch verknüpften Glukoseeinheiten und ist das wichtigste Element in den Zellwänden von Pflanzenzellen. Chitin, dessen Aufbau der Zellulose ähnelt, ist der Hauptbestandteil der Skelette von Insekten, Spinnen und Krebstieren. Außerdem kommt es in den Zellwänden von Pilzen vor.

Glykogen ähnelt dem Amylopektin. Allerdings treten die α-1,6-Bindungen bereits nach jedem zehnten Glukosemolekül auf. Dadurch kommt es zu einer dichteren Verzweigung. Glykogen bildet das Kohlenhydrat-Depot der Tiere. Beim Menschen wird es vor allem in den Zellen der Leber und der Muskulatur gespeichert.

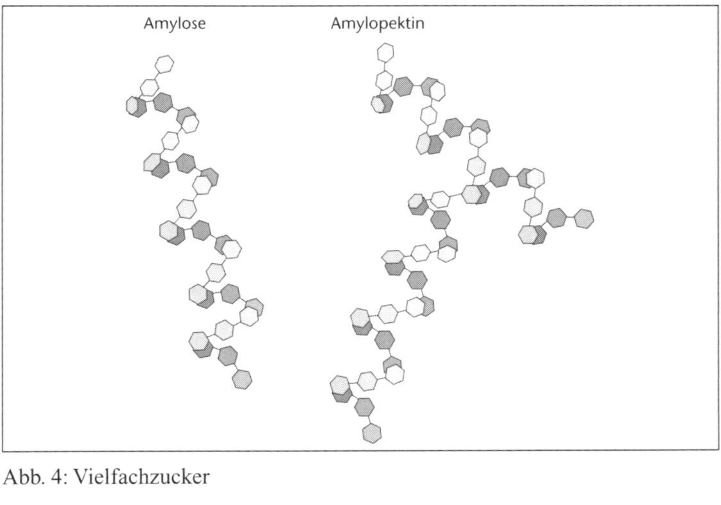

Abb. 4: Vielfachzucker

Lipide

Unter Lipiden versteht man eine Gruppe heterogener Moleküle. Das gemeinsame Merkmal aller Lipide ist die schlechte Wasserlöslichkeit.

Durch unpolare organische Lösungsmittel, wie z. B. Azeton oder Methanol, kann man sie aus biologischen Materialien herauslösen. Als Energieträger besitzen Lipide einen doppelt so hohen Brennwert wie Zucker. Die Funktion der Lipide im menschlichen Körper besteht insbesondere in der Energiespeicherung, Isolation gegen Wärmeverlust bei Kälte (Unterhautfettgewebe) und als Schutzpolster, wie sie z. B. am Bauch und am Gesäß zu finden sind. Man unterscheidet folgende Gruppen von Lipiden aufgrund ihrer chemischen Eigenschaften:

- *Fette* (Dreifach-Ester des Glyzerins mit Fettsäuren)
- *Phospholipide* (Phosphoglyzeride in Biomembranen)
- *Sterole und Steroide* (u. a. Bestandteil von Hormonen)
- *Wachse*

Fette

Fette entstehen durch Veresterung (Ester: Bindung zwischen einem Alkohol und einer Säure unter Wasserabspaltung) des Glyzerins (dreiwertiger Alkohol) mit verschiedenen, meist höheren Fettsäuren (i. d. R. Ketten mit zwölf bis 20 C-Atomen, vgl. Abb. 5). Die Unterschiede zwischen den einzelnen Fetten ergeben sich vor allem durch die verschiedenen Fettsäuren.

Die in den Fetten am häufigsten vorkommenden Fettsäuren sind die Palmitinsäure, die Stearinsäure und die Ölsäure. Fettsäuren sind langkettige Monokarbonsäuren. Ungesättigte Fettsäuren spielen in der Biologie eine wichtige Rolle. Sind in einem Fett viele ungesättigte Fettsäuren enthalten, so stören diese mit ihrer Doppelbindung den Aufbau benachbarter gesättigter Fettsäuren. Die Folge ist, dass das Fett flüssig wird (Öl). Die Ölsäure, $C_{17}H_{33}COOH$, ist ein Beispiel für eine ungesättigte Fettsäure, ihre Doppelbindung liegt genau in der Mitte.

Aufgrund der Fähigkeit des Glyzerinmoleküls, drei Fettsäuren zu binden, bezeichnet man die Fette auch als Triglyzeride. Ein in der Natur vorkommendes, natürliches Triglyzerid enthält niemals drei gleiche Fettsäuren. Die jeweiligen Fette werden folgendermaßen benannt: 1. Name des Alkohols, 2. Namen der Fettsäuren, 3. die Schlusssilbe -at. Ein Beispiel ist das Glyzerin-palmito-oleo-stearat. Es besteht demnach aus Glyzerin, Palmitinsäure, Ölsäure und Stearinsäure.

Die Fette der Pflanzen und Tiere bestehen aus der Veresterung von Glyzerin mit unterschiedlichen Fettsäuren. Dadurch lässt sich keine bestimmte Formel für Fett angeben. Fette besitzen keinen festen Schmelzpunkt, sondern einen Erweichungspunkt bzw. Schmelzbereich. Er ist abhängig vom Anteil an ungesättigten Fettsäuren. Je höher dieser Anteil ist, desto niedriger ist der Schmelzbereich. Öle sind Fette, die sich im flüssigen Zustand befinden. Fette schwimmen auf dem Wasser, da sie leichter als Wasser sind. Sie werden als hydrophob („wassermeidend“) bezeichnet, da sie im Wasser nicht löslich sind. In unpolaren Lösungsmitteln sind sie dagegen gut löslich und werden daher als lipophil („fettliebend“) bezeichnet.

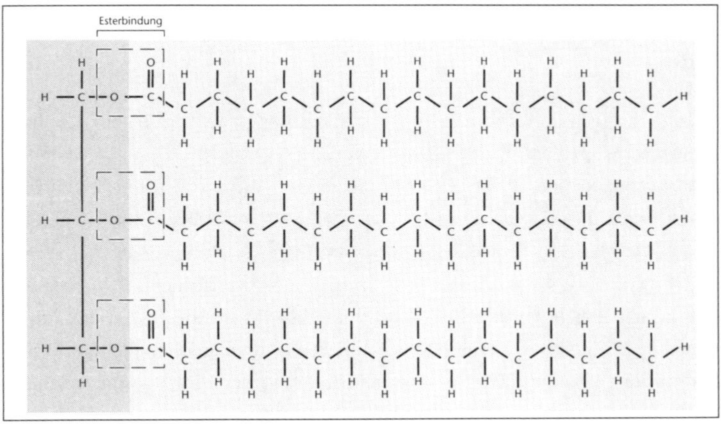

Abb. 5: Fettmolekül (Triacyglycerin)

In reinem Zustand sind Fette geruch- und geschmacklos. Erst durch die Einwirkung bestimmter Mikroorganismen werden bei warmen, aeroben Bedingungen unter

Wasseraufnahme viele Fette allmählich gespalten. Dabei entstehen unangenehm riechende Abbauprodukte. Ein Beispiel ist die Buttersäure bei ranziger Butter.

Auf die Phospholipide wird in Kapitel 1.3 „Zellbiologie“ näher eingegangen, genauere Informationen zu den Steroiden finden sich in Kapitel 6.2 „Informationsweitergabe“.

Proteine

Da man die ersten Proteine aus Hühnereiweiß isoliert hat, werden sie auch als Eiweiße bezeichnet. Heute verwendet man aber i. d. R. den Begriff „Protein“ (gr. proteios = erstrangig). Proteine sind neben den Kohlenhydraten und den Lipiden (fettartige Substanzen) die wichtigste Stoffgruppe in lebenden Organismen. Sie machen mehr als 50 % des Trockengewichts einer Zelle aus.

Ein Mensch besitzt mehrere 10.000 unterschiedliche Proteine, die aufgrund ihrer großen Strukturvielfalt an allen Lebensprozessen beteiligt sind. So gibt es Struktur-, Transport- und Speicherproteine, Proteine, die als Enzyme die Reaktionen des Stoffwechsels katalysieren und Proteine, die als Antikörper Fremdstoffe erkennen und eliminieren. Das Funktionieren eines Organismus beruht also auf der sehr fein abgestimmten Aktivität der unterschiedlichsten Proteine.

Aminosäuren

Proteine sind die strukturell vielfältigsten Moleküle. Sie gehören zu den Makromolekülen, da sie aus vielen einzelnen Bausteinen, den Aminosäuren, aufgebaut sind. Es gibt 20 verschiedene Aminosäuren. Die einzelnen Proteine unterscheiden sich zwar in Anzahl und Reihenfolge der Aminosäuren, sie sind aber alle aus diesen 20 verschiedenen Aminosäuren zusammengesetzt. Die meisten Proteine bestehen aus einer Kette von 100 bis 800 Aminosäuren, es gibt aber auch Proteine mit weniger als 100 oder mehr als 1000 Aminosäuren. Die Anzahl der Kombinationsmöglichkeiten von Aminosäuren in Proteinen ist unvorstellbar groß: Für ein Protein aus n Aminosäuren ergeben sich 20^n Möglichkeiten. Ist ein Protein also aus 100 Aminosäuren aufgebaut, ergeben sich bereits $20^{100} = 10^{130}$ Kombinationsmöglichkeiten!

Die Aminosäuren sind zu langen unverzweigten Ketten verknüpft und die Aminosäureketten wiederum auf eine für jedes Protein charakteristische Weise gefaltet oder gewunden. Die korrekte dreidimensionale Struktur des Proteins ist für seine Funktion absolut unerlässlich (vgl. S. 30).

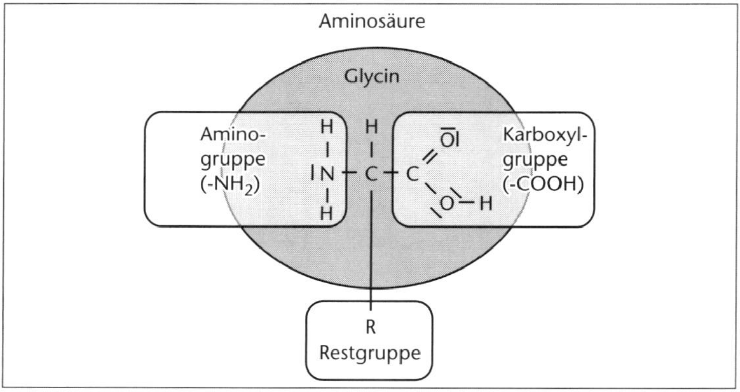

Abb. 6: allgemeiner Aufbau einer Aminosäure

Aminosäuren sind Karbonsäuren, in denen eines oder mehrere Wasserstoffatome des Alkylrests durch die Aminogruppe ersetzt sind. Alle Aminosäuren haben die gleiche Grundstruktur. Sie bestehen aus einem zentralen Kohlenstoffatom, das mit vier chemischen Seitengruppen verbunden ist: der basischen Aminogruppe (NH_2), der sauren Karboxylgruppe (COOH), einem Wasserstoffatom (H) und einer variablen Seitenkette (R) (vgl. Abb. 6).

Amphotere Verbindungen, wie sie bei Aminosäuren vorliegen, haben eine Säurenatur und eine Basennatur, d.h., sie können Protonen abspalten und auch aufnehmen. Bei den Aminosäuren ist dies wegen der gegensätzlich wirkenden funktionellen Gruppen möglich. Die Aminogruppe reagiert basisch, sie zieht Protonen an und bindet sie mit ihrem freien Elektronenpaar. Die Karboxylgruppe reagiert sauer, sie spaltet leicht ihr Proton ab. Diese beiden Reaktionen finden bei den Aminosäuren in wässriger Lösung innerhalb desselben Moleküls statt (intramolekularer Protonenaustausch). Das Ergebnis ist ein Molekül, das zwei verschiedene Ladungen trägt, also ein so genanntes Zwitterion. Zwitterionen verhalten sich wie Dipole. Legt man eine elektrische Spannung an eine wässrige Lösung von Zwitterionen, dann richten sich die Moleküle zwar nach dem Feld aus, wandern aber nicht.

Die verschiedenen Aminosäuren unterscheiden sich ausschließlich durch ihre Seitenketten: Diese variieren hinsichtlich Größe, Form und Ladung. Grundsätzlich werden drei Gruppen unterschieden, die aber den unterschiedlichen Eigenschaften der einzelnen Aminosäuren nicht ausreichend gerecht werden (vgl. Abb. 7):

- *Basische Aminosäuren* tragen in neutralem Medium positive Ladung in ihrer Seitenkette. Eine zusätzliche NH_2-Gruppe in der Seitenkette kann bei einem neutralen pH-Wert Protonen (H^+) an sich binden (chemische Eigenschaft einer Base). Beispiele sind Lysin Arginin und Histidin.
- *Saure Aminosäuren* tragen in neutralem Medium negative Ladung in der Seitenkette. Eine zusätzliche COOH-Gruppe kann beispielsweise bei einem neutralen pH-Wert Protonen (H^+) abgeben (chemische Eigenschaft einer Säure). Beispiele sind Asparaginsäure und Glutaminsäure.
- *Neutrale Aminosäuren* tragen keine Ladung in den Seitenketten. Die neutralen Aminosäuren werden weiter unterteilt in polare und unpolare Aminosäuren. Polare Aminosäuren weisen hydrophile bzw. polare Seitenketten auf. Beispiele sind Kystein, Serin, Threonin, Tyrosin, Asparagin und Glutamin. Unpolare Aminosäuren weisen hydrophobe bzw. unpolare Seitenketten auf. Beispiele sind Alanin, Glyzin, Isoleuzin, Leuzin, Methionin, Phenylalanin, Prolin und Valin. Die Aminosäuren Zystein und Methionin enthalten außerdem Schwefel.

Die chemischen Eigenschaften der Seitenketten spielen für die Ausbildung der dreidimensionalen Struktur des Proteins eine große Rolle.

Isoelektrischer Punkt von Aminosäuren

Unter dem isoelektrischen Punkt versteht man einen pH-Wert, bei dem in einer wässrigen Lösung Zwitterionen entstanden sind. Er ist dann erreicht, wenn die Ionen in einem elektrischen Feld einer Gleichspannung nicht mehr wandern.

Er hat für jede Aminosäure einen anderen Wert, da die Basenstärke der Aminogruppe und die Säurestärke der Karboxylgruppe vom I-Effekt des jeweiligen Restmoleküls beeinflusst werden. Überwiegt der Säurecharakter, dann muss der isoelektrische Punkt auf der alkalischen Seite liegen, überwiegt dagegen der Basencharakter der Aminogruppe, so muss der isoelektrische Punkt auf der sauren Seite liegen.

Namensgebung der Aminosäuren

Dem wissenschaftlichen Namen einer Aminosäure wird die jeweilige Karbonsäure zugrunde gelegt, zusammen mit den Vorsilben α-Amino-. Die natürlichen Aminosäuren sind unter ihren Trivialnamen sehr bekannt. Ihre Abkürzung als Dreibuchstabensymbol ist in der Biochemie weit verbreitet (z. B. Gly, Met, Thr).

unpolar	Glyzin (Gly, G) 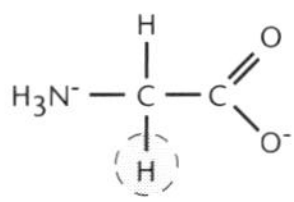	polar	Asparaginsäure (Asp, D) 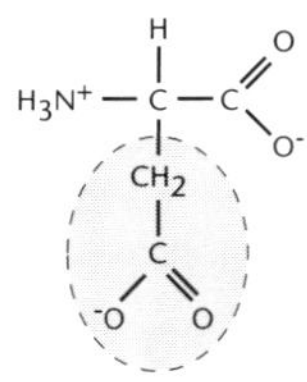
sauer	Serin (Ser, S) 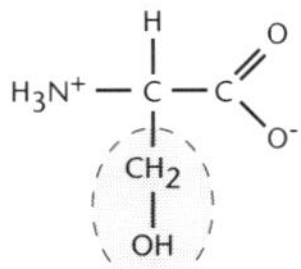	basisch	Lysin (Lys, K) 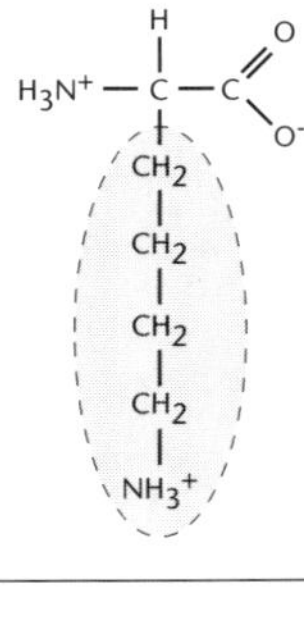

Abb. 7: Beispiele für Aminosäuren

Die Peptidbindung

Aminosäuren können sich unter Wasseraustritt verbinden: Die Karboxyl-(COOH-)Gruppe einer Aminosäure verbindet sich mit der Amino-(NH_2-) Gruppe einer anderen Aminosäure. Diese Form der chemischen Verbindung wird als Peptidbindung bezeichnet (vgl. Abb. 8).

Es entsteht zunächst einmal ein Dipeptid, durch Anlagerung einer weiteren Aminosäure in der Folge ein Tripeptid usw. Schließlich bilden sich lange Aminosäureketten, die als Polypeptide bezeichnet werden.

Die Peptidbindungen bilden dabei das Rückgrat des Proteins, von dem die unterschiedlichen Seitenketten der einzelnen Aminosäuren abgehen. Jedes Peptid – und somit jedes Protein – hat eine Richtung: Auf der einen Seite liegt eine freie, nicht mit einer Aminosäure verknüpfte Aminogruppe, auf der anderen Seite liegt dementsprechend eine freie Karboxylgruppe. Vereinbarungsgemäß schreibt man das freie Amino-Ende, das kurz N-Terminus genannt wird, an den Anfang und das freie Karboxyl-Ende, das kurz C-Terminus genannt wird, an das Ende einer Aminosäurekette.

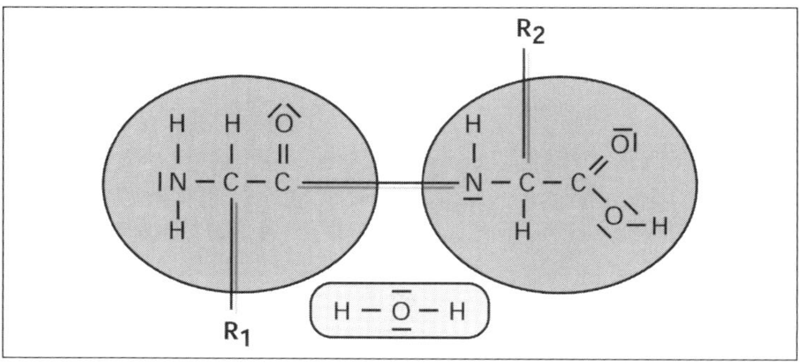

Abb. 8: Peptidbindung zwischen zwei Aminosäuren

Durch Verknüpfung vieler Aminosäuren über Peptidbindungen entstehen lange Kettenmoleküle. Bei mehr als 100 Aminosäuren bezeichnet man das Molekül als Protein (Makromoleküle), darunter als Polypeptid. In einer Polypeptidkette folgen die Aminosäuren in einer ganz bestimmten Reihenfolge aufeinander. Diese Folge (Sequenz) spielt für das chemische Verhalten eines Makromoleküls eine große Rolle. Obwohl in der Natur nur 20 verschiedene Aminosäuren vorkommen, ist wegen der verschiedenartigen Sequenzen eine fast unbegrenzte Zahl von verschiedenen Proteinen möglich. Des Weiteren hängen die chemischen Eigenschaften der Proteine auch von der räumlichen Gestalt der Molekülketten und ihrer Anordnung zueinander ab.

Struktur der Proteine

Aminosäuresequenz (Primärstruktur)

Als Primärstruktur eines Proteins bezeichnet man die lineare Reihenfolge der einzelnen Aminosäuren (Aminosäuresequenz). Sie wird durch die lineare Anordnung der Genbausteine festgelegt. Jedes Protein weist eine charakteristische Aminosäureanordnung auf.

Die Primärstruktur ist durch die Abfolge der Aminosäuren und ihre unterschiedlichen Seitenketten für die dreidimensionale Struktur eines Proteins und damit auch für seine biologischen Eigenschaften verantwortlich. Proteine, die die gleiche Anzahl verschiedener Aminosäuren aufweisen, können durch deren unterschiedliche Abfolge eine andere Wirkung entfalten. Schon eine kleine Veränderung in der Primärstruktur eines Proteins, z. B. der Austausch einer einzelnen Aminosäure, kann zu einem Umbau der dreidimensionalen Struktur des Proteins und damit zum Funktionsverlust führen. Ein Beispiel dafür ist die Sichelzellanämie: Bei dieser Krankheit ist im Protein Hämoglobin eine Aminosäure gegen eine andere vertauscht (Glutaminsäure gegen Valin). Dies führt zu einer Formänderung (sichelförmig) der roten Blutkörperchen (Erythrozyten). Insgesamt ist bei der Sichelzellenanämie die Sauerstofftransportfähigkeit des Blutes stark herabgesetzt.

Sekundärstruktur

Als Sekundärstruktur bezeichnet man die räumliche Anordnung der Aminosäuren.

Es werden vorwiegend zwei verschiedene, periodisch immer wiederkehrende Sekundärstrukturen ausgebildet. Ein Protein weist in der Regel beide Strukturen auf:

- *α-Helix:* Die Aminosäurekette ist in dieser Struktur schraubenförmig gewunden und wird durch Wasserstoffbrücken, die sich zwischen übereinander liegenden Aminosäuren ausbilden, stabilisiert. Die Wasserstoffbrücken bilden sich zwischen jeder vierten Peptidbindung aus (vgl. Abb. 9).
- *β-Faltblatt:* Diese Struktur gleicht einem im Zickzack verlaufenden Band. Die Faltblattstruktur wird durch Wasserstoffbrücken zwischen verschiedenen Abschnitten einer Polypeptidkette oder zwischen verschiedenen Polypeptidketten gebildet.

Tertiärstruktur

Die Sekundärstrukturen eines Proteins sind ihrerseits räumlich angeordnet. Diese Raumstruktur wird als Tertiärstruktur bezeichnet. Durch die Ausbildung der Tertiärstruktur erhält ein Protein seine charakteristische Form.

Die Tertiärstruktur wird durch die folgenden schwachen Wechselwirkungen stabilisiert:

- *Ionenbindungen* kommen beispielsweise durch die Anziehung von positiv (NH_3^+) und negativ (COO^-) geladenen Seitenketten zustande.
- *Van-der-Waals-Kräfte* (hydrophobe Wechselwirkung) kommen durch die Wirkung von Wasser zustande: Wassermoleküle bilden untereinander und mit hydrophilen (wasserliebenden) Molekülen Wasserstoffbrücken (vgl. Abb. 1) aus. Wenn Proteine in einer wässrigen Umgebung vorliegen, ordnen sich die geladenen und polaren Aminosäuren, die hydrophil sind, an der Oberfläche der Proteine an. Sie bilden dadurch die Hydrathülle von Proteinen. Die nicht polaren Aminosäuren sind hydrophob, also wassermeidend, und finden sich dann im Inneren der Proteine wieder. In diesen hydrophoben Bereichen sind kaum mehr Hohlräume vorhanden, sodass selbst die kleinen Wassermoleküle quasi aus dem Inneren der Proteine gedrängt werden.

- *Wasserstoffbrücken* entstehen zwischen polaren Seitenketten der Aminosäuren. Die Sauerstoffatome tragen eine schwach negative und die Wasserstoffatome eine schwach positive Ladung. Durch die Anziehungskräfte zwischen diesen Atomen kommen die Wasserstoffbrücken zustande.

Die hier beschriebenen Wechselwirkungen sind für sich allein genommen zwar schwach, aber da in einem Protein sehr viele solcher Bindungen entstehen, sind sie in ihrer Summe für die Ausbildung der Proteingestalt verantwortlich. In einem Protein können aber auch feste, kovalente Bindungen entstehen, indem Disulfidbrücken ausgebildet werden. Zwei der 20 Aminosäuren, Zystein und Methionin, enthalten Schwefel in ihren Seitenketten, aber nur Zystein verfügt außerdem über eine freie SH-Gruppe. Eine Disulfidbrücke (S-S) bildet sich daher nur zwischen zwei Cystein-Aminosäuren aus.

Quartärstruktur

Als Quartärstruktur bezeichnet man den Aufbau eines Proteins aus zwei oder mehreren gleichen oder ungleichen Untereinheiten.

Diese Untereinheiten bestehen aus Polypeptidketten, die sich nach der Ausbildung der Tertiärstruktur aneinander lagern. Die einzelnen Untereinheiten sind in der Regel inaktiv. Diese übergeordnete Struktur wird durch die gleichen Wechselwirkungen stabilisiert wie die Tertiärstruktur.

Die Proteinfaltung

Insulin war das erste Protein, dessen Aminosäuresequenz vollständig bestimmt werden konnte. Heute ist die Primärstruktur von unzähligen Proteinen bekannt und die Bestimmung der Aminosäuresequenz ist weit gehend automatisiert. Auch die dreidimensionale Raumstruktur ist bei vielen Proteinen kein Geheimnis mehr, aber die Regeln, nach denen sich eine Aminosäurekette zu einem funktionsfähigen Protein faltet, sind bis heute weit gehend unbekannt.

Sicher ist nur, dass die Information für die spezifische dreidimensionale Struktur eines Proteins in seiner Primärstruktur selbst liegt. Das bedeutet, dass sich das

Protein selbstständig faltet, und auch das Finden der verschiedenen Untereinheiten funktioniert von allein. Darüber hinaus ist bekannt, dass andere Proteine, die Chaperone (Polypeptidketten bindende Proteine), manchen Proteinen bei ihrer Faltung helfen. Wie diese Proteinfaltung im Einzelnen verläuft, ist heute Gegenstand intensiver Forschung, denn bei einer genauen Kenntnis der Zusammenhänge könnte man bestimmte medizinisch wirksame Proteine künstlich herstellen.

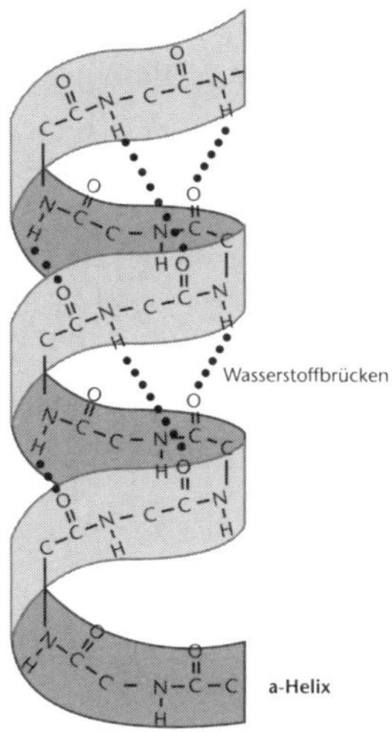

Abb. 9: sekundäre Proteinstruktur – α-Helix

Chemische Eigenschaften von Proteinen

Viele Proteine sind gut wasserlöslich, da sie polare Reste enthalten, die in wässriger Lösung Anionen und Kationen ausbilden. Die Wasserlöslichkeit kann durch konzentrierte Säuren oder durch reinen Alkohol beseitigt werden. Das Eiweiß flockt dann aus der Lösung aus. Auch wenn eine Eiweißlösung erhitzt wird, gerinnt das Eiweiß. Dieser nicht umkehrbare Vorgang der Gerinnung wird Koagulation oder Denaturierung genannt und ist die Zerstörung der komplizierten Struktur des Eiweißkörpers infolge äußerer Einwirkung. Menschliches Bluteiweiß koaguliert schon bei 42 °C, Milcheiweiß erst bei ca. 100 °C.

Nachweisreaktionen

Bringt man Eiweiß mit konzentrierter Salpetersäure zusammen, tritt eine Gelbfärbung ein. Diese Xanthoproteinreaktion geht auf eine Nitrierung von Aminosäuren zurück, die einen Benzolring im Rest tragen. Dadurch ändert sich die Lichtabsorption der Verbindung, wodurch die Gelbfärbung eintritt.

Bei der Biuretreaktion, wird eine Eiweißlösung mit verdünnter Natronlauge leicht alkalisch gemacht und mit einigen Tropfen stark verdünnter Kupfer(II)-sulfatlösung erwärmt. Die Lösung färbt sich daraufhin rot bis blauviolett.

Nukleinsäuren – Träger der Erbinformation

Nukleinsäuren sind sehr komplexe Moleküle, die in den Zellen aller Lebewesen, aber auch in Viren (vgl. S. 145) vorhanden sind. Grundsätzlich lassen sich zweierlei Nukleinsäuren unterscheiden: die Desoxyribonukleinsäure (DNA oder DNS) und die Ribonukleinsäure (RNA oder RNS).

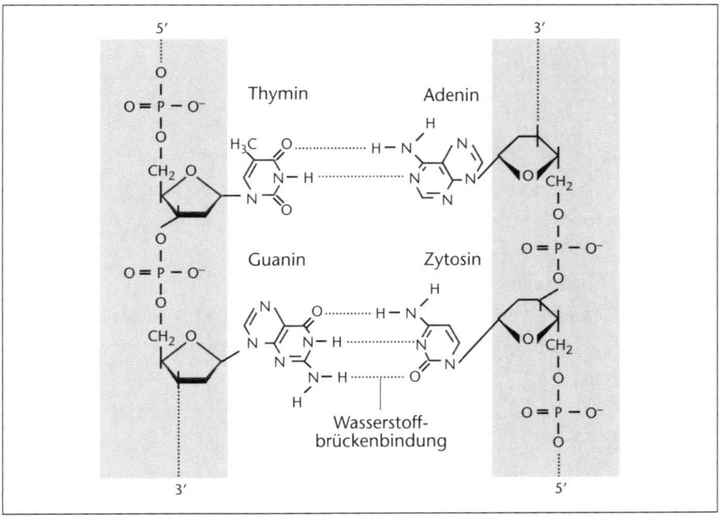

Abb. 10: Aufbau der DNA (DNS)

Aufbau und Funktion der DNA (DNS)

Die DNA ist der Träger der genetischen Information. Ihre Aufgabe besteht in der Speicherung und Weitergabe dieser Information, damit nach einer Zellteilung jede Tochterzelle die gleiche Information besitzt. Bei Eukaryoten ist die DNA Bestandteil der Chromosomen im Zellkern (vgl. S. 42).

Die Desoxyribonukleinsäure ist wie ein Protein aus einzelnen Bausteinen zusammengesetzt. Die Bausteine der Nukleinsäuren werden als Nukleotide bezeichnet. Nukleotide bestehen wiederum aus drei Bauteilen (vgl. Abb. 10):

- einem *5-Kohlenstoff-Zucker* (Desoxyribose)
- einer *Purin-* oder *Pyrimidinbase*
- einem *Phosphatrest*

Als Nukleoside werden Zucker und Base ohne Phosphat bezeichnet. In der DNA kommen insgesamt vier Basen vor: jeweils zwei Purinbasen – Adenin (A) und Guanin (G) – sowie zwei Pyrimidinbasen – Thymin (T) und Zytosin (auch Cytosin, daher C).

Nukleotide verbinden sich wie Aminosäuren auch zu langen Nukleotidketten. Die einzelnen Bausteine sind durch Phosphatsäurebrücken zwischen dem 5'-C-Atom der Desoxyribose (man beginnt mit dem Zählen bei dem der Base nächstliegenden C-Atom der Ribose gegen den Uhrzeigersinn) des einen und dem 3'-C-Atom der Desoxyribose des nächsten Bausteins miteinander verbunden. Die Zucker-Phosphat-Kette bildet dabei das Rückgrat dieser Polynukleotidketten. Polynukleotidketten haben wie Polypeptidketten eine definierte Richtung: Auf der einen Seite liegt ein freies 5'-Ende und auf der anderen Seite ein freies 3'-Ende (vgl. Abb. 10). Da alle Nukleotide die gleichen Zucker- und Phosphatanteile besitzen, muss die genetische Information in der Reihenfolge der Basen gespeichert sein.

Die DNA im Zellkern besteht aus Millionen verbundener Nukleotide. I. d. R. liegen DNA-Moleküle linear vor, sie können aber auch als Ringmolekül vorkommen, z. B. Plasmide (vgl. S. 114) oder das Genom im Bakterium Escherichia coli.

Die DNA-Doppelhelix

1953 wurde die wohl bedeutsamste Entdeckung auf dem Gebiet der Biologie des 20. Jahrhunderts gemacht: Zwei jungen Wissenschaftlern, James D. Watson und Francis Crick, gelang es, die dreidimensionale Struktur der DNA zu entschlüsseln. Was ihnen zu ihrer bahnbrechenden Erkenntnis verhalf, waren zwei Ergebnisse aus anderen Forschungsarbeiten:

a) In jeder DNA ist der prozentuale Gehalt von Adenin gleich dem von Thymin, das Gleiche gilt für Guanin und Zytosin: A = T und G = C. Dies wird nach dem Entdecker Erwin Chargaff als Chargaff-Regel bezeichnet. Mit der Chargaff-Regel lässt sich die prozentuale Basenzusammensetzung jeder DNA angeben, wenn der prozentuale Gehalt nur einer Base bekannt ist.

b) Bestrahlt man kristallisierte DNA mit Röntgenstrahlen (Röntgenstrukturanalyse), erhält man Bilder, die darauf hindeuten, dass die DNA aus zwei Strängen besteht, die spiralförmig miteinander verdreht sind. Die damaligen Analysen, die wesentlich zum Erkennen der dreidimensionalen Struktur der DNA beitrugen, wurden von Rosalind Franklin und Maurice Wilkins durchgeführt.

Watson und Crick fanden heraus, dass die DNA tatsächlich aus zwei antiparallel verlaufenden Polynukleotidsträngen besteht (vgl. Abb. 10), die sich umeinander winden und eine Doppelspirale mit folgenden Eigenschaften bilden:

- Außen befinden sich die beiden Zucker-Phosphat-Ketten.
- Innen liegen die Purin- bzw. Pyrimidinbasen. Die sich gegenüberliegenden Basen, also Adenin und Thymin und Guanin und Zytosin, sind durch Wasserstoffbrücken miteinander verbunden. Zwischen A und T bilden sich zwei, zwischen G und C drei Wasserstoffbrücken aus. Die Raumstruktur der DNA wird häufig mit einer Wendeltreppe oder einer gewundenen Strickleiter verglichen: Das Geländer oder die Holme stehen für die beiden Zucker-Phosphat-Ketten, die Stufen oder Sprossen stellen die sich gegenüberliegenden Basen dar.
- Die beiden DNA-Stränge verlaufen antiparallel, d. h., jeweils ein freies 5'-Ende befindet sich am linken Strang unten und am rechten Strang oben.

- Die Basensequenz des einen Strangs ist zu der Basensequenz des anderen Strangs komplementär, d. h., aufgrund der strengen Regeln der Basenpaarung (A mit T, G mit C) kann man von der Basenabfolge des einen Strangs auf die Abfolge des anderen Strangs schließen: Ist die Basenabfolge in einem Strang z. B. ACCTTTG, muss der andere Strang an der gleichen Stelle die umgekehrte Basenabfolge TGGAAAC aufweisen.

Die Struktur der RNA (RNS)

Auch die Ribonukleinsäure (RNA oder RNS) ist aus einzelnen Nukleotiden aufgebaut. Ribonukleinsäure findet man sowohl im Zellkern als auch im Zytoplasma, in den Mitochondrien, den Ribosomen und den Chloroplasten.

Die Ribonukleinsäure enthält im Gegensatz zur DNA den Zucker Ribose (und nicht Desoxyribose) sowie die Base Urazil (anstelle von Thymin), die aber ebenfalls eine Verbindung mit Adenin eingehen kann. Die RNA ist normalerweise einsträngig und deutlich kürzer; es kommt aber vor, dass innerhalb eines Strangs durch Basenpaarung Schlingen ausgebildet werden. Die RNA ist deutlich kürzer als die DNA.

Nach ihrem Vorkommen und ihrer Funktion kann man drei verschiedene RNA-Typen unterscheiden:

a) *Messenger-RNA* (mRNA) oder Boten-RNA: Sie entsteht als stückweise Kopie der DNA und überträgt anschließend die genetische Information auf die Ribosomen. Dort steuert sie in der Proteinbiosynthese (vgl. S. 104) die Umwandlung der Information in Proteine.

b) *Transfer-RNA* (tRNA) oder Transport-RNA: Diese Ribonukleinsäure bindet Aminosäuren und transportiert sie dann zu den Ribosomen, wo sie – mithilfe der mRNA – zu einer Polypeptidkette verknüpft werden.

c) *Ribosomale RNA* (rRNA): Diese Nukleinsäure ist (neben Proteinen) Hauptbestandteil der Ribosomen (vgl. S. 42).

1.3 Zellbiologie – Aufbau und Funktion der Tier- und Pflanzenzellen

Das Wissen über die chemischen Grundlagen der Makromoleküle ist Voraussetzung für das tiefere Verständnis des nun folgenden Teils: der Zellbiologie. Wie Robert Hooke bereits 1667 entdeckte, bauten sich pflanzliche Körper aus winzig kleinen in ihrer Anordnung an die Zellen von Bienenwaben erinnernde Räume auf. Aber erst 1840 wiesen Matthias Schleiden für pflanzliche und Theodor Schwann für tierische Objekte nach, dass grundsätzlich alle Organismen aus Zellen aufgebaut sind und dass nicht die zuerst gesehenen Wände oder Hüllen der Zellen, sondern der Zellkörper (Protoplast) der Träger des Lebens ist. Damit war die Zelllehre (Zytologie) als grundlegende Theorie der Biologie begründet.

Alle Lebewesen sind also aus mikroskopisch kleinen Grundeinheiten aufgebaut, den Zellen. Bezüglich ihres Aufbaus und ihrer Entwicklungsgeschichte lassen sich zwei Grundtypen unterscheiden: die Protozyte und die Euzyte. Die Protozyte ist der Zelltyp der Prokaryoten, also der Bakterien und der Blaualgen. Die Euzyte ist der Zelltyp der Eukaryoten, also aller höher differenzierten, mehrzelligen Organismen (u. a. Pflanzen, Tiere und Pilze) sowie einer Reihe von Einzellern, etwa den Amöben. Der wichtigste Unterschied zwischen den Zelltypen besteht darin, dass Euzyten einen Zellkern besitzen, während Protozyten dieser fehlt.

Neben der Kenntnis über Organe und Gewebe der lebenden Organismen ist natürlich ebenso wichtig, dass man auch den Aufbau und die Funktionen der einzelnen Zellen als kleinste in sich geschlossene Einheiten kennt. Nur so ist man in der Lage, das Zusammenspiel dieser Bestandteile eines Organismus, die sich ja auf ganz unterschiedlichen Größen- und Strukturebenen befinden, zu verstehen. Ein Organismus ist nur dann fähig zu existieren, wenn all diese Zellen, Gewebe und Organe optimal zusammenarbeiten.

Die Entwicklung von Protozyten und Euzyten trennte sich in der Evolution früh. Die beiden Zelltypen weisen daher neben vielen Gemeinsamkeiten auch zahlreiche Unterschiede auf. Im Folgenden wird der elektronenmikroskopisch sichtbare

Feinbau der Euzyte – des Zelltyps der Tier-, Pflanzen- und Pilzzellen – erläutert (vgl. Abb. 11). Auf die Protozyten – den Zelltyp der Bakterienzelle – wird in Kapitel 4 „Grundlagen der Mikrobiologie" auf Seite 132 ff. eingegangen.

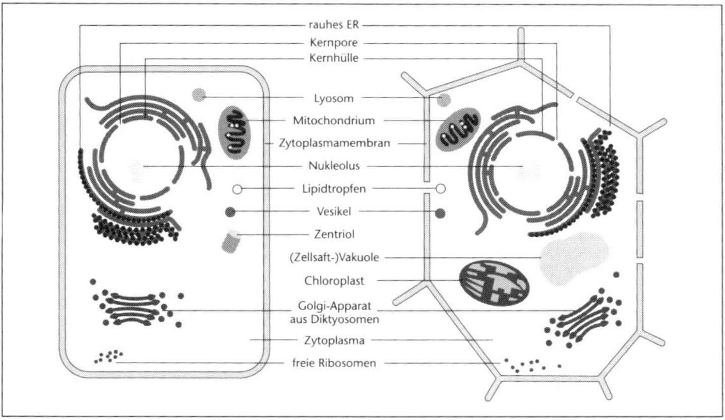

Abb. 11: Feinbau der Euzyte – Tier- und Pflanzenzelle

Zytoplasma – flüssiger Zellbestandteil

Die Zelle besteht zu einem großen Teil aus Zytoplasma, einer zähflüssigen Substanz, in der zahlreiche, für den Gesamtorganismus wichtige Stoffwechselvorgänge ablaufen: z. B. die Proteinbiosynthese (vgl. S. 104) oder die Glykolyse (vgl. S. 83). Das Zytoplasma hat einen Wassergehalt von 60 bis 90 % und enthält außerdem Proteine, Kohlenhydrate, Lipide, Salze sowie eine Reihe weiterer Substanzen und Strukturen. Darunter befinden sich u. a. Speicherformen wie die Lipidtropfen oder die Zentriolen, die Ausgangspunkt für den Spindelapparat der Mitose sind.

Biomembran – die Hülle der Zelle und der Organellen

Umgeben ist das Zytoplasma von einer semipermeablen (= halb durchlässigen) Zellmembran oder Zytoplasmamembran. Sie wirkt wie ein Filter, der den Stofftransport in bzw. aus der Zelle heraus kontrolliert. Auf diese Weise wird das für die Stoffwechselvorgänge notwendige interne Milieu der Zelle aufrechterhalten.

Aber Biomembranen grenzen die Zellen nicht nur nach außen ab, sondern dienen auch dazu, den Zellinnenraum in intrazelluläre Reaktionsräume (Organellen, wie z. B. den Zellkern (vgl. S. 42), die Mitochondrien (vgl. S. 42) und die Plastiden (vgl. S. 44)) zu unterteilen. Diese Kompartimentierung des Innenraums ermöglicht der Zelle, gleichzeitig unterschiedliche Stoffwechselvorgänge ablaufen zu lassen, die jeweils eigene Milieuzusammensetzungen beanspruchen.

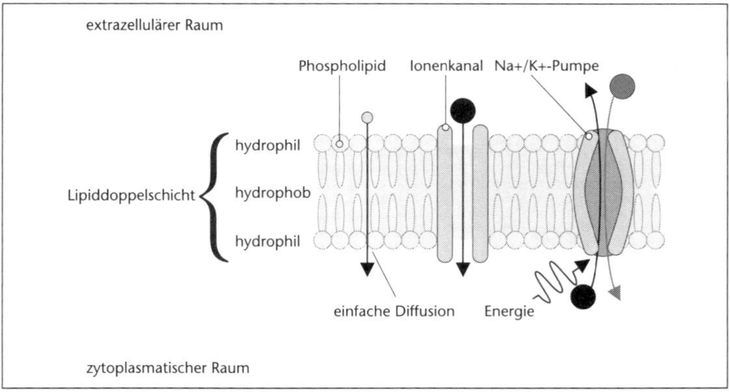

Abb. 12: Aufbau der Biomembran

Die Zellmembran ist etwa acht Nanometer (nm) dick und besteht nach dem Fluid-Mosaik-Modell von Singer und Nicolson (1972) aus einer zähflüssigen Phospholipid-Doppelschicht. Phospholipide (vgl. Abb. 13) setzen sich aus einem polaren (wasserlöslichen, d. h. hydrophilen) Kopf und zwei unpolaren (wasserabweisenden, d. h. hydrophoben) Fettsäureschwänzen zusammen. Der Aufbau der Lipid-Doppelschicht (vgl. Abb. 12) erfolgt durch die Aneinanderlagerung der wasserabweisenden Fettsäureschwänze (Lipidreste) zweier Phospholipide, die dadurch nicht mehr mit dem wässrigen Umgebungsmilieu in Kontakt treten. Ihre wasserliebenden Köpfe weisen dagegen zum wässrigen intra- bzw. extrazellulären Raum.

Membranen werden immer nur an einer bereits vorhandenen Membran neu gebildet. Die ständig in einer Zelle ablaufende Neubildung, Verschmelzung und Formänderung von Membranen nennt man Membranfluss.

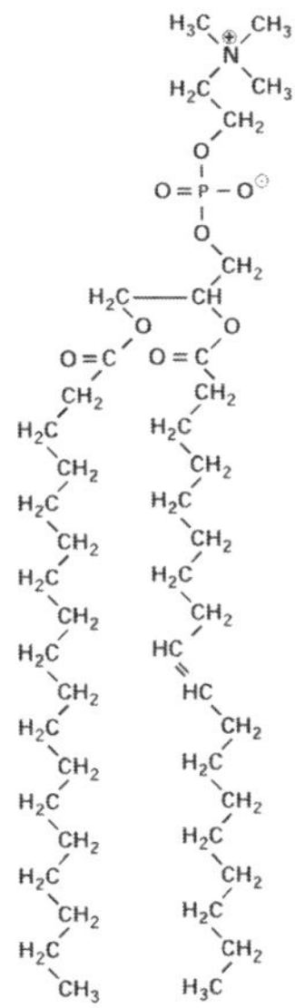

Abb. 13: Phospholipid

Umrechnung kleiner Maße:
1 Zentimeter = 10 Millimeter (mm) = 10.000 Mikrometer (µm)
= 10 Millionen Nanometer (nm)

Eine Zellmembran ist umgerechnet also nur etwa acht Millionstel Millimeter dick. In die Membran sind Proteine eingebettet. Diese können sich an der Membraninnen- bzw. Membranaußenseite befinden (periphere Membranproteine) oder die Membran auch ganz durchdringen (integrale Membranproteine). Letztere können beispielsweise Transportaufgaben übernehmen (vgl. S. 47).

Zellkern – Ort der Erbinformation

Anders als Prokaryoten besitzen eukaryotische Zellen einen echten, normalerweise kugelförmigen Zellkern, auch Nukleus genannt. Er besteht aus einer doppelten Kernhülle (Kernmembran), die mit der Doppelmembran des Endoplasmatischen Retikulums (ER) verbunden ist. Über Kernporen in der Kernhülle steht das Kernplasma (Karyoplasma) mit dem Zytoplasma in Verbindung.

Im Kernplasma befinden sich die Erbinformation, die als Chromatin in den Chromosomen organisiert ist, sowie die Kernkörperchen (Nukleoli). Einen Zellkern im aktiven Zustand nennt man Interphasekern. Zu Beginn der Zellteilung (vgl. S. 53) verdichtet sich das Chromatin, sodass die einzelnen Chromosomen im Lichtmikroskop deutlich erkennbar sind.

Mitochondrien – Kraftwerke der Zelle

Weitere Organellen der eukaryotischen Zelle sind die von zwei Membranen umgebenen Mitochondrien. Sie haben eine Länge von wenigen Mikrometern sowie eine Breite von unter 1 µm. Die innere Membran zeigt Einfaltungen.

Die Mitochondrien sind als „Kraftwerke“ der Zelle für die Energiegewinnung zuständig. Sie enthalten das Enzymsystem des Zitronensäurezyklus, das sich im Inneren des Mitochondriums (Matrixraum) befindet, während sich die Proteine der Atmungskette an und in den Einfaltungen der inneren Membran befinden. Mitochondrien besitzen eine eigene, zirkuläre DNA und eigene Ribosomen, sodass sie eigenständig Proteine synthetisieren können (vgl. S. 104). Mitochondrien vermehren sich unabhängig von der Zellteilung durch Zweiteilung und werden über die Eizelle an die nächste Generation weitergegeben.

Ribosomen – Ort der Translation

Die der Proteinbiosynthese dienenden Ribosomen sind rundliche Zellbestandteile mit etwa 15 nm Durchmesser, die man am Endoplasmatischen Retikulum oder frei im Zytoplasma (dann werden sie als Polysomen bezeichnet) finden kann.

Sie bestehen aus zwei Untereinheiten, die jeweils aus ribosomaler RNA und Proteinen aufgebaut sind. An den Ribosomen findet die Translation statt, d. h. die Übersetzung der Nukleotid-Sequenz der mRNA in die Aminosäuresequenz der Polypeptidkette (Protein). Die auf dem Endoplasmatischen Retikulum sitzenden Ribosomen sind für die Synthese von sekretierten Proteinen zuständig, während die Polysomen im Zytoplasma intrazelluläre Proteine herstellen (vgl. S. 104).

Endoplasmatisches Retikulum (ER)

Das ER ist ein Doppelmembransystem, das das Zytoplasma durchzieht und v. a. Transport- und Sammelfunktion hat. Es steht mit der Kernmembran in Verbindung und erweitert sich an zahlreichen Stellen zu Hohlräumen (Cisternen). Unterscheiden lässt sich ein glattes ER und ein raues ER. Letzteres ist mit Ribosomen besetzt. Am rauen ER findet die Synthese von solchen Proteinen statt, die für den Export aus der Zelle bestimmt sind. Sie gelangen durch die ER-Membran in das ER-Innere (Lumen), um dann weitertransportiert zu werden. In Muskelfaserzellen ist das ER in einer besonderen Form als Sarkoplasmatisches Reticulum (SR) ausgebildet. Es steht in engem Kontakt mit der Zytoplasmamembran und spielt eine wichtige Rolle bei der Muskelkontraktion (vgl. S. 179).

Golgi-Apparat und Diktyosomen

Hierbei handelt es sich um Stapel abgeflachter, membranumgrenzter Cisternen (= Diktyosomen), deren Gesamtheit als Golgi-Apparat bezeichnet wird. Die Cisternen schnüren beispielsweise mit bestimmten Proteinen beladene Vesikel (membranumhüllte Bläschen) ab. Diese verschmelzen für den Export des Vesikelinhalts aus der Zelle (Exozytose, vgl. S. 52) mit anderen Organellen oder mit der Zellmembran. Die Vesikel dienen auch der Erweiterung der Membran, z. B. bei der Zellteilung. Der Membranverlust wird durch Vesikel ergänzt, die vom ER geliefert werden.

Lysosomen sind Vesikel, die an den Zisternenseiten abgeschnürt werden. Im Inneren der Vesikel befinden sich hydrolytische Enzyme, die der intrazellulären Verdauung von Makromolekülen dienen.

Besonderheiten der Pflanzenzelle

Auch wenn die Pflanzen- und Tierzelle entwicklungsgeschichtlich wesentlich näher miteinander verwandt sind als die Euzyte mit der Protozyte, so findet man auch bei diesen beiden eukaryotischen Zelltypen Unterschiede. Alle bisher erwähnten Bestandteile finden sich sowohl bei Tier- als auch bei Pflanzenzellen.

Im Gegensatz zur tierischen Zelle besitzt die Pflanzenzelle (vgl. Abb. 11) jedoch zusätzliche Strukturen wie Plastiden, im Allgemeinen eine starre Zellwand (s. u.) und Vakuolen (s. u.), die als Speicher, „Abfalleimer", osmoregulatorisches Organ und (zusammen mit der Zellwand) der Aufrechterhaltung der Zellform dienen.

Das Zytoplasma (Grundsubstanz der Zelle) kann ein wesentlich geringeres Volumen als die Vakuole haben. Die Organellen, insbesondere die Plastiden (s. u.), können sich mittels der so genannten Plasmaströmung innerhalb der Zelle bewegen. Dieser molekulare Mechanismus beruht auf Motormolekülen, ähnlich dem tierischen Muskel. Das Zytoplasma der Zellen eines pflanzlichen Gewebes ist über Zellverbindungen – so genannte Plasmodesmen – verbunden. Nach diesem kurzen Überblick werden im Folgenden die Plastiden, die Zellwand und die Vakuole genauer beschrieben.

Plastiden der Pflanzenzelle

Plastiden sind Zellbestandteile, die nur bei Pflanzen vorkommen. Sie entstehen ausschließlich durch die Teilung einer Mutterplastiden (Endosymbionten-Theorie, vgl. S. 136). Das bedeutet, dass ein Pflanzenembryo undifferenzierte Vorstufen, so genannte Proplastiden, bereits von den Eltern erhalten muss. Diese sind vor allem in Ei- bzw. Meristemzellen vorhanden. Aus diesen gehen dann die verschiedenen Plastidentypen mit unterschiedlichsten Funktionen hervor, die sich bei entsprechenden Umweltreizen ineinander umwandeln können.

In der Regel verfügen alle lebenden Pflanzenzellen über Plastiden. Dabei unterscheidet man zwischen Plastiden, die über lichtabsorbierende Moleküle (= Pigmente) verfügen (Chloroplasten, Chromoplasten), und solchen, die über keine

Pigmente verfügen. Letztere werden unter dem Begriff „Leukoplasten" zusammengefasst (s. u.).

Chloroplasten

Zu Chloroplasten werden Proplastiden in solchen Zellen, die dem Licht ausgesetzt sind – etwa im Gewebe von Blättern und Sprossen. Sie dienen der für die Pflanzen lebenswichtigen Fotosynthese, bei der CO_2 in organische Kohlenhydratverbindungen umgewandelt wird. Die für diesen Vorgang benötigte (Sonnen-) Energie wird über spezielle Pigmente, wie z. B. das Chlorophyll, bereitgestellt. Im Dunkeln wandeln sich die grünen Chloroplasten zu „weißen" Etioplasten um. In dieser Form liegen die Plastiden z. B. in den Stolonen der Kartoffel vor. Die Umwandlung ist nach erneuter Belichtung umkehrbar (reversibel).

Chloroplasten zeichnen sich also durch ihren hohen Gehalt an Chlorophyll aus, dem grünen Farbstoff, der eine wichtige Rolle bei der Fotosynthese spielt (vgl. S. 71). Das Chlorophyll ist auf den so genannten Thylakoiden konzentriert – Membransystemen aus einzelnen in sich geschlossenen Säckchen. Dort, wo die Membranen in dichten Stapeln angeordnet sind, nennt man sie Grana-Thylakoide. Die locker in das Plastidenstroma eingelagerten Doppelmembranen heißen Stroma-Thylakoide.

Chloroplasten sind bei allen autotroph lebenden Pflanzen vorhanden, besonders zahlreich sind sie in den auf Fotosynthese spezialisierten Palisadenzellen der Laubblätter. Gegen das Zytoplasma ist das Chloroplasteninnere durch zwei Membranen abgegrenzt. Chloroplasten enthalten wie alle anderen Plastidtypen und Mitochondrien eine eigene, zirkuläre DNA und Ribosomen.

Chromoplasten

Hierbei handelt es sich um Plastiden, die nicht fotosynthetisch aktiv, aber pigmentiert sind. Sie kommen in den Zellen farbiger Blütenblätter (vgl. S. 273) und in Früchten vor. Diese farbigen Plastiden sind durch einen hohen Lipid- und Karotinoidgehalt charakterisiert. Die Färbung beruht auf speziellen Pigmenten, den Karotinoiden, z. B. Karotin (gelb) oder Lutein (rot). Die Karotinoide können in Form von Lipidtröpfchen (globulös), in Membranen eingebettet (tubulös bzw. membranös) oder als Kristalle (kristallös) im Chromoplasten vorliegen. Alle Karotinoide sind wasserunlöslich (lipophil).

Leukoplasten

Leukoplasten sind Speicherorganelle der Pflanzenzellen, dementsprechend findet man sie in Zellen, die auf Stoffspeicherung spezialisiert sind. Hier differenzieren sich Proplastiden u. a. zu Amyloplasten, deren Innenraum (= Stroma) nahezu vollständig mit Stärkekörnern gefüllt ist. Die Amyloplasten dienen z. B. der Speicherung von Kohlenhydraten.

Aus den kleinen, niedermolekularen Transportformen (z. B. Glukose, Fruktose, Saccharose) werden innerhalb des Amyloplasten hochmolekulare (große), immobile und osmotisch inaktive Stärkemoleküle gebildet. Diese Stärkekörner können auch im Zytoplasma vorliegen. Die Remobilisierung der Stärke erfolgt durch spezielle Moleküle (Enzyme, z. B. durch Amylase, vgl. S. 163), die die Stärkeketten wieder zerschneiden und in die niedermolekulare Form überführen. Neben Amylopasten gibt es außerdem Proteinoplasten, die der Proteinspeicherung dienen, und Elaioplasten als Öl- bzw. Fettspeicher.

Zellwand – feste Hülle um die Zellmembran

Im Gegensatz zu tierischen Zellen besitzen Pflanzenzellen eine starre Zellwand. Diese besteht überwiegend aus Zellulose. Sie sorgt zusammen mit der Zellsaftvakuole (s. u.) für die Stabilität der einzelnen Pflanzenzelle und der krautigen Pflanze. Plasmodesmen sind Übergänge durch die Zellwände zweier Zellen, die mit Plasmamembran ausgekleidet sind und dem Stofftransport dienen.

Zellsaftvakuole

Die Zellsaftvakuole wird von einer Membran umgeben. Sie dient v. a. der Stoffspeicherung und z. T. der Färbung von Blütenblättern durch Einlagerung von Farbstoffen. Außerdem sorgt sie gemeinsam mit der Zellwand für die Stabilität der Pflanzenzelle. Aufgrund der hohen Konzentration von Teilchen strömt Wasser in die Vakuole ein (Osmose, vgl. S. 48), sodass sie bis zu 90 % des Volumens der Pflanzenzelle ausmachen kann. Der entstehende Innendruck bewirkt, dass die Vakuolenmembran gegen die Zellmembran bzw. die Zellwand drückt. Dieser von innen auf die Zellwand ausgeübte Zellsaftdruck, auch Turgor genannt, sorgt für die Stabilität der Zelle.

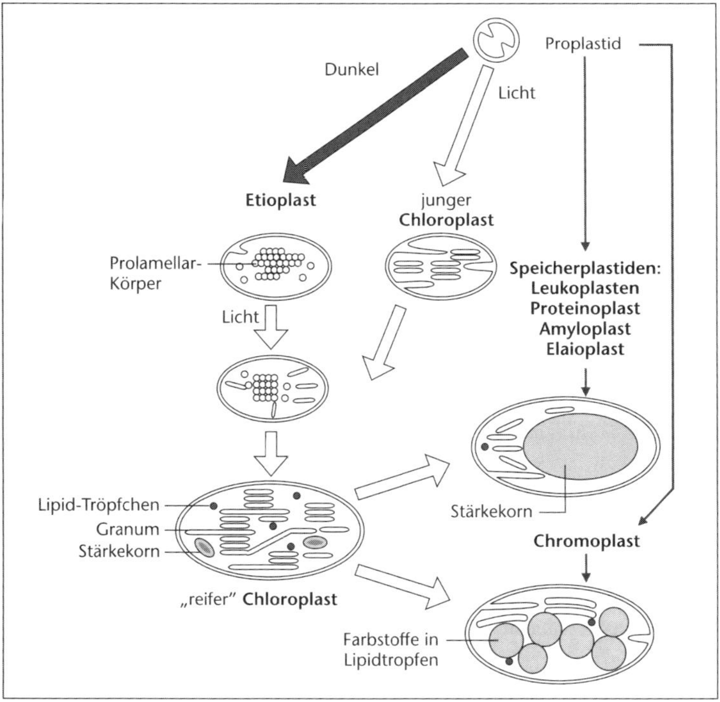

Abb. 14: Entwicklung der Plastiden

1.4 Stofftransport durch die Zellmembran

Die Zellmembran muss nicht nur für eine Abtrennung des Zellinneren von der Umgebung sorgen, sondern gleichzeitig sicherstellen, dass Nährstoffe in die Zelle und Stoffwechselendprodukte aus der Zelle heraustransportiert werden. Man unterscheidet dabei verschiedene Transportmechanismen, die im Folgenden kurz erläutert werden.

Passiver Transport: Diffusion und Osmose, Plasmolyse und Deplasmolyse

Diffusion

Hierbei handelt es sich um den Transport von Molekülen durch die Zellmembran hindurch bis zum Ausgleich eines bestehenden Konzentrationsgefälles. Das heißt, dass die Teilchen vom Ort der höheren Konzentration zum Ort der geringeren Konzentration wandern, bis eine gleichmäßige Verteilung vorliegt. Die Diffusion ist ein passiver Transportvorgang, für den keine Energie aufgewendet werden muss (vgl. Abb. 12, 17).

Die Diffusion lässt sich mit der Brown'schen Molekularbewegung beschreiben. Jedes Atom bzw. Molekül wird durch Lösemittelmoleküle bewegt und bewegt umgekehrt die Lösemittelmoleküle. Dies führt zu einer Verteilung des gelösten Stoffes im Lösemittel.

Diffusionsgeschwindigkeit

Die Diffusionsgeschwindigkeit hängt von verschiedenen Größen ab. So ist die Diffusionsgeschwindigkeit höher,

- je kleiner das Molekulargewicht bzw. die Teilchengröße des diffundierenden Stoffes ist,
- je geringer die Viskosität des Lösungsmittels ist,
- je höher die Umgebungstemperatur ist.

Osmose

In biologischen Systemen bezeichnet man die Diffusion von Wasser durch eine semipermeable Membran als Osmose, wobei das Wasser immer vom Ort der hohen (hypertone Lösung) zum Ort der niedrigen (hypotone Lösung) Konzentration wandert, sodass sich die Konzentrationen einander angleichen.

Plasmolyse und Deplasmolyse

Wenn man pflanzliche Zellen in eine hyperosmotische Salzlösung (hyper = höher) gibt, kommt es zur so genannten Plasmolyse (vgl. Abb. 15). Diese ist ein Extremfall der Osmose, den man bei Pflanzenzellen beobachtet. Man kennt das

Phänomen aus der heimischen (Versuchs-)Küche: Legt man frische Salatblätter in eine Salatsoße, so welken sie innerhalb kurzer Zeit. Die Salatsoße stellt eine Umgebung höherer Salzkonzentration (hyperosmotisches Medium) dar, in die das Wasser aus den Vakuolen der Salatblätterzellen hineinströmt.

Die Membranen von Zytoplasma und Vakuole sind semipermeable Biomembranen, d. h., Wasser und kleine ungeladene Teilchen können sie durchdringen, wohingegen große Moleküle und geladene Teilchen dies nicht können. Bei Zugabe der hyperosmotischen Salzlösung in das die Zellen umgebende Medium ist die Konzentration von geladenen Teilchen (der An- und Kationen der Salzlösung und ebensolche in Zytoplasma und Vakuole) innerhalb und außerhalb der Zelle ungleich. Um dieses Gefälle auszugleichen, wandert Wasser aus dem Zytoplasma bzw. der Vakuole zum Ort der niedrigeren Konzentration, bis das Medium die gleiche Osmolarität (Teilchenkonzentration) wie die Zelle besitzt (vgl. Abb. 15, B, C). Dabei schrumpfen Zytoplasma und Vakuole: Diesen Vorgang nennt man Plasmolyse. Die Plasmolyse ist besonders gut zu beobachten, wenn die Vakuole gefärbt ist, z. B. durch Anthocyan.

Überführt man die plasmolysierten Zellen in ein hypoosmolares Medium (hypo = niedriger), so kommt es zur Deplasmolyse (vgl. Abb. 15, D), d. h., der Vorgang kehrt sich um und das Wasser strömt in die Zelle zurück. Falls die vorherige Salzkonzentration nicht zu hoch war, leben die Zellen hinterher weiter.

Osmolarität

Osmolarität ist die Teilchenkonzentration einer Lösung, die als Menge der gelösten Teilchen in Mol pro Liter (mol/l) angegeben wird. Zu den Teilchen gehören in biologischen Systemen Kationen (Ca^{2+}, K^+, Na^+), Anionen (SO_4^{2-}, Cl^-) und viele gelöste (und daher meist ionisierte) biologische Substanzen wie Glukose oder Farbstoffe.

Wenn man zwei osmolare Lösungen miteinander vergleicht, so können sie isoosmotisch sein (gleiche Osmolarität) oder die eine Lösung ist hypoosmotisch (weniger osmolar) im Vergleich zur anderen, welche dann in diesem Vergleich hyperosmotisch (stärker osmolar) ist.

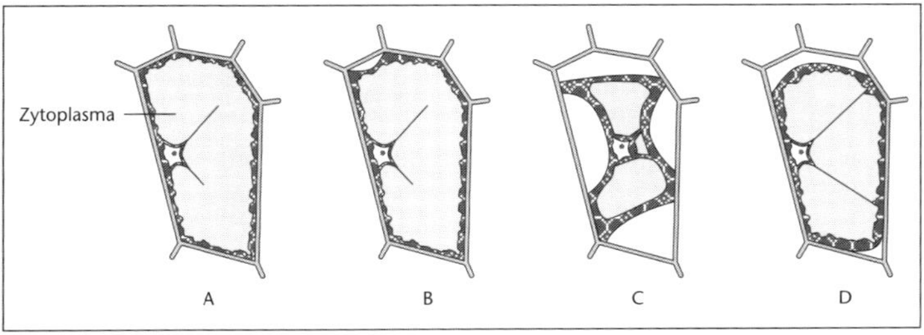

Abb. 15: Plasmolyse und Deplasmolyse

Osmometer

Mithilfe eines Osmometers lässt sich die Osmolarität einer beliebigen Lösung bestimmen. Dazu wird die zu untersuchende Lösung in die Osmometerkammer (vgl. Abb. 16) eingefüllt. Entsprechend der Osmolarität der Lösung strömt Wasser durch die poröse Tonwand und die semipermeable Membran in die Kammer (vgl. Abb. 16, Ausschnitt). Dadurch steigt die Flüssigkeitssäule im Steigrohr, bis sich der osmotische Druck und der hydrostatische Druck der Säule ausgleichen. Die Höhe der Flüssigkeitssäule ist der Osmolarität der Lösung proportional.

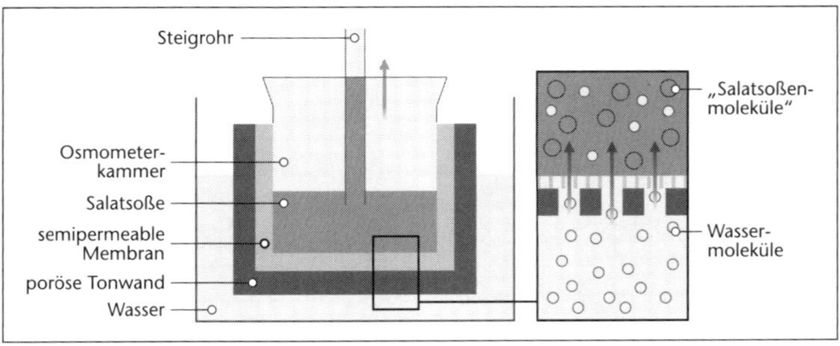

Abb. 16: Osmometer

Erleichterte Diffusion

Durch spezielle in die Membran eingelagerte Proteine (so genannte Carrier) kann die Geschwindigkeit der Diffusion entlang eines Konzentrationsgefälles erleichtert und so um ein Vielfaches beschleunigt werden. Bei diesen Proteinen handelt es sich u. a. um molekülspezifische Kanäle (vgl. Abb. 12), durch die auch geladene Moleküle ohne Energieaufwand durch die Membran diffundieren können.

Je höher der Konzentrationsgradient, desto schneller läuft die Diffusion ab. Die Gerade der einfachen Diffusion steigt daher proportional zur Zunahme des Konzentrationsgradienten (der Unterschied der Konzentration der zu transportierenden Moleküle auf beiden Seiten der Membran) an. Bei der erleichterten Diffusion durch den Carrier steigt die Transportgeschwindigkeit zunächst steil an. Wenn alle Carrier gebunden sind, erreicht sie ein Maximum (vgl. Abb. 17).

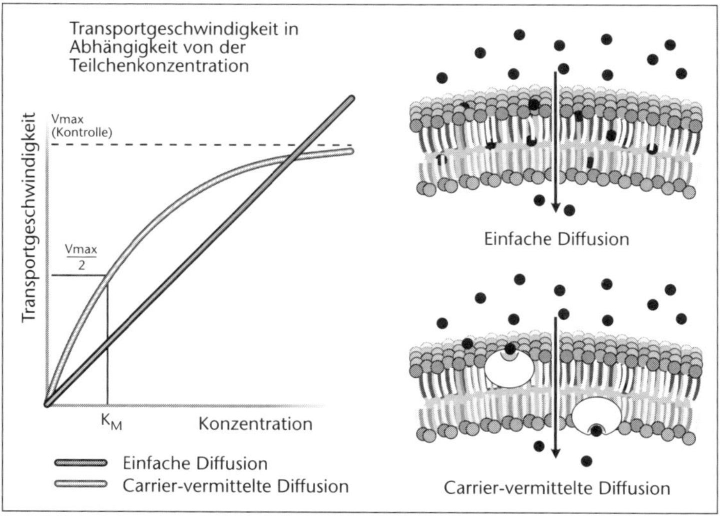

Abb. 17: einfache und carriervermittelte Diffusion

Aktiver Transport unter Energieaufwand

Für diese Form des Transportes, die gegen ein Konzentrationsgefälle oder gegen ein elektrisches Potenzial erfolgt, ist Energie – d. h. die Kopplung an Energie liefernde Stoffwechselvorgänge der Zelle – notwendig. Ein Beispiel für den aktiven Transport ist die Natrium-Kalium-Pumpe bei Nervenzellen (vgl. Abb. 12).

Membranabschnürung und -fusion: Exozytose und Endozytose

Bei dieser Form des Stofftransportes geht es i. d. R. darum, größere Moleküle aus der Zelle heraus- bzw. in die Zelle hereinzuschleusen.

Bei der Exozytose fusionieren die Phospholipide der Vesikel, die z. B. von den Diktyosomen des Golgi-Apparats (vgl. S. 43) abgeschnürt wurden, mit jenen der Zellmembran. Die Verschmelzung der Membran erfolgt so, dass dadurch der Inhalt der Vesikel an den extrazellulären Raum abgegeben wird. Im Kasten A der Abbildung 18 ist dieser Prozess hervorgehoben.

Bauchspeicheldrüsenzellen exozytieren u. a. Verdauungsenzyme, die im Dünndarm für die Zerkleinerung der Nährstoffe verantwortlich sind (vgl. S. 163).

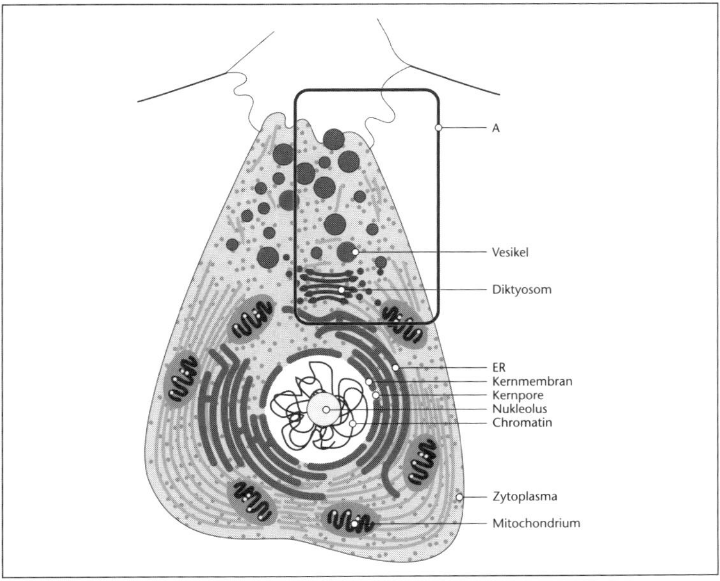

Abb. 18: Exozytose an einer Bauchspeicheldrüsenzelle

Bei der Endozytose erfolgt der Vorgang in die andere Richtung. Feste oder gelöste Stoffe werden durch Einstülpung der Zellmembran und anschließender Abschnürung von Vesikeln ins Zellinnere transportiert. Den Vorgang der Exozytose an einer Bauchspeicheldrüsenzelle zeigt Abbildung 18. Dieser Zelltyp ist darauf spezialisiert, Verdauungsenzyme in den Darm zu sezernieren.

1.5 Zellteilungszyklus – Vermehrung durch Teilung

Vielzellige Lebewesen setzen sich aus einer unvorstellbar großen Anzahl von Zellen zusammen. Zu Beginn ihrer Entwicklung bestehen sie aber nur aus einer einzigen Zelle: der befruchteten Eizelle. Durch Teilung werden daraus zwei Zellen, aus diesen zwei werden vier, aus den vier werden acht usw. Innerhalb kurzer Zeit haben sich durch exponentielles Wachstum Millionen von Zellen gebildet. Zellen vermehren sich also durch Zweiteilung: Aus einer Mutterzelle werden zwei Tochterzellen. Der deutsche Arzt Rudolf Virchow prägte 1855 folgenden bezeichnenden Satz: Omnis cellula e cellula. – Jede Zelle geht aus einer Zelle hervor. Entwicklung, Wachstum und Fortbestehen des Lebens beruhen auf Vermehrung von Zellen und damit auf der Zellteilung.

In wachsenden Geweben durchlaufen Zellen bis zu ihrer endgültigen Differenzierung einen so genannten Zellteilungszyklus nach dem anderen. Er kann bei Säugetierzellen je nach Zelltyp zwischen zehn und 24 Stunden in Anspruch nehmen und wird in zwei Phasen unterteilt: die Interphase und die Teilungsphase.

In der Teilungsphase entstehen zwei Tochterzellen aus der Teilung einer Mutterzelle. Die dabei resultierenden Volumenverluste (das Zellplasma wird ja auf die beiden Tochterzellen verteilt) werden in einer nachfolgenden Interphase ausgeglichen. Da die Tochterzellen nach einer Zellteilung aber auch über identisches Erbgut verfügen, muss in der Interphase auch ein Mechanismus der Verdopplung des Erbguts eingeschaltet sein. Eine wachsende, sich teilende Zelle durchläuft also abwechselnd eine Interphase und eine Teilungsphase. Im Gegensatz dazu haben vollständig differenzierte Zellen, wie z. B. Nervenzellen, in der Regel ihre Teilungsfähigkeit verloren und befinden sich in der so genannten G0-Phase. Im Folgenden werden die verschiedenen Phasen des Zellteilungszyklus näher erläutert.

Interphase

Die Interphase ist die Wachstumsphase einer Zelle und untergliedert sich in drei Abschnitte: G1-Phase, S-Phase und G2-Phase (vgl. Abb. 20).

Die S-Phase wird so bezeichnet, weil es sich um die DNA-Synthese-Phase einer Zelle handelt. Die G-Phasen sind nach dem englischen Wort „gap" (= Lücke) benannt, da in ihnen keine Synthese von DNA erfolgt, also eine Lücke entsteht.

Die auf die Teilungsphase folgende G1-Phase ist die eigentliche Arbeitsphase, in der die Zelle die aus der vorangegangenen Zellteilung resultierenden Volumenverluste ausgleicht. Die Verdopplung der DNA und ihre Verbindung mit neu hergestellten Histonen erfolgt dabei ausschließlich in der S-Phase. In der nachfolgenden G2-Phase findet die Vorbereitung der Zelle auf die nachfolgende Teilungsphase statt. Nach der in der S-Phase erfolgten Verdopplung der DNA (Replikation, vgl. S. 101) bestehen die Chromosomen aus zwei identischen Einheiten, den Schwesterchromatiden.

Die identische Verdopplung der Chromosomen ist ein äußerst wichtiger Schritt für die Teilung der Zelle: Die beiden entstehenden Tochterzellen müssen hinterher die gleiche genetische Information besitzen, d. h., die gleiche Zahl an Chromosomen erhalten. Würden diese vorab nicht verdoppelt werden, hätten die Tochterzellen nach der Teilung nicht mehr dieselbe genetische Information wie die Ausgangszelle. Eine sich teilende Zelle befindet sich weitaus länger in der Interphase (zehn bis 20 Stunden, zum Teil auch mehrere Tage) als in der sich daran anschließenden und nun zu erläuternden Teilungsphase (30 Minuten bis drei Stunden).

Teilungsphase (Mitose und Zytokinese)

Die Teilungsphase gliedert sich in die Mitose (griech. *mitos* = Fäden spannen) und die Zytokinese (griech. *kinesis* = Bewegung).

Während der Mitose teilt sich der Zellkern. Diese Phase wird in vier Stadien eingeteilt: Prophase, Metaphase, Anaphase und Telophase (vgl. Abb. 19). Während der

Zytokinese, die gleichzeitig mit der Telophase abläuft, teilt sich das Zytoplasma der Zelle. Für einen erfolgreichen Ablauf der Zellteilung sind mehrere Vorgänge notwendig:

- Zuerst müssen die Chromosomen, die sich vorab verdoppelt haben, geordnet werden.
- Dann müssen die Chromatiden voneinander getrennt und an die entgegengesetzten Pole der Zelle gebracht werden.
- Anschließend muss sich das Zytoplasma in der Form trennen, dass beide Tochterzellen die gleiche Anzahl Chromatiden sowie alle anderen wichtigen Zellbestandteile erhalten.

Die Mitose ist ein höchst komplizierter Vorgang, für dessen Gelingen vor allem die Mitosespindel verantwortlich ist: Diese Struktur, die auch als Spindelapparat bezeichnet wird, besteht aus tausenden spezieller Proteinfasern (Mikrotubuli) und bildet das Gerüst, durch welches die Chromatiden auf die beiden Tochterzellen verteilt werden. Die Mitosespindel funktioniert mit einer unglaublichen Präzision: Ein Fehler bei der Chromosomenverteilung passiert – etwa im Falle von Hefezellen – nur bei einer von etwa 100.000 Zellteilungen.

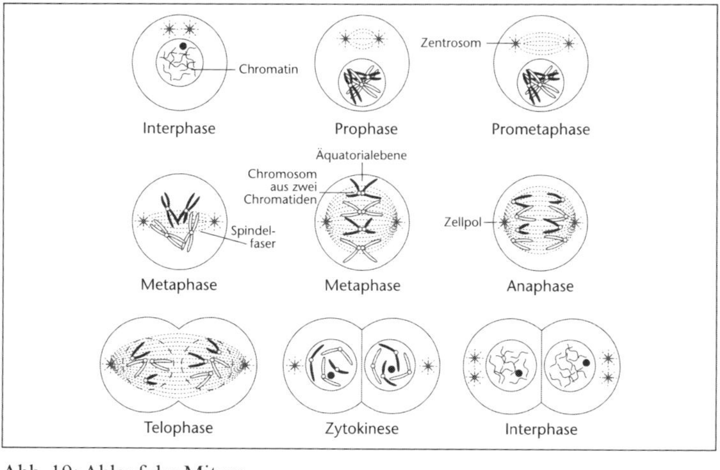

Abb. 19: Ablauf der Mitose

Die einzelnen Phasen des Zellzyklus im Überblick

Die der Mitose (vgl. Abb. 19) vorangehende Interphase ist das Stadium, in der sich die Chromosomen verdoppelt haben, aber lichtmikroskopisch noch nicht zu erkennen sind, weil sie nur geringfügig kondensiert vorliegen.

In der Prophase der Mitose ziehen sich die Chromosomen dann stark zusammen. Sie kondensieren und werden dadurch im Lichtmikroskop sichtbar. Die Chromosomen bestehen aus je zwei Schwesterchromatiden, die am Zentromer verbunden sind. Nun beginnt die Ausbildung der Mitosespindel, die Spindelpole rücken auseinander, die Kernhülle zerfällt und die Spindelfasern (Mikrotubuli) heften sich an die Zentromere der Chromatiden.

Die Mitosespindel ist in der Metaphase vollständig ausgebildet: Beide Spindelpole liegen sich gegenüber. Die Chromosomen haben sich in einer Ebene angeordnet (Äquatorialebene) und die Schwesterchromatiden weisen zu den entgegengesetzten Spindelpolen. In dieser Phase können die Chromosomen deutlich nach Form und Größe unterschieden werden.

Ein Teil der Spindelfasern ist in der Anaphase mit den Zentromeren der Chromosomen verbunden und zieht jeweils das eine Chromatid zum einen Spindelpol und das andere Chromatid zum anderen Pol. Jedes Chromatid ist nun ein eigenständiges Chromosom geworden. Gleichzeitig werden die anderen Spindelfasern immer länger, sodass die Spindelpole auseinander weichen.

In der Telophase verlängert sich die Zelle durch das Auseinanderweichen der Spindelfasern noch mehr. Wenn die Chromatiden die Pole erreichen, bilden sich die beiden neuen Kernhüllen aus. Gleichzeitig werden die kondensierten Chromosomen wieder entspiralisiert, indem sie sich zu langen dünnen Fäden auflockern. Die beiden Tochterzellen besitzen nun identische Chromosomen.

Der zweite Abschnitt der Teilungsphase, die Zytokinese, beginnt i. d. R. schon während der Schlussphase der Mitose, der Telophase. Das Zytoplasma teilt sich und es entstehen zwei vollständige, getrennte Tochterzellen, die alle notwendigen Zellbestandteile des Zytoplasmas sowie einen Zellkern besitzen. Unmittelbar nach der Zellteilung ist jedes Chromatid ein Einchromatid-Chromosom. Da die Verdopplung der DNA erst in der folgenden Interphase erfolgt, besteht das Chromosom zu diesem Zeitpunkt nur aus einer DNA- Doppelhelix.

Die neu entstandenen Zellen gehen nun wieder in die Wachstumsphase (G1-Phase) über oder differenzieren sich zu einem bestimmten Zelltyp (G0-Phase) weiter.

Chromosomensätze

Die Zellen des Menschen (und auch die der meisten Tiere bzw. höheren Pflanzen) verfügen über einen doppelten Chromosomensatz 2n (Chromosomensatz = n, beim Menschen = 23 Chromosomen). Das bedeutet, dass jedes Chromosom zweifach vorliegt. In der Synthesephase des Zellzyklus wird der Chromosomensatz auf 4n verdoppelt (Replikation), sodass nach Ablauf der Mitose bzw. der Zellteilung die beiden Tochterzellen wieder über den normalen, doppelten Chromosomensatz verfügen.

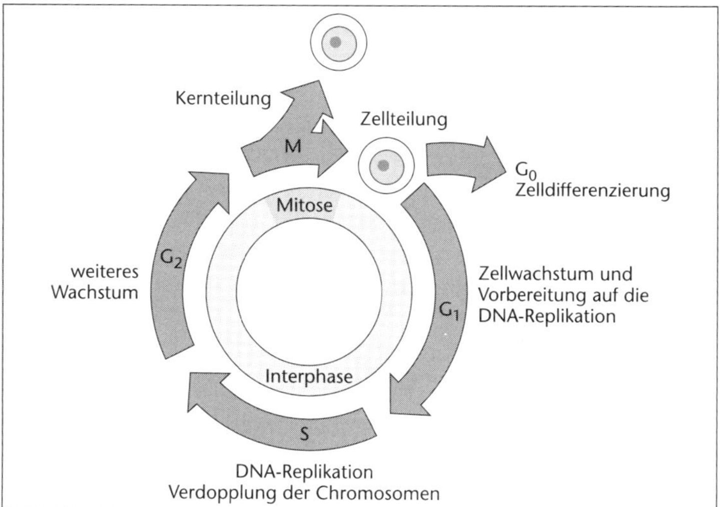

Abb. 20: Ablauf des Zellzykluses

In der Prophase liegen von jedem Chromosom zwei Homologe vor, die mit je zwei identischen Chromatiden (4n) ausgestattet sind. In der Anaphase werden diese zusammenliegenden Chromatiden auf die beiden zukünftigen Tochterzellen verteilt und als Tochterchromosomen bezeichnet.

G0-Phase – Zelldifferenzierung

Zwar bestehen alle Zellen aus festen Grundbestandteilen, es können aber – je nach Funktion im Organismus – bestimmte Strukturen stärker oder schwächer ausgebildet sein. Hier spricht man von funktionsspezifischer Differenzierung. Eine Muskelfaserzelle ist z. B. lang gestreckt und besitzt viele Mitochondrien, weil sie ihre Aufgabe nur erfüllen kann, wenn ausreichend Energie produziert wird. Drüsenzellen hingegen sind stark mit Diktyosomen durchsetzt, um stets die benötigten Sekrete bereitstellen zu können. Bei tierischen Zellen unterscheidet man in dieser Hinsicht u. a. Drüsen-, Sinnes-, Nerven-, Bindegewebs-, Knochen-, Muskel-, Blut- und Samenzellen; bei Pflanzen findet man u. a. Epidermis-, Wurzelhaar-, Stein- und Siebzellen sowie Bastfasern und Tracheen. Ob sich eine Zelle differenziert oder weiterhin teilt, hängt u. a. von den Umgebungsbedingungen ab, die der Zelle signalisieren, welche Aufgabe ihr zugeteilt ist.

Zellzahlen

Der Mensch besteht aus ungefähr zehn Billionen (10^{13}) Zellen. Zusätzlich befinden sich in seinem Magen-Darm-Trakt etwa 100 Billionen (10^{14}) Zellen von Mikroorganismen (Bakterien, Ziliaten etc.) und auf seiner Haut sind noch einmal rund eine Billion (10^{12}) Bakterien verteilt. All diese Bakterien zusammengenommen wiegen allerdings nur etwa 100 g. Der Grund für dieses geringe Gewicht ist die Tatsache, dass die eukaryotischen Zellen des menschlichen Körpers deutlich größer sind als die prokaryotischen Bakterienzellen.

1.6 Grundlegende Methoden der Zellbiologie

Das Lichtmikroskop

Das Lichtmikroskop ist eines der wichtigsten Hilfsmittel in der Naturwissenschaft. Es ermöglicht uns, Objekte, die wir mit bloßem Auge nie erkennen würden, ohne großen Aufwand zu untersuchen. Um den Aufbau und die Funktion eines Lichtmikroskops verstehen zu können, ist unabdingbar, sich zunächst mit den Grundlagen des Sehens vertraut zu machen.

Allgemeine Grundlagen des Sehens

Dinge, die wir betrachten, werden auf unserem Augenhintergrund abgebildet. Dieses Bild auf unserem Augenhintergrund (Netzhaut) ist das, was wir wahrnehmen. Der Durchmesser unserer Sehzellen (ca. 3 µm) gibt dabei eine bestimmte Körnigkeit (Pixelgröße) des Bildes vor. Wie Abbildung 21 zeigt, wird ein Objekt, das nah vor unserem Auge ist, auf unserer Netzhaut größer abgebildet, als wenn es sich weiter weg befindet. Man sieht also ein Objekt deutlicher (d. h. mehr Bildpunkte), je näher man herangeht.

Als Maß für die Bildgröße auf unserer Netzhaut dient der Sehwinkel α (hier α_1 und α_2). Das ist jener Winkel, den die Geraden (Lichtstrahlen) – von den Eckpunkten des betrachteten Objekts zum Zentrum unserer Augenlinse – einschließen. Da Objekt A_2 näher am Auge ist als A_1, ist auch $\alpha_2 > \alpha_1$ und dementsprechend die Abbildung von A_2 auf der Netzhaut (= A_2') größer als die von A_1 (= A_1').

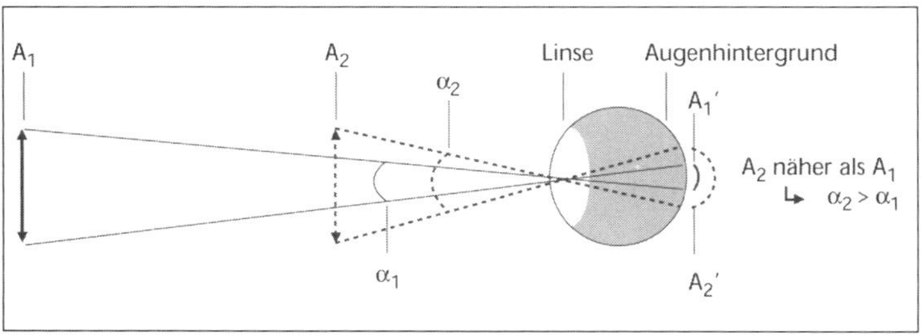

Abb. 21: Sehwinkel

Beim optimalen Abstand zum Objekt können wir mit bloßem Auge noch zwei Punkte unterscheiden, die ca. 0,2 mm voneinander entfernt liegen. Darunter wird der gebildete Sehwinkel zu klein und wir können die Punkte auf unserer Netzhaut nicht mehr getrennt wahrnehmen (sie erscheinen uns als ein Punkt). Bei der Untersuchung sehr kleiner Objekte können wir durch Linsensysteme das auf der Netzhaut erzeugte Bild bzw. den resultierenden Sehwinkel so weit vergrößern, dass auch Einzelheiten, die kleiner als 0,2 mm sind, für uns sichtbar werden.

Aufbau des Lichtmikroskops

Lichtmikroskope (LM) bestehen aus zwei Linsensystemen: dem Objektiv und dem Okular. Das dem Untersuchungsobjekt zugewandte Objektiv erzeugt ein vergrößertes Zwischenbild des Objekts, während das dem Auge nähere Okular als Lupe dafür sorgt, dass wir dieses Zwischenbild unter einem günstigen Sehwinkel und Augenabstand betrachten können. In der stark vereinfachten Abbildung 22 wird das kleine Untersuchungsobjekt [A] zunächst zum Zwischenbild [B] vergrößert, an dem mehr Einzelheiten zu erkennen sind. Durch das Okular und die Augenlinse wird dieses auf unserer Netzhaut nochmals stark vergrößert abgebildet [C].

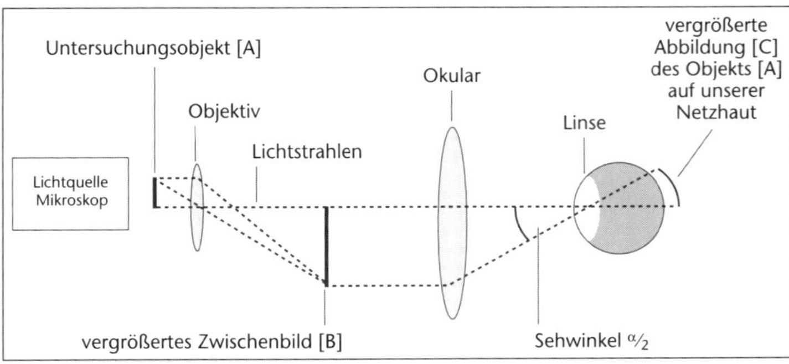

Abb. 22: Vergrößerung im Lichtmikroskop

Ohne die Linsensysteme des Mikroskops würde das Objekt [A] unter einem deutlich kleineren Sehwinkel und damit wesentlich kleiner auf der Netzhaut abgebildet. Dies kann man mit einem Lineal, das man an der Spitze von [A] anlegt und durch das Zentrum der Augenlinse verlaufen lässt, nachprüfen. Das dabei erzeugte Bild liegt auf der unteren Hälfte der Augennetzhaut und ist deutlich kleiner.

Inwieweit man in die Mikrostruktur eines Objekts eindringen kann, hängt nicht von der maximal möglichen Vergrößerung ab, sondern von der Qualität des Linsensystems (den Linsenfehlern und dem Öffnungswinkel des Objektivs), die ausschlaggebend für das Auflösungsvermögen des LMs ist.

Das maximal mögliche Auflösungsvermögen hochwertiger Lichtmikroskope liegt bei 0,2 µm (= 0,0002 mm). Im Vergleich zum Auge (0,2 mm) ist also die Auflösung 1000fach besser. Das bedeutet, dass man zwei nebeneinander liegende Objektpunkte dann noch getrennt voneinander wahrnehmen kann, wenn der Abstand zwischen ihnen nicht kleiner als etwa 0,2 µm ist.

Formel zur Berechnung des maximalen Auflösungsvermögens:

$$d = \frac{\lambda}{n * \sin {}^{\alpha}/_{2}}$$

1872 entwickelte Ernst Abbé die physikalischen Grundlagen optischer Abbildungen. Infolgedessen ließen sich die Mikroskope bis zur Grenze ihrer theoretischen Leistungsfähigkeit (0,2 µm) verbessern. Berühmt ist die von ihm aufgestellte Formel zur Berechnung des maximal möglichen Auflösungsvermögens d, auf die im Folgenden kurz eingegangen werden soll.

Lambda (λ) ist die Wellenlänge des Lichts, das bei der Untersuchung verwendet wird, z. B. 500 nm, also die Farbe Grün. $n * \sin {}^{\alpha}/_{2}$ wird als nummerische Apertur (= Öffnung) bezeichnet. Mit $\sin {}^{\alpha}/_{2}$ geht in die Formel ein, dass die Leistungsfähigkeit eines Lichtmikroskops vor allem vom Öffnungswinkel des Objektivs abhängt, sein Zahlenwert beträgt im optimalen Falle 0,95. n ist die Brechungszahl des Mediums, durch welches das Licht hindurchgeht (bei Luft n = 1, bei Immersionsöl (Öltropfen zwischen Deckglas und Objektiv) n = 1,515).

Beispielrechnung:

$$d = \frac{500 \text{ nm}}{1 * 0{,}95} = 526{,}3 \text{ nm} \approx 0{,}5 \text{ µm}$$

Aus der Formel ergibt sich: je kleiner d, desto besser die Auflösung des Mikroskops. Die Auflösung wird also durch einen großen Wert des Nenners n * sin $^{\alpha}/_{2}$ bzw. durch eine kleine Wellenlänge λ begünstigt.

Das Elektronenmikroskop

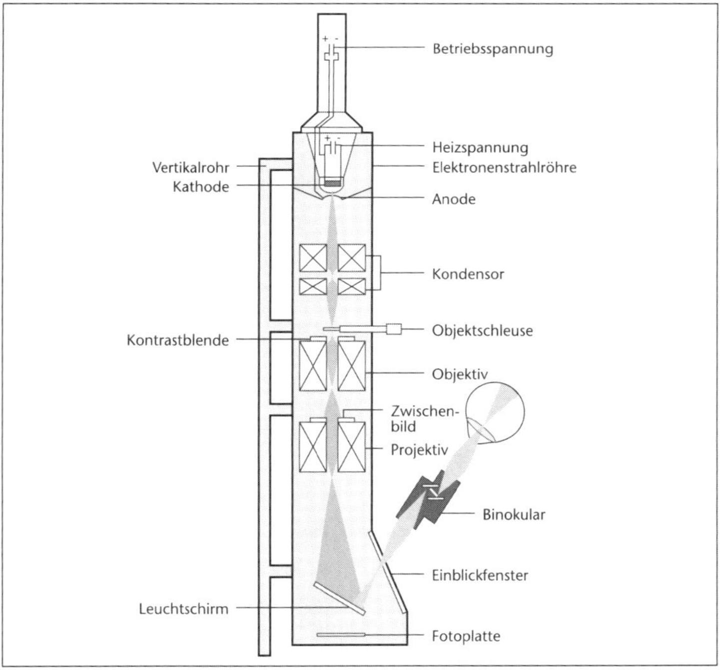

Abb. 23: Bau eines Elektronenmikroskops

Das Auflösungsvermögen des Lichtmikroskops wird durch die Wellenlänge des sichtbaren Lichts begrenzt. Beim Elektronenmikroskop (EM) werden Elektronen zur „Beleuchtung" des Gegenstands eingesetzt (vgl. Abb. 23). Elektronen haben wesentlich kleinere Wellenlängen als Licht. Mit ihnen ist man dementsprechend in der Lage, wesentlich kleinere Strukturen aufzulösen. Die kleinste Wellenlänge des verwendbaren Lichts beträgt ca. 380 nm (nm = Nanometer, 1 nm entspricht einem Milliardstel Meter). Die Wellenlänge jener Elektronen, die man für die Elektronenmikroskopie verwendet, liegt i. d. R. bei 5 nm.

Alle EM haben einen Elektronenstrahler zur Erzeugung der Elektronen. Magnetische „Linsen" lenken und fokussieren den Elektronenstrahl. Elektronen werden leicht von den Molekülen der Luft gestreut, weshalb im Inneren eines EM ein Hochvakuum herrscht. Außerdem benötigen EM Vorrichtungen zur Fixierung und Darstellung der erzeugten Bilder.

Ein Beispiel für einen EM-Typ ist das Durchstrahlungselektronenmikroskop (DEM). Einige Elektronen des Elektronenstrahls durchdringen die Probe und erzeugen hinter ihr ein vergrößertes Abbild. Dazu darf die Probe nur einige Mikrometer (tausendstel Millimeter) dick sein. Die Aufzeichnung des vergrößerten Abbilds erfolgt auf einer fotografischen Platte oder einem Leuchtschirm. Mit dem DEM können Gegenstände bis zu 1.000.000fach vergrößert werden.

	Lichtmikroskop	Elektronenmikroskop
Strahlenart	Wellenlängen des sichtbaren Lichts	Elektronenstrahlen
Maximales Auflösungsvermögen	0,2 µm	0,2 nm
Art der zu untersuchenden Objekte	lebende Objekte	tote Objekte

Tab. 1: Vergleich von Licht- und Elektronenmikroskop

Zentrifugation

Mithilfe von Zentrifugen (Trennschleudern) ist man in der Lage, Substanzen unterschiedlicher Dichte voneinander zu trennen. Die Trennung erfolgt mittels der durch die Rotation entstehenden Zentrifugalkraft (Fliehkraft). Diese kann mehrere 1000-mal so stark sein wie die auf der Erde wirkende Gravitationskraft (Erdanziehungskraft). Zentrifugen werden zur schnellen Trennung von Substanzgemischen verwendet. Diese würden sich unter dem Einwirken der Schwerkraft nur langsam trennen. Auch bei Wäscheschleudern handelt es sich um eine Art der Zentrifugation, bei der ein nasser Feststoff entwässert wird. Die ersten Zentrifugen wurden zur Rahmabtrennung bei Milch verwendet. In der Zellbiologie werden Zentrifugen z. B. eingesetzt, um die einzelnen Zellbestandteile voneinander zu trennen.

Je nach Trennprinzip unterscheidet man Filtrations-, Sedimentations-, Überlauf-, Becher- und Tellerzentrifugen. Die erreichten Beschleunigungskräfte sind von der Größe des Durchmessers der Zentrifuge abhängig. Je kleiner der Durchmesser ist, desto größer sind die Beschleunigungskräfte. Ultrazentrifugen, die sehr hohe Drehzahlen erreichen, gehören zu den am häufigsten verwendeten Modellen. Sie wurden um 1920 von dem schwedischen Chemiker Theodor Svedberg erfunden und bis heute zunehmend verfeinert. Die modernsten Vertreter dieser Art von Zentrifugen können Umdrehungsgeschwindigkeiten von 100.000 bis eine Million Umdrehungen pro Sekunde erreichen.

II. Zellstoffwechsel und Energiehaushalt

Die Gesamtheit der chemischen Reaktionen eines Organismus wird als Stoffwechsel (Metabolismus) bezeichnet.

Während in Kapitel 5 „Physiologie und Anatomie höherer Tiere" der Stoffwechsel im gesamten Organismus betrachtet wird, sollen im Folgenden speziell jene Stoffwechselvorgänge im Vordergrund stehen, die in den Zellen stattfinden.

Man unterscheidet den abbauenden und den aufbauenden Stoffwechsel. Beim abbauenden Stoffwechsel werden organische Verbindungen (Kohlenhydrate, Proteine und Lipide) in ihre Grundbausteine zerlegt. Man bezeichnet diese Vorgänge als Katabolismus oder Dissimilation. Konkrete Beispiele sind die aerobe Zellatmung bzw. die anaerob ablaufenden Gärungsprozesse. Ziel dieser Prozesse ist die Bereitstellung von Energie für endergone chemische Reaktionen innerhalb der Zelle.

Der aufbauende Stoffwechsel wird auch als Anabolismus oder Assimilation bezeichnet. Dabei werden unter externer Energiezufuhr aus einfachen energiearmen Substanzen energiereiche Verbindungen hergestellt. Die für diese Prozesse notwendige Energie wird entweder aus der Dissimilation oder anderen Quellen, wie z. B. aus dem Sonnenlicht oder anorganischen Verbindungen, bereitgestellt.

Vom Energiestoffwechsel, bei dem chemische Energie freigesetzt wird, ist der so genannte Baustoffwechsel abzugrenzen, bei dessen Stoffwechselreaktionen Zellstrukturen auf- oder abgebaut werden.

2.1 Grundlagen des Stoffwechsels

Energetische Grundlagen des Zellstoffwechsels

Für alle Aufbau- und Abbauprozesse der Zelle muss Energie aufgewendet werden.

Für jeden Prozess, der mit einem Umsatz von Energie verbunden ist, kann die Änderung der freien Energie ΔG berechnet werden. Dazu dient die Gibbs-Helmholtz-Gleichung: $\Delta G = \Delta H - T\,\Delta S$

- ΔG gibt an, welcher Energiebetrag unter konstantem Druck in Arbeit umgewandelt werden kann.
- ΔH steht für die Enthalpieänderung, also den Wärmeumsatz bei Bildung eines Mols einer Verbindung aus den Elementen unter konstantem Druck.
- T steht für die absolute Temperatur.
- ΔS steht für die Entropieänderung (Entropie = Maß für die Unordnung eines Systems).

Ist $\Delta G < 0$, läuft die Reaktion spontan ab; man bezeichnet sie als exergonisch. Ist $\Delta G > 0$, läuft die Reaktion nicht spontan ab; sie wird dann endergonisch genannt.

Die als negativer ΔG-Wert ($\Delta G < 0$) gemessene Reaktionsfähigkeit sagt nichts über die tatsächliche Geschwindigkeit einer stattgefundenen Reaktion aus, sondern nur etwas darüber, ob diese unter Freisetzung von Energie abläuft. Die Reaktionsgeschwindigkeit hängt von der Überwindung der Aktivierungsenergie ab, was sich z. B. durch eine Erhöhung der Temperatur erreichen lässt. So verdoppelt bis verdreifacht sich nach der Reaktionsgeschwindigkeit-Temperatur-Regel (RGT-Regel) die Reaktionsgeschwindigkeit bei einer Temperaturerhöhung um 10 °C.

Katalysator

Unter zellulären Bedingungen kann die Aktivierungsenergie durch Katalysatoren, die bestimmte Substratmoleküle in einen reaktionsbereiten Zustand versetzen, herabgesetzt werden. So sorgen Katalysatoren für die Beschleunigung von chemischen Reaktionen. Die Katalysatoren werden durch die Reaktion nicht verbraucht, sondern stehen nach der Umsetzung der Substratmoleküle wieder zur Verfügung. Relativ geringe Mengen eines Katalysators können dementsprechend große Substratmengen umsetzen.

Technische Katalysatoren bestehen oft aus Metallen (Platin) oder Metalloxiden verschiedenster Zusammensetzung. Unter Biokatalysatoren versteht man organische Moleküle, die die Aktivierungsenergie einer biochemischen Reaktion herabsetzen. In der Zelle dienen Enzyme als Biokatalysatoren, indem sie den Zellstoffwechsel bei Körpertemperatur ermöglichen. Sie können durch den Organismus selbst hergestellt werden. Enzyme gehören zur Stoffklasse der Proteine (vgl. S. 25). Im Folgenden wird zunächst auf den Aufbau und dann auf die Funktion der Enzyme in der Zelle und im Zellstoffwechsel eingegangen.

Aufbau und Funktion von Enzymen

Alle Enzyme sind Proteine, wobei manche noch einen Nichtproteinanteil gebunden haben, der ebenfalls an der Katalyse beteiligt ist. Ist diese Gruppe leicht abtrennbar, nennt man sie Coenzym. Ist sie dagegen fest gebunden, bezeichnet man sie als prosthetische Gruppe.

Jedes Enzym besitzt ein so genanntes aktives Zentrum (vgl. Abb. 24), das so geformt ist, dass jenes Molekül oder jene Moleküle hineinpassen, die umgesetzt werden. Diese Ausgangsmoleküle werden als Substrate bezeichnet; sie werden zu den so genannten Produkten der chemischen Reaktion umgesetzt.

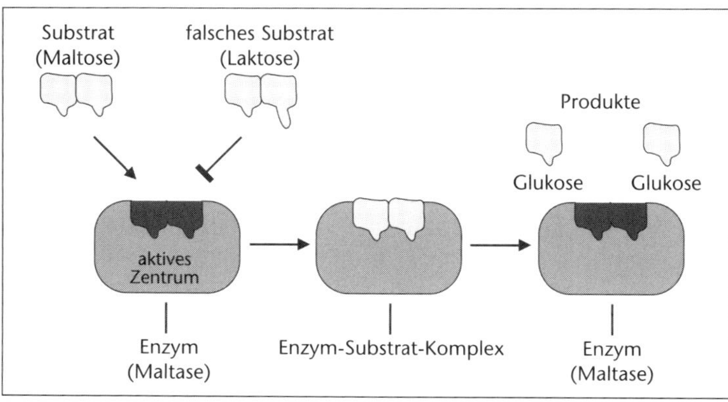

Abb. 24: katalytische Wirkung und Substratspezifität von Enzymen

Bei der Katalyse tritt das aktive Zentrum des Enzyms in enge Wechselwirkung mit dem Substrat (vgl. Abb. 24). Es entsteht nach dem Schlüssel-Schloss-Prinzip ein Enzym-Substrat-Komplex. Dadurch gelangt das Substrat in einen instabilen Übergangszustand, wodurch die Aktivierungsenergie herabgesetzt wird und die Reaktion abläuft. Einzelne Substrate können zwar auf unterschiedliche Weise umgesetzt werden, aber ein bestimmtes Enzym kann immer nur eine von den vielen möglichen Reaktionen dieser Verbindung beschleunigen. Eine andere Reaktion des gleichen Substrats wird also stets durch ein anderes Enzym katalysiert. Man bezeichnet dies als Wirkungsspezifität der Enzyme. Außerdem kann ein bestimmtes Enzym nicht jede Verbindung umsetzen, sondern nur ganz bestimmte Substrate. Man spricht daher von Substratspezifität.

Die Benennung der Enzyme erfolgt normalerweise nach dem Substrat und der Reaktion, die katalysiert wird, wobei der Name zumeist auf -ase endet. Als Beispiel kann die Maltase dienen, ein Enzym unseres Darmtrakts, das den Zweifachzucker Maltose in zwei Einfachzucker spaltet (vgl. Abb. 24).

Regulation der Enzymaktivität

Die Aktivität der Enzyme ist streng reguliert. Um sicherzustellen, dass das Enzym mit der richtigen Aktivität arbeitet, gibt es verschiedene Regulationsmöglichkeiten. Die Enzymaktivität ist abhängig von der Temperatur (RGT-Regel, vgl. S. 66), dem pH-Wert (jedes Enzym hat ein pH-Optimum) und häufig auch von Aktivatoren und Inhibitoren. Bei der Beeinflussung der Enzymwirkung kann man zwischen kompetitiver Hemmung, nichtkompetitiver Hemmung und Allosterie (allosterische Hemmung) unterscheiden (vgl. Abb. 25, 26).

Einfluss der Temperatur auf die Enzymaktivität

Die Reaktionsgeschwindigkeit chemischer Reaktionen erhöht sich mit steigender Temperatur. Die beschleunigte Bewegung der Moleküle aufgrund der Brown'schen Molekularbewegung ist dafür ursächlich. Diese bewirkt sowohl einen häufigeren als auch einen heftigeren Kontakt zwischen den Reaktionspartnern.

Dies gilt auch bei enzymatischen Reaktionen. So steigt die Geschwindigkeit der Substratumsetzung parallel zur Temperaturerhöhung. Wird allerdings eine kritische Temperatur von ca. 45 °C überschritten, so sinkt die Umsatzgeschwindigkeit aufgrund der zunehmenden Denaturierung der Enzyme (Zerstörung der Teritär- und Sekundärstruktur, vgl. S. 30). Dabei verändert sich der Aufbau der Enzyme, sodass das aktive Zentrum nicht mehr in Wechselwirkung mit seinem Substrat treten kann.

Einfluss des pH-Werts auf die Enzymaktivität

Das pH-Optimum, also jener pH-Wert, bei dem das Enzym seine optimale Aktivität erreicht, ist für jedes Enzym spezifisch. Der pH-Wert im Blut des Menschen liegt bei 7,4. Dennoch gibt es auch im menschlichen Körper Enzyme mit anderen Optima. So hat zum Beispiel das Verdauungsenzym Pepsin sein Optimum im Bereich von 1,5, jenem pH-Wert, der im Magen vorherrscht.

Kompetitive und nichtkompetitive Hemmung

Die kompetitive Hemmung (vgl. Abb. 25) wird durch eine mit dem Substrat konkurrierende Verbindung hervorgerufen, wobei die Wirkung von der Konzentration des Inhibitors, der dem Substrat sehr ähnlich ist, abhängig ist (bei geringer Konzentration arbeitet das Enzym fast normal). Die mit dem Substrat konkurrierende Verbindung wird nicht umgesetzt, löst sich aber vom Enzym nach einer bestimmten Zeit wieder ab.

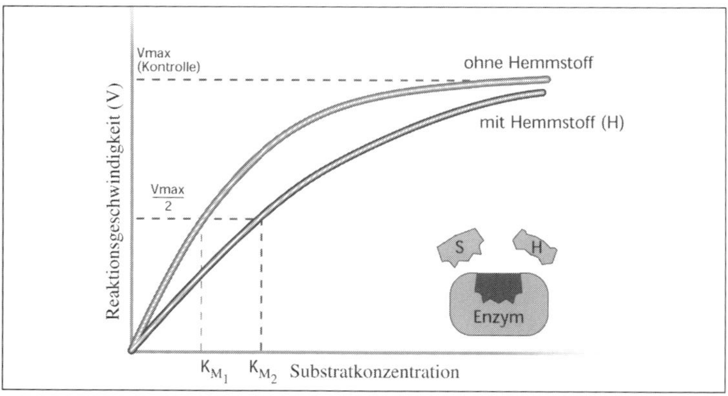

Abb. 25: kompetitive Hemmung

Bei einer nichtkompetitiven Hemmung wird das Enzym dagegen durch einen fest an der aktiven Stelle gebundenen Inhibitor, z. B. ein Schwermetall, irreversibel blockiert.

Allosterie

Allosterie (vgl. Abb. 26) tritt bei Enzymen auf, die zusätzlich zum aktiven Zentrum ein allosterisches Zentrum besitzen, an das ein Effektor binden kann. Dies ist ein Wirkstoff, der das aktive Zentrum und dadurch auch die Aktivität des Enzyms beeinflusst. Je nachdem, ob der Effektor die Reaktionsgeschwindigkeit der Katalyse erhöht oder herabsetzt, handelt es sich um einen Aktivator oder einen Inhibitor. Enzyme, die diese Art von Regulationsfähigkeit (Allosterie) zeigen, nennt man allosterische Enzyme.

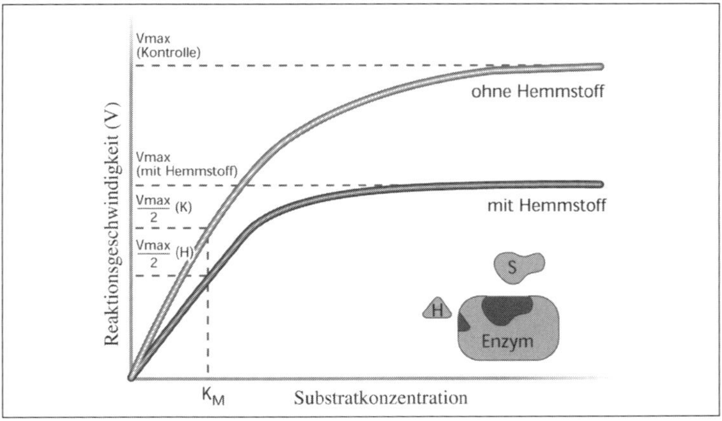

Abb. 26: allosterische Hemmung

Umsetzungsgeschwindigkeit – Michaelis-Menten-Konstante

Wie viel Substrat ein Enzym in einer bestimmten Zeitspanne umsetzt, hängt von der Substratkonzentration ab. Je höher diese ist, desto größer ist auch der Substratumsatz. Allerdings gibt es eine Maximalgeschwindigkeit Vmax, die erreicht wird, wenn die Substratkonzentration so hoch ist, dass die aktiven Zentren aller Enzyme ständig besetzt sind.

Um die katalytischen Fähigkeiten bzw. die Affinität des Enzyms zu seinem Substrat einschätzen und vergleichen zu können, wird jene Substratkonzentration ermittelt, bei der die halbmaximale Reaktionsgeschwindigkeit ($V_{max/2}$) erreicht wird. Bezeichnet wird dieser Wert als Michaelis-Menten-Konstante (KM). Je geringer dieser Wert ist – d. h., je weniger Substrat notwendig ist, um $V_{max/2}$ zu erreichen – desto größer ist die Affinität des Enzyms zu seinem Substrat. Die Veränderung von $V_{max/2}$ bei nichtkompetitiver und allosterischer Hemmung zeigt die Abbildung 26.

Katalysatorgifte

Stoffe, die einen Katalysator in seiner Funktion hemmen oder unbrauchbar machen, werden als Katalysatorgifte bezeichnet.

Kohlenmonoxid, Cyanide und Schwefelwasserstoff (H_2S) sind solche Gifte. Sie binden häufig am aktiven Zentrum der Enzyme (Biokatalysatoren) und beeinträchtigen dadurch deren Funktion.

2.2 Aufbau energiereicher Moleküle (Assimilation) – Fotosynthese

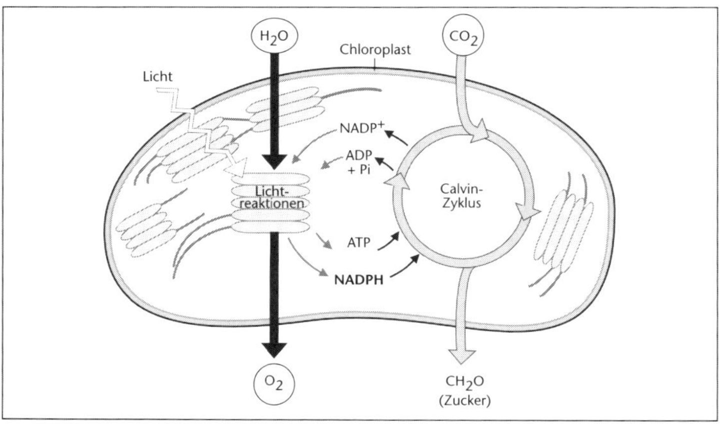

Abb. 27: Überblick über die Fotosynthese

Als Fotosynthese bezeichnet man den Prozess, mit dessen Hilfe Pflanzen oder Bakterien aus den energiearmen anorganischen Substanzen Kohlendioxid (CO_2) und Wasser (H_2O) energiereiche organische Substanzen (Kohlenhydrate) herstellen.

Bevorzugte Orte der Fotosynthese sind beispielsweise die Palisadenzellen von Pflanzenblättern, in denen unzählige Chloroplasten (vgl. S. 45) sitzen. Diese enthalten u. a. den Blattfarbstoff Chlorophyll, der auch für die grüne Farbe der Blätter verantwortlich ist, weil er die blaue und rote Strahlung absorbiert, die grüne aber reflektiert.

Die Fotosynthese setzt sich aus zwei Reaktionsfolgen zusammen: der lichtabhängigen Lichtreaktion (Primärreaktion) sowie der lichtunabhängigen Dunkelreaktion (Sekundärreaktion). Letztere kann ohne die in der Lichtreaktion gebildeten Substanzen nicht ablaufen (vgl. Abb. 27).

Grundlagen – ATP und NADH bzw. NADPH

Für das Verständnis der Energiebereitstellung müssen zunächst zwei wichtige Moleküle genauer vorgestellt werden: das ATP und das NADH bzw. NADPH.

ATP (Adenosintriphosphat)
Das ATP ist der universelle Speicher chemischer Energie in der Zelle. Durch die Abspaltung der dritten Phosphatgruppe wird das energieärmere ADP (Adenosindiphosphat) gebildet (vgl. Abb. 28). Bei dieser Reaktion werden ca. 30,5 kJ/mol frei, d. h., sie ist exergon. Diese frei werdende Energie wird in der Zelle für eine Vielzahl von endergonen biochemischen Reaktionen genutzt. Beispiele sind die Kontraktionsbewegungen der Muskelzellen, Biosynthesewege oder Transportprozesse. Die Kombination von Prozessen, bei denen Energie frei wird, mit solchen, bei denen Energie benötigt wird, bezeichnet man als energetische Kopplung.

NADH bzw. NADPH
Als so genanntes Reduktionsäquivalent werden die beiden chemischen Verbindungen Nicotinamidadenindinukleotid (NAD+) bzw. das Nicotinamidadenin-

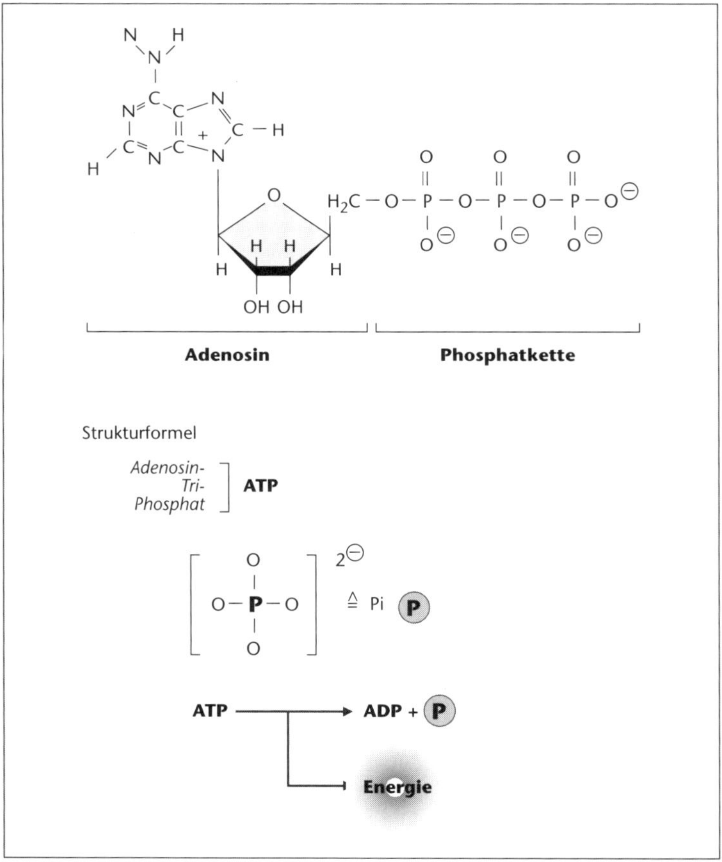

Abb. 28: ATP → ADP + P

dinukleotidphosphat (NADP+) bezeichnet. Sie treten u. a. bei der aeroben undanaeroben Energiebereitstellung bzw. in der Fotosynthese als Redoxpartner biochemischer Redoxreaktionen auf. Sie sind in der Lage, von einem Oxidationspartner zwei Elektronen und zwei Protonen aufzunehmen, wodurch sie zu NADH + H^+ bzw. NADPH + H^+ reduziert werden (vgl. Abb. 29). Sie können dann an einer anderen Stelle innerhalb der Zelle diese Elektronen bzw. Protonen wieder abgeben. Dies geschieht immer im Zusammenhang mit einem Enzym, weshalb sie auch als Coenzyme bzw. Cosubstrate bezeichnet werden.

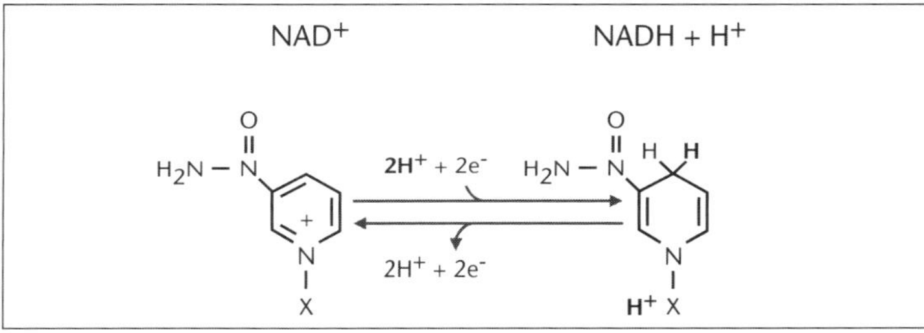

Abb. 29: NAD^+; $NADH + H^+$

Lichtabsorption

Um die Sonnenenergie bei der Herstellung organischer Stoffe in der Fotosynthese zu nutzen, ist es notwendig, das von der Sonne ausgestrahlte Licht zu absorbieren. Aber was ist Licht überhaupt? Bei Licht handelt es sich um elektromagnetische Strahlungen, die mithilfe eines Prismas in Spektralfarben aufgespalten werden können. Das für das menschliche Auge sichtbare Licht hat Wellenlängen von 400 bis 760 nm (vgl. Tab. 2). Zusammen ergeben die Spektralfarben weißes Licht.

Wellenlänge	Farbe des Lichts	Komplementärfarbe
400–430 nm	violett	gelbgrün
430–480 nm	blau	gelb
480–510 nm	blaugrün	orangerot
510–530 nm	grün	purpur
530–570 nm	gelbgrün	violett
570–580 nm	gelb	blau
580–680 nm	orangerot	blaugrün
680–750 nm	purpur	grün

Tab. 2: Farbe der Wellenlängen der Komplementärfarben

Farbig erscheinende Stoffe absorbieren aus dem Spektrum des sichtbaren Lichts bestimmte Wellenlängen. Die Farbe dieser Wellenlängen „fehlt“ daraufhin im Lichtspektrum, sodass der Gegenstand für unser Auge in der Komplementärfarbe des absorbierten Lichtes erscheint (vgl. Tab. 2).

Bei der Lichtabsorption werden Elektronen eines bestimmten Stoffes angeregt. Je nachdem, wie viel Energie für die Anregung der Elektronen notwendig ist, wird das Licht einer bestimmten Wellenlänge absorbiert. Stoffe, die weiß erscheinen, absorbieren Licht im UV-Bereich (< 400 nm). Je genauer eine bestimmte Wellenlänge absorbiert wird, desto leuchtender und klarer wirkt die Farbe auf unser Auge.

Lichtabhängige Reaktion

Die lichtabhängige Reaktion – die oft auch Lichtreaktion genannt wird – findet an den Thylakoidmembranen innerhalb der Chloroplasten statt. Dabei wird Lichtenergie in chemische Energie umgewandelt (vgl. Abb. 30).

Chlorophyllmoleküle absorbieren die Lichtenergie und gehen dadurch in einen energiereicheren Zustand über. Dieser Prozess findet an zwei Stellen statt, den Fotosystemen I und II. Bei der Rückkehr der Chlorophylle bzw. ihrer Elektronen in den Grundzustand wird dann Energie frei (exergonische Reaktion, vgl. S. 66). Diese Freisetzung erfolgt in Form von Wärme bzw. Licht (Fluoreszenz) oder wird als „Triebkraft“ für eine endergonische Reaktion genutzt.

Bei der Umwandlung von Lichtenergie in chemische Energie (vgl. Abb. 30) wird Wasser gespalten (Fotolyse) und ATP (Adenosintriphosphat) gebildet (= Fotophosphorylierung). Die bei der Fotolyse des Wassers frei werdenden Elektronen durchlaufen eine Elektronentransportkette, deren einzelne Stufen Redoxsysteme mit zunehmend positiverem Potenzial sind. Dabei wird letztendlich das $NADP^+$ mit zwei Elektronen und zwei Protonen, die aus der Fotolyse des Wassers stammen, zu $NADPH + H^+$ reduziert.

Beim „Fall“ von Stufe zu Stufe auf der Elektronentransportkette gelangen die Elektronen auf ein immer niedrigeres Energieniveau. Die frei werdende Energie wird für den Protonentransport über die Thylakoidmembran in den Thylakoidinnenraum genutzt (vgl. Abb. 30). Zusätzlich zu diesem Transport wird in Kombination mit den in der Wasserspaltung frei werdenden Protonen ein Protonengradient über die Thylakoidmembran erzeugt. D. h. es befinden sich nun deutlich mehr Protonen im Thylakoidinnenraum als im Stroma, sodass die Protonen zum Ausgleich der Konzentration ins Stroma streben. Dazu müssen sie jedoch durch den von der ATP-Synthase gebildeten Kanal hindurch. Bei diesem Durchstrom, so die Vorstellung, treiben die Protonen ein kleines molekulares Rad ähnlich einem Mühlrad an, wodurch die zur Synthese von ATP aus ADP + Pi notwendige kinetische Energie erzeugt wird.

Gleichung der Lichtreaktion:
$12\ H_2O + 12\ NADP^+ + 18\ ADP + 18\ Pi \rightarrow 6\ O_2 + 12\ NADPH + 12\ H^+ + 18\ ATP$

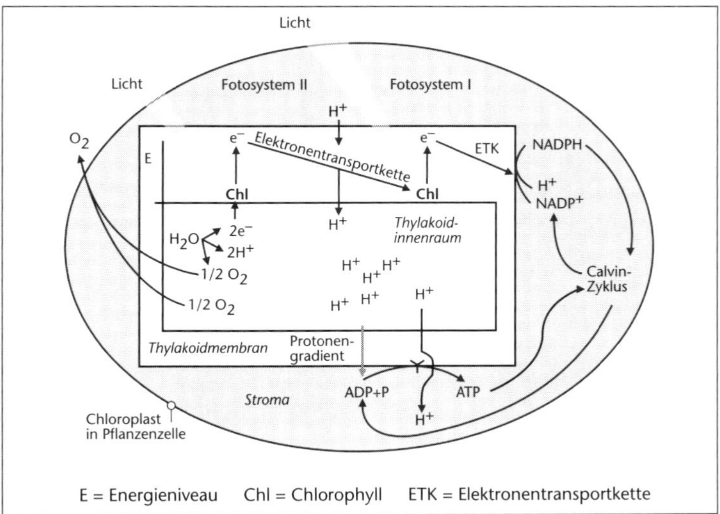

Abb. 30: Ablauf der Lichtreaktion

Zusammenfassend entsteht bei diesem so genannten nichtzyklischen Elektronentransport O2, NADPH + H^+ (Reduktionsäquivalente) und ATP (Energiespeicher/-überträger). Daneben gibt es noch den zyklischen Elektronentransport, bei dem ein Elektron einige Redoxsysteme bis hinter das Fotosystem I passiert und anschließend wieder zum ursprünglichen Chlorophyllmolekül zurückkehrt. Dabei entsteht nur ATP.

Lichtunabhängige Reaktion

Bei der lichtunabhängigen Reaktion – die oft auch Dunkelreaktion genannt wird – werden die aus der lichtabhängigen Reaktion stammenden Produkte ATP und NADPH + H^+ zum Aufbau von Kohlenhydraten aus CO_2 verwendet. Es findet also eine Umwandlung von anorganischem in organischen Kohlenstoff statt.

Möglich wird dies durch einen zyklischen, in mehreren enzymatisch katalysierten und daher temperaturabhängigen Teilschritten ablaufenden Prozess: den Calvin-Zyklus (vgl. Abb. 31).

Beim ersten Schritt des Calvin-Zyklus wird CO_2 (Kohlendioxid) an den C_5-Körper Ribulose-1-5-bisphosphat gebunden. Dieses Molekül ist somit der Akzeptor für CO_2. Der entstehende C_6-Körper ist jedoch instabil und zerfällt sofort in zwei C_3-Körper. Diese werden durch ATP phosphoryliert und durch NADPH + H^+ reduziert. Das Syntheseprodukt sind die C_3-Körper Glycerinaldehyd-3-Phosphate, die zum einen zur Stärkesynthese verwendet werden, zum anderen im dritten Schritt der lichtunabhängigen Reaktion über eine komplexe Enzymkaskade unter erneutem ATP-Verbrauch der Regeneration des Akzeptormoleküls dienen.

Die makromolekulare Stärke lagert sich in Form von Granula zwischen den Thylakoiden ab. Später wird sie enzymatisch in Disaccharide zerlegt. Diese so genannte Saccharose ist die Transportform für Kohlenhydrate der Pflanzen. Sie wird bei Bäumen über ein spezielles Leitbündelsystem, den Bast, im gesamten Pflanzenkörper verteilt.

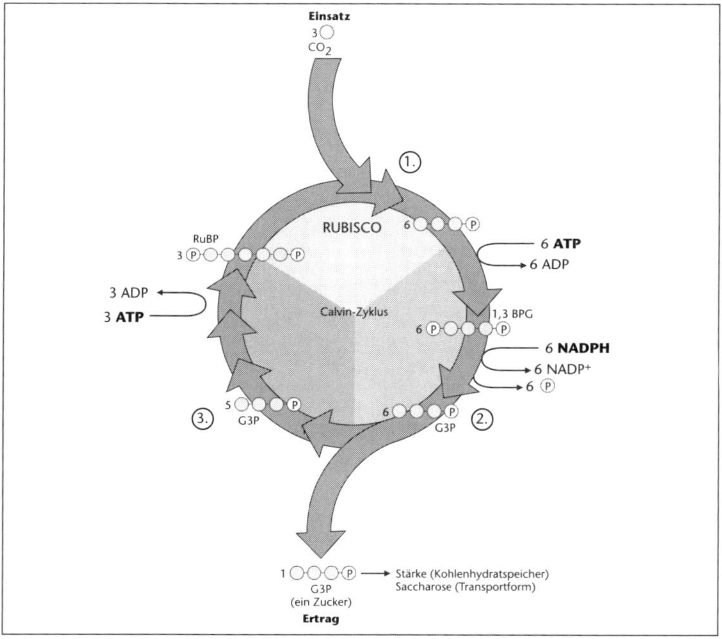

Abb. 31: Calvin-Zyklus

Gleichung der Dunkelreaktion:

$6\ CO_2 + 12\ NADPH + 12\ H^+ + 18\ ATP \rightarrow C_6H_{12}O_6 + 12\ NADP^+ + 6\ H_2O + 18\ ADP + 18\ Pi$

Die an der Fotosynthese beteiligten Enzyme sind an unterschiedlichen Stellen im Chloroplasten lokalisiert. So findet die Lichtreaktion an den Thylakoidmembranen statt (vgl. S. 75), in denen die Fotosynthesepigmente sowie die Enzymkomplexe der Elektronentransportkette und der Fotophosphorylierung lokalisiert sind. Die energiereichen Produkte NADPH + H^+ und ATP fallen auf der Stromaseite (Matrixseite) der Thylakoidmembran an und finden dann bei der Fixierung und Reduktion von CO_2 im Calvin-Zyklus Verwendung, dessen Enzyme im Stroma liegen.

Aufstellen von Reaktionsgleichungen und die Molmasse

Da in der Biologie natürlich auch die Biochemie eine wichtige Rolle spielt, soll an dieser Stelle kurz das Aufstellen von Reaktionsgleichungen erläutert werden, damit die später folgenden Gleichungen auch unter chemischen Gesichtspunkten nachvollziehbar werden.

Die Kenntnis der Formeln für die Ausgangs- und Endstoffe ist Voraussetzung für das Aufstellen chemischer Reaktionsgleichungen. Als Beispiel betrachten wir die allgemeine Gleichung der Fotosynthese, d. h. die Herstellung von organischer, energiereicher Glukose aus den anorganischen Ausgangsstoffen Kohlenstoffdioxid und Wasser unter Bildung von Sauerstoff.

Kohlenstoffdioxid + Wasserstoff → Glukose + Wasser

1. Schritt: Anschreiben der Formeln für die an der Reaktion beteiligten Stoffe

$$CO_2 + H_2O \rightarrow C_6H_{12}O_6 + O_2 \ (1)$$

Beachte: In Formelgleichungen erscheinen auf beiden Seiten der chemischen Gleichung die Atome in gleicher Anzahl, aber in verschiedener Gruppierung. Bei Gleichung (1) ist dies offensichtlich nicht der Fall. Auf der linken Seite stehen ein C-Atom, auf der rechten Seite der Gleichung aber sechs C-Atome. Auch die Anzahl der H-Atome und der O-Atome ist auf beiden Seiten verschieden.

Koeffizienten
Die Formelgleichung (1) muss nun durch Einfügen von Koeffizienten (Beizahlen) rechnerisch richtig gestellt werden. Dabei dürfen etwaige Indizes der Formeln (O_2) natürlich nicht verändert werden.

2. Schritt: Rechnerische Richtigstellung durch Koeffizienten

Man orientiert sich zunächst an den C-Atomen. In Gleichung (1) stehen links ein C-Atom, rechts sechs C-Atome. Das kleinste gemeinsame Vielfache ist die

Zahl 6. Man versucht, Gleichung (1) so auszugleichen, dass auf beiden Seiten sechs Kohlenstoffatome auftreten. Dies gelingt so:

$$6\,CO_2 + H_2O \rightarrow C_6H_{12}O_6 + O_2 \; (2)$$

Natürlich könnte man auch zuerst die H- oder die O-Atome auf beiden Seiten durch Koeffizienten ausgleichen. Beginnen wir zunächst mit dem Wasserstoff. Auf der rechten Seite haben wir zwölf Wasserstoffatome, auf der linken Seite bisher nur zwei. D. h., wir müssen vor das Wasser den Koeffizienten 6 schreiben, um auf der linken Seite auf zwölf H-Atome zu kommen. Man erhält aus (2):

$$6\,CO_2 + 6\,H_2O \rightarrow C_6H_{12}O_6 + O_2 \; (3)$$

Durch die Formelangleichung befinden sich allerdings die Sauerstoffatome noch nicht in Gleichzahl. Auf der linken Seite haben wir insgesamt zwölf Sauerstoffatome im Kohlenstoffdioxid und sechs im Wasser, auf der rechten Seite bisher sechs O-Atome in der Glukose und zwei im Sauerstoff. Um auf beiden Seiten auf die gleiche Anzahl an Atomen zu kommen, müssen rechts sechs Sauerstoffmoleküle vorkommen, so haben wir auf beiden Seiten 18 O-Atome. Man erhält dann aus (3):

$$6\,CO_2 + 6\,H_2O \rightarrow C_6H_{12}O_6 + 6\,O_2 \; (4)$$

Die Formelgleichung (4) kann wie folgt gelesen werden: sechs Moleküle Kohlenstoffdioxid reagieren mit sechs Molekülen Wasser zu einem Molekül Glukose und sechs Molekülen Sauerstoff.

Die Koeffizienten in Gleichung (4) haben auch praktische Bedeutung. Mithilfe der relativen Atom- und Molekülmassen kann man berechnen, in welchem Mengenverhältnis Wasser und Kohlenstoffdioxid eingesetzt werden müssen, um Glukose und Sauerstoff darzustellen.

Mol

Das Mol ist eine in der Chemie oft verwendete Stoffmengeneinheit. 1 mol ist eine SI-Basiseinheit und es gilt: 1 mol ist die Stoffmenge eines Systems, das aus ebenso vielen Teilchen besteht wie in genau 12 g Kohlenstoff des Isotops ^{12}C enthalten ist.

Loschmidt'sche Zahl/Avogadro-Konstante: Sie gibt an, wie viele Moleküle bzw. Atome in 1 mol eines Stoffes enthalten sind, nämlich $L = 6{,}022 * 10^{23}$.

Molvolumen: Das Volumen von 1 mol eines beliebigen Gases beträgt bei Normalbedingungen (0 °C und 1013 mbar) genau 22,4 l. Ist V ein beliebiges Volumen eines Gases und n die Zahl der Mol des Gases, dann gilt für das Molvolumen: $Vm = V/n$.

Molare Masse M: Sie ist zahlenmäßig gleich der relativen Atommasse bzw. relativen Molekülmasse und gibt die Masse eines Mols in g an. Ist m die Masse eines Körpers und n die Zahl der Mol, dann gilt: $M = m/n$.

Beispiele:	1 mol Wasserstoff (H_2)	=	2 g
	1 mol Sauerstoff (O_2)	=	32 g
	1 mol Wasser (H_2O)	=	18 g
	1 mol Kupfer (Cu)	=	63,5 g

Außenfaktoren der Fotosynthese

Neben den Enzymen haben aber auch einige Außenfaktoren Einfluss auf den Ablauf der Fotosynthese. In der Natur sind die im Folgenden aufgeführten Faktoren stets gemeinsam wirksam, sodass die Fotosyntheserate immer von dem Faktor abhängt, dessen Wert am niedrigsten ist (limitierender Faktor).

CO_2-Gehalt der Luft

Ein limitierender Faktor für die Fotosynthese kann der CO_2-Gehalt der Luft sein. Bei einer bestimmten Lichtintensität erhöht sich die Fotosyntheserate proportional zur steigenden CO_2-Konzentration. Die 0,03%ige CO_2-Konzentration der Luft ist für die Fotosynthese allerdings nicht optimal. Aus diesem Grund kann die Fotosyntheserate durch eine Erhöhung des CO_2-Gehalts gesteigert werden, jedoch nur bis zum Kohlendioxidoptimum von ca. 0,15 %. Nach Überschreiten dieses Optimums, das für jede Pflanze leicht unterschiedlich ist, sinkt die Fotosyntheserate wieder.

Lichtintensität

Mit zunehmender Lichtintensität steigt die Fotosyntheserate zunächst linear an. Bei hohen Intensitätswerten verlangsamt sich die Zunahme, bis schließlich ein konstanter Wert erreicht ist. Im Anschluss daran bringt eine weitere Zunahme der Lichtintensität keine Steigerung der Fotosyntheserate mehr (Lichtsättigungspunkt).

Die Lichtintensität, bei der sich Fotosynthese und Atmung aufheben – d. h., bei der im Rahmen der Fotosynthese ebenso viel CO_2 aufgenommen wird, wie bei der Atmung freigesetzt wird –, nennt man Lichtkompensationspunkt.

Wellenlänge des Lichts

Auch die spektrale Zusammensetzung des Lichts (Lichtqualität) spielt für die Fotosyntheserate eine große Rolle. Anhand von Absorptionsspektren kann man erkennen, welche Wellenlängen (vgl. Tab. 2, S. 74) bevorzugt absorbiert werden (bei höheren Pflanzen sind dies blaues und rotes Licht). Aktionsspektren (Wirkungsspektren) geben darüber Auskunft, mit welcher Wirksamkeit bestimmte Spektralanteile bei der Fotosynthese genutzt werden. Aktions- und Absorptionsspektren stimmen bei einer Pflanze weitgehend überein.

Temperatur

Im Schwachlichtbereich führt eine Temperaturerhöhung nicht zur Steigerung der Fotosyntheserate, weil das Licht als limitierender Faktor wirkt. Im Starklichtbereich gibt es dagegen bezüglich der Temperatur eine typische Optimumskurve: Mit steigender Temperatur nimmt die Fotosyntheserate bis zum Erreichen des Temperaturoptimums zu; danach fällt sie stark ab, weil zu hohe Temperaturen die beteiligten Enzyme, bei denen es sich ja um Proteine handelt, irreversibel schädigen.

Wasser

Bei Trockenheit schließen sich die Spaltöffnungen (vgl. S. 272) der Blätter, wodurch die CO_2-Aufnahme und damit die Fotosyntheserate sinkt.

2.3 Energiebereitstellung aus Abbauprozessen (Dissimilation)

Aerobe Energiebereitstellung – Zellatmung

Die durch die Nahrung aufgenommenen organischen Verbindungen enthalten die für die Aufrechterhaltung der Homöostase von Zelle bzw. Gesamtorganismus notwendige Energie, die über eine Reihe von chemischen Reaktionen verfügbar gemacht wird.

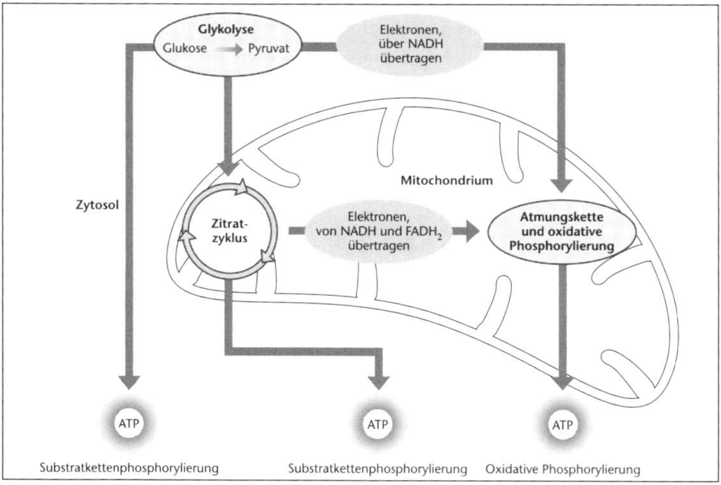

Abb. 32: Überblick über die Energiebereitstellung

Glykolyse

Der hauptsächliche Abbauweg für Glukose ist die Glykolyse, eine Reaktionskette, die ohne Sauerstoffverbrauch im Zytoplasma abläuft und bis zur Brenztraubensäure (Pyruvat) führt (vgl. Abb. 33).

Dabei ist zunächst einmal eine Aktivierung des C_6-Zuckers zu Fruktose-1,6-bisphosphat notwendig, was durch Übertragung der terminalen Phosphatgruppen von zwei ATP-Molekülen geschieht. Anschließend erfolgt die Spaltung des C6-Zuckers in zwei C_3-Verbindungen. Beide Moleküle werden anschließend oxidiert und die frei werdenden Elektronen auf NAD^+ übertragen. Im Folgenden entstehen energiereiche Verbindungen, die zur Phosphorylierung von vier ADP zu vier ATP sorgen. Diese Form der ATP-Synthese aus ADP bezeichnet man als Substratkettenphosphorylierung. Am Ende sind aus einem C_6-Zucker zwei C_3-Körper in Form von Brenztraubensäuren (Pyruvat) hervorgegangen.

Summengleichung der Glykolyse

Zwar müssen beim Zuckerabbau durch die Glykolyse pro Molekül Glukose zwei Moleküle ATP zur Aktivierung aufgewendet werden, da aber insgesamt vier Moleküle ATP gebildet werden, ist die Bilanz positiv.

Summengleichung der Glykolyse

$C_6H_{12}O_6 + 2\ NAD^+ + 2\ ADP + 2\ Pi \rightarrow 2\ C_3H_3O_3 + 2\ NADH + 2\ H^+ + 2\ ATP$

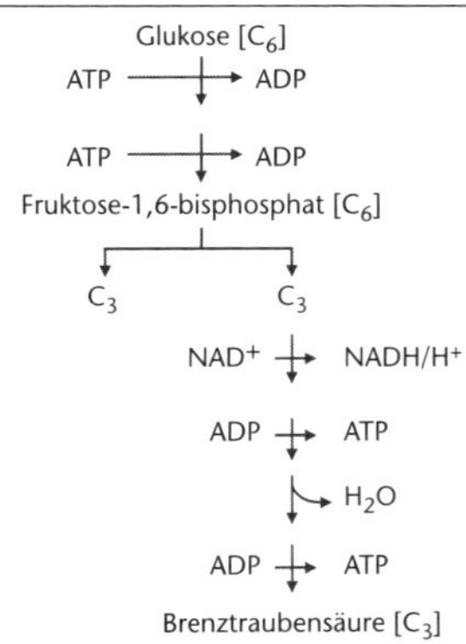

Abb. 33 Glykolyse

Zitronensäurezyklus

Das Produkt der Glykolyse, der C_3-Körper Pyruvat, gelangt als Nächstes in die Matrix der Mitochondrien (vgl. S. 42), wo der weitere Abbau erfolgt. Zunächst wird Pyruvat oxidiert (Reduktion von NAD^+) und es wird ein Molekül CO_2 abgespalten (oxidative Dekarboxylierung). Der resultierende C_2-Körper wird mit dem Coenzym A aktiviert (Azetyl-CoA) und tritt in den Zitronensäurezyklus (vgl. Abb. 34) ein. Dieser wird als Zitratzyklus, Trikarbonsäurezyklus (TCC) oder Krebszyklus (benannt nach Sir Hans Adolf Krebs) bezeichnet.

Die aktivierte Essigsäure (Azetyl-CoA) verbindet sich mit der Oxalessigsäure (einem C_4-Körper), wobei das Coenzym A wieder frei wird. Dabei entsteht die C_6-Verbindung Zitrat (= Zitronensäure), die drei Karboxylgruppen besitzt (Trikarbonsäure). Aus der Zitronensäure wird anschließend in mehreren Zwischenreaktionen unter Abspaltung von Wasserstoff (Reduktion von NAD^+ zu NADH + H^+) und CO_2 Oxalessigsäure zurückgebildet, die dann wieder mit Azetyl-CoA reagieren kann.

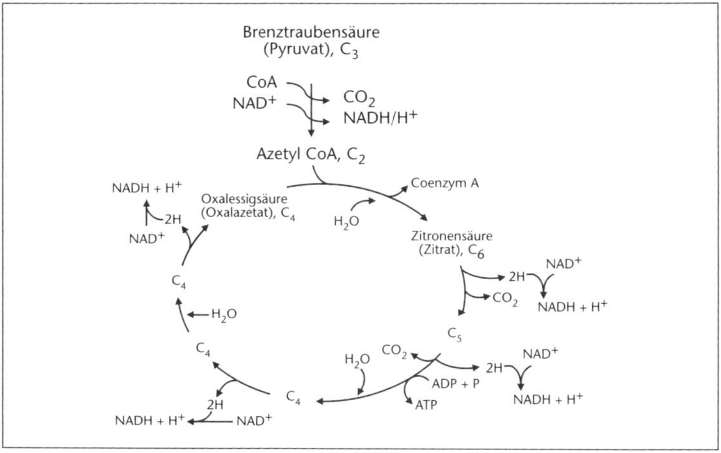

Abb. 34: Zitronensäurezyklus

Es liegt also ein Stoffwechselzyklus vor, bei dem ein vollständiger Stoffabbau stattfindet, weil genauso viele C-Atome durch Abspaltung als CO_2 freigesetzt werden, wie in Form von Acetyl-CoA eingeschleust wurden. Zusätzlich wird pro Umlauf noch ein ATP gebildet.

Endoxidation

Im Zitronensäurezyklus und in der Glykolyse werden Elektronen und Protonen abgespalten und dadurch NAD^+ reduziert. Das entstehende $NADH + H^+$ muss anschließend wieder zu NAD^+ oxidiert werden (vgl. Abb. 36), da die Oxidationsvorgänge des Zitronensäurezyklus und der Glykolyse sonst zum Erliegen kämen. $NADH + H^+$ gibt den Wasserstoff an die Atmungskette (Elektronentransportkette) ab, an der verschiedene Enzymkomplexe (I – IV) der inneren Mitochondrienmembran beteiligt sind. Zwischen diesen hintereinander geschalteten Redoxsystemen werden die Elektronen weitergegeben, bis sie schließlich auf Sauerstoff übertragen werden (vgl. Abb. 35). Dieser liegt nun reduziert vor und bildet daher mit 2 H^+-Ionen Wasser (Endoxidation).

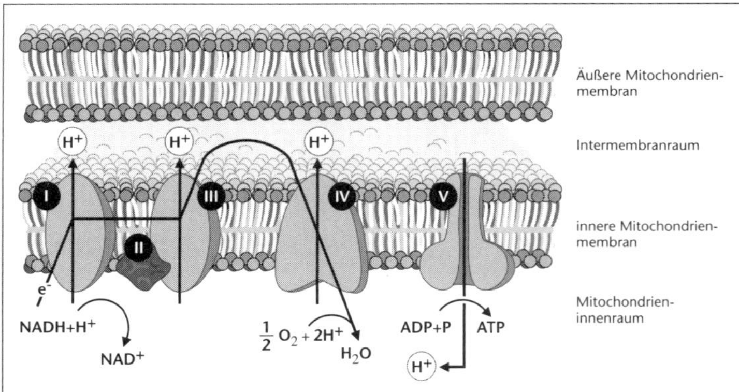

Abb. 35: Atmungskette

Während der Redox-Teilschritte der Atmungskette werden an den Komplexen I, III und IV Protonen aus dem Inneren des Mitochondriums in den Intermembranraum zwischen innerer und äußerer Mitochondrien-Membran transportiert. Der dadurch aufgebaute Protonengradient wird dann zur ATP-Synthese genutzt (oxidative Phosphorylierung). Man geht davon aus, dass sich innerhalb der ATP-Synthase (Komplex V) eine Art molekulares Rad befindet, das wie ein Mühlrad durch die vorbeiströmenden Protonen angetrieben wird. Die daraus resultierende kinetische Energie wird zur ATP-Synthese genutzt.

Summengleichung der Zellatmung

Durch den Abbau eines Moleküls Glukose zu 6 CO_2 und 12 H_2O können aus ADP und Phosphat bis zu 36 bis 38 Moleküle ATP gebildet werden.

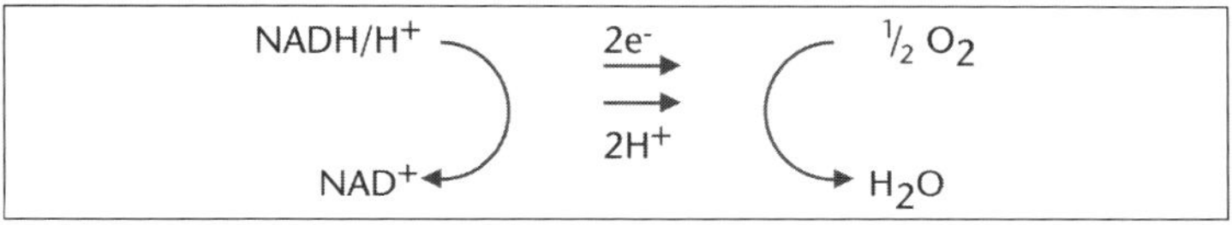

Abb. 36: Oxidation von NADH/H^+

Grundlagen von Redoxreaktionen

Oxidation ist die Elektronenabgabe eines Atoms.

Beispiel: $Cu \rightarrow Cu^{2+} + 2\ e^-$

Reduktion ist die Elektronenaufnahme eines Atoms.

Beispiel: $Cl_2 + 2\ e^- \rightarrow 2\ Cl^-$

Redoxreaktion

Oxidations- und Reduktionsreaktionen sind immer gekoppelt, da die abgegebenen Elektronen der Oxidation in der Reduktion aufgenommen werden. Das Ergebnis als Summe beider Reaktionen nennt man Redoxreaktion.

$$Cu \rightarrow Cu^{2+} + 2\ e^-$$
$$Cl_2 + 2\ e^- \rightarrow 2\ Cl^-$$

$$Cu + Cl_2 + 2\ e^- \rightarrow Cu^{2+} + 2\ Cl^- + 2\ e^-$$
$$Cu + Cl_2 \rightarrow CuCl_2$$

Beispiel einer Oxidation

Betrachten wir die Verbrennung von Ethanol (Ethylalkohol). Dabei reagiert Ethanol mit dem Sauerstoff zu Kohlendioxid und Wasser. Der Vorgang wird als Oxidation bezeichnet.

Die Formel für die Ausgangs- und Endstoffe wird angeschrieben:

$$C_2H_5OH + O_2 \rightarrow CO_2 + H_2O$$

Man erkennt, dass sich auf der linken Seite der Gleichung zwei C-Atome, sechs H-Atome und drei O-Atome befinden. Auf der rechten Seite sind es nur ein C-Atom, zwei H-Atome und (wie links) drei O-Atome.

Bei der Verbrennung von Ethanol wird so viel Sauerstoff aus der Luft verbraucht, wie erforderlich ist, um Ethanol C_2H_5OH vollständig in Kohlendioxid CO_2 und Wasser H_2O umzuwandeln. Die Zahl der O_2-Moleküle, die bei der Verbrennung benötigt werden, richtet sich also nach der Anzahl der entstehenden Kohlendioxid- und Wassermoleküle. Deshalb wird der Koeffizient für O_2 auf der linken Seite zuletzt festgelegt.

a) Ausgleich der Zahl der Kohlenstoffatome:

$$C_2H_5OH + O_2 \rightarrow 2\ CO_2 + H_2O$$

b) Ausgleich der Zahl der Wasserstoffatome:

$$C_2H_5OH + O_2 \rightarrow 2\ CO_2 + 3\ H_2O$$

c) Ausgleich der Zahl der Sauerstoffatome (zum Schluss):

$$C_2H_5OH + 3\ O_2 \rightarrow 2\ CO_2 + 3\ H_2O$$

d) Kontrolle, ob die Gleichung richtig ausgezählt wurde:

Betrachten wir zunächst die linke Seite der Formelgleichung. Wir erkennen, dass zwei C-Atome, 5 + 1 = sechs H-Atome, 1 + 3 * 2 = sieben O-Atome vorliegen. Auf der rechten Seite von Gleichung befinden sich 2 * 1 = zwei C-Atome, 3 * 2 = sechs H-Atome und 2 * 2 + 3 * 1 = 4 + 3 = sieben O-Atome. Damit ist die Gleichung richtig gestellt.

Redoxreaktionen in biologischen Systemen

Redoxreaktionen spielen in biologischen Systemen eine bedeutende Rolle. NADH dient dabei als Transportmolekül energiereicher Elektronen zwischen Stoffwechselreaktionen. So wird NAD^+ beispielsweise im Zitratzyklus (vgl. S. 85) zunächst beim Abbau energiereicher organischer Stoffe reduziert. Das resultierende NADH ($+H^+$, so die korrekte Schreibweise) transportiert die aufgenommenen Elektronen zur Elektronentransportkette in der inneren Mitochondrienmembran, wo es sie an den ersten Proteinkomplex abgibt und dabei zu NAD^+ oxidiert wird.

Fettsäureabbau

Neben dem Abbau der Kohlenhydrate findet in den Mitochondrien auch noch der Fettsäureabbau statt (so genannte β-Oxidation). Nach der Aufspaltung (Hydrolyse) eines Fettes in ein Glycerin und drei Fettsäuren wird das Glycerin als C_3-Körper in der Glykolyse weiterverwertet (vgl. S. 83), während die Fettsäuren in der Mitochondrienmatrix an CoA gebunden und stufenweise abgebaut werden. Dabei spaltet sich in jeder Reaktionsstufe ein Acetyl-CoA (C_2-Körper) ab, bis die Fettsäure vollständig zerlegt ist. Die gebildeten Acetyl-CoA-Moleküle werden in den Zitronensäurezyklus eingeschleust (vgl. S. 84).

Gärungsprozesse – anaerobe Energiebereitstellung

Bisher wurde der vollständige Abbau organischer Verbindungen (z. B. Zucker) in Anwesenheit von Sauerstoff beschrieben (aerober Abbau).

Zellen können organische Verbindungen aber auch ohne Sauerstoff abbauen – allerdings nur unvollständig (anaerober Abbau). Man spricht in einem solchen Fall von Gärung.

Bei der Gärung findet – genau wie beim aeroben Abbau – zuerst die Glykolyse mit Pyruvat als Endprodukt statt (vgl. S. 83). Da beim anaeroben Abbau aber kein Sauerstoff zur Verfügung steht, kann der Wasserstoff des NADH + H^+ – anders als bei der Endoxidation (vgl. S. 86) – nicht zu Wasser oxidiert werden, sondern geht auf Zwischenprodukte über und reduziert diese. Während beim aeroben Abbau als Endprodukte die energiearmen Moleküle CO_2 und H_2O

anfallen, sind es bei der Gärung energiereichere Stoffe, wie z. B. Ethanol bei der alkoholischen Gärung und Milchsäure bei der Milchsäuregärung (s. u.). Daher ist der Energiegewinn bei der Gärung viel geringer, sodass beispielsweise aus einem Hexosemolekül durch anaeroben Abbau zu Milchsäure nur 2 ATP gewonnen werden können.

Milchsäuregärung

Die Regeneration von NAD^+ erfolgt bei der Milchsäuregärung durch die Reduktion von Pyruvat zu Laktat (Milchsäure). Das erzeugte NAD^+ steht dann wieder für den Ablauf der Glykolyse zur Verfügung (vgl. Abb. 37).

Milchsäure (Laktat) lässt nicht nur die Milch sauer werden, sondern sie spielt auch eine entscheidende Rolle bei der Entstehung von Karies. Der Grund dafür ist, dass im menschlichen Mundraum unzählige Milchsäurebakterien leben, die durch die Produktion von Milchsäure den Zahnschmelz schädigen können. Andere Milchsäurebakterien haben sich die Menschen dagegen zunutze gemacht: Sie werden bei der Produktion oder Konservierung von Lebensmitteln eingesetzt, etwa bei der Herstellung von Jogurt, Sauermilchkäse, Dickmilch und Kefir, sowie zur Haltbarmachung von Gemüse (Sauerkraut), beim Pökeln von Fleisch oder auch beim Backen (Sauerteig).

Die anaerobe Energiebereitstellung im Muskel erfolgt über die Milchsäuregärung. Dabei reichert sich Laktat zunächst in großer Menge an; in der Erholungsphase des Organismus wird es dann durch die Vorgänge der Glukoneogenese wieder zu energiereichen Kohlenhydraten aufgebaut.

Alkoholische Gärung

Anders als bei der Milchsäuregärung wird das Endprodukt der Glykolyse zunächst dekarboxyliert, d. h., ein Kohlendioxid wird abgespalten. Es entsteht Acetaldehyd, welches dann wieder genau wie bei der Milchsäuregärung reduziert wird. Das Endprodukt der alkoholischen Gärung ist das Ethanol (vgl. Abb. 37). Die alkoholische Gärung wird zum Bierbrauen, zur Weinherstellung und über das CO_2 auch zum Backen genutzt. Mithilfe von Bioreaktoren oder Fermentern ist es heute möglich, Alkohole in großen Massen herzustellen.

Neben der alkoholischen und der Milchsäuregärung können Bakterien auch noch weitere Gärungsprozesse in Gang setzen. Als Beispiele seien die Ameisensäuregärung oder die Buttersäure-Butanolgärung genannt.

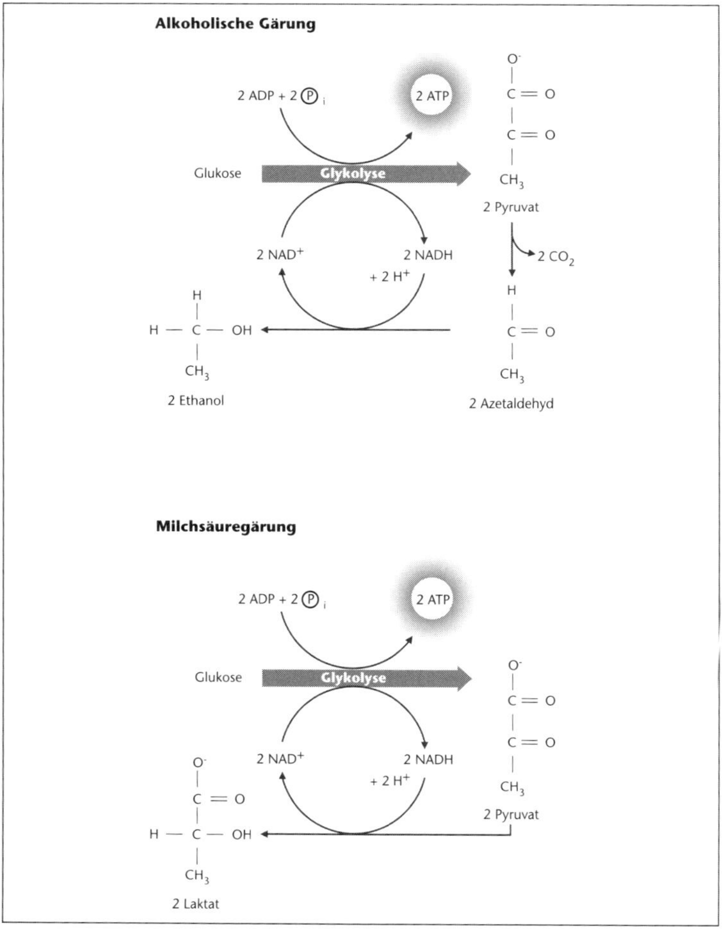

Abb. 37: Gärungsprozesse

III. Genetik – Vererbung, Realisation und Manipulation der Erbinformation

Die Genetik beschäftigt sich mit den Gesetzmäßigkeiten der Ausprägung von Eigenschaften bei Organismen und ihrer Weitergabe an die Nachkommen. Dabei wird normalerweise zwischen der klassischen Genetik und der Molekulargenetik unterschieden. Erstere beschäftigt sich v. a. mit den formalen Gesetzmäßigkeiten der Vererbung. Letztere befasst sich auf molekularer Ebene mit den grundlegenden Phänomenen der Realisierung der Erbinformation und ihrer Vererbung. Ihre Erkenntnisse haben dazu geführt, dass eine neue Teildisziplin, die Gentechnik, die Manipulationsmöglichkeiten des Erbguts enorm erweitert hat.

3.1 Klassische Genetik – Grundlagen der Vererbung

Chromosomen – die Träger der Erbinformation

Chromosom heißt übersetzt „Farbkörper“, weil seine Struktur durch Färbung sichtbar gemacht werden kann. Bei Eukaryoten sind die Chromosomen die Träger der Erbanlagen. Es handelt sich dabei um winzige fadenartige Strukturen, die aus DNA sowie aus speziellen Proteinen (Histonen) bestehen und sich im Zellkern befinden. In ihrer kontrahierten „Transportform“ während der Mitose kann man sie im Mikroskop erkennen. Findet gerade keine Teilungsphase statt, befinden sich die Chromosomen in der entspiralisierten „Arbeitsform“, dem Chromatin.

Jedes Chromosom setzt sich vor der Teilung aus zwei identischen DNA-Doppelsträngen (Chromatiden) zusammen, die sich am Zentromer verbinden. Nach der Zellteilung besteht das Chromosom zunächst nur noch aus einem Chromatid. Dieses wird erneut verdoppelt (Synthesephase), sollte sich die Zelle nochmals teilen.

Die Anzahl von Chromosomen ist innerhalb einer Tier- oder Pflanzenart konstant. Eine menschliche Zelle besitzt 46 Chromosomen. 44 davon lassen sich nach Form und Größe in 22 Paare einteilen. Man nennt sie auch Autosomen. Die beiden übrigen heißen Gonosomen (Geschlechtschromosomen). Bei Männern trifft man ein größeres X- und ein kleineres Y-Chromosom an, bei Frauen zwei

X-Chromosomen. Tritt jedes Chromosom doppelt auf, spricht man von einem diploiden Chromosomensatz, beim einfachen Auftreten von Chromosomen (z. B. in Ei- und Samenzelle) von einem haploiden Chromosomensatz.

Definition der Begriffe: Gen, Genotyp, Phänotyp, Allel

Die Einheiten der Vererbung sind die Gene. Dabei handelt es sich um DNA-Abschnitte auf den Chromosomen, von denen jeder i. d. R. die Information für die Synthese eines bestimmten Proteins enthält (Proteinbiosynthese, vgl. S. 104).

Alle in den Genen festgelegten Erbinformationen bilden in ihrer Gesamtheit den Genotyp. Das Erscheinungsbild eines Organismus, der Phänotyp, ergibt sich aus dem Zusammenwirken von Genotyp sowie inneren und äußeren Faktoren. Daher müssen gleiche Genotypen nicht unbedingt identische Phänotypen haben.

Verschiedene Ausbildungsformen gleicher Gene, die auf homologen Chromosomen den gleichen Ort einnehmen und die zu unterschiedlicher Merkmalsausprägung führen, nennt man Allele. Existieren mehr als zwei Allele eines Gens, so spricht man von multiplen Allelen. Ein diploides Individuum ist bezüglich eines Merkmals reinerbig (homozygot), wenn beide Allele eines Gens auf den homologen Chromosomen identisch sind. Hat ein Individuum unterschiedliche Allele des gleichen Gens, so ist es bezüglich eines Merkmals mischerbig (heterozygot).

Wird der Phänotyp eines heterozygoten Genotyps nur von einem der beiden Allele bestimmt, so nennt man dieses Allel dominant. Das Allel, dessen Wirkung vom dominanten Allel überdeckt wird, bezeichnet man als rezessiv. Wird der Phänotyp von beiden Allelen gleichermaßen beeinflusst, liegt ein intermediärer Erbgang vor. Beispiele für die genannten Fälle finden Sie im folgenden Abschnitt über die Mendel'schen Regeln.

Vererbung von Merkmalen – Mendel'sche Regeln

Die Mendel'schen Regeln oder Gesetze fassen die drei Grundregeln für die Weitergabe von Erbanlagen zusammen.

1. Mendel'sche Regel (Uniformitätsregel, Reziprozitätsregel)
Kreuzt man zwei homozygote Individuen einer Art (P-Generation), die sich in einem Merkmal (Gen) unterscheiden, so sind ihre Nachkommen in der ersten Filialgeneration (F_1-Generation) für das betrachtete Merkmal gleich (uniform). Uniformität der F_1-Individuen tritt auch dann auf, wenn bei der Kreuzung der Eltern das Geschlecht vertauscht ist (Reziprozität).

2. Mendel'sche Regel (Spaltungsregel)
Werden heterozygote Individuen der F_1-Generation untereinander gekreuzt, so sind die daraus hervorgehenden Nachkommen (F_2-Generation) nicht uniform. Die Merkmale spalten sich im Zahlenverhältnis 1 : 2 : 1 (intermediärer Erbgang) oder 3 : 1 (dominant-rezessiver Erbgang) auf.

3. Mendel'sche Regel (Unabhängigkeitsregel, Regel von der Neukombination der Gene)
Kreuzt man Individuen, die sich in mehreren Merkmalen unterscheiden, so werden die einzelnen Erbanlagen unabhängig voneinander vererbt und bei der Keimzellenbildung neu kombiniert (es gilt für jedes einzelne Gen die Uniformitäts- und die Spaltungsregel). Die freie Kombinierbarkeit gilt allerdings nur für Genpaare, die auf verschiedenen Chromosomen liegen oder weit genug voneinander entfernt sind.

Ein Beispiel: Vererbung der Blutgruppen

Dass es verschiedene Blutgruppen gibt, wurde bei dem misslungenen Versuch entdeckt, Blutseren verschiedener Menschen miteinander zu mischen. Der Grund für dieses Phänomen ist, dass auf den roten Blutkörperchen (Erythrozyten) genetisch bedingte Oberflächenstrukturen (Antigene) vorhanden sind, die bei Kontakt mit fremden Antikörpern ein Verklumpen der Blutkörperchen verursachen.

Bestimmt wird das AB0-Blutgruppensystem durch ein Gen, das in drei verschiedenen Allelen (A, B und 0) vorliegen kann (multiple Allele). Dabei sind die Allele A und B gleich stark ausgeprägt und dominant gegenüber der Blutgruppe 0 (vgl. Abb. 38).

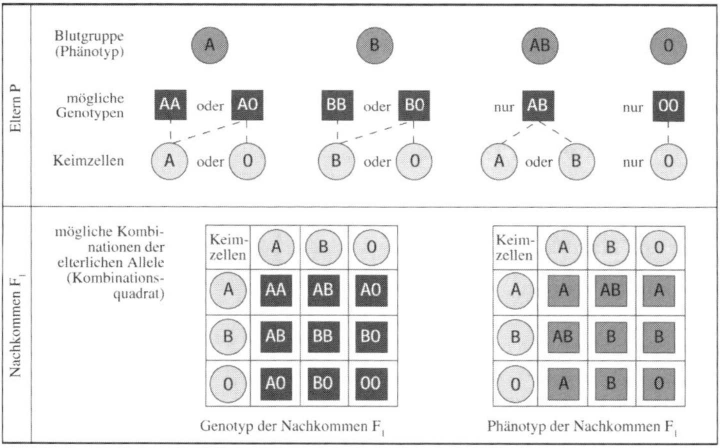

Abb. 38: Vererbung der Blutgruppen im ABO-System

Vaterschaftsnachweis anhand von Blutgruppen

Weil die Vererbung bestimmten Gesetzmäßigkeiten folgt, kann von der Blutgruppe eines Kindes auf die Blutgruppe der Eltern geschlossen werden. Daher hat man dieses Verfahren früher häufig bei Vaterschaftsnachweisen eingesetzt.

Blutgruppe der Eltern	Mögliche Blutgruppe des Kindes
A und A	A und 0
A und B	A, B, AB, 0
A und AB	A, B und AB
A und 0	A und 0
B und B	B und 0
B und AB	A, B und AB
B und 0	B und 0
AB und AB	A, B und AB
AB und 0	A und B
0 und 0	0

Heute benutzt man wegen der größeren Genauigkeit allerdings zumeist DNA-Analysen (DNA-Fingerprint, vgl. S. 122). Die Aussagekraft dieser Tests liegt inzwischen bei über 99,9 %.

Meiose – Produktion haploider Samenzellen

Die Zellen des Menschen besitzen einen diploiden Chromosomensatz (vgl. S. 92). Jeweils 50 % der homologen Autosomen stammen vom Vater und 50 % von der Mutter. Bei der Verschmelzung von Ei- und Samenzelle entsteht eine diploide Zygote, d. h., Ei- bzw. Samenzelle müssen haploid sein.

Die Meiose behandelt einen Kern- und Zellteilungsprozess, an dessen Ende die Halbierung des diploiden Chromosomensatzes steht. Diese Reduktion auf den haploiden Chromosomensatz wird durch zwei aufeinander folgende Teilungen erreicht. Die Meiose gilt als eine der entscheidenden Voraussetzungen für die Evolution der Organismen, denn bei diesen Abläufen kommt es zu einer freien Kombination von Genen, die auf verschiedenen Chromosomen liegen sowie zu einer Rekombination gekoppelter Gene durch Crossing-over (vgl. S. 98). Auf diese Weise liegen in den Produkten der Meiose immer neue Genkombinationen vor.

Die Reduktion auf einen haploiden Satz erfolgt bei höheren Pflanzen und bei Tieren während der Reifung von Samen- und Eizellen. Bei der geschlechtlichen Fortpflanzung vereinigen sich dann während der Befruchtung zwei haploide Geschlechtszellen (Gameten = Keimzellen) zur diploiden, befruchteten Eizelle (Zygote). Im Einzelnen laufen die Vorgänge der Meiose wie folgt ab (vgl. Abb. 39).

Erste Reifeteilung (Reduktionsteilung)

In der ersten meiotischen Teilung kommt es zur Paarung zwischen den homologen Chromosomen mit anschließender Chromosomenreduktion.

a) Prophase I:

Die Schwesterchromatiden eines jeden Chromosoms sind durch das noch ungeteilte Zentromer miteinander verbunden. Die beiden gepaarten homologen Chromosomen bilden einen Komplex aus vier Chromatiden. Es kommt nun häufig zum

Crossing-over (vgl. S. 98). Am Ende der Prophase I teilt sich das Zentriol und die Kernspindel bildet sich heraus.

b) Metaphase I:

Die Chromatiden ordnen sich in der Äquatorialebene der Kernspindel an. Die Kernmembran löst sich auf.

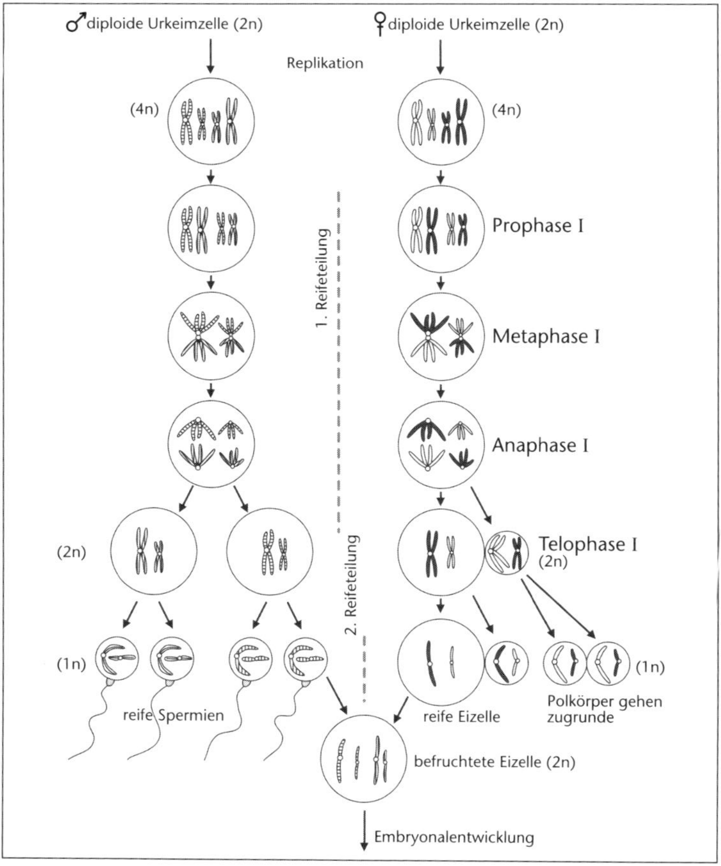

Abb. 39: Ablauf der Meiose

c) Anaphase I:
Da sich das Zentromer nicht geteilt hat, wird ein ganzes Chromosom mit seinen beiden Chromatiden zu einem Pol, das homologe Chromosom zum anderen Pol der Zelle transportiert.
d) Telophase I:
Es kommt zur Bildung von Kernmembran und Nukleoli. Bei dieser ersten Reifeteilung trennen sich also die homologen Chromosomen, wobei mütterliche und väterliche Chromosomen wahllos verteilt werden. Aus dem doppelten Chromosomensatz ist ein einfacher Chromosomensatz geworden (Reduktionsteilung).

Zweite Reifeteilung

Im Anschluss an die Reduktionsteilung findet die zweite Reifeteilung statt. Dabei werden die Schwesterchromatiden des einfachen Chromosomensatzes – ähnlich wie in einer Mitose – voneinander getrennt, sodass nach der Meiose vier Keimzellen vorhanden sind, deren Chromosomen bis zur Befruchtung aus nur jeweils einem Chromatid bestehen. Nach der Befruchtung entsteht durch Verdoppelung der Chromatiden (DNA-Synthese) wieder ein vollständiger, diploider Chromosomensatz.

Rekombinationen und Veränderungen des Erbguts

Crossing-over – Austausch von Genen zwischen Chromatiden

Wie bereits erwähnt liegen auf einem Chromosom viele Gene, die als Kopplungsgruppen gemeinsam vererbt werden. Im Gegensatz dazu werden Gene verschiedener Kopplungsgruppen verschiedener Chromosomen unabhängig voneinander vererbt. Durch Rekombination und Crossing-over kann die Kopplung von Genen allerdings durchbrochen werden. Grund dafür sind Brüche in den Chromatidenstücken zweier Nichtschwesterchromatiden und eine anschließende Über-Kreuz-Verheilung der Bruchstellen. Der wechselseitige Austausch von Teilstücken zwischen den Chromatiden eines Chromosoms in der Prophase I der Meiose (vgl. S. 96) führt zu einer intrachromosomalen Rekombination von Genen. Die Gene liegen linear angeordnet auf einem Chromosom. Je weiter zwei Gene voneinander entfernt sind, desto wahrscheinlicher werden sie durch ein Crossing-over entkoppelt bzw. ausgetauscht. Der Austauschwert ist daher ein Maß für den Abstand von Genen und macht eine Genkartierung möglich.

Mutationen – zufällige Veränderungen des Erbguts

Bleibende zufällige Veränderungen des genetischen Materials nennt man Mutationen. Sie kommen in Geschlechts- und Körperzellen vor und treten normalerweise spontan und ungerichtet auf, sind also keine Anpassung an die Umwelt. Sie können allerdings auch künstliche Auslöser haben, wie z. B. mutagene Substanzen. Dabei kann es sich um Chemikalien (z. B. Akridinfarbstoffe), Röntgenstrahlen, radioaktive Isotope oder UV-Licht handeln. In vielen Fällen haben solche Veränderungen keinerlei Auswirkung auf den betroffenen Organismus. Es gibt allerdings auch Mutationen, die schwere Beeinträchtigungen bzw. Veränderungen in der DNA hervorrufen und so beispielsweise Krebs (vgl. S. 255) verursachen können. An die Nachkommen weitergegeben werden nur Mutationen, die in den Zellen der Keimbahn entstehen. Unterschieden werden folgende drei Mutationstypen:

a) Gen-Mutation

Bei einer Gen-Mutation wird ein einzelnes Gen verändert, was zur Entwicklung eines neuen Allels führt. Verändert sich in der Nukleotidkette der DNA eine einzelne Base (vgl. S. 35), spricht man von einer Punkt-Mutation. Werden einzelne Basen entfernt oder hinzugefügt, liegt eine Raster-Mutation vor. Diese wird auch als Frameshift-Mutation bezeichnet. In diesem Fall können sämtliche Basentripletts (vgl. S. 105), die auf dem Nukleotidstrang hinter dem Ort der Mutation liegen, nicht mehr korrekt abgelesen werden. Auf diese Weise geht die gesamte Information verloren.

b) Chromosomen-Mutation

Unter Chromosomen-Mutation versteht man Veränderungen in der Struktur einzelner Chromosomen. Dazu kann es kommen, wenn diese bei der Teilung auseinander brechen und Bruchstücke der Chromosomen verloren gehen (Deletion) oder sich an eine Schwesterchromatide anheften (Duplikation).
Es kann aber auch zu einem Austausch von Teilstücken zwischen nicht homologen Chromosomen kommen (Translokation). Schließlich ist auch möglich, dass sich ein Chromosomenstück nach einem Bruch wieder in das Chromosom einfügt (Inversion).
Chromosomen-Mutationen können die unterschiedlichsten körperlichen und geistigen Schäden verursachen. Als ein Beispiel mag das Katzenschrei-Syndrom

(klägliches Schreien von Neugeborenen) dienen, das durch eine Deletion im menschlichen Chromosom 5 hervorgerufen wird.

c) Genom-Mutation

Als Genom-Mutation bezeichnet man die Veränderung der Anzahl von Chromosomen. Manchmal werden bei der Zellteilung einzelne Chromosomen nicht repliziert oder einzelne Chromosomenpaare bei der Verteilung auf die Tochterzellen während der Meiose nicht getrennt (Nondisjunktion). Dadurch erhöht oder verringert sich die Zahl der Chromosomen (Aneuploidie).
Ist ein Chromosom zu wenig vorhanden, spricht man von Monosomie, gibt es ein Chromosom zu viel, heißt es Trisomie. Betrifft die Veränderung ganze Chromosomensätze, handelt es sich um eine Euploidie. Normalerweise ist der Chromosomensatz doppelt vorhanden, was als Diploidie bezeichnet wird. Gibt es dagegen drei, vier oder mehr Chromosomensätze, spricht man von Polyploidie.

Mehr zum Thema Mutationen finden Sie in Kapitel 3.4 „Humangenetik", in dem die Mutationen im menschlichen Genom und ihre Folgen für den betreffenden Menschen behandelt werden.

Umweltbedingte Ausprägungsvariationen des Erbguts

Trotz gleicher genetischer Information können Organismen bei unterschiedlichen Umweltbedingungen ganz verschieden aussehen. Man bezeichnet diese Fähigkeit, auf Umweltfaktoren zu reagieren, als Modifikabilität. Die auf Umwelteinflüsse zurückzuführenden Veränderungen des Phänotyps nennt man Modifikationen. Allerdings wird dabei nicht die Erbinformation verändert, sondern nur die Merkmalsausbildung innerhalb einer genetisch vorgegebenen Norm. Vererbt wird also lediglich die Variationsbreite (Reaktionsnorm), d. h. die Art und Weise, wie ein Organismus auf bestimmte Umwelteinflüsse reagieren kann.

Die Modifikabilität ermöglicht dem Organismus also, sich an die herrschenden Umweltverhältnisse anzupassen. Eine Erbanlage kann sich dabei nur so weit auswirken, wie es die Umwelt zulässt. Der Phänotyp eines Organismus entsteht also erst aus dem Zusammenspiel von Genotyp und bestimmten Umwelteinflüssen.

3.2 Molekulargenetik – vom Gen zum Phän

Im Vergleich zum Wissensstand von Mendel sind wir heute deutlich weiter. Mendel wusste noch nicht, welche Moleküle der Zellen für die Weitergabe der Erbinformation verantwortlich sind. Heute weiß man nicht nur dies; es ist sogar bekannt, wie die Realisation des Erbguts vom Gen zum Phän vonstatten geht.

Nukleinsäuren – Träger der Erbinformation

Nukleinsäuren sind sehr komplexe Moleküle, die in den Zellen aller Lebewesen, aber auch in Viren vorhanden sind. Grundsätzlich lassen sich zweierlei Nukleinsäuren unterscheiden: die Desoxyribonukleinsäure (DNA oder DNS) und die Ribonukleinsäure (RNA oder RNS). Sie wurden bereits in Kapitel 1.2 „Struktur und Funktion biologischer Makromoleküle“ (vgl. S. 34) ausführlich vorgestellt.

DNA-Replikation – Verdopplung vor der Mitose

Die unregelmäßige (aperiodische) Abfolge der Basen ermöglicht der DNA, als Informationsträger zu fungieren. Die Information muss sich aber auch identisch reproduzieren lassen, um vererbt werden zu können. Zu einer solchen Verdopplung (Replikation) kommt es während der Synthesephase des Zellzyklus. Dabei lösen sich die komplementären Stränge der DNA voneinander und an die ungepaarten Basen lagern sich neue komplementäre Nukleotide über Wasserstoffbrücken an. Sie werden von einem Enzym namens DNA-Polymerase zu einem neuen Tochterstrang kovalent verbunden. Jeder der beiden Elternstränge wirkt also wie eine Matrize, an der ein neuer komplementärer und antiparalleler Strang entsteht.

Der Replikationsmechanismus

Der Vorgang der Replikation ist ein komplizierter Mechanismus, an dem viele verschiedene Enzyme beteiligt sind. In der folgenden Beschreibung wird nicht auf jedes einzelne Enzym und seine Funktion eingegangen, sondern vielmehr wird der grundlegende Mechanismus der Replikation dargestellt.

Die DNA-Verdopplung ist besonders gut bei Prokaryoten untersucht. Zwischen Prokaryoten und Eukaryoten gibt es zwar einige Unterschiede bei der Replikation, aber im Wesentlichen verläuft die DNA-Verdopplung bei allen Organismen gleich. Bei den Prokaryoten beginnt die Replikation an einer definierten Stelle. Es entsteht eine Replikationsblase, von der aus die Replikation in beide Richtungen (bidirektional) verläuft. Bei Eukaryoten erfolgt die Replikation in der S-Phase des Zellzyklus an mehreren Punkten eines Chromosoms. Die Startpunkte werden als Replikons bezeichnet. Auch hier bilden sich Replikationsblasen, von denen aus die Replikation in beide Richtungen verläuft, bis zwei benachbarte Replikons aufeinander treffen (vgl. Abb. 40).

Die Entwindung der DNA

Voraussetzung für die Replikation der DNA ist die Entwindung des DNA-Doppelstrangs. Diese Aufgabe wird von den DNA-Helikasen wahrgenommen: Sie bewegen sich entlang eines DNA-Strangs und lösen unter Energieverbrauch die Wasserstoffbrücken zwischen den komplementären Basen.
Dadurch entstehen DNA-Einzelstränge, die für eine komplementäre Synthese eines neuen Strangs zur Verfügung stehen. Die Y-förmige Öffnung der DNA wird als Replikationsgabel bezeichnet. An die entstandenen DNA-Einzelstränge lagern sich sofort Einzelstrang bindende Proteine an, die die Einzelstränge stabilisieren und verhindern, dass sich die beiden Stränge sofort wieder verbinden.

Die Entspannungsreaktion

Die Folge der Entwindung der DNA an einer Stelle ist die zunehmende Verdrillung des gesamten DNA-Doppelstrangs. Dadurch würden starke Verdrehungsspannungen entstehen. Dies ist nicht der Fall, weil bestimmte Enzyme, die DNA-Topoisomerasen, laufend Entspannungsreaktionen durchführen: Die Phosphorsäureesterbindung (vgl. Abb. 10) im Zucker-Phosphat-Gerüst eines der beiden DNA-Stränge wird vorübergehend geöffnet, der andere Strang wird durch die Lücke geführt und die Esterbindung anschließend wiederhergestellt.

Zur Synthese von DNA werden kurze Startstücke benötigt

Um Polynukleotidstränge neu zu synthetisieren, werden kurze Startstücke, so genannte Primer, benötigt. Das hat damit zu tun, dass DNA-Polymerasen nur schon bestehende Stränge verlängern können. Diese Primer werden mithilfe der Primase, einer RNA-Polymerase, hergestellt. Die Primase bindet an einen DNA-

Einzelstrang und beginnt mit der Synthese von kurzen RNA-Stücken, die etwa zehn Basenpaare lang sind. Die RNA-Stücke dienen der DNA-Polymerase als Startabschnitt.

Die DNA-Synthese

Bei der DNA-Replikation sind mehrere DNA-Polymerasen aktiv (Bakterien besitzen drei, Eukaryoten mindestens fünf Polymerasen). Im Folgenden wird auf die zwei wichtigsten Polymerasen der Prokaryoten eingegangen: die DNA-Polymerase I und die DNA-Polymerase III.

Die DNA-Polymerase III bindet an die Primer und verknüpft einzelne Desoxynukleotide zu langen Polynukleotiden. Der Einzelstrang dient dabei als Vorlage (Matrize) für den neuen komplementären DNA-Strang.

Die DNA-Polymerase I entfernt anschließend die Primer und füllt die dadurch entstandenen Lücken mit den entsprechenden DNA-Nukleotiden auf. Bei Bakterien werden etwa 1000 Nukleotide pro Sekunde angeknüpft, beim Menschen sind es etwa 100 Nukleotide pro Sekunde. Die von den Polymerasen eingebauten Nukleotide werden von der Zelle selbst hergestellt und stehen in ausreichender Menge zur Verfügung.

Bei der Entwindung des Doppelstrangs entstehen zwei Einzelstränge mit entgegengesetzter Polarität (3'→5' und 5'→3'). Die Neusynthese von DNA erfolgt grundsätzlich nur in die Richtung 3'→5', weil alle Polymerasen ein freies 3'-Ende für die Anknüpfung neuer Nukleotide brauchen. Es kann also nur der eine Matrizenstrang (3'→5') in Richtung der Replikationsgabel in einem Zug neu synthetisiert werden. Dieser Strang wird als Leitstrang oder als Vorwärtsstrang bezeichnet.

Der andere Matrizenstrang (5' →3') kann nur in die entgegengesetzte Richtung der Replikationsgabel, sozusagen rückwärts, abgelesen werden. Da die Entwindung der DNA ständig weiterläuft, kann dieser Folgestrang, der auch als Rückwärtsstrang bezeichnet wird, nicht kontinuierlich repliziert werden.

Es werden nur kurze DNA-Abschnitte an einem Stück repliziert. Ist ein neues Stück entwunden, kann dort ein neuer Primer gebildet und dieses Stück bis zum letzten Primer repliziert werden. Entsprechend werden mehrere Primer benötigt. Diese Abschnitte sind bei Eukaryoten etwa 200 Basenpaare, bei Prokaryoten etwa 1000 Basenpaare lang. Sie werden als Okazaki-Fragmente bezeichnet und sind nach ihrem japanischen Entdecker benannt.

Der Folgestrang wird erst durch einige Folgeschritte in einen durchgehenden Polynukleotidstrang umgewandelt: Die DNA-Polymerase I entfernt die RNA-Primer und füllt die entstandenen Lücken mit den komplementären Nukleotiden auf. Die DNA-Ligase verbindet schließlich die benachbarten Okazaki-Fragmente.

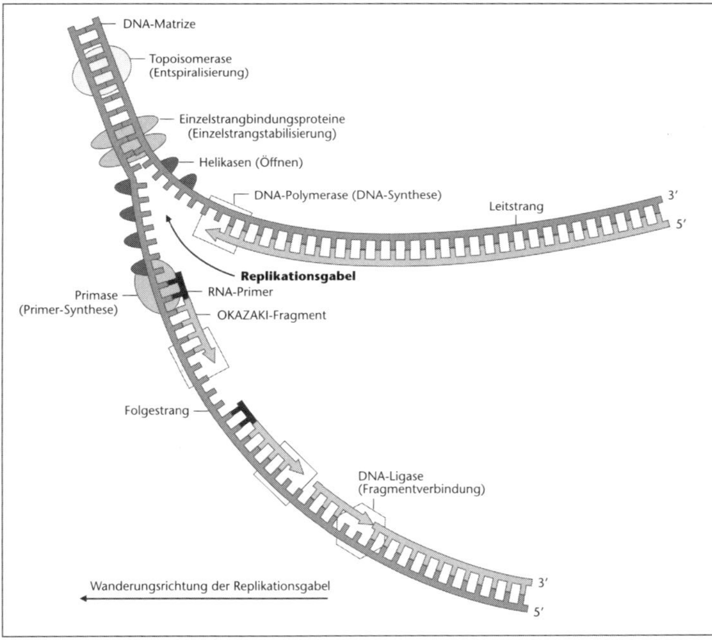

Abb. 40: semikonservative Replikation der DNA

Proteinbiosynthese – von der DNA zum Protein

Als Proteinbiosynthese bezeichnet man den Vorgang, bei dem die Reihenfolge der DNA-Basen (Basensequenz) in eine bestimmte Aminosäuresequenz (Reihenfolge der Aminosäuren im Proteinmolekül, vgl. S. 30) übersetzt wird. Dabei spielen die bereits auf S. 37 beschriebenen Ribonukleinsäuren eine wichtige Rolle.

Genetischer Kode – drei Basen kodieren eine Aminosäure

Wie ausgeführt kommen in Nukleinsäuren vier verschiedene Stickstoffbasen vor (vgl. S. 35). Jeweils drei aufeinander folgende Basen, so genannte Basentripletts, bestimmen (kodieren) eine Aminosäure. Basentripletts der DNA, die Aminosäuren kodieren, nennt man Kodons. In ihrer Gesamtheit bilden sie den genetischen Kode. Alle Organismen benutzen denselben Kode; er ist also universell, auch wenn geringfügige Abweichungen bekannt sind.

Die Ablesung des Kodes findet ohne Überlappung statt, d.h., jedes Nukleotid ist nur an einem einzigen Triplett beteiligt. Die Kodierung benötigt keine „Pausenzeichen" zur Unterscheidung der Tripletts. Die Kombination von drei Basen bietet theoretisch 43 – also 64 – Möglichkeiten, um verschiedene Aminosäuren zu kodieren. Das ist mehr, als für die 20 zur Proteinbiosynthese verwendeten Aminosäuren nötig ist. Für viele Aminosäuren gibt es daher mehr als ein Kodon. Einen Überblick über die Zuordnung der Basentripletts der mRNA zu den verschiedenen Aminosäuren bietet die Kodesonne. Um herauszufinden, welche Aminosäure beispielsweise durch das Triplett UAC kodiert ist, startet man im inneren Teil des Kreises bei der ersten Base U und geht dann über A und G nach außen. In diesem Fall wird durch UAC die Aminosäure Tyrosin kodiert.

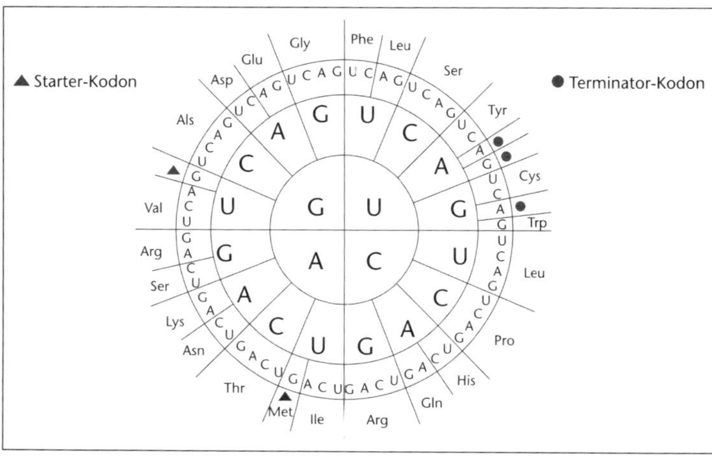

Abb. 41: Kodesonne

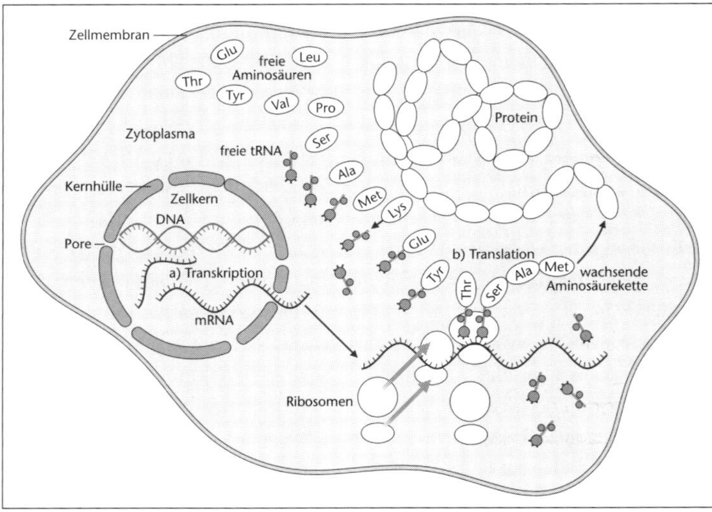

Abb. 42: Proteinbiosynthese

a) Transkription

Die Aminosäuresequenz von Proteinen ist durch die Basenabfolge auf der DNA festgelegt. Bei der Transkription dient ein DNA-Strang als Vorlage für die Synthese einer komplementären RNA, wobei anstelle von Thymin die Purinbase Urazil eingebaut wird. Diese RNA wird als messenger RNA (mRNA) bezeichnet. Bei Eukaryoten kommt die DNA nur im Zellkern vor (Ausnahme: Mitochondrien, Chloroplasten), die Proteine werden aber nicht im Kern, sondern im Zytoplasma an den Ribosomen gebildet. Die mRNA wird als Bote (messenger) eingesetzt und wandert als einsträngiges Molekül aus dem Kern ins Zytoplasma zu den Ribosomen.
Die Transkription wird in drei Phasen eingeteilt: Initiation (Start), Elongation (Kettenverlängerung) und Termination (Kettenabbruch).

Initiation

Das wichtigste Enzym bei der Transkription ist die RNA-Polymerase, die die genetische Information der DNA in RNA umschreibt. Beim Start der Transkription lagert sich die RNA-Polymerase an die DNA und öffnet die Wasserstoffbrücken zwischen dem Doppelstrang. Dieser Vorgang wird als Initiation bezeichnet. Der DNA-Strang, der als Vorlage für die mRNA dient, wird als kodogener Strang bezeichnet. Innerhalb eines Chromosoms kann sowohl der eine als auch der andere Strang als Matrize dienen. Für ein bestimmtes Gen sind aber der kodogene und der nichtkodogene Strang festgelegt. Die RNA-Synthese beginnt nicht an einer beliebigen Stelle im Genom, sondern immer kurz vor einem Gen. Das liegt daran, dass die RNA-Polymerase bestimmte Sequenzbereiche auf der DNA, die kurz vor dem Anfang eines Gens liegen, erkennt und daran bindet. Eine solche Erkennungs- und Bindestelle wird als Promotor bezeichnet. Ein Promotor besteht immer aus einem kurzen, nicht kodierenden DNA-Abschnitt. Bei Eukaryoten helfen einige Proteine, so genannte Transkriptionsfaktoren, der RNA-Polymerase bei der Suche nach einem Promotor.

Elongation
Die RNA-Polymerase kopiert die Basenfolge des kodogenen DNA-Strangs nach den Regeln der Basenpaarung in eine einsträngige mRNA: So wird z. B. aus der Basenabfolge TTTCGATAA in der DNA AAAGCUAUU in der RNA. Die Synthese der RNA erfolgt durch die Anheftung eines passenden Nukleotids an ein freies 3'-Ende. Die RNA-Polymerase wandert Stück für Stück die DNA entlang und löst dabei kontinuierlich den Doppelstrang. Hinter der Polymerase wird der Doppelstrang wieder geschlossen. Die RNA-Polymerase heftet auf diese Weise ein komplementäres Nukleotid nach dem anderen an die immer länger werdende Ribonukleotidkette (Elongation).

Termination
Trifft das Enzym auf bestimmte Sequenzbereiche, stellt die RNA-Polymerase die Synthese ein. Diese Sequenzbereiche werden als Terminator bezeichnet und leiten zusammen mit spezifischen Proteinen (Terminationsfaktoren) den Abbruch der Synthese ein. Die Polymerase und die fertige RNA lösen sich von der DNA ab.
Bei Prokaryoten beginnt die Translation häufig noch während der Transkription. Bakterielle mRNA ist deutlich kurzlebiger als eukaryotische mRNA. In der Regel existiert sie nur eine halbe bis zwei Minuten. Das hat den Vorteil, dass sich Bakterien sehr schnell auf sich ändernde Umweltbedingungen einstellen können, d. h. die Transkription bestimmter Gene aktivieren oder deaktivieren können. Durch

die kurzlebigen mRNAs ist gewährleistet, dass immer nur Proteine von neu entstehenden mRNAs in der Zelle gebildet werden.
Bei Eukaryoten sind die Transkription (Zellkern) und die Translation (Zytoplasma) räumlich getrennt. Außerdem wird die Struktur der mRNA noch verändert, bevor sie aus dem Zellkern in das Zytoplasma zu den Ribosomen wandert.

RNA-Prozessierung
Die Umwandlung der Primärtranskripte (prä-RNA) in funktionsfähige reife RNA-Moleküle wird als RNA-Prozessierung bezeichnet. Dabei werden beide Enden der eukaryotischen RNA modifiziert. In einigen Fällen werden aus den RNA-Molekülen einige Stücke herausgeschnitten und die verbliebenen Teile wieder miteinander verbunden. RNA-Prozessierung findet nur bei Eukaryoten statt.
Noch bevor die Transkription abgeschlossen ist, wird am 5'-Ende der prä-RNA eine so genannte cap-Struktur angehängt (engl. cap = Kappe). Diese Kappe besteht aus einer 7-Methylguanosin-Gruppe (Methylguanosin), also einem modifizierten Guanosin-Molekül, das die mRNA im Zytoplasma vermutlich vor enzymatischem Abbau schützt. Eine weitere gesicherte Funktion hat die Kappe bei der Initiation der Translation. Sie dient als Signalstruktur für die kleine ribosomale Untereinheit, die sich an das 5'-Ende der mRNA bindet.
Nach der Fertigstellung der RNA wird an ihrem 3'-Ende ein Poly-A-Schwanz aus bis zu 200 Adeninmolekülen angehängt (Polyadenylierung). Dieser dient ebenfalls dem Schutz der RNA vor enzymatischem Abbau und hat vermutlich eine weitere Funktion beim Austritt der mRNA aus dem Kern ins Zytoplasma. Die längere Lebensdauer der eukaryotischen mRNA ist vermutlich auf die Modifikation der Enden zurückzuführen.
Der aufwändigste Schritt der RNA-Prozessierung ist aber das Spleißen, bei dem bestimmte mRNA-Abschnitte herausgeschnitten und andere RNA-Abschnitte zusammengefügt werden.
Ein durchschnittliches Protein ist etwa 300 bis 400 Aminosäuren groß, d. h., eine mRNA müsste entsprechend 900 bis 1200 Nukleotide lang sein. Tatsache ist aber, dass häufig vier- bis zehnmal mehr Nukleotide in RNA transkribiert werden (für ein Protein von 300 Aminosäuren also 3600 bis 9000 Nukleotide). Die Primärtranskripte sind also wesentlich länger als die entstehenden Proteine. Das

liegt daran, dass eukaryotische Gene – anders als prokaryotische Gene – nicht nur aus kodierenden DNA-Sequenzen bestehen. Vielmehr sind die kodierenden Sequenzen der eukaryotischen Gene (also die Sequenzen, die translatiert werden) häufig durch mehrere nicht kodierende Sequenzen unterbrochen (Sequenzen, die nicht translatiert werden). Die kodierenden Abschnitte werden als Exons, die nicht kodierenden als Introns bezeichnet. Man spricht auch von Mosaikgenen. Die transkribierte prä-RNA besteht also aus Exons und Introns. Beim Spleißen werden die Introns aus dem Primärtranskript herausgeschnitten und die Exons miteinander verbunden, sodass eine mRNA mit einer durchgehenden, translatierbaren Nukleotidsequenz entsteht.

b) Translation

Bei der Translation (lat. translatio = Übersetzung) wird die genetische Information der RNA in die Aminosäuresequenz der Proteine übersetzt. Proteine werden in den Ribosomen synthetisiert.

Wobble-Hypothese

Wie bereits erwähnt kodieren in jedem Organismus 61 Kodons für die 20 Aminosäuren. Da aber keine 61 tRNAs vorhanden sind, bedeutet dies: Es gibt nicht für jedes Kodon eine tRNA. Dass eine korrekte Proteinsynthese dennoch funktioniert, ist nur möglich, weil die AntiKodons mancher tRNAs mehrere Kodons der mRNA erkennen können.

Wie aus der Kodesonne auf S. 105 zu erkennen ist, wird eine Aminosäure hauptsächlich durch die erste und zweite Position eines Kodons bestimmt. So existieren beispielsweise vier verschiedene Kodons für Leuzin, die sich nur in ihrer dritten Position unterscheiden (CUU, CUC, CUA, CUG). Nach der Wobble-Hypothese benötigt nicht jedes dieser synonymen Kodons (also Kodons, die die gleiche Aminosäure kodieren) eine eigene spezifische tRNA. Dies ist möglich, weil die Paarung der dritten Base des Kodons (z. B. Leuzin, 5'-CUC-3') und der ersten Base des Antikodons (3'-GAG-5') flexibler erfolgt, als es bei Basenpaarungen üblich ist. D. h., die erste Base des Antikodons kann zwischen mehreren Partnern wählen. Besonders vielseitig ist eine tRNA, die an der ersten Stelle des Antikodons das modifizierte Nukleotid Inosin trägt.

Wie schon bei der Transkription ist die Untersuchung an Prokaryoten einfacher. Die Translation wird ebenfalls in die drei Schritte Initiation (Start), Elongation (Kettenverlängerung) und Termination (Kettenabbruch) eingeteilt.

Initiation

Zu Beginn der Proteinbiosynthese bildet sich zunächst einmal ein Initiationskomplex aus. Bei Bakterien besteht dieser aus der Start-tRNA (Formyl-Methionyl-tRNA), der mRNA und der kleineren ribosomalen Untereinheit. Die Anlagerung der Startaminosäure erfolgt am Startkodon AUG. Bei Bakterien bindet die kleine Untereinheit des Ribosoms dabei an einen bestimmten Sequenzabschnitt, der acht bis zehn Nukleotide vor dem Startkodon liegt. Nach der Bildung des Initiationskomplexes lagert sich die größere ribosomale Untereinheit an.
Bei Eukaryoten dient die cap-Struktur der mRNA als Erkennungssignal für die kleinere ribosomale Untereinheit. Die Start-Aminosäure ist ebenfalls Methionin, allerdings trägt die Aminosäure bei Eukaryoten keinen Formylrest. Sowohl bei Prokaryoten als auch bei Eukaryoten ist eine Vielzahl von Proteinen (Initiationsfaktoren) an der Initiation der Proteinsynthese beteiligt.
Nach der Anlagerung der größeren ribosomalen Untereinheit ist das Ribosom vollständig und funktionsfähig. In einem solchen Ribosom kommen zwei tRNA-Bindestellen vor: Die A-Bindestelle (Aminoazyl-tRNA-Stelle), die als „Eingang" betrachtet werden kann und die P-Bindestelle (Peptidyl-tRNA-Stelle), die als „Ausgang" fungiert. Diese beiden Bindestellen für die tRNA-Moleküle passen räumlich gesehen genau zu den tRNAs. Auch hier gilt also das Schlüssel-Schloss-Prinzip (vgl. S. 68).

Elongation

Während der Elongation wird eine Aminosäure nach der anderen an die bereits bestehende Polypeptidkette geknüpft. Auch bei diesem Schritt sind verschiedene Proteine (Elongationsfaktoren) beteiligt. Grundsätzlich können drei sich wiederholende Schritte unterschieden werden:

I. Bindung der Aminoacyl-tRNA an das entsprechende Kodon der mRNA
II. Verbindung zweier Aminosäuren durch Peptidbindung
III. Translokation

Beim Start der Proteinsynthese befindet sich die Start-tRNA in der P-Bindestelle (Ausgang). Es wird eine weitere Aminoazyl-tRNA an die A-Bindestelle (Eingang) gebunden (I). Die tRNA im Ausgang lädt ihre Aminosäure (A1) ab. A1 wird mit der folgenden Aminosäure (A2) verknüpft (II). Die nun freie tRNA im Ausgang verlässt das Ribosom. Die tRNA im Eingang trägt nun zwei Aminosäuren (A1 + A2) und rückt von der A- auf die P-Bindestelle auf (III). Dieser Schritt wird als Translokation bezeichnet. Da die beladene tRNA nach wie vor mit der mRNA verbunden ist, bewegen sich mRNA und tRNA gleichzeitig um ein Triplett weiter durch das Ribosom. Die Verlängerung der Peptidkette erfolgt durch die Wiederholung der beschriebenen Schritte: Die A-Bindestelle wird mit der nächsten tRNA besetzt. Die tRNA der P-Bindestelle lagert die beiden Aminosäuren ab (A1 + A2), die mit der neuen Aminosäure (A3) verknüpft werden, usw.
Das Ribosom gleitet auf diese Weise an der mRNA entlang, wobei ein Triplett (Kodon) nach dem anderen für die Translation dargeboten wird. Durch das Anlagern der entsprechenden tRNAs und die Verknüpfung der Aminosäuren zu langen Polypeptidketten entspricht die Reihenfolge der Aminosäuren schließlich der Reihenfolge der RNA-Kodons und damit letztlich der Reihenfolge der DNA-Sequenz. Die „Sprache“ der DNA wurde in die „Sprache“ der Proteine übersetzt.

Termination

Trifft das Ribosom auf eines der drei Stoppkodons (UAA, UAG oder UGA), wird die Translation beendet. Auch bei diesem Schritt sind verschiedene Proteine (Freisetzungsfaktoren) beteiligt. Das Ribosom zerfällt in seine beiden Untereinheiten. Die fertige Polypeptidkette löst sich von der mRNA ab und faltet sich selbstständig (oder mithilfe von Chaperonen) zu ihrer spezifischen dreidimensionalen Gestalt und damit zu einem funktionsfähigen Protein.

Proteinmodifikationen

Proteine werden im Anschluss an die Translation häufig noch verändert (modifiziert). Diese Veränderungen verleihen einem Protein oft erst seine eigentliche Struktur und Funktion, spielen aber auch bei der Verankerung von Proteinen in Membranen oder beim Proteintransport eine Rolle. Modifiziert werden können nicht nur das Amino- und Karboxylende eines Proteins, sondern auch einzelne Aminosäuren innerhalb des Proteins.

3.3 Angewandte Biologie – Gentechnik

Züchterische Eingriffe bei der Vermehrung von Pflanzen und Tieren gab es schon lange, bevor die genetischen Zusammenhänge bei der Fortpflanzung überhaupt bekannt waren. Dabei wählte man zur Zucht stets Individuen mit den gewünschten Merkmalen aus oder vermehrte ausgesuchte Pflanzen vegetativ. Seit die molekularen Mechanismen der Vererbung aber in vielen Einzelheiten aufgeklärt und zudem neue Techniken entwickelt wurden, gibt es auf diesem Gebiet nun allerdings Einflussmöglichkeiten, die früher undenkbar waren.
Die Biotechnologie hat das Ziel, lebende Zellen oder Enzyme zur Umwandlung oder Produktion bestimmter Stoffe zu benutzen. Eine Teildisziplin ist die Gentechnologie oder kurz Gentechnik. Bei ihr geht es um die planmäßige Veränderung und Nutzbarmachung der Erbinformation.

Grundlegende Handwerkszeuge der Gentechnik am Beispiel der Klonierung eines Gens

Mithilfe gentechnischer Methoden lassen sich Gene isolieren, analysieren und verändert wieder in einen Organismus einbauen. Diese veränderten Organismen bezeichnet man dann als transgen. Unter Genklonierung versteht man die Vervielfältigung eines Gens mithilfe gentechnischer Werkzeuge und Methoden. Ziel der Genklonierung kann die weitergehende Untersuchung des Gens sein oder die gezielte Vermehrung des Biosyntheseprodukts, wenn es sich dabei z. B. um ein wichtiges Hormon wie Insulin handelt. Im Folgenden werden die durch Abbildung 43 visualisierten einzelnen Arbeitsschritte einer Genklonierung ausführlich erläutert.

Klonierung von Genen

a) Isolation der Plasmide und der menschlichen DNA

Ausgangspunkt der Genklonierung ist die Isolation des gewünschten Gens aus der Wirts-DNA, hier der menschlichen DNA. Bei dieser DNA-Extraktion muss zunächst das Chromatin der Wirtszelle von den übrigen Zellbestandteilen getrennt werden. Dazu werden Substanzen verwendet, die die Zell- und Kernmembran zerstören. Außerdem muss das Chromatin von den strukturerhaltenden Proteinen (so genannten Histonen) befreit werden. Das Gleiche wird mit den DNA-Vektoren (s. u.), hier Plasmiden, durchgeführt, die man aus Bakterien gewinnt. Nach der Isolierung der beiden DNA-Spezien werden diese miteinander kombiniert. Dazu müssen Teile der Nukleotidsequenz vor und hinter dem Gen bekannt sein, damit ein entsprechendes Restriktionsenzym (s. u.) für den Verdau ermittelt werden kann.

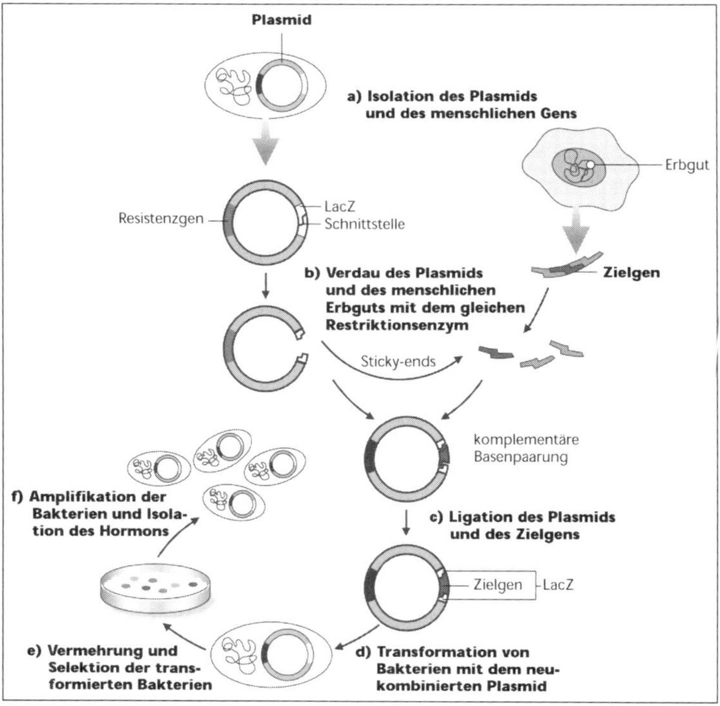

Abb. 43: Klonierung eines Gens

DNA-Vektoren und Antibiotikaresistenzen:

Wichtige Werkzeuge der Gentechniker sind so genannte DNA-Vektoren. Dabei handelt es sich um Transportsysteme, in die zu übertragende DNA-Fragmente eingebaut und dann in Zielzellen eingeschleust werden (Transformation, s. u.). Häufig benutzte Vektoren sind Bakteriophagen (vgl. S. 146) oder Plasmide. Plasmide sind zirkuläre DNA-Sequenzen, die in Bakterien extrachromosomal vorliegen. Sie können für unterschiedlichste Genprodukte kodieren. Beispielsweise dienen sie dem DNA-Austausch zwischen Bakterien (Konjugation, vgl. S. 139) oder kodieren für Gene, die Bakterien gegen Antibiotika schützen. Solche Antibiotikaresistenzen beinhalten für unsere Gesellschaft eine große Gefahr – immer mehr Bakterienstämme werden resistent gegen die von uns in der Medizin verwendeten Wirkstoffe. Dies liegt einerseits an der großen Mutationsrate des haploiden Bakterienerbguts, andererseits am Menschen selbst. Je häufiger bestimmte Antibiotika eingesetzt werden (in der Medizin oder Tiermast), desto größer ist die Chance, dass zufällige Mutationen zu resistenten Bakterienstämmen führen. Diese besitzen gegenüber ihren „Artgenossen" einen Selektionsvorteil und vermehren sich rasch.

b) Verdau des Plasmids und der menschlichen DNA mit Restriktionsenzymen
Mithilfe von Restriktionsenzymen lassen sich Nukleinsäuren an ganz bestimmten Stellen aufschneiden, sodass danach genau definierte Teilstücke vorhanden sind. Besonders günstig für die Gentechnik sind solche Restriktionsenzyme, die eine Nukleinsäure in der Form schneiden, dass kurze Einzelstrangenden (sticky-ends) entstehen.
Die chromosomale DNA mit dem Gen, das für das Hormon Thyroxin kodiert, sowie das Plasmid werden mit dem gleichen Restriktionsenzym geschnitten, sodass komplementäre sticky-ends entstehen und das Gen in das Plasmid eingebaut wird.

Restriktionsenzyme:
Restriktionsenzyme unterliegen den allgemeinen Wirkmechanismen der Enzyme (Funktion von Enzymen, vgl. S. 67). Sie besitzen eine Substrat- und Wirkspezifität, d. h., sie verfügen über ein aktives Zentrum, das eine spezifische Nukleotidsequenz in einer ganz bestimmten Art und Weise schneidet. Mithilfe von Restriktionsenzymen lassen sich Nukleotidsequenzen künstlich neu kombinieren, indem man unterschiedliche DNA-Abschnitte mit demselben Restriktionsenzym schneidet und sie dann mischt. Beide DNA-Spezien müssen mit demselben Rest-

riktionsenzym geschnitten werden, damit sich so genannte sticky-ends ausbilden. Dadurch verfügen beide über komplementäre, einzelsträngige Basenpaarungen an ihren Enden. Bei der darauf folgenden Mischung der beiden Fragmente können sie Wasserstoffbrückenbindungen miteinander eingehen.

Restriktionsenzyme stammen aus Bakterien. Hier haben sie die Aufgabe, schädliche, von den Bakterien aus dem Umgebungsmilieu aufgenommene DNA (Transformation) zu zerstören. Das Bakteriengenom ist entsprechend an den für das Enzym spezifischen Schnittstellen über Methylierungen geschützt.

c) Ligation des Plasmids und des Zielgens

Bei der Ligation verbinden sich die durch den Restriktionsverdau mit dem gleichen Enzym entstandenen komplementären Basenpaare der Sticky-ends von Plasmid und Gen. Durch das Enzym Ligase werden diese bisher nur auf Wasserstoffbrücken basierenden Anlagerungen durch die Ausbildung kovalenter Bindungen zwischen dem Phosphat und der Desoxyribose verstärkt, und ein geschlossener neu kombinierter DNA-Ring entsteht.

d) Transformation von Bakterien mit dem neu kombinierten Plasmid

Das rekombinierte Plasmid soll im folgenden Schritt in ein Bakterium eingeschleust werden. Dazu wird es in eine Lösung mit aufnahmewilligen (= kompetenten) Bakterien überführt. Bakterien sind in der Lage, unter bestimmten Bedingungen über ihre Oberfläche nackte DNA aus dem umgebenden Medium aufzunehmen. Diesen Vorgang bezeichnet man als Transformation. Je nach Zelltyp werden unterschiedlichste Methoden eingesetzt, um die DNA in die Zelle einzuschleusen. Einige von ihnen sind auf S. 119 ff. erläutert.

e) Vermehrung und Selektion der transformierten Bakterien

Den Vorgang der Entlarvung jener Bakterien, die das korrekt zusammengebaute Plasmid aufgenommen haben, bezeichnet man als Selektion. Das Problem ist, dass sich beispielsweise ein Plasmid, nachdem es durch das Restriktionsenzym geöffnet wurde, ohne den Einbau des Zielgens wieder schließen kann. Auch nimmt nicht jede Bakterie ein Plasmid auf. Die Selektion kann mittels verschiedener Methoden erfolgen:

Antibiotikaresistenz:
Bei Antibiotikaresistenz verwendet man beispielsweise häufig Plasmide, die ein Gen tragen, dessen Genprodukt dem Bakterium erlaubt, auf mit entsprechendem Antibiotikum (z. B. Ampizillin) versehenem Nährboden zu wachsen. Hier können nur jene Bakterien überleben, die ein Plasmid aufgenommen haben.

Blau-Weiß-Test:
Der Blau-Weiß-Test wird i. d. R. in Kombination mit einer Antibiotikaresistenz eingesetzt. Die Bakterien werden dann zunächst auf einer Agarplatte ausplattiert, die das Antibiotikum enthält, gegen welches die korrekt transformierten Bakterien resistent sind. Diejenigen Bakterienkolonien ohne das Plasmid sterben sofort ab.
In das verwendete Plasmid wurde zusätzlich das so genannte LacZ-Gen eingebaut, in dem sich eine Restriktionsschnittstelle befindet, in die bei erfolgreicher Transformation das Zielgen integriert wird. Daher können sie das Genprodukt von LacZ, die β-Galaktosidase, nicht synthetisieren. Die β-Galaktosidase spaltet den modifizierten Zucker X-Gal in blaue Spaltprodukte. Bakterien, bei denen sich der Plasmidring ohne den Einbau des Zielgens wieder geschlossen hat, erscheinen daher blau. Die korrekt transformierten Bakterien können X-Gal nicht verarbeiten und erscheinen daher weiß.
Die weißen Kolonien müssen isoliert (gepickt werden) und in Nährmedium amplifiziert werden. Das produzierte Hormon wird entweder aus dem Nährmedium nach Exozytose gewonnen oder muss aus den Bakterien isoliert werden.

f) Amplifikation der Bakterien und Isolation des Hormons
Der letzte Schritt ist die Vermehrung der korrekt transformierten Bakterienkolonien. Dazu werden die Kolonien von der Agarplatte gepickt und in Nährmediumflaschen (die i. d. R. ebenfalls Ampizillin enthalten) vermehrt. Damit wird sowohl das zu untersuchende Gen vervielfältigt und/oder das Genprodukt (z. B. Thyroxin) gentechnisch hergestellt. Im optimalen Fall baut man das Plasmid so zusammen, dass darauf befindliche regulative Einheiten dafür sorgen, dass das Genprodukt von der Zelle exozytiert wird und nur noch aus dem Medium isoliert werden muss.

Methoden der Gentechnik

Gelelektrophorese – Auftrennung von Makromolekülen

Die Gelelektrophorese dient der Auftrennung von DNA-Fragmenten, mRNA oder Proteinen nach ihrer physikalischen Größe. Dazu werden beispielsweise DNA-Fragmente eines Restriktionsverdaus auf ein Gel aufgetragen. Dieses Gel besitzt die Eigenschaften eines molekularen Siebes, d. h., große DNA-Fragmente gelangen nur langsam hindurch, kleine schneller. An das Gel wird ein elektrisches Feld gelegt, damit die Fragmente durch das Gel wandern. Dabei wandern DNA-Moleküle aufgrund der negativen Ladung der Phosphatgruppe in Richtung des Pluspols. Mit dieser Methode lassen sich beispielsweise zwei DNA-Proben miteinander vergleichen und nachweisen, ob sie identischen Ursprungs sind. Das resultierende Bandenmuster ist für jeden Organismus individuell.

Northern-, Southern- und Western-Blotting – spezifischer Nachweis von RNA, DNA und Proteinen

Die drei Methoden unterscheiden sich durch den Typ des zu untersuchenden Ausgangsmaterials. Beim Southern-Blotting wird DNA, beim Northern-Blotting RNA und beim Western-Blotting Protein untersucht. Ziel dieser Methoden ist, herauszufinden, ob die zu untersuchende Zelle ein bestimmtes Gen enthält (DNA), dieses Gen transkribiert (mRNA) oder das Genprodukt (Protein) synthetisiert wird.

Dafür müssen die jeweiligen Bestandteile zunächst isoliert werden. Anschließend werden sie gelelektrophoretisch aufgetrennt. Im folgenden Schritt erfolgt die Übertragung auf eine Membran – das eigentliche Blotting – um den abschließenden Nachweis durchzuführen. Dafür wird beim Southern-Blotting eine zum gesuchten Gen komplementäre, radioaktiv markierte DNA-Sonde hinzugegeben. Bindet diese, so kann die nachzuweisende Sequenz durch Schwärzung eines Röntgenfilms (Autoradiografie) sichtbar gemacht werden. Bei mRNA verwendet man ebenfalls einen komplementären Nukleotidabschnitt. Proteine können mit spezifischen Antikörpern (vgl. S. 245), die mit einem Enzym gekoppelt sind, das aus seinem Substrat ein fluoreszierendes Produkt herstellt, nachgewiesen werden.

Die Polymerase-Ketten-Reaktion

Die PCR (Polymerase-chain-reaction) ist eine Methode zur Vermehrung spezifischer DNA-Fragmente. Die Technik wurde 1985 von Kary B. Mullis, einem amerikanischen Chemiker, entwickelt. 1993 erhielt er dafür den Nobelpreis für Chemie. Mit der PCR können geringste Mengen DNA innerhalb weniger Stunden millionenfach vermehrt (amplifiziert) werden. Die PCR macht sich das Prinzip der DNA-Replikation zunutze. Es werden drei Teilschritte in mehreren Zyklen (meist 25 bis 50-mal) wiederholt:

a) Die DNA wird kurz erhitzt (denaturiert). Durch die Hitze lösen sich die Wasserstoffbrücken zwischen den Basen, was bedeutet, dass die DNA einzelsträngig vorliegt.

b) Die DNA wird wieder abgekühlt, damit die Primer (vgl. S. 102) binden können. Die Basensequenz der Primer ist so gewählt, dass sie den zu vermehrenden DNA-Abschnitt eingrenzt. Voraussetzung für eine PCR sind also Kenntnisse über die DNA-Sequenzen, die sich links und rechts des zu vermehrenden Bereichs befinden.

c) Der Primer wird durch die DNA-Polymerase verlängert. Bei der PCR verwendet man eine hitzestabile Polymerase, die so genannte Taq-Polymerase. Sie wurde aus Bakterien der Art Thermus aquaticus (Bakterien, die in heißen Quellen vorkommen) isoliert. Das hat den großen Vorteil, dass diese Polymerase auch bei höheren Temperaturen arbeitet.

Die PCR findet in folgenden Bereichen Anwendung:

- Grundlagenforschung: Die Vermehrung von DNA-Fragmenten für unterschiedliche Anwendungen, z. B. für DNA-Sequenzierung oder die Herstellung von Gensonden usw.
- Medizinische Diagnostik: Z. B. kann die virale DNA von schwer nachzuweisenden Viren wie HIV vermehrt werden.
- Kriminalistik: DNA kann aus winzigsten Spuren von Blut oder Sperma vermehrt werden, was z. B. bei der Aufklärung von Gewaltverbrechen hilfreich sein kann.
- Evolutionsbiologie: Die PCR wird für genetische Analysen paläontologischer Funde eingesetzt. Z. B. wurden DNA-Fragmente aus einem seit 40.000 Jahren eingefrorenen Mammut vermehrt.

Anwendungsbeispiele der Gentechnik

Transgene Pflanzen

Bei vielen Pflanzenarten lassen sich aus einzelnen Zellen vollständige Pflanzen heranziehen. Gentechnische Veränderungen an Pflanzen sind damit grundsätzlich einfacher, weil sich einzelne Zellen genetisch leichter manipulieren lassen als ganze Organismen. Experimentiert wird vor allem mit folgenden Pflanzen: Mais, Raps, Sojabohnen, Tabak, Kartoffeln, Tomaten, Flachs, Baumwolle und verschiedenen Obst- und Zierpflanzen. Es werden hauptsächlich zwei Methoden angewandt, um fremde Gene in Pflanzen einzubringen:

Ti-Plasmid: Pflanzen selbst besitzen keine Plasmide. Durch die Hilfe eines Bakteriums können aber Fremdgene in eine Pflanzenzelle eingebracht werden: Das pflanzenpathogene Bakterium Agrobacterium tumefaciens dringt durch Verletzungen in Pflanzen ein, vermehrt sich dort und führt zu Tumorbildungen. Die Wucherungen sind auf das Ti-Plasmid der Bakterien zurückzuführen (Ti steht für Tumor induzierend), das sich in das Pflanzengenom integriert. Für die Herstellung transgener Pflanzen werden die Tumor induzierenden Gene des Plasmids entfernt und an ihre Stelle die gewünschten Fremdgene eingebaut. Das Plasmid verliert also seine Tumor induzierende Wirkung und integriert dafür die Fremd-DNA in das Pflanzengenom. Hat die Transformation einer einzelnen Pflanzenzelle funktioniert, so wächst eine Pflanze heran, die in allen Zellen das fremde Gen eingebaut hat. Ansonsten ist die Pflanze unverändert. Agrobakterien infizieren natürlicherweise allerdings nur zweikeimblättrige Pflanzen (vgl. S. 258). Wichtige Kulturpflanzen wie Mais, Reis und Weizen gehören aber zu den einkeimblättrigen Pflanzen, die nur durch zusätzliche Methoden behandelt werden können.

DNA-Kanone: Bei dieser Technik werden winzige Metallkügelchen mit DNA beschichtet und in eine Pflanzenzelle geschossen. In einigen Fällen wird die DNA daraufhin in das Genom der Pflanzenzelle integriert.

Das grundsätzliche Problem bei beiden Techniken ist, dass die DNA nicht gezielt eingebracht werden kann. D. h., das Fremdgen kann z. B. in den kodierenden Abschnitt eines anderen Gens integrieren. Dadurch wird dieses Gen zerstört oder

seine Expression beeinträchtigt. Um zu prüfen, ob das Fremdgen intakt eingebaut wurde, wird es häufig zusammen mit einem Antibiotikaresistenz-Gen in das Pflanzengenom eingebaut. Erweisen sich die Pflanzen als resistent gegen das Antibiotikum, kann man davon ausgehen, dass auch das andere Gen integriert wurde und exprimiert wird. Die transgenen Pflanzen werden in einem weiteren Schritt mit „normalen“ Hochleistungspflanzen gekreuzt und die Nachkommen mit den gewünschten Eigenschaften ausgelesen. Bevor transgene Pflanzen ausgepflanzt werden dürfen, müssen sie einen mehrstufigen Sicherheitstest durchlaufen. Bislang wurden hauptsächlich transgene Pflanzen freigesetzt, die Resistenzen gegen Herbizide oder Insektenfraß aufweisen. Die heutigen in der Landwirtschaft eingesetzten, biologisch abbaubaren Totalherbizide greifen nicht nur Unkraut an, sondern auch Nutzpflanzen. Damit Kulturpflanzen das Herbizid überleben, werden transgenen Pflanzen Gene eingefügt, die sie vor der Wirkung der Herbizide schützen. Außerdem lassen sich Gene einschleusen, die vor Insektenfraß schützen. So werden beispielsweise bestimmte Gene des Bakteriums Bacillus thuringiensis (Bt) in Nutzpflanzen eingesetzt, deren Genprodukte toxisch auf Insekten wirken. Solche Pflanzen werden dann als Bt-Pflanzen bezeichnet.
1986 wurde transgener Tabak als erste gentechnisch veränderte Pflanze in den USA und in Frankreich ausgepflanzt. In Deutschland fand die erste Freisetzung von transgenen Pflanzen 1990 statt. Der größte Teil der Anbaugebiete liegt heute in Amerika und Kanada. Bislang wurden vor allem herbizid- und insektenresistenter Soja, Raps und Mais freigesetzt. Die nächste Generation transgener Pflanzen soll neben solchen Resistenzen mit zusätzlichen nützlichen Eigenschaften ausgestattet sein. Getreidesorten sollen z. B. einen höheren Vitamin- und Mineralstoffgehalt aufweisen oder an hohe Temperaturen oder karge Böden angepasst werden. Dazu ist der Transfer von mehreren Genen notwendig.

Transgene Tiere

Die Erzeugung transgener Tiere ist deutlich aufwändiger als die transgener Pflanzen, unter anderem weil die meisten Tiere eine sehr viel längere Generationsdauer haben und das Einbringen der Fremd-DNA schwieriger ist. Daher sind viele Experimente notwendig, bis man schließlich ein transgenes Tier erhält. Schätzungen zufolge liegt die Erfolgsquote zwischen ein und zehn Prozent. Transgene Tiere werden durch folgende Methode erzeugt:

Mikroinjektion: Die Fremd-DNA wird mithilfe einer sehr feinen Glaskapillare in den Kern einer befruchteten Eizelle injiziert. Die so behandelte Eizelle wird dann in die Gebärmutter eines Weibchens implantiert. Das Problem bei dieser Methode ist zum einen, dass die DNA nicht zuverlässig eingebaut wird, und zum anderen, dass die Fremd-DNA, wie bei Pflanzen auch, nicht gezielt eingebracht werden kann. D. h., durch das Einfügen des Fremdgens kann ein anderes Gen zerstört werden. Dadurch kommt es zu vielen Fehlgeburten und die Stärke der Expression des Gens ist außerdem auch noch vom Einbauort abhängig. Das Verfahren wird aus diesen Gründen in der klassischen Tierzucht kaum angewandt. Eine Ausnahme stellt die Fischzucht dar, da sich Fische relativ leicht gentechnisch verändern lassen. Forellen und Karpfen wurden z. B. Wachstumsfaktoren aus anderen Tieren eingefügt, sodass sie schneller wachsen als ihre normalen Artgenossen. Transgene Tiere finden aber hauptsächlich in der Medizin Anwendung.

Das Human-Genom-Projekt

Das Human-Genom-Projekt (HGP) gilt als das größte, ehrgeizigste und teuerste Forschungsprojekt der Biologie überhaupt. Das Ziel des HGPs, das menschliche Genom vollständig zu entschlüsseln, also die Reihenfolge der drei Milliarden Nukleotide der menschlichen Chromosomen zu bestimmen, wurde bereits im April 2003 erreicht (angekündigt war es für das Jahr 2005). Von der Entschlüsselung der genetischen Information des Menschen erhofft sich die Medizin Hinweise auf die Ursache und Entstehung bestimmter Krankheiten wie z. B. Krebs. Außerdem erhofft man sich natürlich neue Ansatzpunkte für die Behandlung solcher Krankheiten.

Das international durchgeführte Projekt startete 1990 in den USA. Weitere beteiligte Länder sind Japan, China, Deutschland, Großbritannien und Frankreich. Deutschland z. B. stieg 1996 in das Genomprojekt ein und war für die Entschlüsselung des X-Chromosoms und der Chromosomen 7, 11 und 21 zuständig. Für die Organisation und Koordination der Zusammenarbeit der verschiedenen weltweit verstreuten Forschungsgruppen war die Human Genome Organisation (HUGO) verantwortlich. Dass die genetische Information des Menschen nun zwei Jahre vor dem angekündigten Zeitpunkt bereits vorliegt, ist unter anderem der starken Konkurrenz zwischen dem öffentlichen HGP und den privaten

Firmen zu verdanken. Weiter spielte die Entwicklung noch effizienterer Sequenzierautomaten und die schnelle Entwicklung der Computertechnologie (Bioinformatik) eine große Rolle, denn durch das HGP fallen enorme Datenmengen an. Alle neu ermittelten DNA-Sequenzen werden unmittelbar in weltweit zugänglichen Computer-Datenbanken gespeichert. Die Aufgabe der Bioinformatik ist, die anfallende Datenflut zu verarbeiten, zu verwalten und zu interpretieren.
Die Humangenomsequenzen sind für jedermann frei zugänglich. D. h., die Suche nach unbekannten Genen wurde ungemein erleichtert und man kann davon ausgehen, dass Genanalysen im Laufe der Zeit in einem viel größeren Umfang möglich sein werden.

DNA-Fingerprint – Täternachweis und Vaterschaftstest
Der genetische Fingerabdruck ist in den letzten Jahren stark ins Interesse der Öffentlichkeit gerückt, weil diese Methode immer häufiger zur Überführung von Straftätern benutzt wird. Grundlage dieser Methode ist die Tatsache, dass jeder Mensch ein charakteristisches DNA-Profil besitzt, das mithilfe der Gelelektrophorese – wie ein herkömmlicher Fingerabdruck – eine sichere Identifizierung einer bestimmten Person ermöglicht. Oft sind am Tatort allerdings nur kleinste DNA-Mengen vorhanden, etwa Speichelreste an einem Glas oder Hautzellen unter den Fingernägeln des Opfers. Um daraus dennoch ein DNA-Profil erstellen zu können, verwenden Gentechniker die Polymerase-Kettenreaktion (s. o.), die durch identische Vermehrung aus DNA-Resten ausreichend Material für eine Analyse herzustellen vermag. Durch den Vergleich der Bandenmuster der Probe vom Tatort und verschiedener Verdächtiger lässt sich mit sehr hoher Wahrscheinlichkeit der Täter ermitteln. Mit der gleichen Methode kann aber auch eine mögliche Vaterschaft nachgewiesen werden.

3.4 Humangenetik

Eines der wichtigsten Ziele der Erforschung der Humangenetik ist das tiefere Verständnis der genetischen Grundlage der Vererbung beim Menschen. Wichtiges Arbeitsfeld ist dabei auch die Erforschung der Ursachen, der Prävention und der Therapiemöglichkeiten von Erbkrankheiten.

Erbkrankheiten

Neben Merkmalen wie Blutgruppe oder Augenfarbe können auch genetisch bedingte Krankheiten weitervererbt werden. Dies kann auf unterschiedliche Weise geschehen. Erbkrankheiten können autosomal oder gonosomal vererbt werden. Als Gonosomen bezeichnet man die Geschlechtschromosomen X und Y, als Autosomen die übrigen Chromosomen. Darüber hinaus unterscheidet man dominante und rezessive Krankheiten.

Erbkrankheiten geschlechtschromosomal gekoppelter Merkmale
Da Männer nur ein X-Chromosom haben, sind sie für Gene, die ausschließlich auf dem X-Chromosom vorkommen, hemizygot. Im Prinzip sind sie für solche Gene haploid. Das bedeutet, dass bei Männern rezessive, krankheitsauslösende Allele des X-Chromosoms schon in nur einer Kopie zur Ausprägung kommen. Frauen hingegen erkranken nur dann, wenn sie für das Gen homozygot sind. Es gibt etwa 150 rezessive, X-chromosomal gebundene Erbkrankheiten. Am häufigsten sind:

- Rot-Grün-Blindheit:

1911 konnte die Rot-Grün-Blindheit aufgrund des typischen Erbgangs dem X-Chromosom zugeordnet werden. Menschen, die an dieser Krankheit leiden, können die Farben Rot und Grün nicht unterscheiden. Da Frauen homozygot sein müssen, um zu erkranken, sind mehr Männer betroffen (8 %) als Frauen (0,5 %). Heterozygote Frauen sind deshalb nicht betroffen, weil das Allel für Rot-Grün-Blindheit rezessiv ist und das „gesunde“ Allel die Wirkung des rezessiven Allels überdeckt. Heterozygote Frauen fungieren jedoch als Konduktorinnen (Überträgerinnen): Geben sie ihrem Sohn ein rezessives Allel weiter, kommt es bei ihm zur vollen Ausprägung der Rot-Grün-Blindheit.

- Bluterkrankheit (Hämophilie):

Menschen, die an Hämophilie leiden, fehlt ein Blutgerinnungsfaktor. Die Krankheit äußert sich darin, dass die Betroffenen bei Verletzungen übermäßig stark bluten. Im schlimmsten Fall können sie schon bei sehr kleinen Verletzungen verbluten. Durch das Fehlen des Blutgerinnungsfaktors braucht das Blut mehr als 15 Minuten, um zu gerinnen, während es bei gesunden Menschen nach fünf bis neun Minuten gerinnt. Die Bluterkrankheit ist eine der bekanntesten Erbkrankheiten und war im europäischen Adel weit verbreitet, da hier häufig untereinander geheiratet wurde.

Erbkrankheiten aufgrund des Abweichens der Chromosomenzahl

Wie bei den Mutationen bereits erwähnt (vgl. S. 99) können durch eine abweichende Chromosomenzahl (nummerische Aberration) oder Chromosomenstruktur (strukturelle Aberration) ebenfalls Krankheiten hervorgerufen werden. Im Folgenden werden kurz die häufigsten nummerischen Chromosomenaberrationen des Menschen auf autosomaler und gonosomaler Ebene dargestellt.

Autosomal nummerische Chromosomenaberrationen

- Trisomie 21 (Down-Syndrom, Mongolismus):

Diese Trisomie ist die häufigste nummerische Chromosomenaberration. Eines von 700 Neugeborenen kommt mit drei Chromosomen 21 zur Welt und hat somit 47 Chromosomen. Die betroffenen Menschen zeigen ein charakteristisches äußeres Erscheinungsbild, eine verzögerte motorische Entwicklung und eine unterschiedlich stark ausgeprägte Intelligenzminderung. Die Intelligenzentwicklung kann allerdings durch intensive Betreuung positiv beeinflusst werden. Menschen mit Down-Syndrom haben häufig angeborene Herzfehler und sind zudem anfälliger für Infektionen. Die Lebenserwartung war früher deutlich herabgesetzt, heute erreichen Betroffene meist das Erwachsenenalter. Die Häufigkeit liegt im Schnitt bei 1:700. Dabei ist aber zu beachten, dass sie bei Müttern unter 20 Jahren nur 1:2000 beträgt, während sie bei Müttern über 45 Jahren 1:10 erreicht.

Gonosomal nummerische Chromosomenaberrationen

Chromosomenaberrationen der Geschlechtschromosomen führen in der Regel zu Entwicklungsstörungen und beeinflussen die Körpergröße und die Fruchtbarkeit der betroffenen Personen.

- Turner-Syndrom, (XO-Monosomie):

Frauen, die nur ein X-Chromosom besitzen, sind meist etwas kleiner als der Durchschnitt und zudem unfruchtbar. Oft unterbleibt auch die Ausbildung sekundärer Geschlechtsmerkmale. Ein typisches Merkmal ist oft ein stark verbreiteter

Hals. Die Frauen sind in der Regel durchschnittlich intelligent und auch in ihrem Verhalten unauffällig.

• XXX-Trisomie und Poly-X-Frauen:
Frauen mit mehreren X-Chromosomen sind nicht unfruchtbar, sondern können Kinder bekommen. Mit zunehmender Zahl der X-Chromosomen geht aber auch eine zunehmende geistige Schädigung einher. Die Tatsache, dass Individuen mit fünf X-Chromosomen lebensfähig sind, hat wahrscheinlich damit zu tun, dass nur ein X-Chromosom tatsächlich aktiv ist, während die anderen inaktiviert werden. In einem solchen Fall findet man vier Barr-Körperchen.

Untersuchungs- und Diagnosemöglichkeiten

Einen tieferen Einblick in das menschliche Genom erhält man mit verschiedenen Methoden. Das erste menschliche Gen, das einem Chromosom zugeordnet wurde, war durch einen einfachen Phänotyp gekennzeichnet: die Farbenblindheit. Es konnte 1911 aufgrund seines typischen Erbgangs dem X-Chromosom zugeordnet werden. Bis ein Genort auf einem Autosom lokalisiert werden konnte, vergingen aber noch Jahrzehnte. Erst 1968 gelang es, die genaue Lage von Genorten auf Autosomen nachzuweisen. Damals entwickelte man zellbiologische Methoden wie die Herstellung von Fusionszellen oder die in-situ-Hybridisierung, die auch heute noch in der Zytogenetik angewendet werden.

Hybridzellen/Zellhybridisierung

Man kann menschliche Zellen (z. B. menschliche Lymphozyten) mit anderen Zellen (z. B. Fibroblasten von Maus- oder Hamsterzelllinien) fusionieren. Gibt man bestimmte Chemikalien (z. B. Polyethylenglykol) zu einem Zellgemisch hinzu, erfolgt eine Verschmelzung der Zellen. Es entstehen Hybridzellen, auch Fusionszellen genannt, deren Zellkerne den Chromosomensatz des Menschen sowie den der anderen Zelllinie – also beispielsweise die Chromosomen der Maus – enthält. Diese Kerne sind damit tetraploid. Bei den nachfolgenden Zellteilungen (Mitosen) dieser Fusionszellen gehen Chromosomen verloren. Um welche Chromosomen es sich jeweils handelt, ist zufällig. In der Regel bleibt aber der Maus-Chromosomensatz vollständig erhalten, während die meisten menschlichen Chromosomen verloren gehen. Ein Grund dafür ist die Tatsache, dass der Ablauf der Mitose bei menschlichen Chromosomen langsamer ist als bei Maus-Chromosomen. Schließlich entstehen Fusionszellen, die nur noch ein menschliches Chromosom aufweisen. Dabei ist zu beachten, dass verschiedene Fusionszellen unterschiedliche menschliche Chromosomen besitzen können. Die Fusionszellen lassen sich durch bestimmte Selektionsverfahren isolieren und getrennt weitervermehren. Wenn sich nun in einer solchen Fusionszelle ein bestimmtes menschliches Enzym nachweisen lässt, muss das entsprechende Gen auf dem einzigen in der Fusionszelle vorkommenden menschlichen Chromosom lokalisiert sein. Dieses Chromosom lässt sich durch Anfärbung (Karyotyp) eindeutig identifizieren, und durch künstlich hervorgerufene Chromosomenveränderungen kann dann die relative Lage der Gene auf diesem Chromosom ermittelt werden.

In-situ-Hybridisierung

Bei einer in-situ-Hybridisierung werden zunächst einmal Metaphase-Chromosomen auf einem Objektträger fixiert. Diese Chromosomen werden durch die Zugabe einer alkalischen Lösung denaturiert, d. h., die Wasserstoffbrücken zwischen den komplementären DNA-Strängen (vgl. S. 34) werden gelöst, bis sie schließlich einzelsträngig vorliegen. Anschließend wird eine DNA-Sonde – ein kleines, ebenfalls einzelsträngiges DNA-Stück des gesuchten Gens – im Überschuss dazugegeben. Die als Einzelstrang vorliegende DNA der Chromosomen renaturiert mit der DNA-Sonde: Zwischen den komplementären DNA-Abschnitten bilden sich wieder Wasserstoffbrücken aus. Die Sonde hybridisiert (bindet) an die komplementäre Sequenz im Chromosom (in-situ). Da die Sonden in der Regel radioaktiv oder mit einem Fluoreszenzfarbstoff markiert sind, können sie dann durch Autoradiografie bzw. im Fluoreszenzmikroskop sichtbar gemacht werden. Das Gen wird bei dieser Methode also direkt auf „seinem" Chromosom lokalisiert.

Gendiagnose

- Pränatale DNA-Diagnostik

Bei der pränatalen Diagnostik wird das sich entwickelnde Kind durch verschiedene Techniken untersucht. Es werden invasive Methoden (Untersuchungen, die das Eindringen in den Körper der Schwangeren beinhalten, wie z. B. Fruchtwas-

seruntersuchung, Chorionzotten-Biopsie) und nicht invasive (z. B. Ultraschalluntersuchungen) unterschieden. Auf diese Weise können bestimmte Krankheiten beim Embryo schon vor der Geburt festgestellt werden. Die pränatale Diagnostik wird bei vielen Schwangeren durchgeführt. Da bei invasiven Methoden das Risiko einer Fehlgeburt (ein bis zwei %) besteht, werden diese für gewöhnlich nur bei Schwangeren durchgeführt, bei denen z. B. in der Familie bereits ein krankes Kind existiert oder die aufgrund ihres Alters eine höhere Wahrscheinlichkeit haben, ein Kind mit einer Chromosomenaberration zu bekommen.
Bei der Amniozentese (Fruchtwasserpunktion) wird zwischen der 14. und der 16. Schwangerschaftswoche eine Kanüle durch die Bauchdecke der Mutter in die Gebärmutter gestochen und etwas Fruchtwasser entnommen. In dem Fruchtwasser befinden sich immer einige Zellen des Embryos, die genetisch untersucht werden können.
Bei der Chorionzotten-Biopsie wird durch die Scheide etwas Gewebe aus der Zottenhaut (Chorion) entnommen. Diese Methode kann bereits während der achten bis neunten Schwangerschaftswoche durchgeführt werden. Auch hier sind Zellen des Embryos enthalten, die zur Untersuchung herangezogen werden. Die Fehlgeburtenrate ist allerdings doppelt so hoch wie bei der Amniozentese.
Mit der DNA des sich entwickelnden Kindes werden eine Chromosomenanalyse und verschiedene biochemische Analysen durchgeführt. Mittlerweile kann die DNA des Kindes auch direkt auf bestimmte Krankheiten hin untersucht werden (siehe Gentests).

- Pränatale Implantationsdiagnostik (PID)

Bei der PID wird ein Embryo noch vor der Schwangerschaft genetisch untersucht. Dazu werden mehrere Embryonen außerhalb des Mutterleibs erzeugt (In-vitro-Befruchtung, Reagenzglasbefruchtung). Nach einigen Zellteilungen wird eine einzelne Zelle entnommen und genetisch untersucht. Es werden nur diejenigen Embryonen in den Uterus der Mutter eingepflanzt, die nach heutigem Stand der Wissenschaft als genetisch gesund gelten.

- Gentests

Bei der postnatalen DNA-Diagnostik geht es darum, bestimmte Gene oder Genmutationen nachzuweisen. Voraussetzung für die Durchführung von Gentests sind also Kenntnisse über Gensequenz und Genfunktion. Aus den Ergebnissen der Tests lassen sich Wahrscheinlichkeiten für spätere Erkrankungen ablesen. Solche Gentests können ausschließlich für monogene Krankheiten entwickelt werden, also Krankheiten, die auf dem Defekt nur eines Gens beruhen. Beim Menschen existieren schätzungsweise 3000 bis 5000 monogen verursachte Krankheiten. Zurzeit können Tests für z. B. Chorea Huntington und Zystische Fibrose durchgeführt werden.

Therapiemöglichkeiten und Reproduktionsbiologie

Gentherapie

Viele Krankheiten beruhen auf einer oder mehreren Genmutationen. Ein Protein wird nicht oder nur unvollständig bzw. unwirksam gebildet. Bei der Gentherapie geht es darum, ein intaktes Gen in die entsprechenden Zellen einzuführen und zur Expression zu bringen, sodass die Fehlfunktion des defekten Gens ausgeglichen werden kann. Eine andere Möglichkeit besteht in der Unterbindung fehlerhafter oder unkontrollierter Expression von Genen (z. B. bei Krebs). Grundsätzlich geht es also um eine aktive Veränderung der DNA. Was sich so einfach anhört, ist aber noch immer, auch nach jahrelanger Forschung, in der Praxis außerordentlich schwierig. Bei der Gentherapie muss ganz klar zwischen Eingriffen, die sich auf Körperzellen beziehen (somatische Gentherapie), und Eingriffen, die sich auf die Keimbahnzellen des Menschen beziehen (Keimbahntherapie), unterschieden werden. Bei der somatischen Gentherapie handelt es sich um eine Gentransplantation; die nachfolgenden Generationen sind somit nicht betroffen. Bei der Keimbahntherapie würden die Veränderungen an mögliche Nachkommen weitergegeben. In Deutschland sind Eingriffe in menschliche Keimbahnzellen durch das Embryonenschutzgesetz generell verboten.

Die zu übertragenden Gene werden durch bestimmte Vektoren, in der Regel abgeschwächte Retroviren, übertragen. Es gibt zwei Möglichkeiten des Gentransfers: Bei der In-vitro-Genübertragung werden einem Patienten Zellen entnommen und in Kultur genommen (also am Leben erhalten). Das gewünschte Gen wird in die Zellen transferiert. Die auf diese Weise veränderten Zellen werden dem Patienten wieder injiziert. Bei der In-vivo-Genübertragung wird das gewünschte Gen direkt in die entsprechenden Zellen transferiert.

Die Idee der Gentherapie weckte von Anfang an große Hoffnungen, der Weg dahin ist allerdings langwieriger als zunächst angenommen. Bislang wurde noch keine Krankheit mit einer Gentherapie dauerhaft geheilt. Selbst die Behandlung von monogenen Krankheiten, die eigentlich die besten Voraussetzungen für eine Gentherapie mit sich bringen, gelingt noch nicht. Die Hoffnungen, auch Krankheiten mit einer komplizierten Genregulation oder aber Chromosomenaberrationen zu behandeln, sind somit in weite Ferne gerückt.

Medikamenten- und Impfstoffproduktion

Die größten Erfolge hat die Gentechnologie bei der Herstellung von Proteinen. Eine Vielzahl von Medikamenten und Impfstoffen wird in Bakterien hergestellt, z. B. Insulin oder der Impfstoff gegen Hepatitis B (vgl. S. 112). Die Zuckerkrankheit (Diabetes mellitus) wird durch den Ausfall von Insulin – einem Protein, das als Hormon wirkt – hervorgerufen. Insulin senkt je nach physiologischem Bedarf den Blutzuckerspiegel – bei Insulinmangel entsteht das Krankheitsbild des Diabetes mellitus. Bis 1982 war die Hauptquelle von therapeutischem Insulin die Bauchspeicheldrüse von Schweinen und Rindern. Dieses Insulin ist zwar dem des Menschen sehr ähnlich, ruft aber bei manchen Patienten allergische Reaktionen hervor. Mittlerweile wird Humaninsulin von gentechnisch veränderten Bakterien hergestellt – also Bakterien, in die das Insulingen des Menschen eingeführt wurde.
Eine andere Möglichkeit ist die Herstellung von Proteinen in transgenen Tieren, die auch als Gen-Pharming bezeichnet wird. Transgene Tiere (z. B. Kühe oder Schafe) produzieren in ihrer Milch humane Proteine (z. B. Blutgerinnungsfaktoren), die als Medikamente oder Impfstoffe verwendet werden können. Da Menschen und Kühe Säugetiere sind, unterscheiden sie sich kaum auf der molekularen Ebene, weswegen manche Proteine des Menschen einfacher in Säugetieren hergestellt werden können als in Bakterien.

Klonen

Beim Klonen geht es allgemein um die Herstellung genetisch identischer Organismen. Klonen bewirkt keine genetische Veränderung, sondern führt lediglich zu erbgleichen Nachkommen eines Individuums. Das Klonen zählt somit nicht zu den Methoden der Gentechnologie. Allerdings wird es häufig mit gentechnischen Methoden verknüpft, da z. B. transgene Tiere geklont werden.

Reproduktives Klonen beim Menschen

Beim reproduktiven Klonen geht es darum, die genetisch identische Kopie eines Menschen zu erzeugen. Methodisch unterscheidet sich das Klonen eines Menschen nicht vom Klonen eines Tieres. Befürworter des Klonens wollen damit kinderlosen Paaren, denen auf anderen Wegen nicht geholfen werden kann, zu ihrem Wunschkind verhelfen.

In den Medien ist immer wieder von geklonten Babys die Rede. Man darf davon ausgehen, dass solche Meldungen falsch sind. Im Februar 2004 gelang einer südkoreanischen Forschergruppe zum ersten Mal das Klonen eines Menschen, allerdings mit dem Ziel, Stammzellen zu gewinnen (therapeutisches Klonen).

Das Klonen eines Menschen wirft enorme ethische Probleme auf, die schon bei der Entwicklung der Methode anfangen. Die Erfolgsquote bei Tieren ist äußerst niedrig, weil Tiere während der Entwicklung immer wieder sterben oder Defekte zeigen. Ähnliches ist beim Klonen von Menschen zu erwarten. Solche Experimente gelten in den meisten Ländern als ethisch unzulässig. Deswegen ist das Klonen zum Zweck der Reproduktion bereits jetzt europaweit verboten und ein weltweites Verbot zeichnet sich ab. Das therapeutische Klonen ist hingegen in machen Ländern, z. B. in Großbritannien, erlaubt.

Ethische und gesetzliche Aspekte der Gentechnologie

Gendiagnostik

Durch den Wissenszuwachs, der mit der Entschlüsselung des menschlichen Genoms zusammenhängt, wird es in den nächsten Jahren immer mehr Krankheiten geben, die durch Gentests nachgewiesen werden können. Häufig können die nachgewiesenen Krankheiten aber nicht entsprechend behandelt werden. Bei der pränatalen Diagnostik bedeutet dies, dass die Eltern im Falle eines Erkrankungsnachweises nur die Wahl zwischen einer Abtreibung oder dem Leben mit einem kranken Kind haben. Es gibt Befürchtungen, dass die Selektionskriterien eines Tages auch auf Merkmale wie Aussehen oder Intelligenz ausgeweitet werden könnten. Grundsätzlich sollte nie vergessen werden, dass es selbst bei umfassender genetischer Kontrolle niemals eine 100%ige Sicherheit für ein gesundes Kind geben wird.

Die Schwierigkeiten beim Umgang mit diesem Thema lassen sich anhand der Gesetzgebung zur PID aufzeigen: Die Methode darf auf der Grundlage des Embryonenschutzgesetzes in Deutschland nicht durchgeführt werden. Künstliche Befruchtungen sind aber durchaus üblich. Wird der Mutter dabei ein kranker Embryo eingesetzt, darf dieser nach einigen Wochen aufgrund der medizinischen Indikation abgetrieben werden.
Auch die postnatalen Gentests sind umstritten. Denn was für Embryonen gilt, gilt auch für Erwachsene: Die Tests geben z. T. nur Erkrankungswahrscheinlichkeiten wieder und die nachgewiesenen Krankheiten sind häufig nicht behandelbar.

Reproduktionsbiologie

Nach der ersten erfolgreichen DNA-Klonierung 1973 muss Molekularbiologen die Tragweite ihrer Forschungsergebnisse bewusst geworden sein. Die enormen Möglichkeiten, die sich durch die genetische Manipulation von Organismen bieten, bergen neben großen Chancen auch die Gefahr, die Natur leichtfertig und nachhaltig in ihrem ökologischen Gleichgewicht zu stören. Vor allem die Freisetzung gentechnisch veränderter Organismen, z. B. von Mikroorganismen oder transgenen Pflanzen und Tieren, birgt ein großes Risiko.
Aus diesem Grund riefen die Wissenschaftler 1975 eine internationale Konferenz zur Sicherheit im kalifornischen Asilomar ein. Die Asilomar-Konferenz ist mittlerweile in die Geschichte der Gentechnologie eingegangen. Diese Konferenz, an der 140 Wissenschaftler aus 17 Ländern teilnahmen, verfolgte zwei Ziele: Zum einen wollten die Forscher selbst auf die Risiken ihrer Arbeiten aufmerksam machen zum anderen wollten sie Richtlinien für den Umgang mit gentechnisch veränderten Organismen erarbeiten. Diese Richtlinien wurden von vielen Ländern, Deutschland eingeschlossen, übernommen und waren häufig die Grundlage für die nationale Gesetzgebung. Die Richtlinien werden entsprechend der neuen Entwicklungen und Techniken der Gentechnologie laufend angepasst.
In Deutschland trat das Gentechnik-Gesetz 1990 in Kraft und wurde 1993 bereits das erste Mal novelliert. Es regelt alle Arbeiten mit gentechnisch veränderten Organismen. Bei der Einstufung gentechnischer Experimente werden vier Sicherheitsstufen unterschieden. Ausgenommen vom Gentechnik-Gesetz sind Fragen der Fortpflanzungsmedizin und der Anwendung der somatischen Gentherapie. Hierfür gilt das Embryonenschutzgesetz.

IV. Grundlagen der Mikrobiologie

Die Mikrobiologie ist eine Teildisziplin der Biologie. Sie befasst sich mit dem Vorkommen, der Systematik, der Morphologie, der Physiologie und der Genetik von Mikroorganismen.

Als Mikroorganismen bezeichnet man mikroskopisch kleine Lebewesen wie Bakterien, Protozoen, bestimmte Algen und Pilze.

Auch die Virologie fällt in den Bereich der Mikrobiologie, obwohl Viren keine Lebewesen und somit keine Mikroorganismen sind.

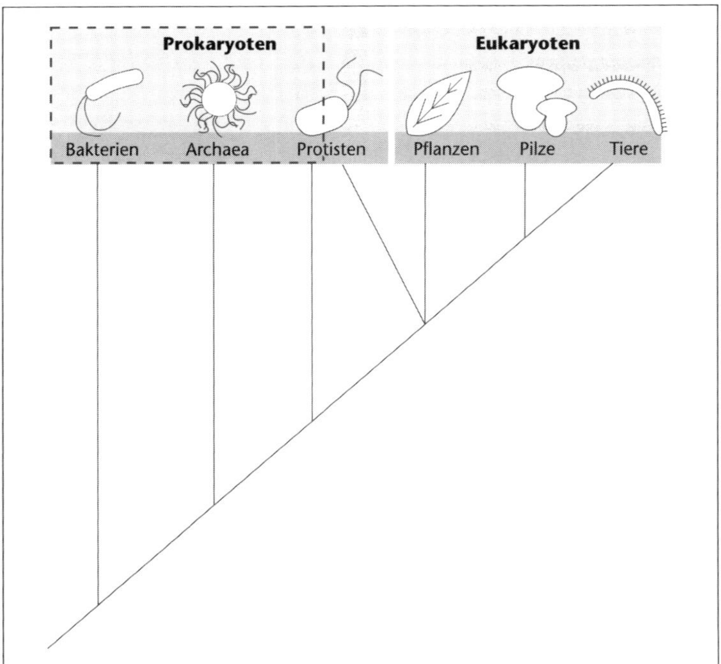

Abb. 44: Stammbaum der Lebewesen

4.1 Systematische Einordnung

Die Systematik der Pflanzen, Pilze und Tiere wird in Kapitel 12.5 „Entwicklungsgeschichte und biologische Vielfalt der höheren Lebewesen“ näher behandelt. Im folgenden Abschnitt soll die systematische Stellung in Abbildung 44 hervorgehobenen Prokaryoten (Bakteria und Archaea) und der einzelligen Eukaryoten (Protista) erläutert werden. Wie bereits erwähnt sind Viren definitionsgemäß keine Lebewesen, da sie über keinen eigenen Stoffwechsel verfügen und sich allein nicht „fortpflanzen“ bzw. vermehren können. Deshalb können sie auch nicht logisch in das System der Organismen eingegliedert werden.

Bacteria

Alle Bakterien besitzen als Grundbaustein die Procyte (vgl. Abb. 45). Nach ihrer genetischen Verwandtschaft können ca. zehn bis zwölf verschiedene Bakteriengruppen unterschieden werden, von denen hier nur die drei wichtigsten aufgezählt und kurz charakterisiert werden.

Proteobacteria

Zu ihnen gehören u. a. die fotoautotrophe bzw. fotoheterotrophe Gruppe der Purpurbakterien, die mithilfe des Bakterienchlorophylls die Lichtenergie absorbieren und sie zur Energiebereitstellung nutzen. Ferner gibt es chemoautotrophe Proteobakterien, die u. a. anorganische Substanzen wie Ammoniak oder Schwefelwasserstoff als Energiequelle nutzen. Ein Beispiel hierfür ist der bereits im Stickstoffkreislauf (vgl. S. 298) als Nitrifizierer erwähnte Nitrobakter, der aus Nitrit Nitrat herstellt.

Grampositive und gramnegative Bakterien

Die Gramfärbung, die nach dem dänischen Pathologen Gram benannt ist, ist eine wichtige diagnostische Färbemethode in der Bakteriologie. Das Färbeverfahren unterteilt die Bakterien aufgrund eines unterschiedlichen Zellwandaufbaus in grampositiv (dunkelblau) und gramnegativ (rot). Zu den grampositiven Bakterien zählen z. B. die im Boden häufig vertretenen fädigen Aktinomyzeten, sowie die Streptokokken, die das wichtige Antibiotikum Streptomyzin produzieren.

Gonokokken, Meningokokken und Salmonellen zählen zu den gramnegativen Bakterien.

Zyanobakterien

Diese fotoautotrophen blaugrünen Bakterien werden auch als Blaualgen bezeichnet. Ihr Fotosyntheseapparat erinnert an jenen der fotoautotrophen Eukaryoten. Zyanobakterien kommen sowohl im Süß- als auch im Salzwasser vor.

Archaea

Das Wort „Archaea" kommt vom griechischen Wort *archaios*, das übersetzt alt bzw. ursprünglich heißt. Es handelt sich hierbei um Vertreter der Prokaryoten, die auch Urbakterien genannt werden. Sie sind in der Lage, sehr extreme Bedingungen, wie z. B. an extrem heißen Orten, zu überleben. Diese Eigenschaft interpretiert man als Anpassung an den Urzustand der Biosphäre. Heute kennt man über 100 verschiedene Archaea-Arten. Aufgrund ihrer Genausstattung unterscheidet man zwei Gruppen: Crenarchaeota und Euryarchaeota.

Protista

Die Gruppe der Protista (vgl. S. 151) ist eine Sammlung von meist einzelligen Organismen, die nicht eindeutig dem Reich der Pilze, Pflanzen oder Tiere zugeordnet werden können. Je nach Gliederung lassen sie sich in mehr als 30 Abteilungen bzw. Stämme einteilen. Beispiele sind die eher pflanzlich orientierten eukaryotischen Einzeller bzw. Algen und die durch ihre tierähnliche Ernährungsweise charakterisierten Protozoa („Urtiere").

4.2 Morphologie der Prokaryoten

Die Gestalt von Bakterien ist kugel-, stäbchen- oder spiralförmig. Daneben kommen auch fädige Morphen vor; z. T. kommt es auch zum Zusammenschluss größerer Zellaggregate. Ihre Stoffwechselfähigkeiten sind äußerst vielfältig. Vor allem im Stickstoffkreislauf (vgl. S. 298) bauen sie als Destruenten komplexe organische Moleküle zu einfachen anorganischen Bausteinen ab. In der Rolle als Produzenten sind sie nicht nur in der Lage, anorganisches CO_2 in organische Makromoleküle einzubauen, sie tun dies auch mit Stickstoff, Phosphor und Schwefel.

Im Folgenden wird kurz auf den Feinbau der Prozyte als Zelltyp der Bakterien und Archaea (Abb. 45) und v. a. auf die Unterschiede zur Euzyte eingegangen (vgl. Tab. 3, S. 136).

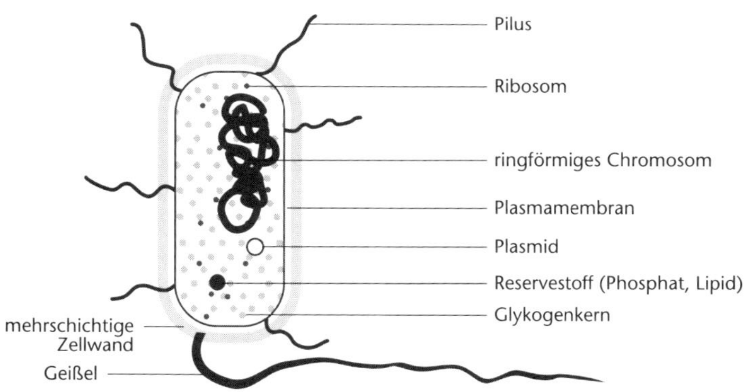

Abb. 45: Feinbau einer Prozyte

Bei prokaryotischen Zellen liegt das genetische Material in einem einzelnen ringförmigen Chromosom frei im Zytoplasma vor. Zusätzliche genetische Informationen findet man bei vielen prokaryotischen Zellen außerdem auf so genannten Plasmiden, kleinen ringförmigen DNA-Strängen, auf denen z. B. Antibiotikaresistenzen (vgl. S. 113) kodiert sein können.

Ribosomen, also jene Strukturen, an denen die Proteinbiosynthese stattfindet (vgl. S. 104), sind auch bei Prokaryoten vorhanden. Allerdings unterscheiden sie sich in ihrer Größe von den Ribosomen der Eukaryoten. Mitochondrien, Plastiden, Diktyosomen und ein Endoplasmatisches Retikulum (vgl. S. 43) gibt es bei Prokaryoten allerdings nicht.

Weitere Bestandteile einer typischen prokaryotischen Zelle sind: röhrenförmige Proteinstrukturen zum Austausch von genetischem Material, so genannte Pili (Einzahl: Pilus), sowie Reservestoffe (Lipide, Glykogen und Phosphat) und zur Bewegung dienende Geißeln. Auch Protozyten besitzen in der Regel eine Zellwand um die Plasmamembran herum; allerdings besteht diese nicht aus Zellulose, sondern aus Murein oder anderen Substanzen.

Zelltyp	**Prozyte**	**Euzyte**	
	Bakterien	Tierzelle	Pflanzenzelle
ungefähre Größe	1 µm	25 µm	
Zellwand	u. a. Murein	–	Zellulose
Ribosomen	70 S	80 S	
Kern	–	+	
Mitochondrien	–	+	+
Plastiden	–	–	+
Diktyosomen	–	+	
ER	–	+	
Zellsaftvakuole	–	–	
Chromosomen	eines, meist zirkulär	mehrere, linear	
Rekombination	Konjugation	Meiose	

Tab. 3: Organisation von Prozyte und Euzyte im Vergleich

Die Endosymbionten-Theorie

Aufgrund von Gemeinsamkeiten zwischen Mitochondrien und Plastiden mit Protozyten vermutet man, dass es sich bei diesen beiden Organellen um ursprünglich selbstständige Prokaryoten handelt, die vor Urzeiten von einer anderen Zelle (Ureuzyte mit Zellkern) aufgenommen wurden und dann symbiotisch darin lebten. Diese Annahme wird als Endosymbionten-Theorie bezeichnet.

Argumente für diese Theorie sind u. a.:

- Mitochondrien und Plastiden entstehen nur durch Teilung und können nach Verlust von der Zelle nicht neu gebildet werden.

- Beide besitzen zwei Membranen, wobei die innere Membran derjenigen bestimmter Prokaryoten ähnelt, während die äußere die Wirtsmembran sein könnte, die bei der Endozytose (Endozytose = Transport von festen oder gelösten Stoffen ins Zellinnere, vgl. S. 52) die prokaryotische Zelle eingeschlossen hat.
- Wie die Prokaryoten haben auch Mitochondrien und Plastiden eine eigene DNA sowie eigene Ribosomen von der Größe prokaryotischer Ribosomen.
- Phylogenetische Untersuchungen, bei denen Nukleotidsequenzen der 16-S-rRNA verglichen wurden, haben gezeigt, dass Mitochondrien und Plastiden eine nähere Verwandtschaft mit bestimmten Bakterien zeigen als mit ihrem eukaryotischen Wirt.

4.3 Grundlagen der Bakteriengenetik

Bakterien eignen sich deshalb hervorragend für genetische Untersuchungen, weil sie folgende Vorteile bieten:

- *Geringe Größe und leichte Vermehrung:* Bakterien sind sehr klein und lassen sich leicht und schnell vermehren, d. h., man braucht wenig Platz und wenig Zeit, um mit einer großen Zahl an Bakterien arbeiten zu können. Wenige Milliliter einer Escherichia-coli-Kultur können Milliarden Bakterienzellen enthalten.
- *Kurze Generationsdauer:* Bakterien haben in der Regel eine sehr kurze Generationsdauer. Escherichia coli z. B. teilt sich bei 37 °C unter optimalen Ernährungsbedingungen alle 20 Minuten.
- *Einfache Zellorganisation:* Die Organisation einer Bakterienzelle ist deutlich einfacher und übersichtlicher als die einer eukaryotischen Zelle. Prokaryoten haben keinen Zellkern, d. h., ihre DNA liegt frei in der Zelle vor und besteht aus einem zumeist ringförmigen Chromosom. Bakterien sind also haploid. Das bedeutet, dass sich jede Mutation unmittelbar auswirkt, weil kein zweites Allel existiert.
- *Plasmide:* Viele Bakterien besitzen neben ihrem Chromosom noch kleine ringförmige DNA-Moleküle, die als Plasmide bezeichnet werden. Plasmide tragen wenige Gene, die in der Regel nicht für das Überleben von Bakterien

notwendig sind. Häufig sind diese Gene aber für Resistenzen gegen Giftstoffe oder Antibiotika (vgl. S. 113) verantwortlich, sodass sie bei sich ändernden Umweltbedingungen vorteilhaft sein können. Plasmide werden, wie das Hauptchromosom, repliziert und an alle Nachkommen weitergegeben. Sie sind wichtige Werkzeuge in der Gentechnik.

Aufgrund dieser Eigenschaften lassen sich die wesentlichen molekularen Mechanismen an Bakterien viel leichter untersuchen als an vielzelligen Organismen. Ein Nachteil an der genetischen Forschung mit Bakterien ist allerdings die Tatsache, dass diesen als Prokaryoten bestimmte Strukturen der eukaryotischen Zelle fehlen, wie z. B. Zellkern, Mitochondrien, Golgi-Apparat usw. Aus diesem Grund sind nicht alle Forschungsergebnisse direkt auf Eukaryoten übertragbar.

Rekombination bei Bakterien

Bei Eukaryoten wird unter Rekombination die Neukombination des elterlichen Erbguts verstanden. Rekombination entsteht bei Eukaryoten durch sexuelle Fortpflanzung. Bakterien vermehren sich hingegen durch Zweiteilung. Und obwohl es bei ihnen keine sexuelle Fortpflanzung gibt, lässt sich dennoch Rekombination nachweisen. Aus diesem Grund spricht man bei Bakterien von Parasexualität. Es sind mehrere parasexuelle Vorgänge bekannt: Transformation, Konjugation und Transduktion (s. u.).

Grundsätzlich ist bei diesen Vorgängen die DNA-Übertragung ein einseitiger Prozess, d. h., eine Zelle überträgt DNA, die andere Zelle erhält DNA. Es kommt also nur in einer Bakterienzelle zu einer DNA-Neukombination, ein wechselseitiger Austausch findet dagegen nie statt.

Transformation von Bakterien

Bakterien können durch Aufnahme von DNA aus anderen Bakterien deren Eigenschaften erwerben. Dies lässt sich im Labor folgendermaßen zeigen: Es werden zwei verschiedene Bakterienstämme kultiviert. Die einen Bakterien sind Wildtyp-Bakterien und wachsen in einem Minimalmedium (Nährböden, die für die

Versorgung von Wildtyp-Bakterien ausreichen). Die anderen Bakterien weisen eine Mutation (vgl. S. 99) auf, sie können z. B. eine bestimmte Aminosäure nicht selbstständig herstellen. Sie wachsen entsprechend nur in einem Medium, das zusätzlich mit dieser Aminosäure angereichert wurde.

Gibt man nun isolierte Wildtyp-DNA zu den auxotrophen Bakterien, können sich diese nach einer bestimmten Zeit auch im Minimalmedium vermehren. Durch die Aufnahme der Fremd-DNA haben sie folglich die Fähigkeit zurückgewonnen, die Aminosäure selbstständig zu synthetisieren.

Die Übertragung von genetischer Information durch isolierte DNA wird als Transformation bezeichnet.

Konjugation bei Bakterien

Bei der Konjugation treten zwei Bakterienzellen in direkten Kontakt miteinander: Sie sind über einen Plasmakanal (Pilus) verbunden. Die eine Zelle enthält einen so genannten Fertilitätsfaktor (F^+) und wird als Donorzelle bezeichnet. Der Fertilitätsfaktor ist ein Plasmid und verleiht der Zelle die Fähigkeit zur Ausbildung eines Sex-Pilus, also eines Zellfortsatzes, mit dem das Partnerbakterium gebunden werden kann. Die andere Zelle enthält diesen Faktor dagegen nicht (F^-) und wird als Empfängerzelle bezeichnet.

Während der Konjugation bildet sich vorübergehend eine Verbindung zwischen den beiden Zellen aus. Durch diesen Kanal überträgt die Donorzelle eine Kopie des F^+-Plasmids in die Empfängerzelle. Diese wird dadurch ebenfalls zu einer Donorzelle (F^+). Das übertragene Plasmid enthält auch andere Gene, die ebenfalls übertragen werden.

Als Konjugation bezeichnet man also allgemein die Übertragung von DNA durch eine Donorzelle in eine Empfängerzelle über direkten Kontakt.

Es gibt noch eine andere Möglichkeit der Konjugation. Wenn das F^+-Plasmid in das Bakteriengenom eingebaut ist, wird die Donorzelle als Hfr-Spenderzelle (*high frequency of recombination*) bezeichnet. Tritt eine solche Zelle mit einer Empfängerzelle in Kontakt, überträgt sie eine Kopie des Bakteriengenoms. Diese muss durch Rekombination in das Genom der Empfängerzelle eingebaut werden. Da das aber nur zum Teil geschieht, wird das Plasmid meist nicht übertragen, sodass die Empfängerzelle F^- bleibt.

Wie bereits erwähnt, ist die Behandlung bestimmter bakterieller Infektionen durch ein oder auch mehrere Antibiotika manchmal wirkungslos. Neben Resistenzgenen im Hauptchromosom der Bakterien können dafür auch so genannte R-Plasmide verantwortlich sein. R-Plasmide tragen ein oder mehrere Resistenzgene gegen Antibiotika. Sie können durch Konjugation auf andere, bis dahin antibiotikasensitive Bakterien übertragen werden, was schließlich zu einer Zunahme an resistenten Bakterienstämmen führt.

Transduktion bei Bakterien

Bei der Transduktion dienen Phagen (Bakterienviren) als Überträger bakterieller DNA.

Es wird zwischen allgemeiner und spezieller Transduktion unterschieden:

a) *Allgemeine Transduktion*: Werden Bakterien von Phagen befallen, läuft ein typischer Infektionsprozess ab. Beim Zusammenbau der Phagen kann anstelle reiner Phagen-DNA ein Stück Bakterien-DNA in den neuen Phagen eingebaut werden. Befallen solche Phagen andere Bakterien, gelangt die bakterielle DNA über den „Phagen-Umweg" in das Bakterium und kann sich dort durch Rekombination in die DNA integrieren.

b) *Spezielle Transduktion*: Beim lysogenen Zyklus (vgl. S. 147) von Viren wird das Virengenom an einer bestimmten Stelle in das Bakteriengenom eingebaut. Löst sich das Virengenom wieder aus dem Bakteriengenom, kann es DNA-Abschnitte des Bakteriengenoms mitnehmen. Man spricht deswegen von spezieller Transduktion, weil nur die in der Nähe des Integrationsortes liegende DNA mitgenommen und bei einer erneuten Infektion von Bakterien auch übertragen wird.

Transposition

Außer durch Parasexualität können Veränderungen im Genom auch durch Transposons (springende Gene) ausgelöst werden.

Bei Transposons handelt es sich um DNA-Abschnitte, die nicht an einem festen Ort im Genom eingegliedert, sondern in der Lage sind, ihre Position zu verändern.

Sie können ihren Platz innerhalb eines Plasmids oder des Hauptchromosoms wechseln oder sich von Plasmid zu Plasmid bzw. von Plasmid zu Hauptchromosom und umgekehrt bewegen. Solche Transpositionsereignisse sind sowohl bei Bakterien als auch bei Eukaryoten nachweisbar. Es lassen sich zwei Arten von Transpositionen beobachten: Bei der konservativen Transposition springt das Transposon von einem Ort zum anderen. Die Anzahl der DNA-Abschnitte oder der Genkopien bleibt konstant.
Bei der replikativen Transposition wird das Transposon vorab repliziert. Die Anzahl der Genkopien verdoppelt sich.

In ihrer einfachsten Form bestehen Transposons nur aus der DNA, die für den Transpositionsvorgang selbst verantwortlich ist. Die so genannten Insertionssequenzen fügen sich irgendwo im Genom ein. Integrieren sie sich in ein Gen, stören sie in der Regel seine Funktion und machen sich dadurch im Phänotyp des Bakteriums bemerkbar – sie erzeugen also eine Mutation. Transposons können aber zusätzlich zur Insertionssequenz auch Gene beinhalten, die mittransportiert werden. Sie werden dann als komplexe Transposons bezeichnet. Die komplexen Transposons sind z. B. dafür verantwortlich, dass Bakterien über mehrere Antibiotikaresistenzgene verfügen können. Im Vergleich zu den Insertionssequenzen können sich komplexe Transposons für Bakterien positiv auswirken, indem sie ihnen einen Überlebensvorteil verschaffen.

Transposons sind nicht auf bakterielle Genome beschränkt, sie kommen auch in eukaryotischen Genomen vor. Sie wurden zum ersten Mal von Barbara McClintock 1951 beschrieben. Die Forscherin entdeckte die beweglichen DNA-Stücke bei ihrer Arbeit mit Mais. Im Mais machen sich die Transposons durch unterschiedliche Färbung der Maiskörner bemerkbar. Durch den Einbau eines Transposons in ein bestimmtes Gen wird die Färbung der Maiskörner verhindert. Tritt es aus dem Gen wieder aus, wird die Kornfärbung wieder hergestellt.

Genregulation bei Prokaryoten

Bakterien reagieren auf verschiedene Umweltreize mit dem An- oder Ausschalten von Genen. Werden Bakterien z. B. in ein Medium überführt, das einzelne Zuckerarten enthält (z. B. Laktose), starten sie die Neusynthese spezifischer Enzyme, die diesen Zucker abbauen können. Sie stellen die Enzyme für den Zuckerabbau also erst dann her, wenn der Zucker als Energiequelle tatsächlich auch verfügbar ist.

Ein anderes Beispiel für dieses „Arbeitsprinzip" ist die Synthese der Aminosäure Tryptophan. Bakterien können Tryptophan entweder selbst herstellen oder aus dem Nährmedium aufnehmen. Wird Tryptophan dem Nährmedium zugegeben, stellen Bakterien die eigene Tryptophansynthese und die Expression der zugehörigen Enzyme sofort ein. Diese äußerst ökonomische Vorgehensweise ist für Bakterien überlebensnotwendig. Jede Bakterienzelle, die Ressourcen verschwendet, wird von Konkurrenten verdrängt. In den folgenden Abschnitten werden die beiden Beispiele genauer betrachtet.

Regulation der Genaktivität
Da nicht alle Gene jederzeit abgelesen werden sollen, ist eine Regulation der Gen-Aktivität erforderlich. Wie das funktioniert wird an zwei Modellen erläutert:

a) Regulation des Lac-Operons des Darmbakteriums Escherichia coli:
Das Lac-Operon, das in Abbildung 46 dargestellt ist, dient dem bakteriellen Abbau von Laktose. Es kodiert für drei Enzyme, die die Energiebereitstellung aus Laktose ermöglichen. Eines davon ist die so genannte β-Galaktosidase, die den Zweifachzucker Laktose in zwei Einfachzucker (u. a. Galaktose) spaltet und bei der Selektion eine wichtige Rolle spielt. Vor den Genen des Lac-Operons liegen regulative Einheiten: Der Promotor und der Operator. An Ersterem bindet die RNA-Polymerase und beginnt die Transkription (vgl. S. 106). Durch ein an den

Operator gebundenes Repressorprotein kann die Transkription jedoch blockiert werden. Die Funktionseinheit aus Promotor, Operator und Strukturgenen nennt man Operon. Gelangt Substrat, das abgebaut werden soll, in die Zelle, sorgt dies für ein Ablösen des Repressors. Damit kann die RNA-Polymerase mit ihrer Arbeit beginnen. Man spricht in diesem Fall von Substratinduktion. Ist das Substrat verbraucht, setzt sich der Repressor wieder an den Operator, sodass keine Enzyme mehr hergestellt werden.

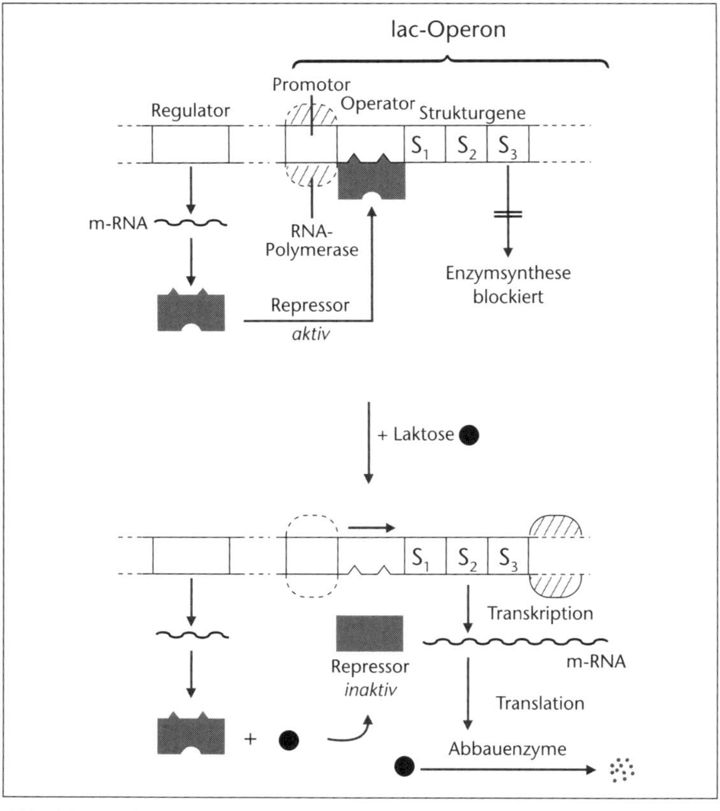

Abb. 46: Regulation der Genaktivität – Substratinduktion

b) In anderen Fällen können Endprodukte einer Reaktionskette die weitere Enzymsynthese aber auch hemmen. Man spricht dann von Endproduktrepression (Enzymrepression). Ein Beispiel dafür ist etwa das Trp-Operon, das die Synthese der Aminosäure Tryptophan reguliert. Hier endet die Transkription der für die Tryptophansynthese notwendigen Enzyme, sobald Tryptophan im Medium vorliegt. Die Regulation der Gen-Aktivität verhindert unnötigen Energieaufwand für die Synthese der Genprodukte, da sie nur dann gebildet werden, wenn es sinnvoll ist.

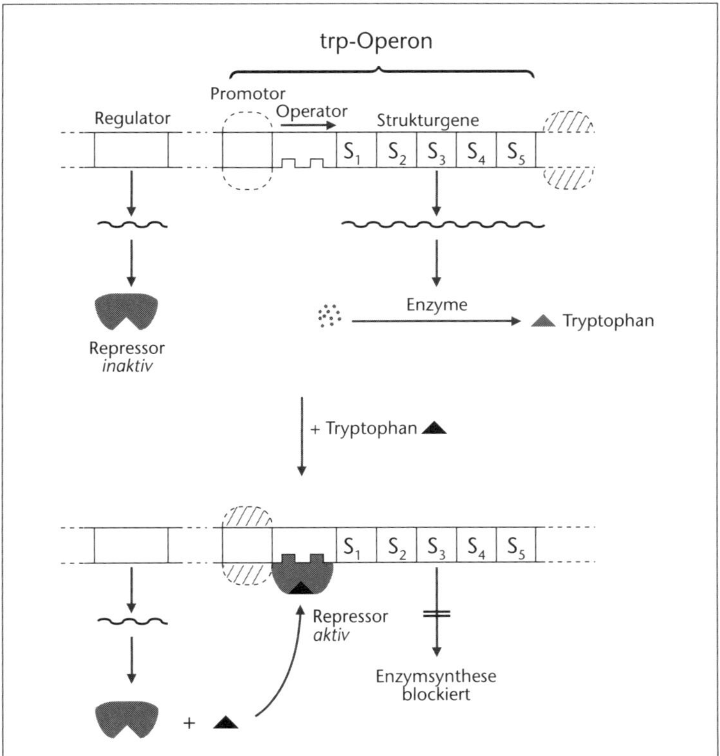

Abb. 47: Regulation der Genaktivität – Endproduktrepression

4.4 Viren

Zu den Kennzeichen des Lebens gehören ein eigener Stoffwechsel und die Fähigkeit zur Vermehrung.

Viren haben keinen eigenen Stoffwechsel und sind für ihre Vermehrung auf einen Wirt, eine lebende Zelle, angewiesen. Viren sind also keine Lebewesen, sondern hochorganisierte infektiöse Partikel.

Viren können Erreger gefährlicher Krankheiten sein. Beim Menschen verursachen sie z. B. AIDS (vgl. S. 255), Röteln, Windpocken, Masern und die echte Grippe (Influenza, vgl. S. 148). Gegen die meisten Viruserkrankungen gibt es noch immer keine wirksamen Medikamente. Vor manchen Virusinfektionen kann man sich aber durch eine Impfung (vgl. S. 251) schützen.

Viren sind streng wirtsspezifisch, d. h., man kann Tier- (und Menschen-), Pflanzen- und Bakterienviren unterscheiden. Ein Virus, das sich in Bakterien vermehrt, kann sich nicht in einer menschlichen Zelle vermehren und umgekehrt. Es gibt aber Viren, z. B. das Tollwut-Virus, das mehrere Säugetierarten wie Fuchs, Hund und auch den Menschen infizieren kann. Die Bakterienviren werden als Bakteriophagen oder kurz als Phagen bezeichnet.

Morphologie der Viren

Viren sind noch kleiner als Bakterien, sie sind je nach Art etwa 20 bis500 nm groß, also so winzig, dass man sie in einem Lichtmikroskop (vgl. S. 58) nicht erkennen kann. Die meisten Viren bestehen aus Nukleinsäure und einer die Nukleinsäure umgebenden Proteinhülle (Kapsid). Je nachdem, welche Nukleinsäure ein Virus trägt, spricht man von RNA-Viren oder DNA-Viren (vgl. Abb. 48).

Viren können sehr unterschiedlich aussehen: So gibt es z. B. kugelige Formen, stäbchenförmige Viren oder die T-Phagen, die wie kleine Raumschiffe aussehen. Die T-Phagen sind Viren, die Escherichia coli befallen und sind ebenso wie das Wirtsbakterium selbst, genetisch bestens untersucht.

Bakteriophagen besitzen besonders kompliziert aufgebaute Kapside. Die T-Phagen von Escherichia coli bestehen aus einem mehrflächigen Kopfstück von etwa 100 nm und einem Schwanzteil von ebenfalls etwa 100 nm Länge. Die Proteinhülle des Kopfes umschließt die DNA. Das Schwanzstück besteht aus einem hohlen Stift im Inneren und einer äußeren kontraktilen Scheide. Am Ende des Schwanzteils befindet sich eine mit dornenähnlichen Fortsätzen versehene Platte, an der zusätzlich mehrere Fäden befestigt sind.

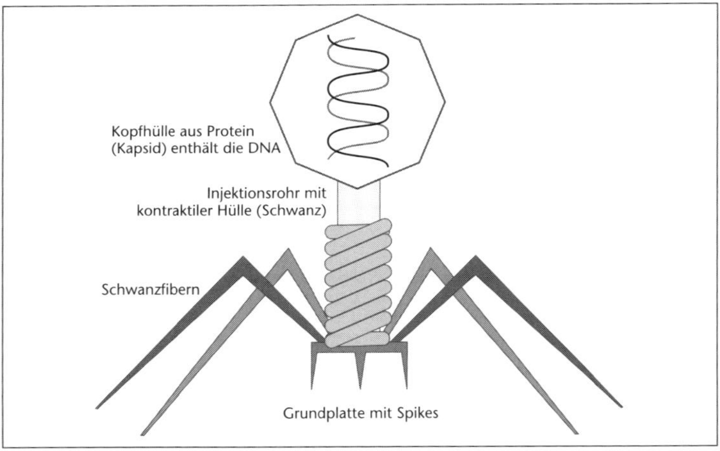

Abb. 48: T-Phagen

Die Vermehrung von Viren

Viren binden nach dem Schlüssel-Schloss-Prinzip an ihre Wirte: Die viralen Oberflächenproteine lagern sich nur an bestimmte Rezeptorproteine an der Oberfläche der Wirtszellen an. Von diesen Erkennungsstrukturen hängt die Wirtsspezifität ab.

Lytischer Zyklus

Alle Viren zeigen einen prinzipiell ähnlichen Vermehrungszyklus. Hier wird der Vermehrungszyklus der T-Phagen von Escherichia coli vorgestellt. Da die Virusvermehrung mit der Lyse der Wirtszelle endet, wird der Vermehrungszyklus auch als lytischer Zyklus bezeichnet (vgl. Abb. 49):

a) *Adsorption*: Die Adsorption ist der erste Schritt im Infektionszyklus. Die Phagenendplatte heftet sich nach dem Schlüssel-Schloss-Prinzip an die Bakterienwand.

b) *Injektion*: Ist der Phage angeheftet, fängt er mit der Übertragung seiner DNA an, was als Injektion bezeichnet wird. Der Schwanz des Phagen durchstößt dabei die Bakterienzellwand und die Membran. Die DNA wird durch den hohlen Schwanzstift ins Bakterieninnere injiziert. Außen an der Bakterienwand bleibt die leere Phagenhülle zurück. Mit dem Eindringen der Virus-DNA in das Bakterium kommt es zu einer völligen Umstellung des Wirtsstoffwechsels: Das Proteinbiosynthesesystem des Bakteriums wird von diesem Zeitpunkt an ausschließlich für die Phagenvermehrung genutzt; es werden also nur noch Phagenproteine produziert und die Phagen-DNA repliziert. Die Information für die Umprogrammierung ist in der Phagen-DNA gespeichert. Unter Reifung wird der eigenständige Zusammenbau der einzelnen Phagenteile zu einem funktionsfähigen Phagen verstanden.

c) *Lyse*: Der letzte Schritt ist die Freisetzung der Viren. Das Virusprotein Lysozym wird synthetisiert und löst die Bakterienzellwand (Lyse) auf.
Aufgrund der veränderten osmotischen Verhältnisse nimmt die Bakterienzelle anschließend so viel Flüssigkeit auf, dass sie platzt. Dadurch werden mehrere hundert neuer Phagen entlassen, die wieder neue Bakterienzellen befallen können.

Lysogener Zyklus
Neben dem lytischen Zyklus spielt auch der lysogene Zyklus als Möglichkeit der Virusverbreitung eine wichtige Rolle: Die Wirtszelle wird zunächst nicht zerstört und die Phagen-DNA integriert nach der Infektion an einer bestimmten Stelle im Bakteriengenom (vgl. Abb. 49).

Auf diese Weise eingebaute Phagen bezeichnet man als Prophagen. Sie werden, wenn ihr Wirt sich teilt, immer mit repliziert. Die Nachkommen enthalten in ihrer

DNA jeweils eine Kopie des Prophagen. Die Phagenvermehrung im lytischen Zyklus wird hierbei durch ein Protein (Repressor) unterdrückt, das der Phage selbst synthetisiert. Unter bestimmten Bedingungen kann der Phage jedoch wieder in den lytischen Zyklus eintreten.

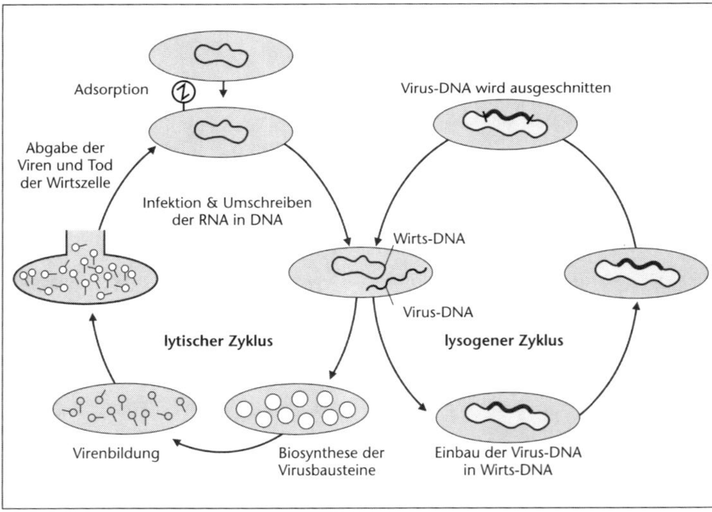

Abb. 49: lytischer und lysogener Zyklus der Viren

Grippeviren

Grippeviren (Influenzaviren) rufen beim Menschen Symptome hervor, die von leichten Erkältungserscheinungen bis hin zu starken Glieder- und Kopfschmerzen und hohem Fieber reichen können. Sekundär kann es zu weiteren Infektionen wie Lungenentzündungen kommen, die manchmal auch zum Tod führen. Eine große Befürchtung der Weltgesundheitsorganisation (WHO) ist das Ausbrechen einer Grippepandemie. Eine Pandemie breitet sich zumeist sehr schnell über verschiedene Kontinente aus. Im letzten Jahrhundert gab mehrere Grippepandemien, darunter die „Spanische Grippe", die zwischen 1918 und 1920 ca. 25 Millionen Menschenleben forderte.

Grippeviren werden in Typen und Subtypen eingeteilt: Es existieren drei verschiedene Typen: die Influenza-A-, -B- und -C-Viren. Im Folgenden geht es nur um die Influenza-A-Viren, da sie die gefährlichsten Viren sind und immer wieder Epidemien (lokale Ausbreitung der Viren) und auch Pandemien (überregionale Ausbreitung der Viren) hervorrufen. Verschiedene Influenza-A-Viren rufen bei Menschen, Vögeln und Schweinen die Grippe hervor. In der Regel sind die Viren wirtsspezifisch, d. h., ein Vogelgrippevirus kann beispielsweise beim Menschen normalerweise keine Grippe auslösen. In der Vergangenheit gab es aber immer wieder Ausnahmen von dieser Regel.

Die Einteilung in Subtypen ist abhängig von zwei Proteingruppen, die sich auf der Oberfläche eines Virus befinden: die Hämagglutinine (H) und die Neuraminidasen (N). Diese Hüllproteine erleichtern den Viren den Zugang zu ihren Wirtszellen, den Schleimhautzellen der Atemwege. Die Neuraminidasen lösen den schützenden Schleim auf, während die Hämagglutinine an die nun frei zugänglichen Schleimhautzellen andocken. Die DNA der Viren gelangt ins Zellinnere, wo nun massenweise neue Viren entstehen. Diese sprengen die Wirtszelle und befallen in der Folge immer weitere Schleimhautzellen.

Vom Influenza-A-Virus wurden bislang 15 verschiedene Hämagglutinin-Subtypen (H1 – H15) und neun verschiedene Neuraminidase-Subtypen (N1 – N9) gefunden. Die genaue Bezeichnung eines Grippevirus benennt also den Virustyp und den Subtyp, z. B. Influenza-A-Virus H1N1.

Vogelgrippeviren (Influenza-A-Viren verschiedener Subtypen) rufen die Geflügelpest hervor. Diese Viren können äußerst aggressiv und hoch pathogen sein und führen in der Landwirtschaft zu riesigen Schäden, da praktisch alle infizierten Vögel verenden. Die wirtschaftlichen Schäden sind aber nicht alles: 1997 wurde in Hongkong erstmals eine direkte Übertragung des Vogelgrippevirus H5N1 auf den Menschen nachgewiesen. Eine Ansteckung mit H5N1 ist zwar selten, aber die Infektion verläuft häufig tödlich. Auch bei der im Frühjahr 2004 in Asien ausgebrochenen Geflügelpest erkrankten Menschen. Bei ihnen konnte ebenfalls H5N1 nachgewiesen werden. Als Übertragungsweg kommen mangelnde Hygiene und das Einatmen kontaminierter Staubpartikel infrage.

Das größte, weltweit gefürchtete Risiko birgt aber die Möglichkeit einer Übertragung des Vogelgrippevirus von Mensch zu Mensch. Bei den „normalen" Grippeviren des Menschen handelt es sich in der Regel um Influenza-A-Viren der Subtypen H1N1 und H3N2. Wenn nun ein Mensch an Grippe erkrankt und z. B. den Influenza-A-Virus H1N1 aufweist, sich gleichzeitig aber mit der Vogelgrippe ansteckt und nun auch noch den Virustyp Influenza-A H5N1 in sich trägt, ist die angesprochene Gefahr durchaus gegeben. Bei einer solchen Doppelinfektion gibt es nämlich die Möglichkeit, dass die Viren Erbgut durch Rekombination austauschen. So können Viren mit neuen Eigenschaften entstehen, d. h., es bilden sich neue Subtypen.

Dieser Vorgang wird als Antigen-Shift (Antigen-Sprung) bezeichnet, weil sich die Veränderungen auf die Hüllproteine (Virusoberfläche) auswirken, die wiederum als Antigene wirken. Antigene sind Fremdproteine, die das Immunabwehrsystem erkennt und bekämpft. Im schlimmsten Fall wären die „neuen" Viren leicht von Mensch zu Mensch übertragbar und hoch pathogen.

Grippepandemien haben ihren Ursprung häufig in Asien. Dies ist darauf zurückzuführen, dass in Asien Menschen sehr eng mit Nutztieren wie Hühnern und Schweinen zusammenleben, die ebenfalls Grippeviren-Wirte sein können. Eine Infektion mit zwei verschiedenen Grippeviren ist dadurch wahrscheinlicher.

Der einzige Schutz vor einer Grippeinfektion ist bislang eine Impfung (vgl. S. 251). Jedes Jahr wird der Grippeimpfstoff neu hergestellt, weil sich die Virusoberfläche (Hüllproteine) der Viren ständig leicht verändert. Dieser Vorgang wird als Antigen-Drift bezeichnet. Ein Antigen-Drift ist auf Mutationen der Hüllproteine zurückzuführen. Durch diese leichten Veränderungen ihrer Hüllproteine unterlaufen Grippeviren die Fähigkeit des menschlichen Immunsystems, die Struktur eines bestimmten Antigens zu erkennen und bei einer erneuten Infektion entsprechend schneller zu reagieren. Die Antikörper, die bei vorausgegangenen Impfungen gebildet wurden, erkennen die Struktur der Hüllproteine eines neuen, mutierten Virus nur noch zum Teil und bieten daher auch nur noch einen Teilschutz. Sehr gefährlich wäre ein plötzlich neu auftauchender Influenza-A-Subtyp, wie er durch Antigen-Shift entstehen kann. In einem solchen Fall besitzen Menschen keinerlei Antikörper, und ein Impfstoff kann nicht in so kurzer Zeit hergestellt werden.

4.5 Verschiedene Vertreter der Protista (eukaryotische Einzeller)

Wie bereits erwähnt, ist die Gruppe der Protista eine Sammelbezeichnung für i. d. R. einzellige Organismen, die sich keinem der Reiche der Pilze, Pflanzen und Tiere eindeutig zuordnen lassen. Wie die Pilze, Pflanzen und Tiere gehören auch die Protista zur Gruppe der Eukaryoten.

Ihr Grundbaustein ist demnach die Euzyte (vgl. S. 38) mit Zellkern und Zellorganellen (Plastiden, Mitochondrien) sowie einer reichhaltigen Kompartimentierung. Die Protista lassen sich in mindestens 30 Abteilungen bzw. Stämme untergliedern, deren wichtigste im Folgenden kurz vorgestellt werden.

Actinopoda

Zu den Actinopoda (Strahlenfüßer) gehören die im Süßwasser vorkommenden „Sonnentierchen" (Heliozoa) und die im Salzwasser heimischen „Strahlentierchen" (Radiolaria). Letztere besitzen ein Kieselsäureskelett. Sie bilden sehr dünne Scheinfüßchen, die auch Pseudopodien genannt werden. Sie dienen dazu, Organismen in der Schwebe zu halten und Nahrung aufzunehmen.

Foraminifera

Die Foraminifera oder auch Kammerlinge besitzen eine aus organischem Material bestehende gekammerte Schale, die durch Kalk verfestigt ist. Die unterschiedlichen Arten finden sich nur im Meer. Wie bei den Actinopoda dienen lange Pseudopodien zum Schweben und zur Nahrungsaufnahme.

Sporozoa

Zu den Sporozoa oder auch „Sporentierchen" gehören die bekannten Erreger der Malaria (Gattung Plasmodium). Diese Parasiten besitzen einen komplexen Wirtswechsel, d. h., sie befallen nacheinander und häufig in festgelegter Reihenfolge unterschiedliche Wirtsorganismen. Ihre Membranoberfläche ist einem ständigen Wandel unterworfen, weshalb das Immunsystem des Menschen und vieler Säugetiere ausgetrickst wird.

Ciliata

Zu den Ciliata oder auch Wimpertierchen gehört unter anderem das Pantoffeltierchen, dessen Aufbau und Stoffwechsel auf S. 153 näher erläutert wird. Das Kennzeichen dieser Gruppe von Einzellern ist der Besitz von zwei verschiedenen Zellkerntypen: großer Makrokern und kleine Mikrokerne. Der polyploide Makrokern ist für die Kontrolle des Stoffwechsels verantwortlich und steuert die Bewegungsvorgänge der Zelle. Die Regel ist die asexuelle Fortpflanzung – meist einfache Zweiteilung; die sexuelle Reproduktion (Konjugation zweier Zellen) kommt selten vor. Die Mikrokerne dienen dem Austausch des genetischen Materials.

Phycobionta

Das charakteristische Kennzeichen der Phycobionta oder auch Algen ist ihre Fotosyntheseaktivität (vgl. S. 71). Es handelt sich um eine sehr große Gruppe, die an dieser Stelle nur kurz vorgestellt werden kann. Das Phytoplankton ist der wichtigste Primärproduzent der Meere und bildet die größte Biomasse weltweit.
Die so genannten Makroalgen sind meist mehrzellige Mikroorganismen und ähneln in ihrer Morphologie schon sehr stark den Pflanzen. Man unterscheidet drei große Gruppen anhand ihrer Pigmentausstattung, die wiederum der jeweiligen ökologischen Nische (vgl. S. 291) und damit insbesondere der Wassertiefe angepasst ist:

Chlorobionta

Die Grünalgen ähneln sehr stark den heutigen Landpflanzen. Dies gilt insbesondere für die Pigmente der Fotosynthese, die Art der Reservestoffe und den Aufbau der Zellwand. Daher wird vermutet, dass es sich bei den Pionierpflanzen (d. h. den Pflanzen, die als Erstes auf dem Festland auftraten) um Chlorobionta handelte. Neben einzelligen Organismen gibt es auch Kolonie bildende, fädige und Gewebe bildende Formen.

Chrysobionta

Diese gelbbraunen Algen kommen im Meer und in Seen vor. Einzellige Vertreter dieser Gruppe sind die Kieselalgen oder Diatomeen. Zu den mehrzelligen Meeres-Tangen gehören Gattungen wie Fucus oder Laminaria. Sie werden aufgrund ihrer Pigmentierung als Braunalgen bezeichnet.

Rhodobionta

Dieser rötliche Algentyp kommt insbesondere in warmen Meeren vor. Typische Arten sind der Horntang (Ceramium) oder der Blutrote Meerampfer (Delesseria).

4.6 Lebensweise eines Mikroorganismus – das Paramecium

Am Beispiel des zu den einzelligen Ciliata zählenden Pantoffeltierchens Paramecium soll die Lebensweise eines Mikroorganismus exemplarisch erläutert werden. Besonderes Augenmerk wird dabei auf die bei der Nahrungsaufnahme und Verdauung ablaufenden intrazellulären Bewegungsabläufe gelegt. Das hierbei beschriebene Prinzip findet man bei vielen anderen Organismen in abgewandelter Form wieder. Zunächst wird allerdings der Aufbau des Parameciums genauer dargestellt.

Die Morphologie des Parameciums

Das Paramecium gehört zu den am höchsten differenzierten Protozoen und ist daher reich an intrazellulären und auch extrazellulären Strukturen (vgl. Abb. 50). Da es im hypotonischen Süßwasser lebt, strömt ständig Wasser in die Zelle hinein (vgl. S. 48). Dieses wird über die kontraktile Vakuole gesammelt und periodisch ausgeschieden.

Intrazelluläre Bewegungsabläufe des Parameciums

Intrazelluläre Bewegungen sind für die Funktion von Organismen ausgesprochen wichtig. Bei Einzellern wie dem Paramecium lassen sie sich z. B. bei der Nahrungsaufnahme, -verdauung und -ausscheidung besonders gut beobachten. Das

Paramecium wird aufgrund seines Ciliensaums, der seinen Zellkörper umgibt und der Fortbewegung bzw. der Nahrungsherbeistrudelung dient, zum Stamm der Ciliata (Wimperntierchen) gezählt.

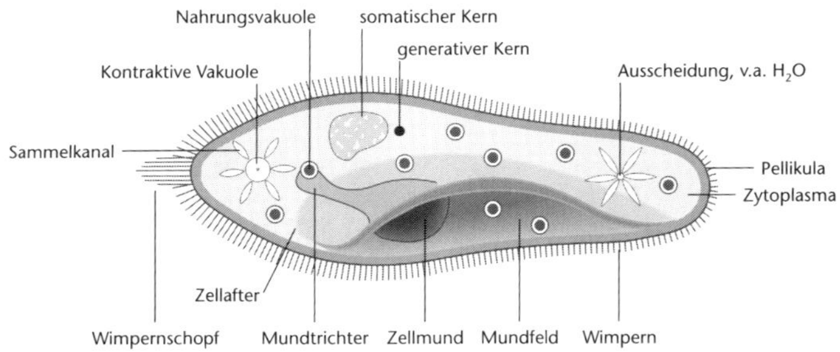

Abb. 50: Paramecium

Die Nahrungsaufnahme des Parameciums

Bedingt durch die wenig durchlässige und formgebende Struktur der Pellikula (äußere Hülle) ist die Nahrungsaufnahme wie auch die Abgabe der unverdaulichen Nahrungsreste nur noch am Zellmund möglich. Nur hier grenzt die Zytoplasmamembran direkt an das Außenmedium. Die Nahrungsaufnahme und Verdauung laufen zeitlich und räumlich sehr geordnet ab. Man unterscheidet drei Phasen:

Ingestionsphase

Durch den Zilienschlag werden Nahrungspartikel über Peristom (Mundfeld) und Vestibulum (Mundtrichter) herangestrudelt und Nahrungsvakuolen am Zytostom (Zellmund) ca. ein Mal in der Minute abgeschnürt. Stimulus für die Vakuolenbildung ist der Reiz, den die Nahrungspartikel auf Mechanorezeptoren in der Zytoplasmamembran ausüben. Das abgeschnürte Membranmaterial wird durch rezyklisierte Membranvesikel ersetzt, die laufend mit der Zytoplasmamembran des Zytostoms fusionieren. Die Nahrungsvakuolen zirkulieren mit 2–3 µm/sec auf einer elliptischen Bahn (Zyclose) mit der Zytoplasmaströmung passiv durch die Zelle.

Im Verlauf der Zyclose unterliegen die Nahrungsvakuolen Größenmodifikationen. Sie werden zunächst $^1/_3$ bis $^1/_2$ kleiner (nach etwa sechs Minuten), um danach wieder anzuschwellen. Parallel dazu verändert sich der pH-Wert. Die junge Nahrungsvakuole besitzt einen pH-Wert von ca. 7, der im Laufe der Zyclose auf einen pH-Wert von 3 absinkt, um danach wieder auf einen pH-Wert von 7 anzusteigen. Die höchste Azidität (Säuregrad) liegt bei kleinstem Durchmesser vor.

Die beschriebenen pH-Schwankungen werden von mehreren nacheinander ablaufenden Prozessen verursacht. Zur Absenkung des pH-Werts kommt es aufgrund der Verschmelzung der Nahrungsvakuole mit protonenreichen Acidosomen. Wenig später wird Membranmaterial abgeschnürt, das zurück zum Zytostom wandert und dort die Bildung neuer Nahrungsvakuolen (als Membranreservoir) unterstützt. Die Fusion der Nahrungsvakuole mit Lysosomen, die hydrolytische Enzyme beisteuern, markiert den Beginn der Digestionsphase.

Digestionsphase

Diese hydrolytischen Enzyme (saure Hydrolasen) besitzen ein saures pH-Optimum (ca. pH 3) und spalten Makromoleküle (hier Nährstoffe) unter Wassereinlagerung (z. B. saure Phosphatase) in ihre chemischen Grundkomponenten (z. B. Stärke in Glukose). Die Fusion mit Acidosomen ist also eine Vorbedingung für ihre optimale enzymatische Aktivität. Nach beendeter Verdauung steigt der pH-Wert wieder in den neutralen Bereich (ca. pH 7) und es folgt die Egestionsphase.

Egestionsphase

Nachdem die durch die Enzyme gespaltenen Nahrungsbestandteile aus der Nahrungsvakuole ins Zytoplasma des Einzellers gelangt sind, verschmilzt die Defäkationsvakuole mit der Plasmamembran an der Zytopyge (Zellafter). Ihr Inhalt – unverdauliche Nahrungsreste – wird ausgeschieden. Schon während der Entleerung wird das nun leere Membranmaterial in Form von Membranvesikeln über Mikrotubulibänder zu einem Membrandepot bzw. direkt zur zytostomalen Membran transportiert.

4.7 Biotechnologische Verfahren

Züchten von Bakterien

Bakterien werden im Labor auf festen Nährböden (Agar) oder in flüssiger Nährlösung gezüchtet. Auf Nährböden erscheinen Bakterien als kleine punktförmige Kolonien aus Millionen von Zellen. Werden sie in einer Nährlösung gezüchtet, verteilen sie sich gleichmäßig, sodass ihr Wachstum an der Trübung der Lösung zu erkennen ist.

Für viele biologische Versuche ist wichtig, die Zahl der Bakterien abschätzen zu können. Dafür wird der so genannte Bakterientiter bestimmt.

Der Bakterientiter gibt die Zahl der Bakterien an, die sich in einem Milliliter Bakteriensuspension befinden. Er wird bestimmt, indem verschiedene Verdünnungsstufen (z. B. 10^{-2} bis 10^{-6}) auf einen Nährboden ausgestrichen werden.

Bei der richtigen Verdünnung bilden sich aus einzelnen Bakterienzellen punktförmige, voneinander abgegrenzte Kolonien. Die Zahl der Kolonien zeigt damit die Anzahl lebensfähiger Bakterien in der Ausgangssuspension an. Enthält die Ausgangssuspension bereits eine große Zahl Bakterien, wächst bei den niedrigen Verdünnungsstufen ein durchgängiger Bakterienrasen, den man nicht auszählen kann.

Wachstum von Bakterien

Bakterien vermehren sich durch Zweiteilung. Aus einer Zelle werden zwei, aus zwei werden vier usw. Wie oben erwähnt teilen sich Escherichia-coli-Zellen unter optimalen Bedingungen alle 20 Minuten. Aus nur einer Escherichia-coli-Zelle entstehen also in drei Stunden 512 Zellen, nach 24 Stunden wären es theoretisch schon 2^{72}. Bakterien hören dann auf zu wachsen, wenn die Bedingungen schlechter werden, d. h., wenn die Nährstoffe im Medium knapp werden oder sich zu viele giftige, von den Bakterien ausgeschiedene Stoffwechselprodukte in der Lösung angereichert haben.

Bestimmt man den Titer einer frisch angesetzten Bakterienpopulation (wenige Bakterien in frischem Nährmedium) über eine gewisse Zeit hinweg, erhält man eine typische Wachstumskurve. Die Kurve zeigt eine Anlaufphase, eine exponentielle Phase und schließlich eine stationäre Phase. Misst man den Titer noch länger, kann durch die Anhäufung giftiger Stoffwechselprodukte die Phase des Absterbens beobachtet werden.

Gewinnung von Bakterienmutanten

Für genetische Untersuchungen von Bakterien werden Bakterienstämme benötigt, die sich in ihren physiologischen Merkmalen unterscheiden. Solche Merkmale sind z. B. die Resistenz oder die Sensitivität gegenüber Antibiotika oder die Fähigkeit bzw. Unfähigkeit, bestimmte Aminosäuren zu produzieren.

Mutationen (vgl. S. 99) sind auch bei Bakterien relativ seltene Ereignisse. Im Falle von Escherichia coli liegt die Wahrscheinlichkeit bei 10^{-7}, dass ein Gen bei einer Zellteilung mutiert. Durch die kurze Generationsdauer und die enorme Vermehrungsrate erhält man aber in einer der mehrere Milliarden Zellen umfassenden Bakterienkulturen vergleichsweise viele Mutationen. Außerdem kann man die Mutationsrate durch Bestrahlung (z. B. mit UV-Licht) oder durch die Behandlung mit bestimmten Chemikalien erhöhen. Dass es bei Bakterien auch außerhalb des Labors immer wieder zu Mutationen kommt, zeigen die verschiedenen Fälle von Antibiotikaresistenzen.

Antibiotika sind Substanzen, die Bakterien abtöten oder sie in ihrem Wachstum hemmen. Sie wirken auf bestimmte Phasen der prokaryotischen Proteinsynthese oder auf andere wichtige zelluläre Mechanismen. Die Spezifität der Wirkungsweise ist ein ganz wesentlicher Punkt für den Einsatz dieser Stoffe: Antibiotika haben keinen Einfluss auf die meisten zellulären Vorgänge der eukaryotischen Zellen, weshalb sie bei Menschen und Tieren bei der Bekämpfung bakterieller Infektionen als Medikamente eingesetzt werden können.

In manchen Fällen ist eine Behandlung mit einem Antibiotikum aber nicht wirksam, weil die Bakterien gegen die Substanz resistent (widerstandsfähig) sind.

Eine Resistenz ist vererbbar, d. h., sie wird von Bakteriengeneration zu Bakteriengeneration weitergegeben. In solchen Fällen müssen verschiedene Antibiotika ausprobiert werden, um die Infektion zu bekämpfen.

In den letzten Jahren sind Antibiotikaresistenzen zu einem großen medizinischen Problem geworden. Durch zu häufigen Einsatz von Antibiotika – sowohl beim Menschen als auch in der Tierhaltung – ist der Selektionsdruck für resistente Bakterien enorm. Dadurch nehmen Resistenzen gegen Antibiotika in Bakterienpopulationen zu und es kann zu gravierenden Schwierigkeiten bei der Behandlung bakterieller Infektionen kommen. Besonders wenn Bakterien gleichzeitig über verschiedene Antibiotikaresistenzen verfügen, sind die Therapiemöglichkeiten deutlich eingeschränkt.

Antibiotikaresistenzen von Bakterien sind auf Mutationen zurückzuführen. Lange Zeit war unklar, ob solche Mutationen durch die Antibiotika selbst ausgelöst werden oder ob sie zufällig entstehen. Durch den Fluktuationstest konnte nachgewiesen werden, dass Antibiotikaresistenzen zufällig und spontan entstehen. Bei diesem Test, der heute auch dazu dient, antibiotikaresistente Bakterien für die Forschung zu gewinnen, wird eine Bakterienkultur auf mehrere antibiotikahaltige Nährböden verteilt. Trotz des Antibiotikums wachsen einige Kolonien heran, d. h., es existieren Bakterien, denen das Antibiotikum nichts anhaben kann, die also resistent dagegen sind.

Da die verschiedenen Nährböden unterschiedlich viele Kolonien aufweisen, das Ergebnis also stark fluktuiert, kann man davon ausgehen, dass Mutationen spontan und zufällig entstehen. Wären sie durch das Antibiotikum ausgelöst worden, müssten alle Nährböden durchschnittlich die gleiche Anzahl resistenter Kolonien aufweisen. Zur Gewinnung der antibiotikaresistenten Bakterien werden die einzelnen Kolonien isoliert und weitergezüchtet.

Ein anderer Mutantentyp, der häufig für die Forschung benötigt wird, sind Aminosäure-Mangelmutanten. Wildtypen von Escherichia coli können alle 20 Aminosäuren selbstständig synthetisieren, sie werden als prototroph bezeichnet. In einer Bakterienpopulation treten aber immer wieder Mutationen auf, die dazu führen, dass einzelne Bakterien bestimmte Aminosäuren nicht mehr selbstständig herstellen können. Solche Mutanten sind für diese Aminosäure auxotroph. Sie wachsen nur auf Nährböden, die zusätzlich diese Aminosäure enthalten.

Proteinherstellung mithilfe von Bakterien

Ein weiterer Meilenstein in der Geschichte der Gentechnologie war die Herstellung bestimmter Proteine in Bakterien. Dazu müssen Bakterien ein Fremdgen aufnehmen und es anschließend auch exprimieren. Die so erhaltenen Proteine werden aus den Bakterien isoliert und gereinigt. Sie können dann z. B. als Medikament oder Lebensmittelzusatzstoff verwendet werden.

Um Proteine in Bakterien herzustellen, müssen Gene eingesetzt werden, die von den Bakterien auch exprimiert werden können. Zwar benutzen Pro- und Eukaryoten den gleichen genetischen Code, unterscheiden sich aber z. B. im Aufbau ihrer Gene. Die aus Exons und Introns aufgebauten Gene der Eukaryoten können nicht in Bakterien exprimiert werden, da prokaryotische Gene keine Introns aufweisen. Deswegen fehlt Bakterien die Fähigkeit zur RNA-Prozessierung (vgl. S. 108), d. h. dem Herausschneiden der Introns aus der mRNA.

Aus diesem Grund wird für die Expression eines eukaryotischen Gens in einem Bakterium oft nicht das eigentliche Gen verwendet, sondern eine DNA-Kopie der mRNA des Gens. Diese copy-DNA oder kurz cDNA wird mithilfe der reversen Transkriptase, einem Enzym aus Retroviren, gewonnen. Das Enzym schreibt die Basensequenz der mRNA wieder zurück in die Basensequenz der DNA. Es handelt sich also um eine Umkehrung der Transkription (Reverse Transkription), daher auch der Name des Enzyms. Wie ein prokaryotisches Gen besteht die cDNA nur noch aus der fortlaufend Protein kodierenden Sequenz ohne Introns. Die cDNA wird künstlich mit überstehenden (klebrigen) Enden versehen, sodass sie mit einem Klonierungsvektor verknüpft werden kann und schließlich von Bakterien aufgenommen und zu einem Protein translatiert wird.
Wie bereits erwähnt, können manche Proteine nicht in Bakterien hergestellt werden. Sie werden dann in eukaryotischen Zellen oder in transgenen Tieren zur Expression gebracht.

Wie eingangs beschrieben behandelt die Mikrobiologie die heterogene Gruppe der Mikroorganismen mit all ihren Charakteristika und Anwendungsbereichen in der Biotechnologie. Das hier vorgelegte Kapitel kann daher nur einen kleinen Überblick über dieses vielfältige Feld vermitteln, wobei Mikroorganismen gerade in gentechnischen Arbeitsbereichen eine große Rolle spielen. Hinweise darauf finden Sie in Kapitel 3.3 „Angewandte Biologie – Gentechnik“.

V. Physiologie und Anatomie höherer Tiere – Beispiel Mensch

Im Gegensatz zu Pflanzen, die die benötigte Energie durch Fotosynthese (vgl. S. 71) gewinnen, sind Tiere von Nährstoffen abhängig, die sie von anderen tierischen bzw. pflanzlichen Lebewesen geliefert bekommen. Zusätzlich benötigen sie für ihre Zellatmung – und für ihre Energiegewinnung – Sauerstoff. Obwohl auch Pflanzen in der Lage sind, Umweltreize wie die Lichtverhältnisse, wahrzunehmen, gelten Sinnesorgane als ein typisch tierisches Merkmal. Demzufolge ist auch der Mensch nach diesen rein biologischen Kriterien eindeutig ein Tier.

Die Physiologie ist die Lehre der physikalischen und chemischen Prozesse, die ein Organismus zum Leben benötigt. Dazu gehören die Fortpflanzung, das Wachstum, der Stoffwechsel, die Atmung, die Erregung und die Kontraktion, die durch das Zusammenspiel der Zellen, Gewebe und Organe eines Organismus zustande kommen.

Untersuchungsobjekte der allgemeinen Physiologie sind also die grundlegenden Prozesse des Lebens. Des Weiteren beschäftigt sie sich mit den Funktionen der einzelnen Körperteile und steht insofern in enger Verbindung zur Anatomie. Im folgenden Kapitel werden wesentliche Merkmale von tierischen Organismen am Beispiel des Menschen erläutert.

5.1 Verdauung und Resorption

Alle Tiere sind heterotroph, d. h., sie regenerieren ihre Energie aus organischen Molekülen toter Organismen.

Um die Energie verfügbar zu machen, müssen die Organismen zunächst in ihre Einzelbausteine zerlegt werden – diese Aufgabe übernimmt das Verdauungssystem. Im weiteren Verlauf werden die Bausteine in das Blut aufgenommen und zu den Empfängerzellen transportiert.

Aufbau des menschlichen Verdauungssystems

Exemplarisch für eine Vielzahl von Tieren wird an dieser Stelle das Verdauungssystem des Menschen dargestellt (vgl. S. 51). Die Vorgänge laufen bei vielen Tieren in ähnlicher Weise ab. Allerdings sollte nicht unerwähnt bleiben, dass gerade Wiederkäuer, wie z. B. Kühe über ein wesentlich komplexeres Verdauungssystem verfügen, bei dem die Verdauungsprozesse von bis zu vier Mägen miteinander kombiniert werden.

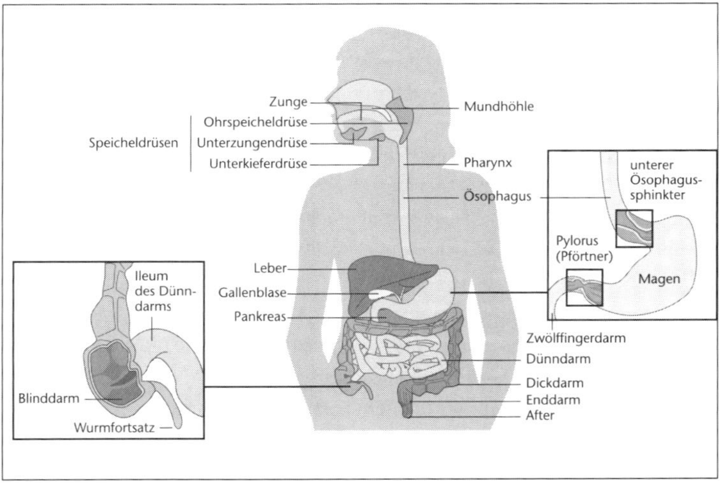

Abb. 51: menschliche Verdauung im Überblick

Allgemein gesprochen werden die makromolekularen Nährstoffe mittels mechanischer Zerkleinerung und enzymatischer Spaltung (Hydrolyse = Spaltung unter Wasseraufnahme, vgl. S. 67) in niedermolekulare Einheiten zerlegt. Bei Proteinen erfolgt der Abbau zu Aminosäuren, bei Fetten zu Glyzerin und Fettsäuren, bei Kohlenhydraten zu Monosacchariden (z. B. Glukose) und bei Nukleinsäuren zu Nukleotiden. Im Dünndarm werden diese ins das Blut und die Lymphe aufgenommen (resorbiert) und zu den Empfängerzellen weitertransportiert. Unverändert aufgenommen werden Wasser, Vitamine und viele anorganische Ionen.

Ablauf der Verdauung

Zunächst wird die Nahrung mit den Zähnen mechanisch zerkleinert und damit auch die Angriffsfläche für die chemische Zerkleinerung vergrößert. Anschließend beginnt das von den Mundspeicheldrüsen sezernierte (abgesonderte) Enzym Ptyalin (a-Amylase) die Stärke bis zum Disaccharid Maltose zu zerlegen. Über die Speiseröhre (Ösophagus) gelangt der Nahrungsbrei danach in den Magen.

Im Magen herrscht ein saures Milieu (pH 1,5). Neben der Abtötung von Keimen bewirkt dies die Aktivierung des durch die Hauptzellen der Darmwand abgegebenen Enzyms Pepsin, das zunächst in der inaktiven Vorstufe Pepsinogen vorliegt. Dadurch wird verhindert, dass das Enzym bereits in der Produktionszelle aktiv wird. Pepsin ist eine Endoprotease, d. h., das Enzym spaltet Peptidbindungen im Inneren langer Polypeptidketten (Proteine). Die Belegzellen der Magenschleimhaut sezernieren getrennt H^+ und Cl^- Ionen, die zusammen die Salzsäure (HCl) ergeben, die für das saure Milieu sorgt. Der untere Ösophagussphinkter (vgl. Abb. 51) sorgt dafür, dass die Salzsäure nicht in den Ösophagus gelangt. Um zu verhindern, dass die Salzsäure die Magenwand zersetzt, wird die Magenschleimhaut durch die Nebenzellen der Magenwand ständig erneuert.

Zu Sodbrennen kommt es, wenn Magensäure in die Speiseröhre gelangt. In der Regel verhindert dies, wie bereits erwähnt, ein Schließmuskel, der Sphinkter. Dieser ist zum Magen hin fest verschlossen und öffnet sich nur beim Schlucken. Beim Sodbrennen öffnet sich der Sphinkter allerdings auch zwischendurch. Dies geschieht häufig in der Schwangerschaft, nach übermäßigem Alkoholgenuss oder durch Medikamenteneinnahme. Die Ursache dafür ist nicht immer klar, die Folge ist auf jeden Fall die Verätzung der Schleimhäute der Speiseröhre.

Der so genannte Pförtner, d. h. der Schließmuskel am Magenausgang, reguliert den Übergang des nun abgepufferten Nahrungsbreis in den Zwölffingerdarm bzw. den beim Menschen ca. 3 m langen Dünndarm. Hier findet die Zerlegung der Makromoleküle in ihre Einzelbausteine und die Aufnahme (Resorption) dieser Monomere in die Darmwandzellen statt. Einen Überblick über die Enzyme, die an der Verdauung der Makromoleküle beteiligt sind, bietet Tabelle 4.

	(a) Kohlenhydratverdauung	(b) Proteinverdauung	(c) Nukleinsäureverdauung	(d) Fettverdauung
Mundhöhle, Schlund, Speiseröhre	Polysaccharide (Stärke, Glykogen) ↓ **α-Amylase (im Speichel)** kürzere Polysaccharide, Maltose			
Magen		Proteine ↓ **Pepsin** kurze Polypeptide		
Lumen des Dünndarms	Polysaccharide ↓ **α-Amylase (vom Pankreas)** Maltose und andere Disaccharide	Polypeptide ↓ **Trypsin, Chymotrypsin** kürzere Polypeptide ↓ **Aminopeptidase, Karboxypeptidase** Aminosäuren	DNA, RNA ↓ **Nukleasen** Nukleotide	Fett-Tropfen ↓ **Gallensäuren** Fett-Tröpfchen (emulgiert) ↓ **Lipase** Glyzerin, Fettsäuren, Glyzeride
Epithel des Dünndarms (Bürstensaum)	↓ **Disaccharidasen** Monosaccharide	kurze Peptide ↓ **Dipeptidasen** Aminosäuren	↓ **Nukleotidasen** Nukleoside ↓ **Nukleotidasen** stickstoffhaltige Basen, Zucker, Phospahte	

Tab. 4: Überblick über die an der Verdauung beteiligten Enzyme

Sezerniert werden diese Enzyme durch Zellen der Darmwand, der Bauchspeicheldrüse (Pankreas) und der Leber. Die beiden Letzteren sind über Gänge mit dem Darm verbunden.

Täglich bildet die Leber ca. $^1/_2$ l Gallenflüssigkeit, die insbesondere aus Wasser, Elektrolyten, Bilirubin, Gallensäure und Cholesterin besteht. Der wichtigste Bestandteil ist die Gallensäure. Sie wird von der Leber aus Cholesterin hergestellt. Sie emulgiert die mit der Nahrung aufgenommenen Fette im wässrigen (hydrophilen) Milieu des Dünndarms. Mithilfe der Gallensäure lagern sich die Fettpartikel zu Mizellen zusammen. In dieser gespreizten Form können sie von den Fett spaltenden Enzymen, den Lipasen, in Fettsäuren und Glyzerin gespalten und in die Darmwandzellen aufgenommen werden. Diese lipophilen Moleküle gelangen ohne großen Aufwand durch die Plasmamembranen und werden nicht nur durch das Blut, sondern auch über die Lymphe im Körper verteilt. 90 % der Gallensäure werden am Ende des Dünndarms resorbiert und wieder zur Leber transportiert. Die Gallenblase speichert die Gallenflüssigkeit und erhöht ihre Konzentration durch Wasserentzug. Kohlenhydrate werden durch die von der Bauchspeicheldrüse gebildete Amylase in Disaccharide zerlegt. Disaccharidasen sorgen für die Zerlegung in Monosaccharide (vgl. Abb. 24).

Die aus dem Magen kommenden kurzen Polypeptidketten werden von den Enden her durch Karboxypeptidase und Karboxydasen in kleinere Polypeptide gespalten. Dipeptidasen aus dem Bürstensaum des Dünndarms übernehmen dann den letzten Schritt: die Zerlegung in einzelne Aminosäuren.

Der Hauptteil der Nährstoffspaltung findet bereits im Zwölffingerdarm statt. Der Dünndarm dient vor allem der Resorption. Dieser Vorgang ist optimiert, da die Oberfläche der Dünndarmwand enorm vergrößert ist.
Die Aufnahme in die Darmwandzellen erfolgt z. T. passiv über den Konzentrationsgradienten. Andere Stoffe müssen dagegen aktiv resorbiert werden. Bei Glukose geschieht dies über einen sekundäraktiven Transport.

Dazu wird zunächst ein Na^+-Konzentrationsgradient zwischen Darmwandzelle und Darmlumen mithilfe der Na^+-K^+-Pumpe (vgl. Abb. 12) unter ATP-Verbrauch aufgebaut. Glukose gelangt dann gemeinsam mit Na^+ über einen Na^+-abhängigen Carrier aus dem Darmlumen in die Darmwandzelle (Cotransport, Symport). In einem weiteren Schritt diffundieren Glukosemoleküle (ihrem Konzentrationsgradienten folgend) durch Glukosekanäle aus den Darmwandzellen in den extrazellulären Raum bzw. in die Blutgefäße.

Kleine Moleküle wie Wasser, Salze und Vitamine gelangen ohne spezielle Transportmechanismen ihrem Konzentrationsgradienten folgend über die Dünndarmwand ins Blut. Damit diese Resorption optimal abläuft, ist die Oberfläche des bis zu 5 m langen Dünndarms, wie bereits erwähnt, stark vergrößert. Die Querfaltungen, in denen sich der Darm windet, vergrößern die Oberfläche um das 1,5fache. Die ca. 1 mm großen Schleimhautausstülpungen, die so genannten

Darmzotten, bringen eine fünffache Vergrößerung der Oberfläche des Darmepithels. Übertroffen wird dies jedoch noch durch die kleinsten Strukturen, die so genannten Mikrovilli. Diese winzigen Ausstülpungen der Darmzellen sorgen für eine weitere Oberflächenvergrößerung um den Faktor 30. Zusammengerechnet ergibt dies eine Oberfläche des Dünndarms von mehr als 200 m^2.

Als Darmflora werden die im menschlichen Dickdarm natürlicherweise lebenden rund 400 verschiedenen Bakterienarten bezeichnet. Ihre wichtigste Funktion besteht in der Zersetzung bisher nicht abgebauter Nahrungsbestandteile.

Ist die Darmflora gesund, hilft sie, die Ausbreitung von krankheitserregenden Keimen im Darm zu verhindern. Ernährung und Medikamente nehmen Einfluss auf die Zusammensetzung der Darmflora. So fördern Ballaststoffe das Wachstum der nützlichen Bakterien. Eine schädigende Wirkung haben dagegen Antibiotika, die keinen Unterschied zwischen gewollten und ungewollten Bakterien machen und alle Formen abtöten.

Da Wasser zumindest bei Landtieren i. d. R. ein Mangelfaktor ist, wird der Nahrungsbrei im auf den Dünndarm folgenden Dickdarm aufgrund der fast vollständigen Resorption von Wasser und darin gelöster Salze bzw. Vitamine eingedickt und als Kot ausgeschieden.
Allerdings befinden sich auch hierin noch energiereiche Stoffe. So sind pflanzliche Zellwände z. B. zum großen Teil aus Zellulose (vgl. S. 22) aufgebaut. Zellulose besteht aus β-1,4-glykosidisch verknüpften Glukoseeinheiten. Viele Tiere und auch der Mensch verfügen aber über kein Enzym, das eine solche Bindung spalten kann. Daher werden diese energiereichen Stoffe über den Kot abgegeben. Wiederkäuer wie die Kühe, die sich überwiegend von Gräsern mit hohem Zelluloseanteil ernähren, lösen dieses Problem, indem sie die Stoffwechselleistungen von Mikroorganismen nutzen, die über die notwendige Enzymausstattung verfügen, die Zellulosebindungen zu spalten und sich die Energie verfügbar zu machen. Diese Mikroorganismen befinden sich in den komplexen, aus mehreren Mägen bestehenden Verdauungstrakt der Wiederkäuer und verwerten die Zellulose. Letztlich werden die so „kultivierten" Mikroorganismen von den Wiederkäuern geschluckt und dienen als Nährstoffe.

5.2 Herz- und Blutkreislauf

Die über den Darm aufgenommenen Nährstoffe werden durch das Blutkreislaufsystem im gesamten Körper verteilt. Aber nicht nur Nährstoffe müssen zu den Empfängerzellen transportiert werden, sondern auch Sauerstoff, Kohlendioxid, Hormone, Stoffwechselendprodukte usw. Das Herz ist in diesem System die Pumpe, die den Blutfluss und damit den Stofftransport garantiert.

Das Herz

Beim menschlichen Herz handelt es sich um einen Hohlmuskel, der als Saug-Druck-Pumpe funktioniert. Durch die Kontraktion des Herzmuskels wird ein kontinuierlicher Blutstrom garantiert.

Man unterscheidet eine rechte und eine linke Herzhälfte. Während die rechte den Lungenkreislauf versorgt, kümmert sich die linke um den Körperkreislauf. Beide Herzhälften differenzieren sich jeweils noch in eine Vorkammer (Atrium) und eine Hauptkammer (Ventrikel). Diese Kammern sind durch Segelklappen getrennt.

Phase	**Diastole I**	**Diastole II**	**Systole**	**Diastole I**
Füllungsstand	Vorkammer-füllung	Vorkammer-entleerung Hauptkammer-füllung	Hauptkammer-entleerung	Vorkammer-füllung
Kontraktion	keine	Vorkammer	Hauptkammer	keine
Segelklappen	geschlossen	offen	geschlossen	geschlossen
Taschenklappen	geschlossen	geschlossen	offen	geschlossen
Blutdruck	niedrig	niedrig	hoch	niedrig

Tab. 5: Phasen der Herzarbeit

Die Atrien (vgl. S. 170) werden durch Taschenklappen zu den nachfolgenden Blutgefäßen hin abgeschlossen. Die Klappen sorgen dafür, dass das Blut nur in eine Richtung fließen kann und der notwendige Druck aufgebaut wird. Ein Herzschlag unterteilt sich in Diastole I und II sowie die Systole. Während der Diastole I ist der Hohlmuskel des Herzens erschlafft und weitet sich. Aufgrund dieser Weitung kommt es, wie bei einer Luftpumpe, zu einem Unterdruck, der das

Blut aus dem vor dem Herzen liegenden venösen Blutsystem in die Vorkammern saugt. In der Diastole II kontrahieren die Vorkammern und pressen das Blut aus den Atrien durch die Segelklappen in die Ventrikel. Während der Systole kontrahiert die Ventrikelmuskulatur und presst das Blut in die großen dahinter liegenden Blutgefäße, wodurch sich der Blutdruck stark erhöht.

Erkrankungen des Herzens

Eine der häufigsten Todesursachen ist in Deutschland der Herzinfarkt. Dabei sind Teile des den Herzmuskel versorgenden Koronararteriensystems geschädigt. Ursache kann die Verstopfung einer Arterie durch einen aus verklumpten roten Blutkörperchen bestehenden Thrombus sein, der an einer Verengung hängen geblieben ist und den Bluttransport vermindert oder ganz zum Erliegen bringt. Durch die Unterversorgung des Herzmuskels ist dieser nicht mehr in der Lage, vollständig zu kontrahieren. Damit verringert sich seine Pumpwirkung und somit die Blutversorgung des Gesamtsystems. Dies hat insbesondere Auswirkungen auf das Gehirn, in dem eine Unterversorgung schnell zu anhaltenden Schädigungen der kognitiven Leistungsfähigkeit führt.

Eine sehr starke Mangelversorgung des Gehirns mit Sauerstoff bezeichnet man als Schlaganfall. Bei ca. 70 bis 80 % aller Schlaganfälle führt, ähnlich wie beim Herzinfarkt, der Verschluss eines Gehirngefäßes zur Unterversorgung und damit zum Schlaganfall bzw. Hirninfarkt. Bei den übrigen 20 – 30 % liegt eine Hirnblutung vor. Das sich bildende Hämatom (Bluterguss) drückt auf das umliegende Gewebe. Aufgrund des Sauerstoffmangels kommt es zu Lähmungserscheinungen, Gefühls- und Sprachstörungen oder Sehausfällen. Je nach Dauer der Unterversorgung gehen ganze Zellverbände zugrunde. Proportional zur Anzahl der geschädigten Zellen ist die Intensität der langfristigen Ausfälle beim Patienten.

Zusammensetzung und Funktion des Blutes

Blut besteht zu ca. 56 % aus Plasma. Dieses besteht wiederum zu 90 % aus Wasser sowie aus Bau- und Energienährstoffen (Fette, Eiweiße und Glukose), Enzymen, Hormonen und Salzen, die alle in einem wässrigen Medium gelöst sind. Unter dem Begriff Blutserum versteht man alle Bestandteile des Plasmas, abzüglich der

Fibrinogene. Fibrinogene sind Vorstufen des Fibrins, das bei der Blutgerinnung nach einer Verletzung eine wichtige Rolle spielt.

Der Rest des Blutes besteht aus zellulären Bestandteilen. Man unterscheidet die roten und weißen Blutkörperchen und die Blutplättchen (Erythro-, Leuko- und Thrombozyten). Die Erythrozyten (rote Blutkörperchen) dienen dem Sauerstofftransport. Leukozyten (weiße Blutkörperchen) spielen bei der Immunabwehr eine wichtige Rolle. Man unterteilt sie in Granulozyten, Monozyten und Lymphozyten. Thrombozyten (Blutplättchen) ermöglichen im Zusammenspiel mit den Fibrinogenen die Blutgerinnung.

Phänotypisch erscheint Blut rot, da der Großteil der festen Blutbestandteile aus Erythrozyten besteht. Die rote Färbung kommt von dem sich in den Erythrozyten befindenden Hämoglobin, das für den Sauerstofftransport aus der Lunge zu den Körperzellen sorgt. Seine rote Färbung resultiert aus seinem Absorptionsvermögen des grünen Anteils des Tageslichts. Was übrig bleibt, erscheint rot.

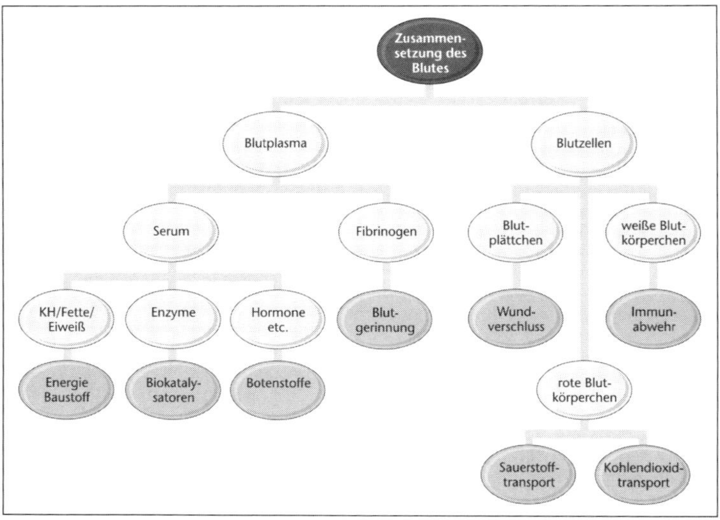

Abb. 52: Zusammensetzung des Blutes und Funktionen der einzelnen Bestandteile

Bau und Funktion der Blutgefäße

Bei den Blutgefäßen unterscheidet man zwischen Arterien, Venen und Kapillaren. Bei den Ersteren beiden handelt es sich um die mittelgroßen bis großen Gefäße des Blutkreislaufsystems (vgl. Abb. 53).

Als Arterien werden all jene Blutgefäße bezeichnet, die das Blut vom Herzen wegführen. Blutgefäße, die das Blut wieder zum Herzen hin transportieren, nennt man Venen.

Bei Venen, in denen allgemein ein geringerer Druck herrscht, sind in die Wände Taschenklappen als Ventile eingebaut, die dafür sorgen, dass der Blutfluss immer nur in Richtung Herz erfolgt.

Arterien und Venen lassen sich in ihrem Aufbau in drei Schichten unterteilen:

- Die innere Schicht (*Tunica intima*) besteht aus einem Endothel mit einer Basalmembran.
- Die mittlere Schicht (*Tunica media*) besteht aus Muskelgewebe.
- Die dritte Schicht (*Tunica externa*) ist aus kollagenem Bindegewebe aufgebaut.

Bei Arterien sind jeweils elastische Bindegewebsschichten zwischengeschaltet.

Bei den Kapillaren handelt es sich um reich verzweigte hauchdünne Haargefäße, die den Gas- und Stoffaustausch gewährleisten. Sie bestehen nur aus der Tunica intima.

Blut-Hirn-Schranke

Die Blut-Hirn-Schranke verhindert den ungebremsten Übergang von schädlichen Substanzen, wie Nervengifte oder Schwermetalle, zwischen dem Blutkreislauf und dem Gehirn. Diese Substanzen könnten ansonsten das Gehirn bzw. das Nervengewebe schädigen.

Aufgebaut wird die Barriere durch die Endothelzellen der Blutgefäße. Diese Zellen sind i. d. R. nur relativ locker miteinander verbunden, damit sie ihre Transportfunktion erfüllen können. Im Gehirn sind sie dagegen so eng miteinander verknüpft (vergleichbar mit der Endodermis (vgl. S. 278) von Baumwurzeln), dass keine Stoffe zwischen ihnen hindurchpassen. Für Substanzen, die trotzdem vom Blut ins Gehirn gelangen sollen, gibt es besondere Transportmechanismen. So gelangt Glukose beispielsweise über spezifische Rezeptoren in der Endothelmembran aktiv durch die Schranke hindurch.

Das Herzkreislaufsystem

In Verbindung mit Abbildung 53 wird im folgenden Abschnitt der Weg des Blutes durch den menschlichen Körper erläutert:

❶ Ausgehend vom rechten Ventrikel (man bezeichnet die Herzhälften aus der Sicht der Person) gelangt das sauerstoffarme und kohlenstoffdioxidreiche Blut nach der Systole durch die Taschenklappen in Lungenarterien der rechten und linken Lungenhälfte ❷.
Über die Lungenkapillaren ❸, in denen die Sauerstoffaufnahme und Kohlenstoffdioxidabgabe erfolgen, gelangt das Blut in der Diastole I über die rechte und linke Vena pulmonalis in das linke Atrium ❹.
In dieser Erschlaffungsphase des Herzens dehnt sich der Hohlmuskel und es herrscht Unterdruck. Das Blut wird aus dem Venensystem angesaugt. In der Diastole I kontrahieren die Arterien und das Blut gelangt durch die sich aufgrund der Druckerhöhung öffnenden Segelklappen in die Ventrikel.
Aus dem linken Ventrikel ❺ gelangt das Blut wiederum durch Taschenklappen mit hohem Druck (120 mmHg) in das Arteriensystem ❻ des Körperkreislaufs. Dieses teilt sich in die in den Kopf und die Vorderextremitäten führenden Blutgefäße bzw. Kapillaren ❼ und in die, die den restlichen Körper ❽ versorgen.
In den jeweiligen Kapillarsystemen dieser Bereiche findet der Gasaustausch statt. Über die Vena cava anterior ❾ bzw. die Vena cava posterior ❿ gelangt das Blut wieder zum rechten Atrium.
Wenn das Herzkreislaufsystem die beschriebenen Phasen abgeschlossen hat, beginnt der Kreislauf von vorn.

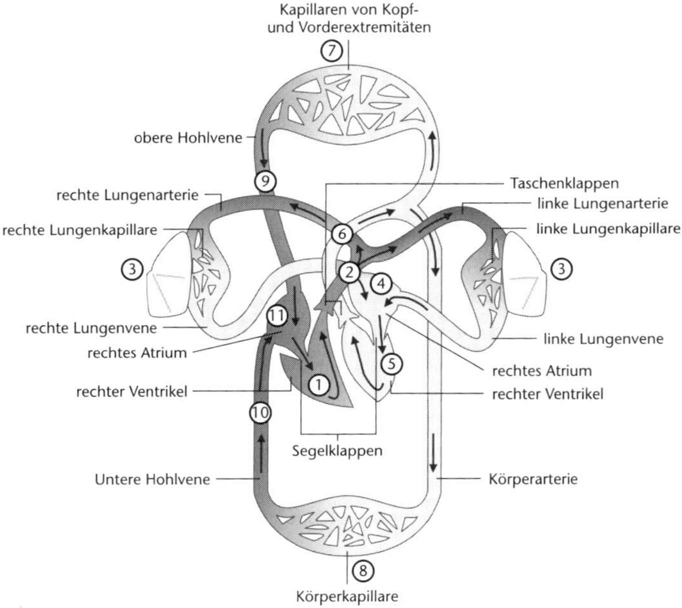

Abb. 53: Herzkreislaufsystem im Überblick

Neben dem Gasaustausch dient das Herzkreislaufsystem auch der Versorgung der Zellen mit Nährstoffen, wobei diese insbesondere aus dem größten Stoffwechselorgan des Organismus, der Leber, stammen. Diese sorgt u. a. für eine konstanten Blutzuckerspiegel durch Aufnahme bzw. Abgabe von Glukose aus dem Blut. Darüber hinaus übernimmt das Herzkreislaufsystem auch den Abtransport von Stoffwechselendprodukten. Die Reinigung des Blutes erfolgt in der Niere.

Das Lymphsystem

Als Lymphe bezeichnet man jene extrazelluläre Flüssigkeit, die sich durch den Austritt aus den feinen Verästelungen der Blutkapillaren ins Gewebe bildet.

Diese wird von den Lymphkapillaren ins Lymphgefäßsystem aufgenommen. Gewebszellen geben ihre Abfallstoffe in diese Flüssigkeit ab. Ferner werden auch Zelltrümmer und Krankheitserreger mithilfe der Lymphe abtransportiert. Die Abfallstoffe werden in den Lymphknoten herausgefiltert. Von hier gelangt die gereinigte Lymphe über den Lymphbrustgang in die Schlüsselbeinvene und damit zurück ins Blutkreislaufsystem.

5.3 Atmung: Atmungsorgane und Gasaustausch und -transport

Aufbau und Funktion der Atmungsorgane

Die Atmungsorgane dienen zum einen der Aufnahme von Sauerstoff aus der Atmosphäre und zum anderen der Abgabe von Kohlenstoffdioxid aus dem Organismus.

Der Übergang erfolgt in der Lunge, genauer in den Alveolen. Hier ist die Übertrittsfläche zwischen der Einatemluft und dem Blut sehr groß. Aufgrund der Konzentrationsunterschiede diffundiert der Sauerstoff seinem Konzentrationsgradienten folgend aus der Luft über die Epithelien der Alveolen und der Kapillaren ins Blut und wird vom Hämoglobin der Erythrozyten gebunden. Bei der Abgabe von Kohlenstoffdioxid läuft dieser Vorgang in genau entgegengesetzter Richtung ab. Hier ist die Konzentration von Kohlendioxid im Blut höher als in der Luft in den Lungen, sodass Kohlendioxid in die Luft übertritt.

Der Mensch bezieht seinen Sauerstoff fast ausschließlich über diese Form der Atmung. Im Gegensatz zu anderen Organismen spielt beim Menschen die Hautatmung eine nur sehr geringe Rolle. Ihr Anteil liegt bei ca. 1 % am Gasaustausch. Damit ist sie für die Sauerstoffversorgung nicht unbedingt notwendig. Bedeutender ist die Hautatmung bei kleineren Tieren, die über keine Atmungsorgane verfügen, wie zum Beispiel die so genannten Plathelminthes (Plattwürmer). Aber auch Frösche nehmen einen nicht zu unterschätzenden Anteil an Sauerstoff über die Haut auf.

Die unten stehende Tabelle zeigt zusammen mit Abbildung 54 (Atmungsorgane des Menschen) den Aufbau und die Funktionen der Atmungsorgane im Einzelnen auf.

Atmungsorgane	Funktion	Zellen/Strukturen
❶ Nasenhöhle	Erwärmung, Anfeuchtung, Filterung der Atemluft	dichtes Kapillarnetz Nasenschleimhaut Flimmerhärchen
❷ + ❸ Rachen	Verbindung zwischen Nase und Mund, durch den Kehldeckel gelangt keine Nahrung in die Luftröhre	
❹ Trachea (Luftröhre)	Luftzuführende Röhren, Entfernen von Fremdkörpern	Wand durch Knorpelspangen verstärkt Flimmerhärchen und Schleimdrüsen (Schleim sezernierend) sorgen dafür, dass Fremdkörper wieder herausbefördert werden
❺ Bronchien		
❻ Bronchiolen		
❼ Alveolen (Lungenbläschen)	Gasaustausch: Oxygenierung des Blutes (Anreicherung mit O_2) und Abgabe von CO_2)	Neben den oben erwähnten Zellen noch Granulozyten (Immunzellen) und Alveolarzellen für die bessere O_2-Aufnahme (dünnwandig)
❽ Zwerchfell	Atemmechanik	Muskelzellen

Tab. 6: Aufbau und Funktion der Atmungsorgane

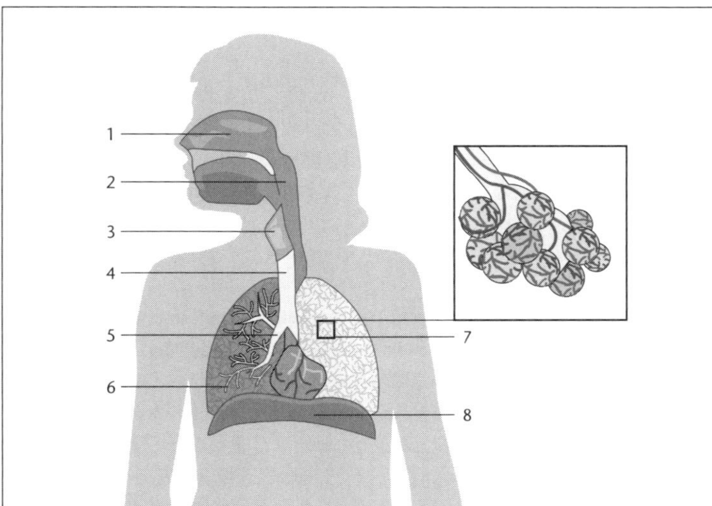

Abb. 54: Atmungsorgane des Menschen

Gastransport über Hämoglobin

Das Hämoglobinmolekül besteht aus vier Untereinheiten (zwei α- und zwei β-Ketten), die die Quartärstruktur (vgl. S. 32) des Moleküls bilden. Hämoglobin ist das Sauerstoff transportierende Protein der Erythrozyten.

Es bindet molekularen Sauerstoff über vier Hämgruppen, die im Zentrum je ein Eisenion tragen. Neben Sauerstoff (O_2) kann das Eisenatom (Fe) des Hämoglobins auch Kohlenmonoxid (CO) und Zyanidionen (CN–) komplex binden. Das O_2-Molekül besitzt freie Elektronenpaare, wodurch es als Ligand auftreten kann. Das CO-Molekül und das Zyanidion werden jeweils über das freie Elektronenpaar am C-Atom vom Fe-Atom des Hämoglobins gebunden.

In der Lunge nimmt das Eisenatom des Hämoglobins den Sauerstoff (O_2) auf (1) und transportiert ihn in die Körpergewebe, wo er wieder abgegeben wird (2), weil er für die Verbrennung (Oxidation) der aufgenommenen Nahrung benötigt wird. Hämoglobin, das Sauerstoff als Liganden komplex gebunden hat und eine hellrote Farbe aufweist, wird als Oxyhämoglobin bezeichnet.

(1) O_2 + Hämoglobin → Oxyhämoglobin

(2) Oxyhämoglobin → Hämoglobin + O_2

Das Kohlenmonoxid (CO) ist extrem giftig, weil das Hämoglobin mit dem Kohlenmonoxid zu einem stabileren Komplex reagiert, als ihn das Oxyhämoglobin darstellt. Da das CO-Molekül ein ausgezeichneter Ligand ist, kann es in einer Ligandenaustauschreaktion den Sauerstoff verdrängen (3).

(3) CO + Oxyhämoglobin → CO-Hämoglobin + O_2

Die Affinität des Hämoglobins zu CO ist etwa 200-mal größer als zu O_2. Mischt man Blut mit Luft, die 0,1 % Kohlenmonoxid enthält, so gehen etwa 50 % des Blutfarbstoffs in CO-Hämoglobin über. Bei einem CO-Gehalt von 0,3 % werden sogar 75 % des Blutes in CO-Hämoglobin umgewandelt. Wird bei dem zuletzt genannten Prozentsatz das CO-Hämoglobin nicht rasch in Oxyhämoglobin umgewandelt, so wird nach etwa zehn bis 15 Minuten der Tod beim Menschen eintreten. Bei CO-Vergiftungen kann das Oxyhämoglobin durch eine zeitnahe reine Sauerstoffzufuhr zurückgebildet werden.

Die Giftwirkung der Blausäure (HCN) und der Zyanide, wie z. B. Zyankali (KCN), beruht darauf, dass die Zyanidionen (CN^-) mit den Metallatomen der Enzyme des menschlichen Organismus eine Komplexbindung eingehen. Auf diese Weise werden die Enzyme, die als Biokatalysatoren wirken, in ihrer Funktion eingeschränkt.

5.4 Ausscheidungsorgane und Ausscheidung

Der menschliche Körper besitzt verschiedenste Organe, um seine Stoffwechselendprodukte zu eliminieren. So scheidet die Lunge das überschüssige Kohlenstoffdioxid aus, während die Haut Salze und Wasser abgibt. Von den Nieren werden Wasser, Salze und Harnstoff in Form des Harns ausgeschieden. Von besonderer Bedeutung ist bei der Ausscheidung die Entfernung des überschüssigen Stickstoffs aus dem Eiweißabbau, da dieser je nach Stoffwechselendprodukt giftig für den Organismus sein kann.

Bau und Funktion der menschlichen Niere

Wie die meisten anderen Organe kommt auch die Niere im menschlichen Körper paarweise vor. Die Nieren befinden sich zu beiden Seiten der Wirbelsäule auf der Höhe der Lendengruben. Sie wiegen jeweils ca. 120 bis 300 g. Sie dienen der Ausscheidung von Stoffwechselendprodukten, indem sie diese aus dem Blut filtern. In diesem Zusammenhang regulieren sie den Flüssigkeitshaushalt des Körpers. Des Weiteren sind sie wesentlich an der Aufrechterhaltung der Homöostase des Säure-Base-Haushalts beteiligt und kontrollieren die Konzentration von Salzen. Um ihre Funktion zu erfüllen, werden sie stark durchblutet. Das gesamte Blut fließt etwa 15-mal in der Stunde durch die Nieren hindurch.

Die kleinsten Funktionseinheiten des Ausscheidungsapparats sind die Nephrone. Nephrone sind Exkretionskanälchen, die in Sammelrohren münden. Diese führen wiederum ins Nierenbecken. Ein Nephron besteht aus vier Bestandteilen (vgl. Abb. 55): einer als BOW-Man-Kapsel bezeichneten bindegewebigen Tasche, in der sich ein Blutkapillarknäuel befindet (1). Diese mündet in einen ersten Kanal, dem proximalen Tubulus, in den das Primärfiltrat (s. u.) gelangt (2). Der proximale Tubulus geht in die so genannte Henle-Schleife über. Die Henle-Schleife ist ein Kanalsystem, das aus einem absteigenden und einem aufsteigenden Ast besteht (3). Den Abschluss bildet der distale Tubulus. Der distale Tubulus ist ein Kanal, der das Filtrat zu den Sammelkanälen transportiert (4).

Die drei Phasen der Harnbildung

1. Primärharnbildung durch Druckfiltration:

Aufgrund des Blutdrucks wird das Blutplasma durch die Kapillarwände des Blutkapillarknäuels (Glomerulus) und die Wand der Bowman-Kapsel gedrückt. Blutzellen und Proteine sind zu groß und bleiben daher in den Kapillaren. Das übrige Blutplasma wird in den proximalen Tubulus gepresst. Dieser Primärharn umfasst 170 l pro Tag. Im weiteren Verlauf wird das Blutplasma durch die Henle-Schleife und den distalen Tubulus bis zum Sammelrohr gedrückt und in Sekundär- oder Endharn umgewandelt.

2. Rückresorption von Glukose und Salzen:

In der Henle-Schleife werden für den Körper wichtige Substanzen, die klein genug sind, um durch die Membranen hindurchzugelangen, durch aktive Transportprozesse wieder ins Blut übernommen.

3. Rückresorption von Wasser:

Gerade für Landtiere ist Wasser fast immer ein Mangelfaktor, weshalb der Wasserverlust so gering wie möglich gehalten werden muss. Deshalb wird ein Großteil des Wassers aus dem 170 l pro Tag betragenden Primärharn osmotisch (vgl. S. 48) entlang der Henle-Schleife entfernt. Dies geschieht durch eine aktive Erhöhung der Konzentration der Teilchen außerhalb der Schleife. Dadurch strömt Wasser passiv seinem Konzentrationsgradienten folgend nach außen. Entsprechend verringert sich das Volumen des nun hoch konzentrierten Endharns auf ca. 1 l pro

Tag. Eng an die Rückresorption ist auch die hormonelle Steuerung des Säure-Base-Haushalts gebunden.

Über die beiden Harnleiter fließt der Endharn danach in die Harnblase, von wo er bei Bedarf über die Harnröhre ausgeschieden wird. Das von Schlacken und Zellgiften befreite Blut fließt über die Nierenvene und die untere Hohlvene zurück zum Herzen. Arbeiten die Nieren mangelhaft, so führt dies zu schweren Erkrankungen. Durch eine mehrmals wöchentlich stattfindende künstliche Reinigung des Blutes in der Dialyse oder durch eine Nierentransplantation können ernsthafte Schäden bei früher Erkennung des Problems verhindert werden.

Manche Tiere, wie z. B. Kamele, sind – anders als der Mensch, der nach spätestens drei Tagen ohne Flüssigkeitsaufnahme verdursten würde – in der Lage, ein bis zwei Wochen ohne zu trinken zu überleben. Dies ist eine Anpassung an die ariden Lebensbedingungen dieser Organismen, die entsprechend ökonomisch mit dem Wasser umgehen. Sie können mithilfe ihrer Nasenschleimhäute Wasser aus der ausgeatmeten Luft resorbieren. Zusätzlich beginnen sie erst bei einer Körpertemperatur von 40 °C zu transpirieren. Entsprechend wird der Wasserverlust eingeschränkt. Im Gegensatz zur weit verbreiteten Meinung speichern Kamele in ihren Höckern kein Wasser, sondern Fett, aus dem sie über Stoffwechselvorgänge Wasser gewinnen können.

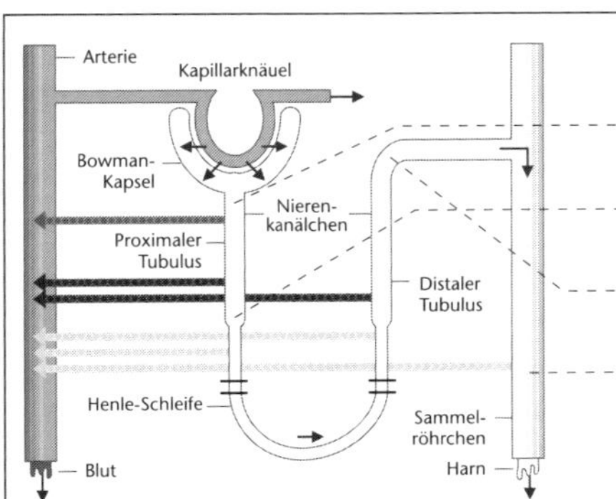

Glukose	Harnstoff	Kochsalz	Wasser
125g	35g	1500g	170l
0g	35g	5g	5l
0g	35g	100g	20l
0g	35g	5g	1l

Abb. 55: Aufbau der Niere und Harnbildung

5.5 Muskulatur und Bewegung

Die Fähigkeit, sich aktiv zu bewegen, ist eines der zentralen Merkmale aller lebendigen Organismen. Dazu ist Energie notwendig, die bei Tieren durch Muskelarbeit bereitgestellt wird. Bei Wirbeltieren wie dem Menschen arbeiten die Muskeln mit einem Skelett zusammen, mit dem die Muskeln über Sehnen verbunden sind (vgl. Abb. 56). Daher wird die motorische Muskulatur auch als Skelettmuskulatur bezeichnet.

Ein Muskel besteht aus Muskelfaserbündeln. Diese sind beim Menschen aus vergleichsweise langen, vielkernigen Muskelfaserzellen aufgebaut. Muskelfaserzellen sind wiederum mit zahlreichen parallel verlaufenden Myofibrillen ausgefüllt. Im Lichtmikroskop erkennt man eine Querstreifung, weshalb dieser Muskeltyp auch als quer gestreifte Skelettmuskulatur bezeichnet wird.

Die Kontraktion (Zusammenziehen) eines Muskels kommt durch aktive Verkürzung der Myofibrillen zustande. Bei Erschlaffung des Muskels erfolgt die passive Dehnung. Diese Fähigkeit zur aktiven Bewegung ist für Tiere eine notwendige Voraussetzung für das Suchen nach Nahrung, das Entkommen vor Gefahren/Feinden und das Finden des Fortpflanzungspartners. Die chemische Energie für die kinetische Fortbewegung erhalten die Tiere insbesondere aus der Veratmung energiereicher Kohlenhydrate und Fette.

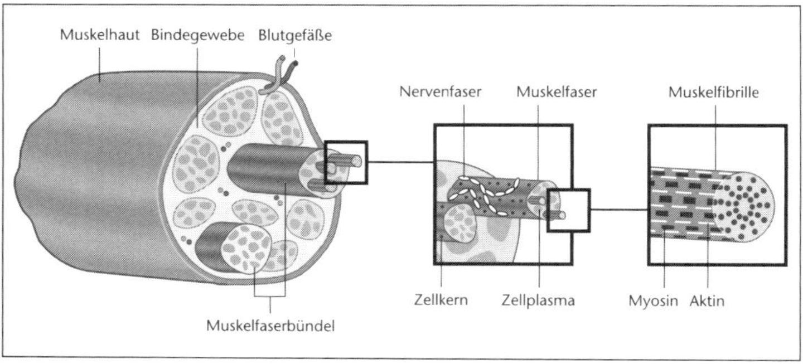

Abb. 56: Muskelaufbau

Die Muskelkontraktion auf zellulärer Ebene

Die kontraktilen Elemente der Muskelfaserzellen

Jede Muskelfaser vereint zahlreiche Muskelfibrillen (Myofibrillen), die eigentlichen kontraktilen Elemente. Das Streifenmuster, das man im Lichtmikroskop erkennen kann, ist hauptsächlich aus dünnen Aktin- und dickeren Myosinfilamenten mit Myosinköpfchen aufgebaut (vgl. Abb. 57). Den Bereich zwischen den beiden dickeren Z-Streifen bezeichnet man als Sarkomer. Aus dem Z-Streifen ragen jeweils Aktinfilamente nach innen, die noch durch so genannte Troponinketten umhüllt sind. Dazwischen liegen die Myosinfilamente mit zahlreichen Myosinköpfchen.

Zwischen den Myofibrillen liegen zwei Kanalsysteme: das Sarkoplasmatische Retikulum (SR) – eine Sonderform des Endoplasmatischen Retikulums (vgl. S. 43) – und das Transversale System (auch T-System oder T-Tubuli-System genannt), bei dem es sich um fingerförmige Einstülpungen der Muskelfasermembran handelt. Zwischen den Myofibrillen befinden sich zahlreiche Mitochondrien (vgl. S. 42), die zur Bereitstellung von Energie für die Kontraktionen benötigt werden.

Auslösen der Muskelkontraktion

Bei der Auslösung einer Muskelkontraktion kommt es zu Aktionen, die mit synaptischen Übertragungen vergleichbar sind. Eine ausführliche Darstellung und Erklärung finden sie in Kapitel 6 „Neurobiologie“ (Synapsen – Informationsweitergabe zwischen Nervenzellen, vgl S. 191). Eine Muskelkontraktion wird durch einen Impuls aus dem Nervensystem ausgelöst. Die Muskelfaserzelle ist dabei über eine so genannte motorische Endplatte mit der Nervenzelle verbunden. Kommt ein Nervenimpuls an der motorischen Endplatte an, so werden Botenstoffe, so genannte Neurotransmitter, von der Nervenzellendigung ausgeschüttet. Diese docken an spezifische Membranproteine der Muskelfaser an und bewirken die Öffnung spezifischer Ionenkanäle. Durch diese strömen Ionen in die Nervenzelle ein und führen zur Ausschüttung von im SR gespeicherten Ca^{++}-Ionen. Dieser Vorgang löst, wie im nächsten Abschnitt dargestellt wird, die Muskelkontraktion aus.

Ablauf der Muskelkontraktion

Im unkontrahierten Zustand kann im Normalfall keine Interaktion zwischen Aktin- und Myosinfilamenten stattfinden, weil die Bindungsstellen für die Myosinköpfchen auf dem Aktinfilament blockiert sind. Die Blockierung erfolgt aufgrund der Wirkung des regulatorischen Proteins Tropomyosin, das die Anlagerung des Myosinköpfchens an das Aktinfilament verhindert.

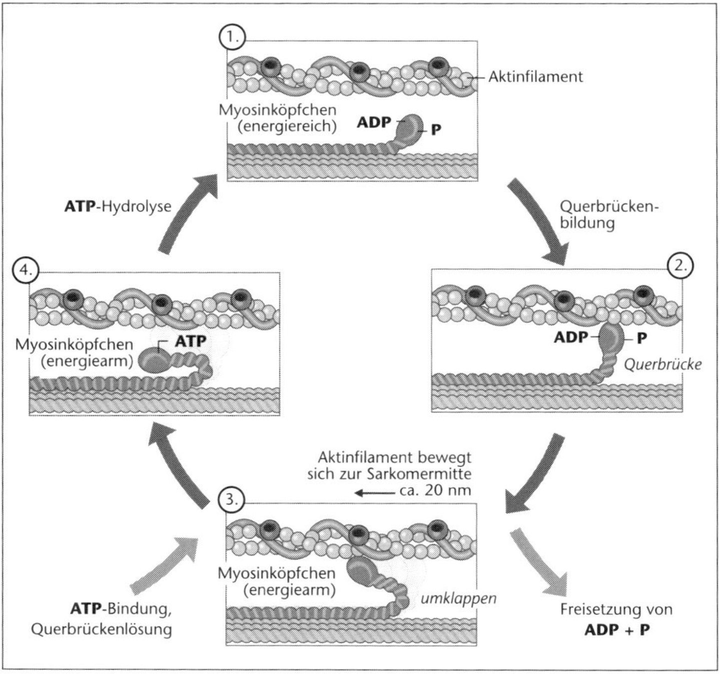

Abb. 57: Muskelkontraktion

❶ Bei einer Kontraktion befindet sich das Myosinköpfchen nach der Spaltung von ATP in ADP und Pi in seiner energiereichen Konformation. ❷ Das bei einer Erregung durch das Sarkoplasmatische Retikulum freigesetzte Ca^{2+} bewirkt eine Konformationsänderung, sodass die Aktin-Myosin-Blockade aufgehoben wird.

Dadurch kommt es zur Querbrückenbildung zwischen den Aktinfilamenten und den Myosinköpfchen (Aktin-Myosin-Komplex). Das ADP und Pi werden dabei freigesetzt. ❸ Aufgrund der Wechselwirkung zwischen dem Aktin- und Myosinfilament kommt es zum Umklappen des Myosinköpfchens (so genannter Ruderschlag), wodurch die Aktinfilamente zur Mitte des Sarkomers verschoben werden. Dadurch werden die beiden Z-Streifen des Sarkomers zueinander gezogen. Die Gesamtheit aller Sarkomer-Verkürzungen ergeben dann die Kontraktion einer Muskelfaser. ❹ Im nächsten Schritt lagert sich ATP an die ATPase des Myosins und bewirkt die Ablösung des Myosinköpfchens vom Aktinfilament (Weichmacherwirkung des ATP). Anschließend wird das ATP gespalten (Hydrolyse), wobei das Myosinköpfchen wieder in seine energiereiche Stellung abkippt ❶. Nach der Muskelkontraktion werden die Ca^{2+}-Ionen aktiv aus dem Zytoplasma herausgepumpt.

Muskelkater und Superkompensation

Bei anhaltender hoher Belastung, die den Körper aus dem Zustand der Homöostase wirft, kommt es zu Muskelkater. Lange glaubte man, er entstehe durch die vermehrte Milchsäurebildung (vgl. S. 90) bei der Beanspruchung des Muskels. Heute weiß man, dass der Muskelkater auf kleine Risse im Proteinskelett und in der Zellstruktur der Muskulatur zurückzuführen ist. In diese Risse dringt Wasser ein. Dadurch schwillt die Muskelfaser an. Der resultierende Dehnungsschmerz wird als Muskelkater wahrgenommen. Vor dem nächsten Training sollte dementsprechend eine Phase (in der Regel ca. 48 bis 60 Stunden, je nach Trainingszustand) der Regeneration eingehalten werden. Nach dieser Zeit ist der Körper bzw. der Muskel sogar in einer höheren Leistungsfähigkeit, in der so genannten Superkompensation. Nach einer gängigen Theorie geht man davon aus, dass durch die vorhergehende Belastung dem Körper signalisiert wurde, dass die ausgebildeten Strukturen nicht ausreichend sind und daher Adaptionsprozesse stattgefunden haben.

VI. Neurobiologie – Informationsaufnahme, -weitergabe und -verarbeitung

Das Nervensystem steuert die Lebensvorgänge eines Organismus und ist sein Vermittler zur Umwelt, da es Reize aufnehmen, auswerten und zum Teil auch speichern kann. Aber nicht nur die Aufnahme und Verarbeitung von Reizen ist mithilfe des Nervensystems möglich, sondern auch eine so genannte Reizantwort in Form einer Reaktion nach außen, d. h. eines bestimmten Verhaltens.

Die Reizaufnahme erfolgt über Sinnesorgane bzw. -zellen. Für ihre Weiterleitung zur übergeordneten Schaltzentrale sind Nervenzellen verantwortlich, die einen elektrischen Impuls leiten. Das Gehirn verarbeitet die Informationen. Dies kann dann eine Muskelkontraktion zur Folge haben, die ebenfalls durch Spannungsänderungen ausgelöst wird.

6.1 Grundlagen der Neurobiologie

Bau einer typischen Nervenzelle

Die funktionelle und strukturelle Einheit des Nervensystems ist die Nervenzelle bzw. das Neuron (vgl. Abb. 58). Der menschliche Körper besitzt rund 100 Milliarden Nervenzellen. Eine Nervenzelle besteht aus einem Zellkörper (Perikaryon) und hat entweder einen Ausläufer (unipolare Nervenzelle), zwei Ausläufer (bipolare Nervenzelle) oder auch mehrere Ausläufer (multipolare Nervenzelle).

Die der Erregungsleitung dienenden Fortsätze der Nervenzelle sind nicht gleichwertig, sondern man unterscheidet zwischen zuleitenden (afferenten) und ableitenden (efferenten) Ausläufern. Multipolare Zellen haben mehrere afferente Ausläufer, die sich verästeln und als Dendriten bezeichnet werden. Der efferente Ausläufer – Neurit oder Axon genannt – kann bis zu einem Meter lang werden (z. B. der Ischiasnerv), wobei seine Dicke relativ einheitlich ist, weil er sich nicht oder nur selten verzweigt.

Axone dienen der Erregungsübertragung auf andere Zellen und sind oft von speziellen Strukturen – den Schwann'schen Zellen – umgeben. Deren Zellmembranen bilden eine protein- und lipidreiche Hülle um das Axon, die Schwann'sche Scheide, Markscheide oder Myelinscheide genannt wird und der Isolierung sowie der Ernährung des Axons dient. Dort, wo zwei Schwann'sche Zellen zusammentreffen, liegt die Membran des Axons frei. Die an diesen Stellen unter dem Lichtmikroskop sichtbaren Einschnürungen der Myelinscheide werden Ranvier'sche Schnürringe genannt. Das Axon ist an dieser Stelle verdickt. Man spricht vom Ranvier'schen Knoten. Schnürringe und Knoten spielen bei der saltatorischen Erregungsleitung eine wichtige Rolle (vgl. S. 189).

Axone mit Myelinscheide nennt man markhaltige Fasern, solche ohne Myelinscheide marklose Fasern. Markhaltige Axone können eine Erregung sehr viel schneller weiterleiten als marklose (vgl. S. 190).

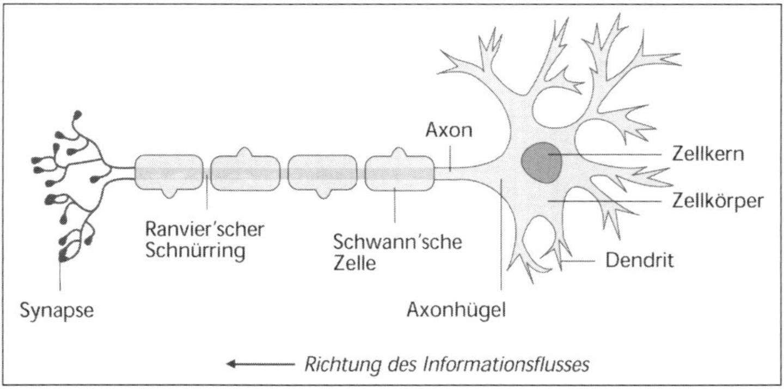

Abb. 58: Bau einer typischen Nervenzelle

Ruhepotenzial – Membranpotenzial einer unerregten Nervenzelle

Ungereizte Nervenzellen weisen zwischen der Innenseite der Zellmembran und der Zelloberfläche eine elektrische Potenzialdifferenz von etwa –70 bis –90 Millivolt (mV) auf. Da die negative Spannung innen liegt, werden hier negative

Werte angegeben; die genaue Potenzialdifferenz ist von Organismus zu Organismus verschieden. Verantwortlich für das Ruhepotenzial (RP) sind membranlokalisierte Ionenkanäle und Ionenpumpen, die für eine Ungleichverteilung von Kalium- (K^+), Natrium- (Na^+) und Chloridionen (Cl^-) sorgen. Außerdem beeinflussen große Proteinanionen (A^-) im Zellinneren das Ruhepotenzial, weil sie die Zellmembran nicht passieren können. Die Membran der Nervenzellen wird daher als selektiv-permeabel bezeichnet. Im Ruhezustand ist die Konzentration an Kaliumionen und Proteinanionen innerhalb des Neurons hoch, während außen mehr Natrium- und Chloridionen vorhanden sind (vgl. Abb. 59).

Im ungereizten Zustand ist die Membran für Kaliumionen gut durchlässig, da spezifische K^+-Kanäle geöffnet sind (erleichterte Diffusion, vgl. S. 48). Daher diffundieren K^+-Ionen aufgrund ihres Konzentrationsunterschieds (innen hoch, außen niedrig) nach außen. Da sie jedoch von der negativen Ladung im Inneren angezogen werden, endet diese Nettodiffusion, sobald das elektrische Potenzial an der Zellmembran ebenso groß ist wie ihr chemisches Diffusionspotenzial. Jetzt verlassen nur noch genauso viele K^+-Ionen die Zelle, wie wieder in sie zurückströmen. Bei einem Potenzial von –70 bis –90 mV (innen) ist ein Gleichgewicht vorhanden (Ruhepotenzial).

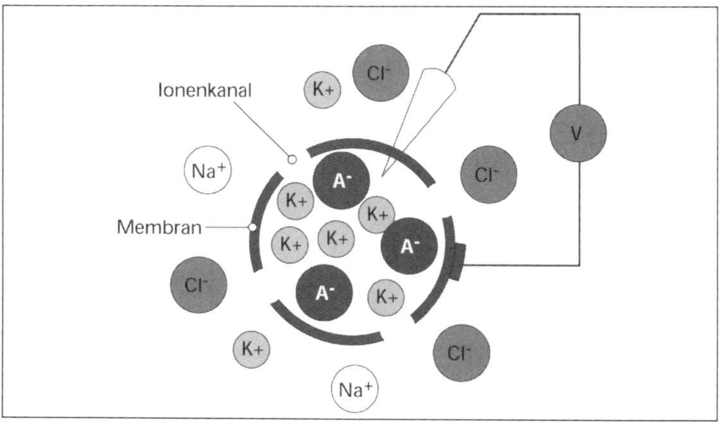

Abb. 59: Ionenverteilung um die Nervenzellmembran

Das Membranpotenzial kann man mit sehr feinen Glaselektroden messen, wobei eine Elektrode in das ruhende Axon eingestochen und die andere außen aufgesetzt wird. Eine anschließende Erregung ist dann als Spannungsänderung an einem Voltmeter ablesbar (vgl. Abb. 60).

Aktionspotenzial – das Membranpotenzial bei Erregung

Als Aktionspotenzial bezeichnet man eine kurzzeitige und schnell erfolgende Veränderung des Membranpotenzials nach der Erregung einer Nervenzelle.

Diese wird durch rasch erfolgende Permeabilitätsänderungen der Membran für Ionen erzeugt, die im Folgenden erläutert werden.
Für Na^+-Ionen, deren Konzentration im Außenmedium ungefähr zehnmal höher ist als im Zellinnern, sind die Membranporen normalerweise nicht durchlässig. Wird die Nervenzelle durch einen externen elektrischen Reiz erregt, verändern spannungsgesteuerte Na^+-Kanäle ihre Konformation, sodass sie etwa 2 ms lang für Na^+-Ionen durchlässig werden. Die Na^+-Ionen strömen aufgrund des Konzentrationsgradienten und der negativen Ladung in der Nervenzelle nach innen. Durch den positiven Ladungseinstrom kehrt sich das Membranpotenzial vorübergehend um, d. h., das Zellinnere wird gegenüber dem Außenmedium kurzzeitig positiv. Diese Ladungsumkehr bezeichnet man als Depolarisation, dabei wird ein Spitzenwert von ca. +30 mV erreicht.

Dieser Zustand ist nur von kurzer Dauer. Mit einer Verzögerung von knapp 1 ms verändern bisher geschlossene, spannungsgesteuerte K^+-Kanäle aufgrund der Depolarisation ihre Konformation. Sie werden für K^+-Ionen durchlässig. Parallel beginnen sich die Na^+-Kanäle wieder zu schließen.

Die Konzentrationsunterschiede der K^+-Ionen und die Ladungsumkehr bewirken einen Ausstrom von K^+-Ionen aus der Nervenzelle. Sie kompensieren den Na^+-Einstrom und das Membranpotenzial wird wieder negativ (Repolarisation). Diese Ladungsänderung übertrifft vorübergehend die Werte des Ruhepotenzials – die Zelle wird hyperpolarisiert (Hyperpolarisation, vgl. Abb. 60) und bewirkt die Schließung der spannungsgesteuerten K^+-Kanäle.

Durch die vorangegangenen Prozesse haben sich die Ionenkonzentrationen beiderseits der Membran nur leicht verändert. Damit die Nervenzelle ihre Funktion weiterhin ausüben kann, muss das Ruhepotenzial wiederhergestellt werden. Dafür sorgt ein ATP-verbrauchender, aktiver Transportmechanismus in der Membran, die Na^+-K^+-Pumpe (Natrium-Kalium-Pumpe, vgl. S. 40). Diese Ionenpumpe transportiert beständig K^+-Ionen gegen das Konzentrationsgefälle nach innen und Na^+-Ionen nach außen. Die Phase bis zur Wiederherstellung des ursprünglichen Ionengleichgewichts heißt Refraktärzeit (vgl. Abb. 60). Während dieser Zeitspanne ist der entsprechende Membranbereich nicht erregbar, d. h., die Na^+-Kanäle sprechen nicht auf einen neuen Reiz an.

Der gesamte Vorgang vom Zeitpunkt der Erregung über Depolarisation, Repolarisation und Hyperpolarisation bis zur Wiederherstellung des Ruhepotenzials dauert ca. 3 ms.

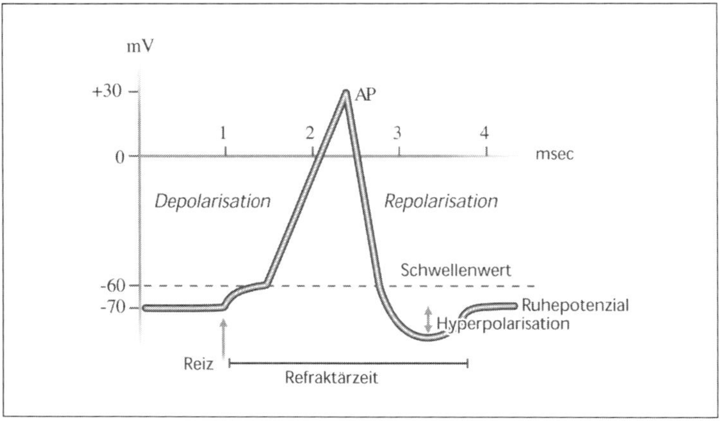

Abb. 60: Ablauf eines Aktionspotenzials

Alles-oder-nichts-Reaktion

Ein elektrischer Reiz muss eine gewisse Intensität besitzen, um ein Aktionspotenzial auslösen zu können. Erreicht er diesen so genannten Schwellenwert (vgl. Abb. 60), der bei ca. –60 mV liegt, öffnen sich die spannungsgesteuerten Na^+-Kanäle und das Aktionspotenzial wird auf jeden Fall in seiner vollen Höhe erreicht. Unterschwellige Reize erzeugen hingegen gar kein Aktionspotenzial. Es handelt sich also um eine Alles-oder-nichts-Reaktion.

Kodierung von Reizen – Frequenzkodierung

Reize, die unsere Sinnesorgane wahrnehmen, können unterschiedlichster Natur sein, beispielsweise Lichtwellen, Töne usw. Die Informationsweiterleitung erfolgt jedoch immer gleich: in Form von elektrischen Strömen. Wie werden nun aber verschiedene Reizintensitäten, wie z. B. unterschiedliche Lautstärken, wahrgenommen?

Eine Verschlüsselung in Form unterschiedlich hoher Amplituden scheidet aus, da das Membranpotenzial immer gleich stark depolarisiert wird. Die Kodierung findet durch die Anzahl der Aktionspotenziale statt, die innerhalb einer bestimmten Zeit ausgelöst werden. Je stärker ein Reiz ist, desto schneller folgen die Aktionspotenziale aufeinander. Das Ausmaß der Erregung hängt also von der Frequenz der Aktionspotenziale ab und nicht von ihrer Amplitude.

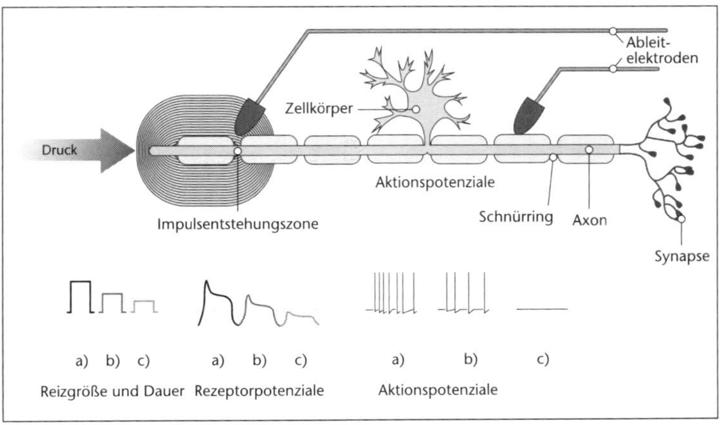

Abb. 61: Frequenzkodierung der Reizgröße und -dauer

Die Abbildung 61 erklärt, wie verschiedene Reizintensitäten, hier die Kombination aus Reizgröße und Reizdauer, auf eine Sinneszelle wirken. Ist der Reiz wie bei a) relativ stark und lange, so findet eine intensive Depolarisation der Sinneszelle statt und es werden relativ viele Aktionspotenziale im Axon ausgelöst. Bei b) findet das Gleiche statt, nur ist der Reiz weniger intensiv und kürzer, dementsprechend werden weniger Aktionspotenziale pro Zeiteinheit ausgelöst. Bei c) ist die Reizstärke nicht ausreichend, um das Schwellenpotenzial am Axonhügel zu überschreiten, weshalb kein Aktionspotenzial im Axon ausgelöst wird. Die Abbildung veranschaulicht, dass die Reizintensität in der Aktionspotenzial-Frequenz kodiert wird.

6.2 Informationsweitergabe

Unsere Sinnesorgane nehmen Außenreize wahr und übertragen sie über Aktionspotenziale zur Schaltzentrale – unserem Gehirn. Die Informationsweitergabe erfolgt über elektrische Nervenimpulse.

Informationsweitergabe in Axonen

Die Informationsweitergabe in unserem Körper erfolgt über elektrische Erregungen, die sich entlang der Nervenzellen fortpflanzen.

Dazu bewirken an den Dendriten ankommende Potenzialänderungen die Bildung eines Aktionspotenzials am Axonhügel (vgl. Abb. 58), wenn hier der Schwellenwert überschritten wird. Die Erregung pflanzt sich dann – wie der Funke an einer Zündschnur – entlang dem Axon fort. Dies geschieht, da die am Axonhügel im Verlauf des Aktionspotenzials einströmenden Na^+-Ionen teilweise entlang der Innenseite des Axons diffundieren und hier das Membranpotenzial herabsetzen.

Wird dadurch diese Nachbarstelle unter den Schwellenwert depolarisiert, öffnen sich dort die Na^+-Kanäle und es entsteht auch hier ein Aktionspotenzial. Aktionspotenziale besitzen also die Eigenschaft, sich fortzupflanzen (kontinuierliche Fortleitung). Die Wiederherstellung des Ruhepotenzials erfordert dabei jedes Mal aufs Neue Energie.

Nach einem Aktionspotenzial muss an der Membran zunächst einmal wieder der Zustand eines Ruhepotenzials erreicht werden, bevor an gleicher Stelle ein neues Aktionspotenzial entstehen kann. Diese so genannte Refraktärzeit (vgl. Abb. 60) garantiert, dass die Erregungsleitung nur in einer Richtung abläuft.

Die Geschwindigkeit der Erregungsleitung (vgl. Tab. 7) kann unterschiedlich sein, weil sie von der Temperatur und vom Querschnitt der Nervenfaser abhängt. Je größer der Querschnitt einer Nervenfaser, desto kleiner ist ihr elektrischer Innenwiderstand und desto schneller ist die Erregungsleitung.

Erregungsleitung in Axonen ohne Myelinscheide – Riesenfasern

Um die Leitungsgeschwindigkeit im Nervensystem zu erhöhen, haben einige Tiergruppen so genannte Riesenfasern entwickelt. Diese können einen Durchmesser von bis zu 1 mm erreichen und Informationen mit einer Geschwindigkeit von bis zu 30 m/s weiterleiten. Zu finden sind solche Riesenfasern bei vielen Insekten, aber etwa auch beim Regenwurm oder bei Tintenfischen.

Erregungsleitungsgeschwindigkeiten in Metern pro Sekunde (= m/s)	
Ohrenqualle	bis 0,5 m/s
Schabe (Riesenfaser)	bis 3,5 m/s
Tintenfisch (Riesenfaser)	bis 7 m/s
Regenwurm (Riesenfaser)	bis 30 m/s
Karpfen	bis 45 m/s
Katze	bis 100 m/s
Mensch	bis 120 m/s

Tab. 7: Geschwindigkeiten der Erregungsleitung bei verschiedenen Tieren

Erregungsleitung in Axonen mit Myelinscheide

Axone mit Myelinscheide gibt es nur bei Wirbeltieren. Hier sind die Ranvier'schen Schnürringe genau so weit voneinander entfernt (vgl. Abb. 58), dass die Feldänderung durch das Aktionspotenzial an einem benachbarten Schnürring exakt ausreicht, um den Schwellenwert für die Auslösung eines Aktionspotenzials zu überschreiten. Auf diese Weise pflanzt sich die Erregung von Schnürring zu Schnürring mit sehr hoher Geschwindigkeit fort, weil das zeitaufwändige

Entladen der Axonmembran nur an den Schnürringen stattfindet (saltatorische Erregungsleitung). Solche Nerven haben also einen „wirtschaftlicheren“ Energiehaushalt und eine sehr hohe Leitungsgeschwindigkeit (bis 120 m/s), die selbst mit Riesenfasern nicht annähernd erreichbar ist.

Synapsen – Informationsweitergabe zwischen Nervenzellen

Zwei Nervenzellen sind über Synapsen miteinander verbunden.

Im einfachsten Fall befindet sich dazu zwischen den Endverzweigungen des Axons der ersten Nervenzelle und dem Dendriten der zweiten Nervenzelle ein Ionenkanal. Durch diesen diffundieren die Ionen hindurch und führen zu einer Erregung in der zweiten Nervenzelle. Eine solche Verbindung zwischen zwei Nervenzellen bezeichnet man als elektrische Synapse.

Über sie wird die Information schnell und ungefiltert weitergeleitet. Elektrische Synapsen scheinen insbesondere bei der Wahrnehmung und Speicherung von Gedächtnisinhalten eine Rolle zu spielen. Eine etwas komplexere Erregungsübertragung findet über chemische Synapsen statt.

Chemische Synapse

Bei der chemischen Synapse bildet das Axon an seinen Endverzweigungen zahlreiche knöpfchenartige Strukturen aus. Diese Endknöpfchen können sich an den Zellkörper oder an die Dendriten einer anderen Nervenzelle oder auch an eine Muskelfaser anlagern.

Synapsen zwischen Nervenzellen und Muskelfasern (neuromuskuläre Synapsen) nennt man wegen ihrer plattenförmigen Verbreiterung auch motorische Endplatten.

Zwischen der präsynaptischen Membran der Endknöpfchen und der postsynaptischen Membran der Dendriten liegt ein etwa 20 nm breiter Spalt (vgl. Abb. 62). Dieser synaptische Spalt verhindert, dass ein Aktionspotenzial von einer erregten

Zelle direkt auf eine in Ruhe befindliche Zelle überspringen kann. Für die Erregungsweiterleitung sorgen chemische Überträgerstoffe (Neurotransmitter), d. h., es findet eine Umwandlung des elektrischen Signals in ein chemisches statt.

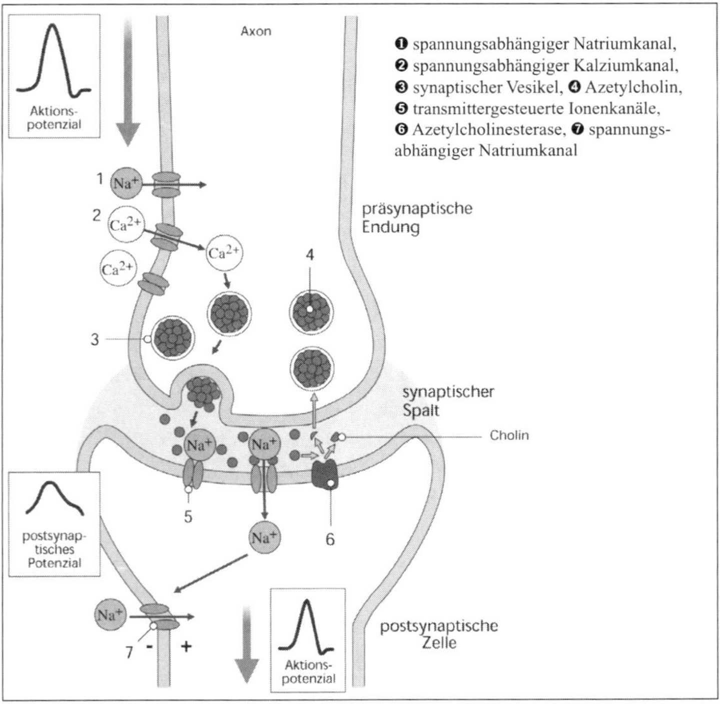

Abb. 62: aktive chemische Synapse

Kommt ein Aktionspotenzial über das Axon an der Präsynapse an, öffnen sich kurzfristig membranständige, spannungsgesteuerte Kalziumkanäle, sodass Ca^{2+}-Ionen ins Zellinnere strömen können. Dieser vorübergehende Anstieg der Ca^{2+}-Konzentration bewirkt, dass mit Neurotransmitter gefüllte Membranbläschen (Vesikel) mit der präsynaptischen Membran verschmelzen und ihren Inhalt in den synaptischen Spalt entleeren (Exozytose, vgl. S. 52). Der Transmitter diffundiert über den Spalt und bindet sich an der postsynaptischen Membran an spezifische transmittergesteuerte (auch ligandengesteuerte genannte) Rezeptoren. Diese Rezeptoren sind mit Ionenkanälen gekoppelt.

Im einfachsten Fall bewirkt das Andocken des Transmitters die Öffnung von Na^+-Kanälen. Na^+ strömt durch die postsynaptische Membran und depolarisiert diese. Erreicht die Depolarisation den Schwellenwert, so wird ein Aktionspotenzial ausgelöst und damit die Erregung weitergeleitet. Um eine Dauerreizung zu verhindern, bauen Enzyme (beispielsweise Azetylcholinesterase) anschließend den Transmitter (beispielsweise Azetylcholin) ab. In diesem Fall hat keine Verarbeitung der Information stattgefunden; das Signal wurde 1 : 1 weitergegeben.

Informationsverarbeitung auf der Ebene der Synapsen

Ohne die Synapsen wäre eine geordnete Informationsübertragung und -verarbeitung nicht möglich. Im menschlichen Gehirn hat jede Nervenzelle im Durchschnitt 100 synaptische Kontakte zu anderen Nervenzellen. Im Gegensatz zu den elektrischen Synapsen sind auf der Ebene der chemischen Synapsen verschiedene Variationen und Kombinationen der Signale möglich.

Durch ein einlaufendes Aktionspotenzial können nicht nur erregende Transmitter wie Azetylcholin ausgeschüttet werden, die Na^+-Kanäle öffnen. Es gibt auch hemmende Transmitter, wie etwa Gamma-Aminobuttersäure, die Ionenkanäle in der postsynaptischen Membran schließen. Ein erregender Transmitter führt zur Depolarisation der postsynaptischen Membran, wodurch auf der postsynaptischen Seite ein so genanntes Exzitatorisches Postsynaptisches Potenzial (EPSP) entsteht. Ein hemmender Transmitter führt zur Hyperpolarisation (vgl. Abb. 60) der postsynaptischen Membran und erzeugt dadurch ein Inhibitorisches Postsynaptisches Potenzial (IPSP).

Die Abbildung 63 zeigt zwei erregende und eine hemmende Synapse, deren Impulse auf der postsynaptischen Seite verrechnet werden und eine neue Information ergeben. Die obere Synapse übermittelt drei Exzitatorische (erregende) Postsynaptische Potenziale (EPSP) auf den Axonhügel der Postsynapse. Die mittlere Synapse liefert dementsprechend zwei erregende Impulse, die jeweils in die Zwischenräume der oberen fallen.

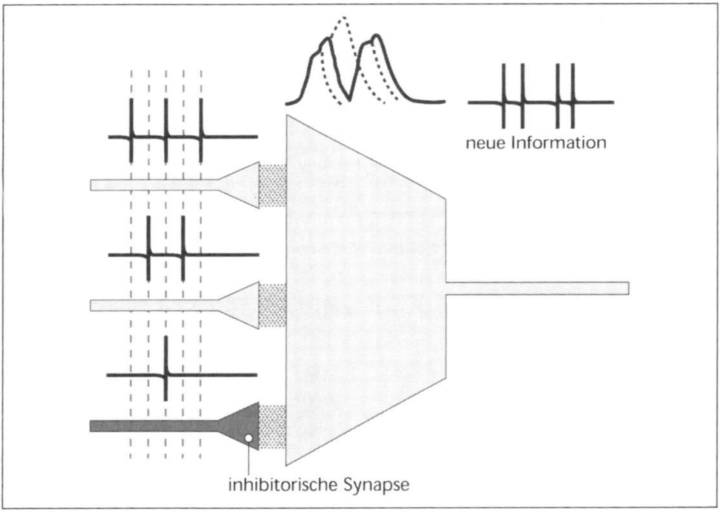

Abb. 63: synaptische Verrechnung von Aktionspotenzialen

Genau in der Mitte der erregenden Potenziale feuert eine hemmende Synapse. Das sich ergebende Inhibitorische (hemmende) Postsynaptische Potenzial (IPSP) führt dazu, dass das mittlere Aktionspotenzial ausgelöscht wird. Die Addition der einlaufenden Signale ergibt, dass die Information von der präsynaptischen auf die postsynaptische Seite hin verändert wurde. Die Information wurde verarbeitet. In der Realität wirken auf ein Neuron tausende von Synapsen bzw. EPSP und IPSP.

Das IPSP bedeutet, dass es aufgrund der Wirkung der hemmenden Synapse zu einer Hyperpolarisation der Membran kommt. Dies ergibt sich beispielsweise durch das Einfließen von negativer Ladung in oder das Herausströmen positiver Ladung aus der Postsynapse. Dies passiert, wenn der Neurotransmitter der hemmenden Synapse Cl^-- oder K^+-Kanäle öffnet.

Summation

Während Aktionspotenziale immer die gleiche Höhe aufweisen (Alles-oder-nichts-Prinzip, vgl. S. 187) wird ein EPSP oder IPSP bei der Weiterleitung vom Entstehungsort (z. B. einem Dendriten) zum Zellkörper abgeschwächt. Man spricht in diesem Fall von einer Weiterleitung mit Dekrement (lat. decrementum = Abnahme). Ob am Axonhügel ein Aktionspotenzial ausgelöst wird, hängt dann davon ab, in welcher Stärke und Abfolge die postsynaptischen Potenziale über die Dendriten der Nervenzelle eintreffen. In der Regel müssen mehrere EPSP gleichzeitig am Axonhügel ankommen, damit sie zusammen das Schwellenpotenzial erreichen und ein Aktionspotenzial auslösen. Da jede Nervenzelle mit sehr vielen Synapsen in Verbindung steht (bis zu 10.000 Stück), entscheidet das Zusammenspiel von EPSP und IPSP darüber, ob die Nervenzelle depolarisiert oder hyperpolarisiert wird.

Diese Verrechnung der verschiedenen Potenziale, die über die Dendriten zum Axonhügel zusammenlaufen, bezeichnet man als Summation (vgl. Abb. 63).

Nervengifte

Es gibt eine Reihe von Giften, die einen verheerenden Einfluss auf die Funktion des Nervensystems haben können. Eines der bekanntesten Beispiele ist das Curare, das von südamerikanischen Indianern als Pfeilgift verwendet wurde. Es blockiert die Azetylcholin-Rezeptoren der motorischen Endplatten und verhindert so den normalen Effekt des Transmitters. Dadurch werden keine Aktionspotenziale mehr weitergeleitet und es kommt zum Tod durch Atemlähmung.

Ein anderes Nervengift produziert die Schwarze Witwe, eine in Amerika heimische Spinne. Das Gift dieser Spinne bewirkt eine schlagartige Entleerung der synaptischen Vesikel an den motorischen Endplatten, verbunden mit einer Kontraktion der Muskeln. Der Tod tritt auch in diesem Fall durch Atemlähmung ein. Kokain wirkt dagegen, indem es den Stoffwechsel der Neurotransmitter stört. Es verzögert die Wiederaufnahme von Neurotransmittern. Dadurch wird die Wirkung dieser Botenstoffe verstärkt.

6.3 Informationsaufnahme und -verarbeitung

Vor der Informationsweitergabe über Axone steht die Reizung einer Sinneszelle. Diese Reize werden an das Zentrale Nervensystem (ZNS) weitergeleitet und lösen eine entsprechende Reaktion aus.

Der Kniesehnenreflex

Unter dem Kniesehnenreflex, eigentlich Quadrizepssehnen- oder Patellarsehnenreflex (vgl. Abb. 64), versteht man die unwillkürliche Streckung des Kniegelenks.

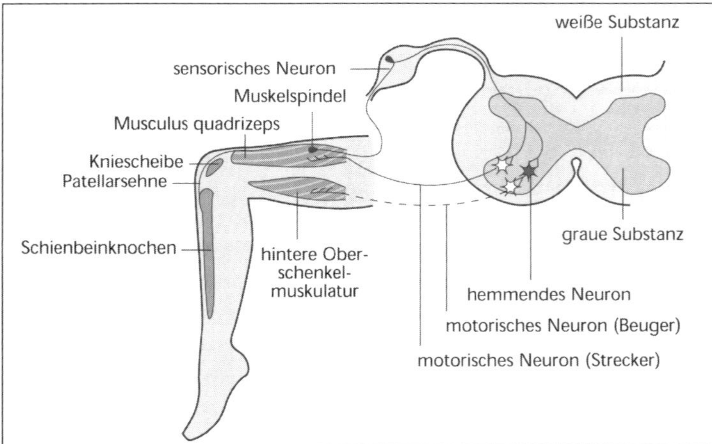

Abb. 64: Ablauf des Patellarsehnenreflexes

Ein Schlag auf die Kniesehne bewirkt ihre Dehnung, die sich auf die vordere Oberschenkelmuskulatur (Musculus quadrizeps) überträgt. Hier befinden sich Muskelspindeln-Sinneszellen, welche die Länge der Muskelfasern (vgl. S. 179) messen. Diese registrieren den drohenden Verlust der Überlappung der kontraktilen Elemente durch die Dehnung und dienen damit der Informationsaufnahme.

Der adäquate Reiz der Muskelspindel ist also die Dehnung des Muskels. Sie depolarisiert und sendet bei ausreichender Reizung Aktionspotenziale über sensible Nervenfasern in Richtung Rückenmark (vgl. S. 204). Hier werden an chemischen Synapsen Exzitatorische Postsynaptische Potenziale auf motorische Nervenfasern übertragen, die den Musculus quadrizeps innervieren. Reicht die Summation der Potenziale aus, um Aktionspotenziale auszulösen, so kontrahiert der Muskel. Die kontraktilen Elemente gleiten ineinander und verhindern die Überdehnung des Muskels (vgl. S. 180). Parallel erfolgt im Rückenmark die Übertragung von Inhibitorischen Postsynaptischen Potenzialen auf motorische Nervenfasern, die die hintere Oberschenkelmuskulatur innervieren. Ihre Kontraktion würde verhindern, dass sich das Kniegelenk streckt.

Sinne des Menschen

Der Mensch verfügt über eine Vielzahl von Sinnen, die in der folgenden Tabelle zusammengefasst sind. Die Sinne sorgen dafür, dass externe Reize wahrgenommen und als Nervensignale an die übergeordnete Schaltzentrale Gehirn weitergeleitet werden. Die Reizwahrnehmung erfolgt über auf den jeweiligen Reiz spezialisierte Sinneszellen (vgl. Tab. 8).

Sinne	**Sehen**	**Tasten**	**Bewegung**	**Hören**	**Schmecken**	**Riechen**
Sinnesorgan	Auge	Haut	Innenohr	Ohr	Zunge	Nase
Reizart	physikalisch			chemisch		
	elektromagnetisch	mechanisch	mechanisch	akustisch	flüssig	gasförmig
Reiz	Licht	Druck	Gravitation Beschleunigung	Schall	Geschmack	Geruch

Tab. 8: Die Sinne des Menschen

Der Sehsinn des Menschen – Aufbau des Auges

Exemplarisch für die Vielzahl der Sinne des Menschen wird an dieser Stelle der Sehsinn genauer betrachtet. Das Sinnesorgan des Sehsinns ist das Auge.

Die Hornhaut schützt das Auge nach außen. Sie ist stark lichtbrechend. Ungleiche Krümmungen der Hornhaut (Hornhautverkrümmung) bewirken Sehfehler. Die vordere Augenkammer ist mit Kammerwasser gefüllt und bricht das einfallende Licht ebenfalls. Die Farbe der Iris wird durch Pigmentzellen bewirkt. Die Weite der Pupille ist abhängig von der Lichtintensität: Ist die Lichtintensität hoch, verengt sich die Pupille, ist sie niedrig, weitet sie sich, um möglichst viel Licht einfallen zu lassen. Den beschriebenen Prozess bezeichnet man als Adaptation (vgl. S. 199).

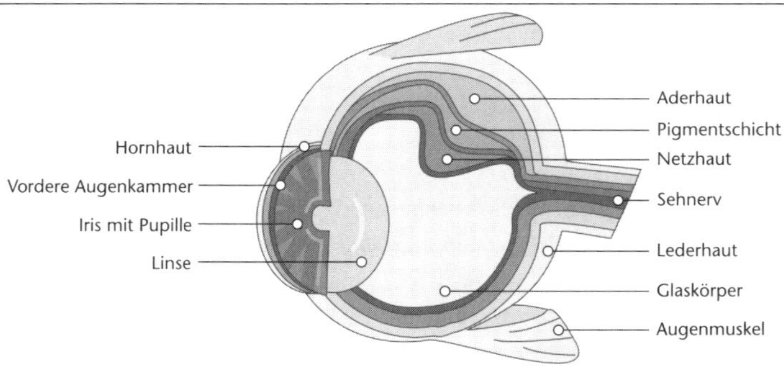

Abb. 65: Aufbau des Auges

Die glasartig durchsichtige Linse ist nach außen von einer elastischen, festen Haut umgeben. Die elastische Linse sorgt dafür, dass von einem Gegenstand abgestrahlte Lichtwellen als reelles, verkleinertes und umgedrehtes Bild auf die Sinneszellen der Netzhaut fallen. Der Ziliarmuskel, ein Ringmuskel, bewirkt diese Akkomodation (vgl. S. 199) und reguliert die Brennweite der Linse.

Die gallertartige Masse des Glaskörpers stabilisiert gemeinsam mit der Lederhaut die Form des Auges. Über den Glaskörper werden die Lichtstrahlen zur Netzhaut weitergeleitet. Die Sinneszellen der Netzhaut (auch Retina genannt) wandeln die Lichtreize in Nervenimpulse um. Sie werden über den Sehnerv zum Sehzentrum des Gehirns geleitet. Die Pigmentschicht ist mit der die Netzhaut versorgenden Aderhaut verwachsen. Sie sorgt dafür, dass die Lichtstrahlen nicht weiter wandern.

Die Lederhaut stabilisiert das Auge und dient als Ansatzstelle für die Augenmuskeln. Letztere ermöglichen die koordinierte Bewegung der Augen ohne gleichzeitige Kopfbewegung. Die Koordination ist eine wichtige Voraussetzung für das räumliche Sehen. Der Ziliarkörper besteht aus Ringmuskeln und Linsenbändern, die die Linsenkrümmung an die augenblickliche Wahrnehmung anpassen.

Akkomodation

Unter Akkomodation versteht man die Anpassung der Linsenwölbung an die Entfernung des momentan beobachteten Gegenstands, sodass die Lichtstrahlen auf der Netzhaut abgebildet werden.

Ist der Gegenstand nah vor dem Auge, so kontrahiert der Ringmuskel, die Linsenbänder erschlaffen und die Linse kugelt sich ab, d. h., sie wird dicker. Dadurch verringert sich die Brennweite. Aufgrund der erhöhten Brechkraft der Linse werden die Strahlen stärker gebrochen und man erhält ein scharfes Bild auf der Netzhaut.

Entfernt sich der Gegenstand vom Auge, so entspannt sich der Ringmuskel, die Bänder ziehen die Linse flach. Die Folge ist eine Vergrößerung der Brennweite bzw. eine Verringerung der Brechkraft. Diese Stellung bezeichnet man als die Ruheakkomodation des menschlichen Auges.

Nah- und Fernakkomodation	
Nahakkomodation: Ringmuskel kontrahiert, Linsenbänder erschlaffen, Linse kugelt ab, Brennweite kleiner, Brechkraft erhöht, Abbildung auf Netzhaut scharf	Fernakkomodation: Ringmuskel entspannt sich, Bänder ziehen Linse flach, Brennweite wird größer, Brechkraft verringert, Abbildung auf Netzhaut scharf

Adaptation

Unter Adaptation versteht man die Anpassung der Linse an die momentanen Lichtverhältnisse.

Man kann sie sich als Regelkreismodell vorstellen (vgl. Abb. 66).

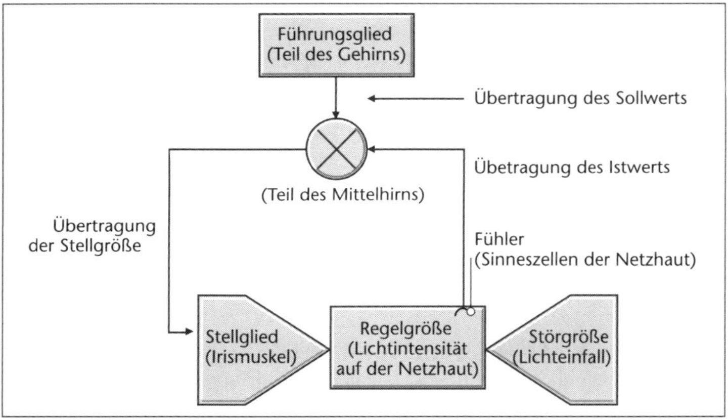

Abb. 66: Adaptation der Irismuskulatur an unterschiedliche Beleuchtungsintensitäten

Die Regelgröße ist eine konstante Beleuchtungsstärke (Sollwert) auf der Retina, die durch eine übergeordnete Instanz im Gehirn (Führungsglied) festgelegt ist. Die Störgrößen sind unterschiedliche Beleuchtungsintensitäten. Die augenblickliche Lichtintensität (Istwert) wird durch die Sinneszellen (Messfühler) wahrgenommen und als Nervenimpulse kodiert an das optische Zentrum (Regler) im Gehirn weitergeleitet. Hier findet ein Ist-/Soll-Wert-Vergleich statt. Weicht der Istwert vom Sollwert ab, so sendet der Regler einen Impuls zur Irismuskulatur. Ist die Beleuchtungsintensität zu hoch, verkleinert sich der Pupillendurchmesser, ist sie zu niedrig, vergrößert er sich.

Reizung der Sehsinneszelle

Abbildung 67 zeigt den Aufbau der Sehsinneszellen. Die Sinneszellen des Auges befinden sich in der Netzhaut. Sie sehen aus wie Stäbchen bzw. Zapfen, die wie die Streichhölzer in einer Schachtel dicht zusammengepackt sind. Man unterscheidet ein Außen- und Innensegment. Das Außensegment ist durch zahlreiche Einstülpungen gekennzeichnet, so genannte Diskmembranen. Alle Nervenfasern der Netzhaut vereinigen sich letztendlich im Sehnerv, der die Impulse zum Gehirn weiterleitet.

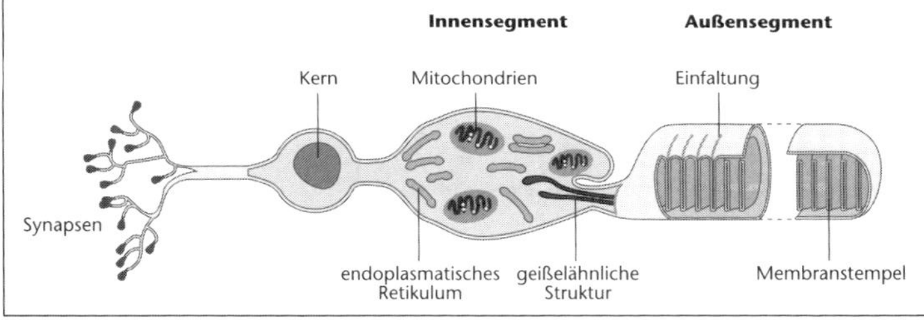

Abb. 67: Äußerer Aufbau von Sehsinneszellen

Das Ruhepotenzial der Sehsinneszellen stellt sich anders dar als jenes der Nervenzellen (vgl. S. 184). In Ruhe sind die in den Diskmembranen der Sehsinneszellen befindlichen Na^+-Kanäle geöffnet. Die Na^+-Ionen strömen aufgrund der Ladungs- (innen negativ geladen) und der Konzentrationsverteilung (innen eher geringere Na^+-Konzentration) ständig in die Zelle ein. Das Ruhepotenzial ist daher im Vergleich zu einer „normalen" Nervenzelle ständig positiver. Die Na^+-Kanäle sind geöffnet, da cGMP-Moleküle (zyklisches Guanosinmonophosphat) an den Kanalproteinen angelagert sind. Ist kein cGMP gebunden, so schließen sich die Kanäle (vgl. Abb. 68).

Die Empfindlichkeit der Sehsinneszellen für Lichtwellen entsteht durch ein Pigment namens Sehpurpur oder Rhodopsin, das in den Diskmembranen verankert ist. Durch Lichtabsorption verändert das Rhodopsinmolekül seine Konformation (vgl. Abb. 68). Nun kann es das Membranprotein Transduzin binden und aus der inaktiven in seine aktive Form umwandeln. Aufgrund der Wechselwirkung zwischen aktiviertem Transduzin und einem weiteren Membranprotein, dem PDE (Phosphodiesterase), löst sich von Letzterem eine Untereinheit. Dadurch ist es in der Lage, den cGMP-Pool der Zelle in (lineares) GMP umzuwandeln. Durch die Umsetzung von cGMP zu GMP verringert sich die Wahrscheinlichkeit, dass cGMP am Na^+-Kanal gebunden ist. Der Kanal ist eher geschlossen, wodurch weniger Na_+-Ionen in die Zelle strömen und sich das Membranpotenzial hyperpolarisiert.

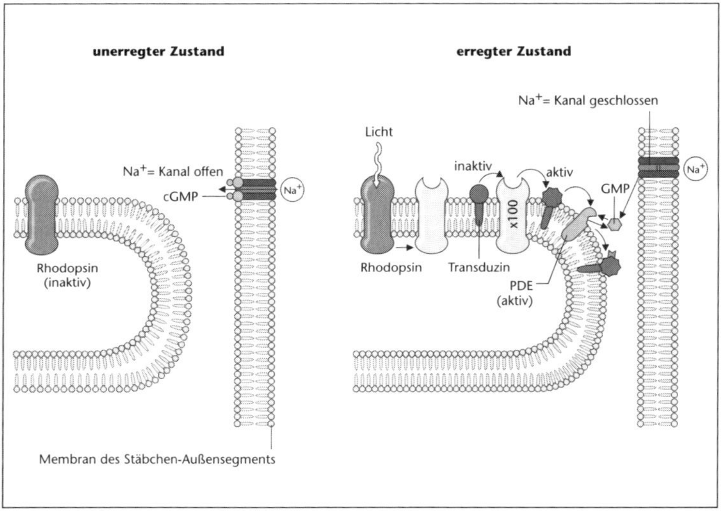

Abb. 68: Sehsinneszellen im unerregten und erregten Zustand

Dies ist das Signal, das einen Impuls auf die nachfolgenden Nervenzellen überträgt. Dieser wird über den Sehnerv an das Gehirn weitergeleitet.

6.4 Das Nervensystem

Verschiedene Nervensysteme

Die primitivsten Nervensysteme sind einfache, den Körper durchziehende Neuronennetze, deren multipolare Nervenzellen ohne Bindegewebshüllen frei im Gewebe liegen. Man spricht in diesem Fall von einem diffusen Nervensystem.

Ein zentrales Nervenzentrum ist in diesem Fall nicht vorhanden. Die Erregung verläuft zwar mit beträchtlicher Verzögerung, aber dennoch reichen solche Netze aus, um alle notwendigen Körperfunktionen zu koordinieren. Ein solches Nervensystem findet man beispielsweise bei Schwämmen und Nesseltieren.

Bei anderen niederen Tieren wie Quallen hat sich oft noch ein zweites System ausgebildet. Solche Organismen haben demnach ein Nervensystem aus multipolaren Nervenzellen (Neuronen), das die Fressbewegungen koordiniert, und eines aus bipolaren Nervenzellen (Neuronen), das für die Schwimmbewegungen verantwortlich ist. Bipolare Nervenzellen bestehen aus einem zellkernhaltigen Teil mit zwei sich gegenüberstehenden Fortsätzen.

Bei primitiven Würmern sind die Nervenzellen zu strangartigen Verbänden (Marksträngen) angeordnet. Diese speziellen Verbände sind zu beiden Seiten des Körpers und am Kopf besonders zahlreich, sodass eine schnelle Erregungsleitung in Längsrichtung des Körpers erfolgen kann.

Bei höher entwickelten Würmern, etwa beim Regenwurm, besteht das Nervensystem aus zwei bauchseitig gelegenen Hauptnervensträngen, die in jedem Segment eine Querverbindung haben; am Kopf befinden sich außerdem zwei starke Nervenknoten (Ganglien), die Oberschlund- und Unterschlundganglion genannt werden. Ein solches Nervensystem findet man auch bei Insekten. Aufgrund seines Aufbaus trägt es den Namen „Strickleiternervensystem“.

Die Bildung von Ganglien bedeutet eine noch stärkere Konzentration von Nervengewebe als durch Markstränge. Ganglien fassen die Zellkörper der Nervenzellen zusammen, was zu nahezu zellkernfreien Nervenbahnen aus Axonen und Dendriten führt. Während Markstränge wegen der Zellkerne relativ voluminös sein müssen, beanspruchen die Nervenbahnen extrem wenig Platz, sodass sie auch in winzigen Körperanhängen verlaufen können.

Bei den Wirbeltieren bilden die Ganglien im Kopfbereich das komplexe Gehirn und auf der Rückenseite des Körpers eine Ganglienkette, das Rückenmark. Beides zusammen wird Zentralnervensystem (ZNS) genannt.

Neben den Nervenzellen besitzt das Nervensystem noch spezielle Bindegewebszellen (Gliazellen), in deren strahlenförmigen Fortsätzen die Nervenzellen eingebettet sind. Gliazellen dienen dem Schutz sowie der Isolierung der Nervenzellen und spielen eine wichtige Rolle für deren Stoffwechsel.

Zentralnervensystem des Menschen

Das Nervensystem von Wirbeltieren und Menschen lässt sich in mehrere Abschnitte untergliedern, auf die im Folgenden näher eingegangen wird.

Das Rückenmark

Das Rückenmark liegt im Wirbelkanal der Wirbelsäule. Es besteht aus einer weißen Substanz, die viele Axone enthält, und einer grauen Substanz, die v. a. aus Zellkörpern und Dendriten besteht. Zwischen den Wirbeln entspringt aus der grauen Substanz an jeder Seite ein Rückenmarksnerv. Er enthält eine vordere Wurzel, die an der Bauchseite austritt und in der motorische (efferente) Nervenbahnen verlaufen, sowie eine hintere Wurzel mit sensiblen (afferenten) Axonen. Innerhalb der grauen Substanz stehen sensible und motorische Neurone über Interneurone miteinander in Verbindung.

Das Gehirn

Die einzelnen Gehirnteile, also Vorder- oder Großhirn, Zwischenhirn, Mittelhirn, Hinter- oder Kleinhirn und Nachhirn (verlängertes Mark) sind bei den einzelnen Vertretern der Wirbeltiere unterschiedlich stark entwickelt. Im Folgenden wird der Aufbau des Gehirns dargestellt, wie man ihn beim Menschen findet.

Das Nachhirn ist die Übergangsstelle zwischen Rückenmark und Gehirn. Hier befinden sich die Zentren für viele Reflexe (z. B. Schlucken, Kauen, Husten, Niesen), aber auch für die Atmung und den Herzschlag.

Das Hinterhirn (Kleinhirn) ist dagegen eine Art Zentrum für die Bewegungskoordination und damit auch verantwortlich für die Aufrechterhaltung des Gleichgewichts. Es empfängt Meldungen von Muskeln und Sehnen, vom Ohrlabyrinth und von den Augen, sodass es jederzeit über die Position des Körpers im Raum und die Lage der Gliedmaßen zueinander informiert ist.

Das Mittelhirn spielt bei niederen Wirbeltieren eine wichtige Rolle als Hauptschaltstelle zwischen Sinnesorganen und Muskulatur. Es steht direkt mit der grauen Substanz des Rückenmarks in Verbindung, die sich als dichtes Nervengeflecht

(Formatio reticularis) bis ins Mittelhirn hinzieht und ständig aktivierende Erregungsströme zum Großhirn leitet. Hören diese Ströme auf, beginnt der Organismus zu schlafen – oder es kommt sogar zur Bewusstlosigkeit. Die ventralen Teile von Nach-, Klein- und Mittelhirn werden oft als Hirnstamm zusammengefasst.

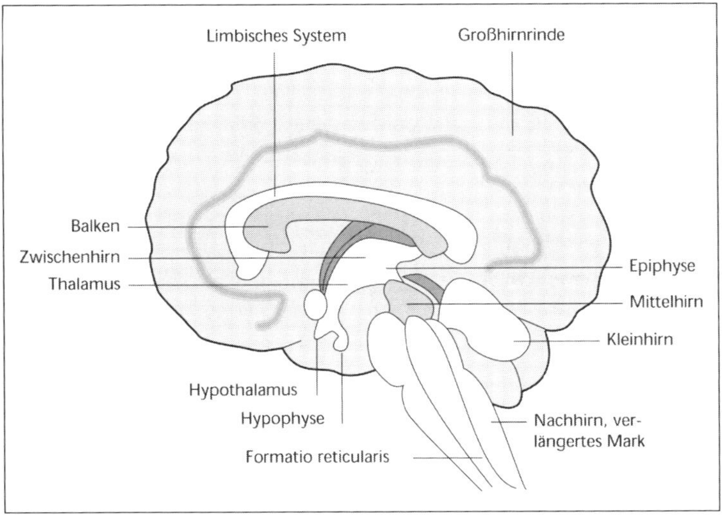

Abb. 69: Aufbau des menschlichen Gehirns

Das Zwischenhirn spielt als Sitz von Thalamus und Hypothalamus beim Menschen eine besonders wichtige Rolle. So ist der Thalamus hier bei dieser Tiergruppe die Hauptumschaltstelle zwischen Sinnesorganen und Großhirn, wobei jedem Sinnesorgan eine bestimmte Region des Thalamus zugeordnet ist. Von den Thalamusfeldern aus wird die Erregung dann zu den sensorischen Feldern der Großhirnrinde weitergeleitet und dort ausgewertet. Der Hypothalamus ist das Steuerzentrum des vegetativen Nervensystems (vgl. S. 207), sorgt also z. B. für eine konstante Körpertemperatur und einen ausgeglichenen Wasserhaushalt.

Das Großhirn (Vorderhirn), das aus zwei Hälften (Hemisphären) besteht, ist vollständig von der Großhirnrinde bedeckt – einer grauen, zur Oberflächenvergrößerung stark aufgefalteten Substanz, wobei Umfang und Faltung der Schicht mit steigender Organisationshöhe der Wirbeltiere zunehmen und beim Menschen seinen Höhepunkt findet. Das Großhirn gilt nicht nur als Ort des Bewusstseins, sondern in seiner Rinde sitzen außerdem motorische Felder, die beispielsweise die willkürlichen Bewegungen der Skelettmuskulatur steuern. Darüber hinaus sind hier die sensorischen Felder angesiedelt, die Informationen aus den Sinnesorganen (beispielsweise aus der Sehrinde) erhalten sowie Assoziationsfelder, die Meldungen aus verschiedenen Sinnesorganen miteinander sowie mit Informationen aus anderen Gehirnteilen verknüpfen. Die sensorischen und motorischen Felder der linken Körperseite liegen in der rechten Hemisphäre und umgekehrt.

In der ersten Spalte ist jeweils die absolute Masse des Gehirns angegeben, in der zweiten die prozentualen Werte im Vergleich zum Körpergewicht.

Tierart	**Masse (absolut)**	**Masse (relativ)**
Elefant	4900 g	0,08 %
Blauwal	4700 g	0,007 %
Mensch	1600 g	2,0 %
Pferd	600 g	0,25 %
Gorilla	500 g	0,2 %
Hund	135 g	0,59 %
Maus	0,4 g	3,2 %

Tab. 9: Gehirnmassen verschiedener Säugetiere

Gefühle aus neurobiologischer Sicht

Gefühle, die als individuell und sehr komplex angesehen werden, sind die Folge biochemischer Reaktionen der Nervenzellen.

Insbesondere scheint das limbische System (bestehend aus Teilen des Hirnstamms, des Zwischenhirns und der Großhirnrinde) für die Wahrnehmung von Gefühlen zuständig zu sein (vgl. Abb. 69). Reize werden zunächst von den Sinnesorganen wahrgenommen und an das Zwischenhirn geleitet. Von dort gelangen die Nervenimpulse zum Hippokampus, dem Wissensgedächtnis, bzw. zum

Mandelkern, der das emotionale Gedächtnis darstellt. Die empfangenen Informationen bzw. Signale werden anhand von Vorerfahrungen gewertet. Das Resultat dieser Bewertung setzt im Gehirn Neurotransmitter bzw. Hormone frei, die Glücksgefühle oder aber auch Trauer entstehen lassen. Das Hormon Oxitozin bewirkt beispielsweise Wohlgefühl, während Noradrenalin Erregung auslöst.

Peripheres Nervensystem

Das periphere Nervensystem, zu dem alle Nerven und Nervenfasern gehören, die außerhalb des Gehirns oder des Rückenmarks liegen, bildet die Verbindung des Zentralnervensystems zu den verschiedenen Körperteilen, besonders zu den Sinnesorganen und den Muskeln.

Es besteht aus motorischen (efferenten) Bahnen, die vom Rückenmark ausgehen und zu den Muskeln ziehen, sowie aus sensorischen (afferenten) Bahnen, die von den Sinnesorganen kommen.

Vegetatives Nervensystem – Sympathikus- und Parasympathikus

Das vegetative (autonome) Nervensystem, das sowohl aus sensorischen als auch aus motorischen Nerven besteht, steuert in erster Linie die Funktionen der inneren Organe.

Es ist damit z. B. für einen geregelten Ablauf von Atmung, Kreislauf, Herzschlag, Verdauung und anderen Stoffwechselvorgängen verantwortlich. Das vegetative Nervensystem ist willentlich kaum zu beeinflussen. Es arbeitet weit gehend autonom.

Die Befehle an den Organismus erfolgen in Form von Nervenimpulsen und durch die Ausschüttung von Hormonen. Im Hypothalamus sind hormonelle (Hormonproduktion der Hypophyse) und neurale Regulationsmechanismen so eng miteinander verknüpft, dass man auch von einem Hypothalamus-Hypophysensystem spricht. Die Funktionen des vegetativen Nervensystems werden dadurch mit denen des Zentralnervensystems und des Hormonsystems abgestimmt.

Anatomisch und funktionell lässt sich das vegetative Nervensystem in zwei Teile untergliedern: den Sympathikus und den Parasympathikus. Zu den meisten inneren Organen laufen Nerven beider Teilnervensysteme (Prinzip der doppelten Innervierung), wobei ihre Wirkung gegenläufig ist.

Der Sympathikus wirkt anregend auf Organe, die für eine Steigerung bestimmter körperlicher Aktivitäten – wie etwa Angriff, Verteidigung oder Flucht – besonders wichtig sind: z. B. die Herzfunktion. Gleichzeitig hemmt er Organe, die eine Höchstleistung des Körpers behindern könnten, etwa die Verdauungsorgane. Im Gegensatz dazu fördert der Parasympathikus alle Systeme, die der Erhaltung und Regenerierung der Körperreserven dienen, sodass er während der Ruhephasen besonders aktiv ist. Beide Systeme stehen in enger Verbindung zum Zentralnervensystem, das die entsprechenden Informationen über bestimmte Steuerungsaufgaben liefert.

Regulation des arteriellen Blutdrucks

Viele Regulierungsvorgänge im Körper gleichen der Arbeitsweise von technischen Regelkreisen und lassen sich daher auch mit Begriffen der Regeltechnik beschreiben, wie man an der Abbildung 70 oder 74 sieht; so etwa auch die Regelung der Körpertemperatur oder des Blutzuckerspiegels (vgl. S. 215). Man spricht deshalb von Regelkreismodellen.

Auch die arterielle Blutdruckregulation lässt sich mit einem Regelkreismodell beschreiben (vgl. Abb. 70). Druckempfindliche Sinneszellen (Messfühler) in den Wänden der Haupt- und Kopfschlagadern melden dem Gehirn (Regler) den jeweiligen Wert (Istwert) des Blutdrucks (Regelgröße). Der Hypothalamus (Regler) beeinflusst die Stellglieder (Herz und Gefäße), sodass bei Abweichungen der Istwert an den Sollwert angeglichen wird. Blutdrucksteigernd wirken die Erhöhung der Herzfrequenz und des Schlagvolumens sowie die Verengung der kleinen Arterien (Arteriolen). Dies geschieht über Nerven des Sympathikus. Blutdrucksenkend wirken die Erniedrigung von Herzfrequenz und Schlagvolumen sowie die Erweiterung der Arteriolen. Dies geschieht über den Nervus vagus (Parasympathikus). Als Störgröße kann die Erhöhung der Herzfrequenz bei beginnender körperlicher Belastung wirken, wodurch der Blutdruck erhöht wird. Durch die Weitung und Öffnung von Blutgefäßen wird der Erhöhung entgegengewirkt, wobei der Sollwert in dieser Situation durch das Führungsglied (Gehirn) partiell erhöht wird.

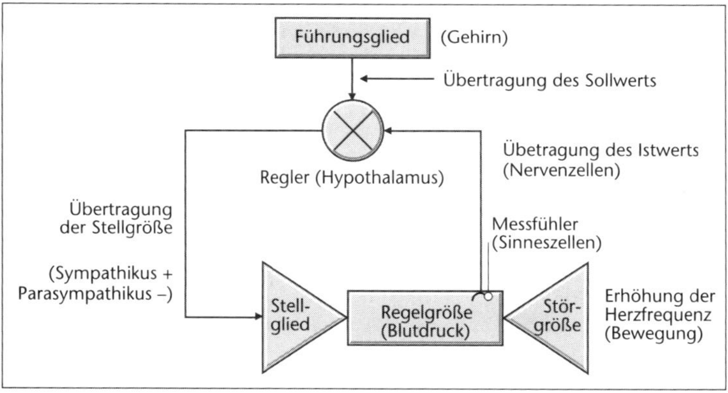

Abb. 70: Regelkreismodell der Blutdruckregulation

6.5 Das menschliche Hormonsystem

Das Hormonsystem ist ein weiteres informationsübertragendes System des Körpers. Im Gegensatz zum Nervensystem arbeitet es jedoch nicht über elektrische Impulse, sondern nutzt chemische Botenstoffe – die Hormone – als Übertragungsmedium.

Endokrine Drüsen (z. B. Hypophyse, Schilddrüse, Bauchspeicheldrüse) sondern diese Botenstoffe in das Blutkreislaufsystem ab, wenn die übergeordnete Schaltzentrale – das Nervensystem – dies befiehlt. Hormone sind Botenstoffe, die bereits in geringsten Konzentrationen bestimmte Wirkungen hervorrufen können. Das Hormonsystem reagiert langsamer, dafür aber anhaltender als das Nervensystem.

Endokrine Drüsen und ihre Produkte – die Hormone

Im menschlichen Körper gibt es zahlreiche endokrine Drüsen (vgl. Abb. 71). Im Gegensatz zu exokrinen (= nach außen absondernden) Drüsen, wie beispielsweise unseren Schweißdrüsen, sezernieren diese Hormondrüsen ihre Produkte in das Blutkreislaufsystem.

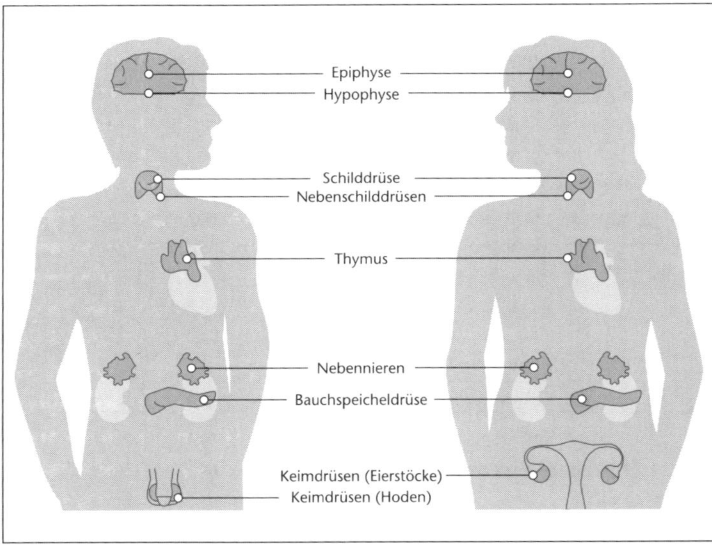

Abb. 71: Hormondrüsen

Nach ihrem chemischen Aufbau unterscheidet man Peptidhormone (z. B. Insulin), Steroidhormone (z. B. Östrogen) und aus Aminosäuren aufgebaute Hormone (z. B. Adrenalin).

Hormone werden in speziellen Zellen der endokrinen Drüsen synthetisiert und in die Blut- und Lymphbahn abgegeben. Sie wirken nur an Zielzellen mit spezifischen Rezeptoren, mit denen sie einen Hormon-Rezeptor-Komplex bilden.

Stoffklassen der Hormone		
Peptidhormone (Ketten von ca. 8 – 100 Aminosäuren)	**Aminosäure-derivate**	**Steroidhormone** (Abkömmlinge des Cholesterins)
– Insulin – Glukagon – Parathormon – Kalzitonin – Hypophysen- und Hypothalamus-hormone	– Adrenalin – Noradrenalin – Melatonin – Thyroxin	– Sexualhormone (Keimdrüsen) – Kortizoide (Nebennierenrinde)
Löslichkeit: lipidunlöslich Bindungsort: extrazelluläre Rezeptoren Ausnahme: Thyroxin		Löslichkeit: lipidlöslich Transport in Zelle: erleichterte Diffusion Bindungsort: zytoplasmatische Rezeptoren

Tab. 10: Übersicht über die Stoffklassen der Hormone

Die ankommende Information ist rein qualitativ, d. h., die Hormone geben Kommandos zu Start, Aufrechterhaltung oder Abbruch intrazellulärer Reaktionen. Gewebe sind unempfindlich für das Kommando, wenn sie über keinen passenden Rezeptor verfügen. Gibt es zweierlei Rezeptortypen für ein und dasselbe Hormon (z. B. Adrenalin), so kann das entsprechende Hormon auch zweierlei unterschiedliche Wirkungen hervorrufen. Der Rezeptor kann sich in der Zellmembran, im Zytoplasma oder im Zellkern der Empfängerzelle befinden.

Zelluläre Wirkungsweise von Hormonen

Lipophile Hormone (vgl. Abb. 72, (1)), wie z. B. das Thyroxin der Schilddrüse, sind in der Lage, durch die Membran zu diffundieren. Intrazellulär binden sie an einen spezifischen Rezeptor und aktivieren ihn. Gemeinsam gelangen sie durch die Kernporen in den Zellkern. Hier binden sie an regulative Einheiten der Gene und befähigen damit die RNA-Polymerase zur Transkription.

Je nach Genprodukt wird dieses am rauen ER translatiert und über Vesikel des Golgi-Apparates exozytiert. Steroidhormone (2) binden extrazellulär an Transportmoleküle, mit deren Hilfe sie ins Zytoplasma gelangen. Von da an ähnelt die Wirkungsweise jener der lipophilen Hormone. Peptidhormone (3) binden an spezifische Membranrezeptoren der Zielzellen.

Unter Energieverbrauch aktivieren diese Proteinkinasen intrazelluläre Enzyme, beispielsweise durch Phosphorylierung. Andere Peptidhormone bzw. Aminosäurederivate (4) binden ebenfalls an Membranrezeptoren. Diese können beispielsweise mit dem Enzym Adenylatzyklase gekoppelt sein, das intrazelluläres Adenosintriphosphat (ATP) in zyklisches Adenosinmonophosphat (cAMP) umwandelt. Dies kann dreierlei Wirkung haben:

a) *Aktivierung einer spezifischen Proteinkinase,* die eine inaktive Enzymvorstufe in seine aktive Form umwandelt
b) *Veränderung der Membranpermeabilität* für bestimmte Stoffe
c) *Aktivierung eines Rezeptorproteins,* das die Proteinbiosynthese reguliert

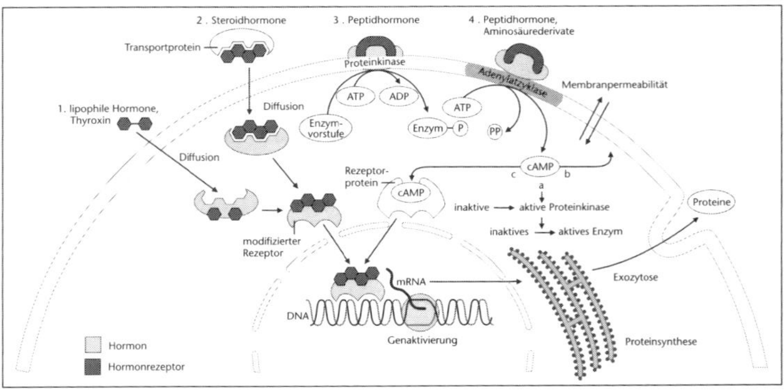

Abb. 72: zelluläre Wirkungsweisen von Hormonen

Die Wirkung kann bereits durch ein einziges Hormonmolekül ausgelöst werden, wenn ein Hormon-Rezeptor-Komplex entsteht. Je mehr Rezeptoren vorhanden sind und besetzt werden, desto intensiver ist die Wirkung (Konzentrationscode).

Sie hält an, bis das Hormon abgebaut oder der Hormon-Rezeptor-Komplex zerfallen ist. Adrenalin wirkt sehr schnell und kurz, Schilddrüsenhormone oder Östrogen über Stunden oder Tage. Im Blut zirkulierende Hormone werden ständig von der Leber abgebaut oder über die Nieren ausgeschieden. Damit ist die aktuelle Hormonkonzentration abhängig vom Verhältnis der Menge des produzierten Hormons zur Menge des ausgeschiedenen beziehungsweise metabolisierten Hormons.

Am Beispiel der Schilddrüse wird an dieser Stelle die Funktion einer endokrinen Drüse erläutert. Die Schilddrüse liegt, wie der Name schon sagt, wie ein Schild unterhalb des Kehlkopfs vor der Luftröhre (vgl. Abb. 71). Sie bildet auf ein übergeordnetes Signal hin drei jodhaltige Hormone (Trijodthyronin, Thyroxin und Kalzitonin), die sie ans Blut abgibt. Das übergeordnete Signal kommt von der Hirnanhangsdrüse (Hypophyse) und dem Hypothalamus. Die drei Hormone regulieren im menschlichen Körper wichtige Stoffwechselprozesse. Zusätzlich sind sie an der Regulation des Wachstums und der Ausbildung von Muskulatur und Nervensystem beteiligt.

Enthält die Nahrung zu wenig Jod, ist die Schilddrüse nicht in der Lage, ausreichend Hormone zu produzieren. Das Gehirn registriert diesen Mangel, woraufhin es die Schilddrüse zur vermehrten Bildung der drei Hormone anregt. Um dieser Aufgabe gerecht zu werden, vergrößert sich die Schilddrüse, sodass sie auch die kleinsten im Körper verfügbaren Jodmengen aufzunehmen vermag. Die ansonsten weder fühl- noch sichtbare Schilddrüse wird infolgedessen als Kropf am Hals erkennbar.

Zusammenspiel von Hormon- und Nervensystem

Die Hypophyse (Hirnanhangsdrüse) nimmt im Hormonsystem eine übergeordnete Stellung ein, da ihre Hormone die Tätigkeit vieler endokriner Drüsen steuern.

Für Sofortreaktionen sind die schnell leitenden Nerven der Wirbeltiere (bis 120 m/s) mit direktem Zugang zu den Organen zuständig. Das Hormonsystem hingegen ist auf Dauerleistung und Langzeitwirkung ausgerichtet, da die Bildung, Ausschüttung und besonders der Transport von Hormonen durch die Blutbahnen Minuten oder gar Stunden dauern kann.

Wie Abbildung 73 zeigt, kann ein von den Sinnesorganen wahrgenommenes Signal im Gehirn verarbeitet werden und eine Hormonproduktion bzw. -ausschüttung zur Folge haben. Dazu animiert das Gehirn neurosekretorische Zellen im Hypothalamus (vgl. S. 205), einer speziellen Region des Zwischenhirns. Diese bewirken eine besondere Form der inneren Sekretion – die Hormonproduktion durch Nervenzellen (Neurosekretion).

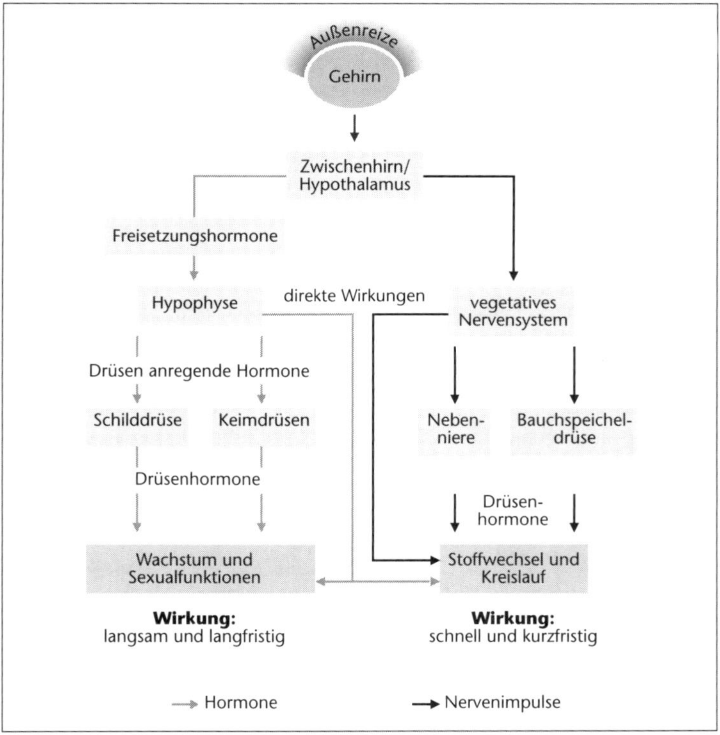

Abb. 73: Hormon- und Nervenwirkungen

Im Bereich des Hypothalamus befindet sich nicht nur eine besonders enge Verbindung zwischen hormonalen und neuronalen Regulationsmechanismen, sondern der Hypothalamus ist auch für die Koordination beider Systeme zuständig. Auf ein übergeordnetes Signal hin schüttet er Freisetzungshormone aus, die die Hypophyse dazu stimulieren, Drüsen anregende Hormone abzugeben. Diese wiederum regen die untergeordneten endokrinen Drüsen (hier Schild- und Keimdrüsen) dazu an, ebenfalls tätig zu werden. Die Wirkung ist langsam und anhaltend, wie sie z. B. bei Wachstumsprozessen vonnöten sind.

Der Hypothalamus kann aber auch über die Nervenbahnen des vegetativen Nervensystems andere endokrine Drüsen anregen, die kurzfristig auf externe Reize reagieren können und so z. B. eine Flucht möglich machen.

Ein Beispiel für das Zusammenspiel – die Blutzuckerregulation

Der Blutzuckerspiegel wird durch verschiedene Organe auf einem konstanten Niveau gehalten (Regelgröße = konstanter Blutzuckerspiegel, vgl. Abb. 74). Der vom System einzustellende Blutzuckerspiegel (= Sollwert) wird beständig mit dem aktuellen Blutzuckerspiegel (= Istwert) verglichen, der durch Glukoserezeptoren (= Messfühler) gemessen wird.

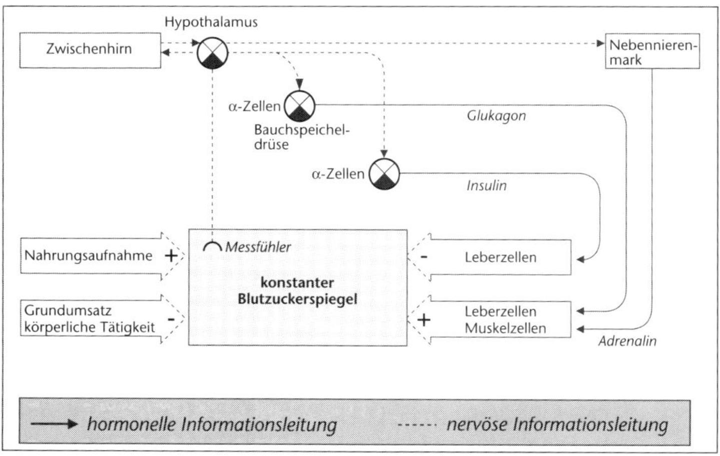

Abb. 74: Ablauf der Blutzuckerspiegelregulation

Das Zwischenhirn bzw. der Hypothalamus (= Regler) wirken über die Nervenverbindungen des Sympathikus und des Parasympathikus auf die Bauchspeicheldrüse und die Nebennieren (= Stellglieder) ein. Die Bauchspeicheldrüse schüttet daraufhin je nach Blutzuckerspiegel entweder Insulin oder Glucagon aus. Die Nebennieren sezernieren unter dem Einfluss von Hypophysenhormonen das Hormon Adrenalin, sobald der Körper Zucker benötigt. Zucker verbrauchende Prozesse wie körperliche Bewegung und zuckeraufnehmende Prozesse wie Nahrungsaufnahme wirken als Störgröße auf den Blutzuckerspiegel. Ein schematischer Überblick über die Blutzuckerregulation ist in Abbildung 74 dargestellt.

Erhöht sich der Blutzuckerspiegel über den Sollwert hinaus, so wird Insulin ausgeschüttet, wodurch insbesondere die Leber- und Muskelzellen vermehrt Glukose aufnehmen. Verringert er sich unter den Sollwert, so bewirken Adrenalin und Glukagon die Ausschüttung von Glukose aus den genannten Organen.

Da es im Rahmen des Diabetes mellitus (Zuckerkrankheit) zu Insulinmangel bzw. Insulinunempfindlichkeit kommt, ist die Messung des Blutzuckers bzw. seine genaue Einstellung eine wichtige therapeutische Methode in der modernen Medizin. Die frühzeitige Erkennung dieser Krankheit verhindert zahlreiche gefährliche Nebenwirkungen, u. a. eine Erhöhung des Herzinfarktrisikos.

VII. Grundlagen der Verhaltensbiologie

Als das Verhalten eines Tieres bezeichnet man dessen Körperhaltungen, Bewegungen und Lautäußerungen. Außerdem fallen darunter alle Aktivitäten, die mit Nahrungssuche, Fortpflanzung und Feindabwehr zu tun haben, wie die Abgabe von Duftstoffen oder Farbänderungen. Unterscheiden kann man dabei zwischen angeborenem und erlerntem Verhalten, Neugier- und Spielverhalten sowie einsichtigem und sozialem Verhalten.

Ob und zu welchem Anteil diese verschiedenen Formen des Verhaltens das Gesamtverhalten bestimmen, ist noch unklar. Inwieweit hier neben den herrschenden Umweltbedingungen auch die Gene eine Rolle spielen, ist nicht nur unter biologischem Blickwinkel von Interesse, sondern hätte zumindest in der menschlichen Gesellschaft auch soziale und politische Konsequenzen. Sollte beispielsweise der Grad der Intelligenz auf ein oder mehrere Gene zurückzuführen sein und damit objektiv messbar werden, so könnten entsprechende Tests beispielsweise weit reichende Auswirkungen auf den Arbeitsmarkt haben.

Bisher wurden allerdings noch keine genetischen Merkmale gefunden, die eine bestimmte Verhaltensweise allein bestimmen können. Es ist davon auszugehen, dass die entsprechenden Verhaltensweisen dafür zu komplex sind. Derzeit gehen die meisten Wissenschaftler davon aus, dass unser Verhalten zwar von den Genen mit gesteuert, aber in nicht geringem Maße auch durch die Umwelt geprägt wird. Untersuchungen zu diesem Thema werden häufig mit eineiigen Zwillingen durchgeführt, die getrennt und unter verschiedenen Umweltbedingungen aufwachsen.

7.1 Angeborenes Verhalten

Angeborene Verhaltensweisen laufen nicht nur nach einem genetisch festgelegten Muster ab, sondern werden auch von einer Generation zur nächsten weitervererbt. Dieses Verhalten muss demnach nicht individuell erlernt werden und geht auch nicht auf eigene Erfahrungen zurück.

Welche Verhaltensweisen angeboren sind, kann man unter anderem mit Kaspar-Hauser-Versuchen feststellen. Um das Lernen von den Eltern bzw. den Artgenossen auszuschließen, müssen die Versuchstiere dabei völlig isoliert – also unter Erfahrungsentzug – aufgezogen werden.

Die Bezeichnung „Kaspar-Hauser-Versuche“ geht auf ein Findelkind zurück, das 1828 in Nürnberg auftauchte, seinen Namen mit Kaspar Hauser angab und behauptete, solange es sich erinnern könne, in einem dunklen Kellerverlies gefangen gehalten worden zu sein. Ob diese Aussagen tatsächlich der Wahrheit entsprachen, wurde nie ganz geklärt. Fest steht aber, dass Hauser Entwicklungsstörungen aufwies, die auf fehlende Erfahrungen während seiner Kindheit hindeuteten.

Verhaltensweisen, die trotz fehlender Erfahrung mit denjenigen von Artgenossen übereinstimmen, müssen angeboren, d. h. genetisch festgelegt sein. Zum angeborenen Verhalten zählen unbedingte Reflexe, Automatismen und Instinkthandlungen.

Ein Beispiel für ein derartiges Verhalten findet sich bei Eichhörnchen, die von einem Pfleger aufgezogen und gefüttert werden. Gibt man ihnen später Haselnüsse, vergraben sie diese trotzdem, obwohl ihnen dieses Verhalten nie gezeigt wurde.

Unbedingte Reflexe

Reflexe sind unbewusste, fest programmierte Antworten auf einen Reiz, die jederzeit ausgelöst werden können. Sobald die Reizstärke einen bestimmten Schwellenwert überschreitet, laufen Reflexe immer in der gleichen starren Weise über einen Reflexbogen ab.

Damit ist ein Reflex die einfachste Form der Betätigung des Zentralnervensystems, wobei auf einen Reiz eine motorische oder sekretorische Reaktion erfolgt. An direkten Reflexen sind nur zwei Neuronen (vgl. S. 183) und eine Synapse (vgl. S. 191) beteiligt (monosynaptisch), während an indirekten Reflexen zusätzlich noch ein oder mehrere Schaltneuronen eingefügt sind. Ein Beispiel für einen Reflex ist der bereits aus neurobiologischer Sicht besprochene Kniesehnenreflex (vgl. S. 196).

Kniesehnenreflex

Schlägt man einer sitzenden Versuchsperson, bei der der Unterschenkel frei hängt, auf die Patellarsehne unterhalb der Kniescheibe, wird ruckartig ein bestimmter Oberschenkelmuskel gestreckt und dieser Reiz gleichzeitig auf ein Reflexzentrum des Rückenmarks übertragen. Von dort kommt dann ein Signal zum Oberschenkel zurück, wodurch eine Streckbewegung des Unterschenkels verursacht wird. Diese Reflexbewegung zeigt sich immer und ist die unbewusste, fest programmierte Antwort auf den Reiz, die jederzeit ausgelöst werden kann. Wie Abbildung 64 in Kapitel 6 „Neurobiologie" zeigt, kommt es mit der Erregung des Streckers im Rückenmark gleichzeitig zu einer Hemmung des Beugers über ein inhibitisches Neuron. Und weil beim Kniesehnenreflex die Sensoren (Muskelspindeln) und die Effektoren (Muskelfasern) Teile desselben Organs (des Streckmuskels) sind, spricht man von Eigenreflex.

Andere typische Reflexe sind der Pupillenreflex, der Lidschlagreflex und der Hustenreflex.

Automatismen

Aktionen des Organismus, die das Zentralnervensystem ohne Beteiligung äußerer Reize auslösen kann, nennt man Automatismen.

Beispiele hierfür sind Flossenbewegungen der Fische oder die Körper- und Gliedmaßenbewegungen der Wirbeltiere. Bei diesen zentralnervös gesteuerten Automatismen sind die Bewegungen rhythmisch aufeinander abgestimmt (koordiniert). Normalerweise stehen hierfür verschiedene Bewegungsmuster zur Verfügung (z. B. Schritt, Trab, Galopp beim Pferd). Die rhythmischen Erregungen werden im Rückenmark erzeugt – auch bei Ausschaltung der Sinnesorgane und des Gehirns.

Instinkthandlungen

Unter Instinkten versteht man angeborene Verhaltensweisen, die artspezifisch sind. Sie ermöglichen Lebewesen, auf bestimmte Schlüsselreize adäquat zu reagieren.

Damit eine Instinkthandlung durchgeführt werden kann, muss beim entsprechenden Individuum eine innere Bereitschaft vorhanden sein. Dies kann z. B. Hunger sein, der eine Schlange im richtigen Moment nach einer Maus schnappen lässt. Instinktverhalten ist prinzipiell angeboren, es kann jedoch durch im Lebensverlauf gemachte Erfahrungen beeinflusst werden.

Im Gegensatz zu einfachen Reflexen (vgl. S. 196) sind die ebenfalls genetisch festgelegten Instinkthandlungen relativ komplexe Verhaltensweisen, die sich aus mehreren angeborenen Handlungen zusammensetzen. Hat ein Tier bestimmte Instinkthandlungen längere Zeit nicht ausgeführt, wächst die Handlungsbereitschaft.

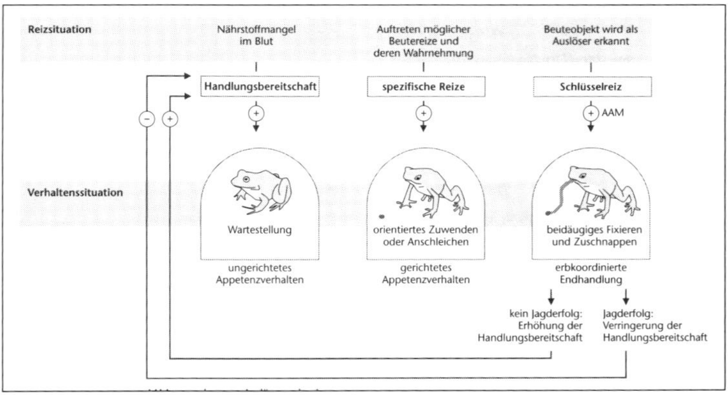

Abbildung 75: Instinktverhalten der Erdkröte

Ein Beispiel ist die Instinkthandlung der Erdkröte in Abbildung 75. Im Blut der Kröte herrscht Nährstoffmangel. Dementsprechend erhöht sich die Handlungsbereitschaft des Tiers, nach der artgerechten Beute (Schlüsselreiz) zu suchen, in diesem Fall ein Wurm. Dieses Suchverhalten endet mit dem Beginn der angestrebten Handlung. Findet das Tier den Schlüsselreiz trotz der bestehenden Handlungsbereitschaft nicht, kann es zu einer Leerlaufhandlung (vgl. S. 223) kommen.

Die instinktiven Handlungsabläufe lassen sich in drei Schritte unterteilen:

a) *Ungerichtetes Appetenzverhalten:* Ansteigen der Handlungsbereitschaft ohne auslösende Reizsituation (z. B. allgemeine Unruhe und ungerichtetes Suchen bei Hunger bzw. Nährstoffmangel).

b) *Gerichtetes Appetenzverhalten oder Taxis:* zielgerichtete Annäherung an die auslösende Reizquelle (z. B. Wittern des Futters und Anschleichen an das Futter).

c) *Instinktive (erbkoordinierte) Endhandlung:* in unserem Beispiel das Fressen des Futters. Die instinktive Endhandlung ist artspezifisch, läuft also stets gleich ab und kann nicht durch Lernprozesse beeinflusst werden. Die einzelnen Teile der Endhandlung folgen streng koordiniert aufeinander, sodass man den Gesamtvorgang auch als Erbkoordination bezeichnet.

Alle drei Abläufe sind von derselben Motivation (innere Handlungsbereitschaft, Antrieb, Trieb, Stimmung) abhängig, können aber durch verschiedene Reize ausgelöst werden. Die Motivation kann durch innere Auslöser wie Hormone oder äußere Faktoren wie die Temperatur aktiviert werden. Wird die instinktive Endhandlung erfolgreich abgeschlossen, sinkt die Handlungsbereitschaft bzw. die Motivation. Nichterfolg führt zu einer Steigerung der Motivation, die Handlung durchzuführen.

Ein Reiz, der eine instinktive Verhaltensweise auslöst, heißt Schlüsselreiz. Geht dieser von einem Artgenossen aus, nennt man ihn Auslöser.

Welche Reize als Schlüsselreize wirken, kann man durch Attrappenversuche feststellen. Mehrere Schlüsselreize zusammen oder auch bestimmte Kombinationen von Schlüsselreizen haben oft eine stärkere Wirkung als ein einziger Reiz (Reizsummation, Reizsummenregel).

Attrappen, die wesentliche Schlüsselreize in künstlich übertriebener Form enthalten, übertreffen in ihrer auslösenden Wirkung die natürliche Reizsituation (überoptimaler Schlüsselreiz oder überoptimaler Auslöser). Prominentes Beispiel eines Attrappenversuchs ist die variierende Gestaltung künstlicher Kopfformen von Muttervögeln und die jeweils beobachtete Intensität der Bettelrufe der Küken. Je näher die Attrappe dem natürlichen Kopf in Form und Farbe kommt, desto intensiver sind die Reaktionen. Den nervösen Mechanismus im Zentralnervensystem, der einen Schlüsselreiz erkennt und von anderen Reizen unterscheidet, nennt man angeborenen Auslösemechanismus (AAM), weil er die zum Schlüsselreiz gehörende Verhaltensweise auslöst.

Die Stärke einer Verhaltensweise hängt sowohl von der Intensität des auslösenden Reizes als auch von der Motivation (Handlungsbereitschaft) ab. Daher kann bei einem starken Reiz und schwacher Motivation oder einem schwachen Reiz und starker Motivation die gleiche Stärke erreicht werden (Prinzip der doppelten Quantifizierung).

Kindchenschema

Den angeborenen Auslösemechanismus findet man auch im menschlichen Verhalten. Ein Beispiel ist das Kindchenschema, womit eine Kombination von Körpermerkmalen gemeint ist, die zusammen eine positive Gefühlstönung sowie eine Betreuungsreaktion bzw. Fürsorgeverhalten auslösen. Zur auslösenden Reizkombination gehören in diesem Fall ein großer Kopf, eine hohe, gewölbte Stirn, relativ weit unten liegende Gesichtsmerkmale (Augen, Nase, Mund), große runde Augen, eine kleine kurze Nase, Pausbacken und ein kleines Kinn. Es wundert daher nicht, dass bei der Begrüßung bei z. B. großen Staatsanlässen oder Fußballspielen sehr häufig auch Kinder hinzugezogen werden, die bei Bedarf unbewusst aggressives Verhalten hemmen sollen.

Sonderformen des Instinktverhaltens

Es gibt einige Sonderformen instinktiven Verhaltens. Dazu gehören:

a) *Leerlaufhandlung:* Wird eine instinktive Endhandlung über längere Zeit nicht ausgelöst, intensiviert sich die Motivation. Wird diese übermäßig stark, dann läuft die Endhandlung ausnahmsweise ohne Schlüsselreize ab (sozusagen „ins Leere hinein“. Es liegt also eine Art Extremfall im Sinne des Prinzips der doppelten Quantifizierung vor.

b) *Übersprunghandlung (deplatzierte Handlung):* Sie tritt bei einem Triebkonflikt auf. In diesem Fall ist die Motivation für zwei konkurrierende Verhaltensweisen – etwa Angriff und Flucht – gleich stark, sodass sie sich gegenseitig hemmen. Nach der Enthemmungshypothese wird die Motivation einer dritten Verhaltensweise von den beiden anderen weniger gehemmt und kommt somit zur Ausführung, obwohl sie in der bestehenden Situation eigentlich sinnlos ist (z. B. unmotiviertes Kratzen am Kopf).

c) *Intentionsbewegung:* In den unter Übersprungshandlungen beschriebenen Konfliktfällen können aber auch beide Instinkthandlungen (gleichzeitig oder abwechselnd) ausgeführt werden. Außerdem kann die schwächere Instinkthandlung durch die stärkere unterdrückt werden. Des Weiteren kann die schwächer motivierte Instinkthandlung nur angedeutet werden (eine so genannte Intentionsbewegung).

d) *Umorientiertes Verhalten:* Wird ein begonnenes Verhalten zwar fortgesetzt, aber auf ein anderes Ziel umgelenkt, kommt es zu einem umorientierten Verhalten. Dies ist häufig der Fall, wenn in einer Konfliktsituation der Gegner als zu stark eingeschätzt wird und sich die Aggression gegen unbelebte Gegenstände richtet. Sowohl umorientiertes Verhalten als auch Intentionsbewegungen werden häufig ritualisiert, d. h., ein bestimmtes Verhaltenselement erfährt einen Bedeutungswechsel und dient dann beispielsweise der Kommunikation zwischen Artgenossen.

Reifung

Als Reifung bezeichnet man die Entwicklung eines angeborenen Verhaltens, bei dem kein spezieller Lernprozess durchlaufen wird.

Ein typisches Beispiel dafür ist der Vogelflug, der natürlich angeboren ist, aber erst ausgeführt werden kann, wenn die körperlichen Voraussetzungen bei den Jungvögeln entwickelt sind (ausreichende Flugmuskulatur etc.).

7.2 Erlerntes (erworbenes) Verhalten

Unter „Lernen" versteht man die Fähigkeit eines Lebewesens, sich aufgrund individueller Erfahrungen an neue Situationen anzupassen.

Dies erhöht die Chance, in einer sich ändernden Umwelt zu überleben. Um die neuen Erfahrungen dauerhaft zu speichern, ist ein Gedächtnis notwendig. Im Folgenden werden die unterschiedlichen Formen des Erlernens von Verhaltensweisen kurz erläutert.

Bedingter Reflex (erfahrungsbedürftiger Reflex)

Ein kurzer Luftstoß (unbedingter Reiz) löst am Auge den Lidschlussreflex (unbedingter Reflex) aus. Ein Ton ruft diese Wirkung dagegen nicht hervor (neutraler Reiz). Wird dieser eigentlich neutrale Reiz jedoch stets vor einem kurzen Luftstoß gegeben, löst nach einiger Zeit schon der Ton allein den Lidschlussreflex aus. Der Lernprozess besteht darin, dass der neutrale Reiz mit dem folgenden Reflex auslösenden Reiz verknüpft und schließlich selbst zu einem Reflex auslösenden Reiz wird. Diesen neuen Reiz nennt man bedingten Reiz, den auf ihn folgenden Reflex bedingten Reflex und das Lernen durch Ausbildung bedingter Reflexe klassische Konditionierung. Ein bedingter Reflex erlischt mit der Zeit (Extinktion), sofern er nicht immer wieder durch eine Verknüpfung (hier Luftstoß und Ton) erneuert wird. Ein unbedingter Reflex bleibt dagegen lebenslang erhalten.

Klassische Konditionierung – Pawlow-Reflex
Der russische Physiologe Iwan Pawlow führte die ersten Experimente zur oben beschriebenen Konditionierung durch. Dazu ließ er wiederholt bei Nahrungsgabe, die den Speichelfluss eines Hundes auslöste, eine Glocke ertönen (vgl. Abb. 76). Nach einer gewissen Zeit konnte er allein durch den Glockenton den Speichelfluss auslösen. Nach einigen Wiederholungen des Versuchs war bei dem

Versuchstier also eine konstante Speichelproduktion zu beobachten, der neutrale Reiz konnte von diesem Augenblick an als bedingter Reiz angesehen werden, da der Hund auf den ursprünglich neutralen Reiz also wie auf den unbedingten reagierte. Wurde das Futter nach dem Glockenton allerdings nicht mehr angeboten, so reagierte der Hund nach einiger Zeit auf den Glockenton allein nicht mehr mit der Speichelproduktion. Man spricht von da an von der Extinktion der Konditionierung bzw. des Gelernten.

Abb. 76: Aufbau des Pawlow'schen Versuchs

Bedingte Appetenz

Hierunter versteht man einen Lernvorgang, der zur Verknüpfung von zwei primär unabhängigen Faktoren führt. So lernen viele Vögel im Laufe ihres Lebens, welches Nistmaterial sich besonders gut für den Bau eines Nestes eignet, und suchen dann aktiv nach genau diesem Material (Lernen durch positive Erfahrung). Ein eigentlich neutraler Reiz (das Nistmaterial) ist hier zu einem erfahrungsbedingten, auslösenden Reiz geworden, der das gerichtete Appetenzverhalten (die Suche) auslöst. Dieses ausgelöste Appetenzverhalten nennt man bedingtes Appetenzverhalten (im Sinne von erfahrungsbedingt), den Lernvorgang bedingte Appetenz oder Dressur auf neue Reizmuster.

Bedingte Aktion

Wird ein Tier immer dann belohnt, wenn es kurz vorher ein bestimmtes Verhalten (eine bestimmte Aktion) gezeigt hat, baut es diese Aktion in das Appetenzverhalten ein. Bei diesem Lernvorgang ist die Aktion das Instrument, durch das ein angestrebter Zustand (Belohnung) erreicht wird. Man spricht deshalb auch von instrumenteller Konditionierung bzw. operanter Konditionierung oder Lernen am Erfolg. Ein Beispiel für diesen Lernvorgang ist die Dressur eines Zirkustiers. Dieses wird immer mit Futter belohnt, wenn es die vom Dresseur gewollte Übung zeigt. Es zeigt sie daher immer öfter und der Dresseur ist im nächsten Lernschritt sogar in der Lage, die Übung durch ein bestimmtes Kommando zum gewünschten Zeitpunkt auszulösen.

Bedingte Aversion

Tiere lernen auch aufgrund schlechter Erfahrungen. Wird ein ursprünglich neutraler Reiz beispielsweise mit einer Schreckreaktion oder einem Schmerz verknüpft, meidet das Tier in Zukunft eine solche Reizsituation. Man nennt dieses Verhalten bedingte Aversion, Lernen am Misserfolg oder erlerntes Vermeiden.
Ein Beispiel für die bedingte Aversion ist ein Pferd, das an einem bestimmten Ort, an dem es einmal erschreckt wurde, immer wieder scheut, obwohl keine reale Gefahr mehr vorhanden ist. Beim Menschen bezeichnet man eine übersteigerte Form der bedingten Aversion als Phobie. Sie zeigt sich in der Angst vor bestimmten Situationen, Lebewesen oder Gegenständen. Unter fachmännischer Anleitung können Phobien auch wieder „verlernt“ werden.

Bedingte Hemmung

Folgt auf ein Verhalten eine unangenehme Erfahrung oder Bestrafung, kann aufgrund eines Lernprozesses eine Hemmung des betreffenden Verhaltens entstehen. Erhält beispielsweise eine Ratte in einem Experiment durch einen eigentlich neutralen Reiz – etwa durch zufälliges Betätigen eines roten Hebels – einen leichten Stromschlag, dann lernt das Tier über kurz oder lang, die Berührung von roten Hebeln zu unterlassen.

Dressur

„Dressur“ ist ein Sammelbegriff für verschiedene, von Menschen gesteuerte Verhaltensänderungen, bei denen ein Tier bestimmte Verhaltensweisen erlernt und bei Erfolg belohnt wird (positive Verstärkung).

Prägung

Unter Prägung versteht man einen obligatorischen Lernvorgang in früher Jugend. Er findet im Laufe der Individualentwicklung nur ein Mal während eines kurzen Lebensabschnittes statt (sensible Phase) – bei Vögeln kurz nach dem Schlüpfen – und ist normalerweise irreversibel. Die Prägung bezieht sich nur auf eine bestimmte Reaktion, z. B. die Nachlaufprägung von Gänse- oder Entenküken. Bei der Objektprägung werden auslösende Reize für eine bestimmte Reaktion festgelegt, bei der motorischen Prägung ein Bewegungsmuster.

Konrad Lorenz

Der österreichische Mediziner und Zoologe Konrad Lorenz (1903 – 1989) ist sicher der bekannteste Verhaltensforscher. Er gilt als Mitbegründer der modernen vergleichenden Verhaltensforschung und erhielt für seine Arbeiten 1973 den Nobelpreis für Medizin. Für immer mit ihm verbunden bleiben wird der Begriff der Prägung, denn er konnte nachweisen, dass Gänseküken alles als Mutter akzeptieren, was sich kurz nach dem Schlüpfen in ihrer Nähe befindet und die richtigen Geräusche von sich gibt. Im Fall der im Brutkasten geschlüpften Graugans Martina war dies Konrad Lorenz selbst, mit dem Ergebnis, dass der Vogel dem Forscher überallhin folgte. Lorenz konnte zeigen, dass viele bei Menschen und Tieren auftretende Verhaltensweisen genetisch bedingt sind und durch Umwelteinflüsse hervorgerufen werden.

7.3 Sozialverhalten

Der Begriff „Sozialverhalten“ ist eine Sammelbezeichnung für Verhaltensweisen, die im Zusammenhang mit anderen Gruppenmitgliedern stehen.

Formen sozialer Zusammenschlüsse von Tieren sind beispielsweise offene und geschlossene anonyme Verbände bzw. individualisierte Verbände und Paare. Die Kommunikation findet durch akustische und optische Signale, Duftstoffe, ritualisierte Verhaltensweisen, Symbolsprache und Sprache statt.

Anscheinend gibt es auch auf unterster Zellebene gewisse Formen von Sozialverhalten: Amöben, also einzellige Organismen, vermehren sich durch einfache Zellteilung. Dazu ziehen „Tochter"- und „Mutter"-Organismus nach der Verdopplung des Zellkerns und der Einschnürung in der Zellmitte so lange in entgegengesetzte Richtungen, bis es zur Ablösung kommt. Bei diesem Prozess kann man eine gewisse Art von Sozialverhalten erkennen, denn wenn dieser Prozess ins Stocken gerät und es Mutter- und Tochterzelle nicht gelingt, sich vollständig voneinander zu lösen, so helfen andere Amöben dabei. Anscheinend signalisieren die hilfsbedürftigen Organismen ihr Problem mithilfe chemischer Stoffe. Andere Amöben zwängen sich daraufhin zwischen die halb getrennten Zellen, bis sich diese vollständig voneinander lösen.

Tradition

Tradition (Überlieferung) ist die Weitergabe von erworbenen, also erlernten Fähigkeiten innerhalb einer Gruppe.

Tradition ist die Grundvoraussetzung für jede Art von Kultur. Die Möglichkeiten für die Weitergabe von Erlerntem sind dort besonders groß, wo mehrere Generationen in einer Gruppe zusammenleben, etwa bei Primaten.

Revierverhalten

Reviere (Territorien) sind abgegrenzte Zonen, in denen Tiere auf Nahrungssuche gehen, Nester oder Höhlen bauen, schlafen, sich fortpflanzen usw.

Sie können von einem Individuum (Einzelterritorium), einer Familie (Familienterritorium) oder einer Gruppe (Gruppenterritorium) eingerichtet werden. Die Abgrenzung erfolgt zumeist durch Duftmarken (Säuger), optische Signale

(z. B. Körperfärbung bei Fischen) oder akustische Signale (z. B. Gesänge bei Vögeln).

Reviere werden von ihrem „Besitzer“ verteidigt, und zwar umso heftiger, je mehr sich ein Eindringling dem Zentrum des Reviers nähert. Ein revierfremder Artgenosse zeigt bei solchen Konflikten Fluchtbereitschaft, selbst wenn er eigentlich überlegen ist. Durch Revierverhalten sichern sich die stärksten Individuen die besten Ressourcen und haben dadurch einen höheren Fortpflanzungserfolg als schwächere Tiere. Die Verteidigung eines Reviers kann von der Jahreszeit abhängig sein. So werden Brutreviere nur zur Fortpflanzungszeit verteidigt.

Rangordnung

Viele Wirbeltierverbände haben eine durch Rivalitätskämpfe festgelegte Rangordnung, die sicherstellt, dass das stärkste oder auch erfahrenste Tier (Leittier, Alpha-Tier) die Führung der Gruppe übernimmt. Dieses Verhältnis von Über- und Unterordnung schränkt den Kampf um Futter, Partner usw. ein. Ranghöhere Tiere haben normalerweise eine größere Chance zur Fortpflanzung als rangniedere. Allerdings ist eine Rangordnung in der Regel nicht starr, sondern wird durch Kämpfe immer wieder neu festgelegt. Dabei kommt es zwischen zwei Tieren, die sich in der Rangordnung nahe stehen, leichter zu Streitigkeiten als zwischen Individuen, die unterschiedlich hohe Ränge haben. Schwächere Tiere beschwichtigen aggressive ranghöhere Tiere oft durch Demutsgebärden.

Es gibt aber auch eine abgeleitete Rangordnung, die nicht durch Kämpfe festgelegt wird. So haben beispielsweise bei Affen die Weibchen automatisch die Stellung desjenigen Männchens inne, mit dem sie eine Verbindung eingegangen sind.

Aggression

Unter Aggression versteht man die Bereitschaft, auf äußere Reize mit Drohen oder Angriff zu reagieren. Sie kann gegen eigene Artgenossen (intraspezifische Aggression) oder gegen Artfremde (interspezifische Aggression) gerichtet sein.

Aggressives Verhalten kann unterschiedlich motiviert sein, z. B. im Sinne der Feindabwehr, der Revierverteidigung, der Hierarchiebildung, der Nahrungssicherung oder des Kampfes um einen Geschlechtspartner.

Drohverhalten, Demutsgebärde, Tötungshemmung

Einem Kampf gehen normalerweise Imponier- und Drohgebärden voraus, häufig verbunden mit einer Vergrößerung der Körperumrisse (Aufblasen, Aufplustern, Aufstellen von Haaren, Schwanz, Ohren usw.) oder akustischen Drohsignalen (Knurren, Fauchen etc.). In Konfliktsituationen sind die beiden Verhaltensweisen „Angriff" und „Flucht" zumeist gleichzeitig aktiviert und oft wird eine Streitigkeit schon durch Imponiergehabe entschieden.

Der Kampfantrieb des überlegenen Tiers wird durch Demutsgebärden (Beschwichtigungs-, Unterwerfungsgebärden) des unterlegenen Tiers gehemmt. Diese Gesten sind oft das Gegenteil der Drohgebärden, also eine Art „Selbstverkleinerung", etwa durch Ducken oder Einziehen des Schwanzes. Demutsgebärden lösen beim Sieger des Kampfes normalerweise eine Tötungshemmung aus, die für die Erhaltung der Art von großer Bedeutung ist. Bei manchen Arten wirkt die Tötungshemmung aber nur gegenüber Mitgliedern der eigenen Gruppe, nicht gegenüber gruppenfremden Artgenossen.

Beschädigungs- und Kommentkampf

Kämpfe zwischen Artgenossen oder auch zwischen artfremden Tieren, die zu gefährlichen Verletzungen und gar zum Tod führen, nennt man Beschädigungskämpfe. Sie kommen in freier Natur wegen der vorhandenen Fluchtmöglichkeit allerdings selten vor. Anders sieht es jedoch aus, wenn die Tiere an der Flucht gehindert werden, weil sie beispielsweise in Käfigen gehalten werden.

Eine ungefährliche Form des Kampfverhaltens von Tieren ist der ritualisierte Turnier- oder Kommentkampf – auch moralanaloges Verhalten genannt. Kommentkämpfe laufen nach festen Regeln ab und dienen für gewöhnlich dazu, den Platz in der Rangordnung zu halten oder zu verbessern. Ernsthafte Verletzungen sind selbst bei Tieren mit scharfen Zähnen, Hörnern oder Giftzähnen selten. Einem Kommentkampf geht zumeist heftiges Drohverhalten voraus.

VIII. Grundlagen der Entwicklungsbiologie

Die Entwicklungsbiologie ist jenes Teilgebiet der Biologie, das sich mit der Frage beschäftigt, wie sich ein neuer Tochterorganismus aus einer befruchteten Eizelle (Zygote), einer Spore oder einer Knospe entwickeln kann.

Eine Zygote entsteht bei der Verschmelzung von Keimzellen (auch: Geschlechtszellen, Gameten). Diese Art der Fortpflanzung und Vermehrung eines Organismus wird als geschlechtliche (generative) Fortpflanzung bezeichnet. Die Entwicklung aus einer Spore bzw. einer Knospe findet dagegen ohne Fremdbefruchtung statt und wird daher als ungeschlechtliche oder auch vegetative Vermehrung bezeichnet.

Am Beginn der Entwicklung der höheren tierischen Organismen wie dem Menschen steht i. d. R. die Befruchtung der aus der Meiose (vgl. S. 96) hervorgegangenen Eizelle durch eine Spermazelle, d. h. die geschlechtliche Fortpflanzung. Bei der Meiose entstehen nach der Verdopplung der DNA (Replikation, vgl. S. 101) aus einer Mutterzelle vier Keimzellen mit haploidem, d. h. einfachem Chromosomensatz. Die durch die Verschmelzung der Gameten entstandene nun diploide Zygote enthält eine Neukombination des Erbguts und vollzieht diverse Zellteilungen (Mitosen, vgl. S. 54), durch die der neue Tochterorganismus im weiteren Verlauf der Embryonalentwicklung entsteht.

Bei Pflanzen und manchen Tieren findet man jedoch auch die ungeschlechtliche Vermehrung, die einzig und allein auf der mitotischen Zellteilung beruht. Folglich handelt es sich bei der Tochtergeneration um einen Klon, d. h., Eltern- und Tochtergeneration sind genetisch identisch. Beiden Fortpflanzungs- bzw. Vermehrungsstrategien ist jedoch gemeinsam, dass sie den Fortbestand der Elterngeneration sichern.

8.1 Entwicklungsbiologie der höheren Pflanzen

Die höheren Pflanzen (Moose, Farnpflanzen und Samenpflanzen) sind in der Lage, sich sowohl vegetativ (ungeschlechtlich) als auch generativ (geschlechtlich) fortzupflanzen.

Zur vegetativen Vermehrung zählen beispielsweise die Brutbecher der Lebermoose, da sich aus den darin entstehenden Brutkörpern neue Moospflänzchen abschnüren. Bei Farnen und Samenpflanzen findet man die mit den Brutkörpern vergleichbaren Brutknospen. Zusätzlich kommen bei manchen Bedecktsamern, wie beispielsweise den Erdbeeren, unter- bzw. auch oberirdisch verlaufende Sprossausläufer vor, aus denen neue, genetisch identische Tochterindividuen hervorgehen. Auch die Entwicklung aus einer Spore zählt letztlich zur vegetativen Vermehrung. Dieser Fortpflanzungskörper ist Teil des Generationswechsels der Pflanzen, der im nächsten Abschnitt näher beschrieben wird.

Generationswechsel der Pflanzen

Unter einem Generationswechsel versteht man den für Pflanzen charakteristischen Entwicklungszyklus, in dem sich eine mehrzellige diploide Form – der so genannte Sporophyt – mit einer mehrzelligen haploiden Form – dem so genannten Gametophyt – abwechselt.

Allen Landpflanzen ist gemeinsam, dass die Gametophytengeneration die für die geschlechtliche Fortpflanzung notwendigen haploiden Keimzellen (Gameten) erzeugt. Der männliche Gametophyt bildet in seinen als Antheridien bezeichneten Fortpflanzungsorganen zahlreiche männliche Gameten (begeißelte Spermatozoide bzw. unbegeißelte Spermazellen). Der weibliche Gametophyt produziert in den Archegonien genannten Fortpflanzungsorganen wenige Eizellen (weibliche Gameten). Nach der Befruchtung der Eizelle durch die männlichen Gameten wächst aus der Zygote eine diploide Sporophytengeneration heran. Diese erzeugt in der Reifeteilung (Meiose) haploide Sporen, aus denen wieder Gametophyten heranwachsen. Auch dies ist eine Form der vegetativen Vermehrung. Die beiden Generationen unterscheiden sich im äußeren Erscheinungsbild (Phänotyp), deshalb spricht man auch von einem heteromorphen Generationswechsel.

Generationswechsel der Moospflanzen

Betrachtet man den Generationswechsel der Moose (vgl. Abb. 77), so wächst hier aus den vom Sporophyten gebildeten haploiden Sporen das so genannte Protonema-Stadium heran. Dies ist ein fadenförmiger Keim, der die vom oberflächlichen Betrachter als grüne Moospflanze wahrgenommene Gametophytengeneration darstellt. Es handelt sich um eine zweigeschlechtliche, zwittrige Pflanze, die in Antheridien Spermatozoide und in den Archegonien Eizellen erzeugt. Die Befruchtung der Eizelle durch die Spermatozoide erfolgt noch im Archegonium, wobei eine gewisse Feuchtigkeit zwingend notwendig ist. Dies erklärt auch die Limitierung der Moose auf feuchte Standorte. Der nun heranwachsende diploide Sporophyt bleibt sein Leben lang mit dem Gametophyten verbunden. Der Sporophyt besteht aus einem Stiel (Sporogon) und einer Sporenkapsel (Sporangium), in der sich die Sporenmutterzelle befindet. Aus den von ihr in der Meiose gebildeten Ausbreitungskörpern, den Sporen, wächst nach der Verbreitung durch den Wind eine neue Gametophytengeneration heran.

Generationswechsel der Farnpflanzen

Bei den Farnen unterscheidet man zwei Gruppen: die isosporen Farnpflanzen, wie z. B. der Wurmfarn, und die heterosporen Farnpflanzen, wie z. B. der Schwimmfarn.

- Isospore Farne verfügen nur über einen einzigen Sporentyp, aus dem das so genannte Prothallium (Gametophytengeneration) heranwächst. Dieses trägt sowohl Antheridien als auch Archegonien, d. h., auch hier findet sich eine zwittrige Generation. Der nach der Befruchtung gebildete Embryo entwickelt sich dann ähnlich wie bei den Moosen auf dem Gametophyten zur Farnpflanze. Das Prothallium stirbt ab und der selbstständige Farn wächst heran. Im Gegensatz zu den Moosen ist hier der Sporophyt das dominierende Entwicklungsstadium. Er bildet im Weiteren spezielle Blätter, so genannte Sporophylle, auf denen sich das Sporangium herausbildet und neue Sporen gebildet werden.
- Heterospore Farne bilden dagegen sowohl Mikro- als auch Megaphorophylle (vgl. Abb. 77), die zwei unterschiedliche Sporentypen hervorbringen: die Mikro- und die Megaspore. Aus der Mikrospore entwickeln sich sehr kleine Mikroprothallien, die den männlichen Gametophyt darstellen. Auf ihnen bilden sich die Antheridien. Aus den Megasporen bilden sich entsprechend Megaprothallien (= weiblicher Gametophyt) mit Archegonien. Entsprechend der Entwicklung der isosporen Farne verläuft der weitere Entwicklungszyklus. Nach der Befruchtung wächst aus der Zygote eine Farnpflanze (Sporophyt) hervor,

der über Mikro- und Megasporophylle verfügt, die jeweilig Mikro- und Megasporen erzeugen.

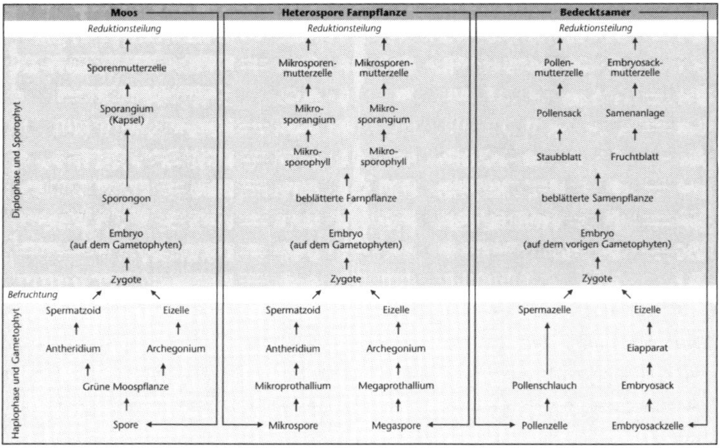

Abb. 77: Generations- und Kernphasenwechsel

Generationswechsel der Bedecktsamer

Auch bei den Bedecktsamern (und auch den Nacktsamern) bildet, wie bei den Farnen, der Sporophyt die beblätterte Pflanze. Diese Samenpflanze kann je nach Art zwei unterschiedlich aufgebaute Blütenformen (vgl. S. 274) tragen. Entweder die Blüten enthalten nur Staub- bzw. nur Fruchtblätter oder die Blüte ist zwittrig, d.h., sie trägt – wie in Abbildung 78 gezeigt – sowohl Staub- als auch Fruchtblätter. Das Staubblatt ist dem Mikrosporophyll analog und trägt das Mikrosporangium (= Pollensack). Hierin entwickeln sich die Pollen (= Pollenzelle, Mikrospore). Das Fruchtblatt (= Megasporophyll) besteht aus Narbe, Griffel und Fruchtknoten. In Letzterem befindet sich die Samenanlage (Megasporangium), in der sich letztlich die Eizelle bildet.

Vor der Befruchtung steht bei den Samenpflanzen die Bestäubung, dabei gelangt der Pollen auf die Narbe. Der Pollen keimt aus und wächst als Pollenschlauch durch die Narbe in Richtung der Samenanlage. Der Pollenschlauch enthält zwei Spermazellen und stellt die männliche Gametophytengeneration dar. Das bedeutet also, dass sowohl der männliche als auch der weibliche Gametophyt der Samenpflanzen gar keine eigenständige Generation mehr ist. Eine der beiden Spermazellen bildet mit der Eizelle die Zygote. Der andere verschmilzt mit dem so genannten Endospermkern der Samenanlage und formt ein Nährstoffspeichergewebe (= Endosperm). Nach der Bildung einer schützenden Hülle aus dem Gewebe des Fruchtblattes ist die Samenbildung abgeschlossen. Der Samen umfasst neben dem noch ruhenden Embryo, das Nährgewebe (Endosperm) und eine schützende, harte Samenschale. Der Samen ist sowohl Fortpflanzungs- als auch Verbreitungsorgan.

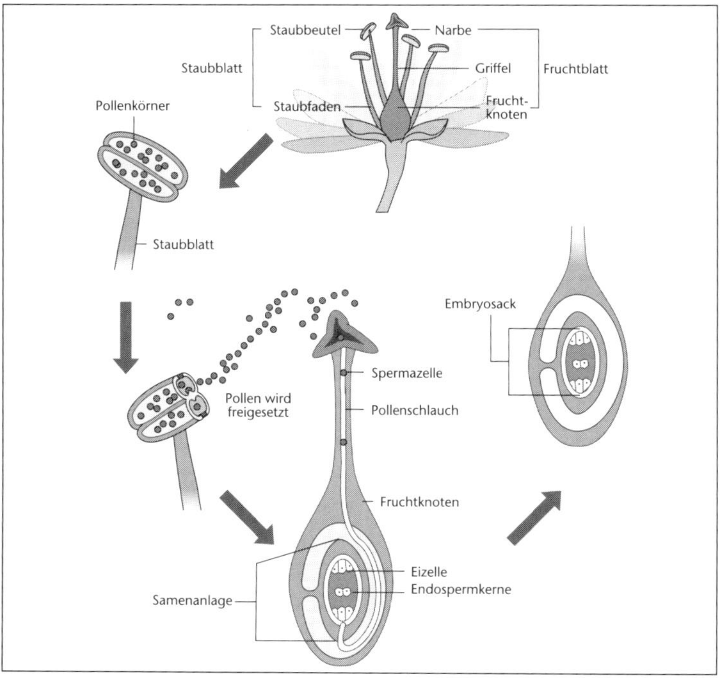

Abb. 78: Fortpflanzungsorgane der Pflanze

Je nach Pflanzenart findet man zwei unterschiedliche Verbreitungsformen. Bei der einen wird nur der Samen selbst verbreitet, d. h., der Fruchtknoten öffnet sich und streut die Samen aus (z. B. bei Gräsern). Bei dem anderen, wie beispielsweise bei den Apfelbäumen, geht aus dem Fruchtblatt eine Frucht – hier ein Apfel – hervor, der als Lockmittel für verbreitende Tiere dient. Diese fressen die Frucht und damit die Samen. Letztere werden aufgrund der Samenschale nicht verdaut und über den Kot an anderer Stelle freigesetzt.

8.2 Keimesentwicklung am Beispiel der Bedecktsamer

Die Entwicklung der Zygote bedecktsamiger Pflanzen erfolgt zunächst im Samen in einem komplexen Teilungsmuster, an dessen Ende ein herzförmiger Embryo steht. Die notwendige Energie stammt aus dem Nährgewebe (Endosperm), das der Samen enthält. Am Embryo kann man bereits alle Pflanzenorgane im Ansatz erkennen: die Keimwurzel, den Keimspross und die Keimblätter (vgl. Abb. 85). An der Spross- und Wurzelspitze sind Bildungsgewebe (Meristeme) entstanden. Die Voraussetzung für die Keimung sind im Wesentlichen die abiotischen Faktoren Wasser und Temperatur. Ist ausreichend Wasser vorhanden und signalisieren die Temperaturen das herannahende Frühjahr, so bricht der Keimling aus der Samenschale heraus und ernährt sich zunächst noch mithilfe seiner Speichervorräte. Sobald die ersten grünen Blätter gebildet wurden, kann er sich selbstständig versorgen. Die weitere Entwicklung von z. B. Bäumen ist ausführlich in Kapitel 10 „Morphologie und Physiologie der höheren Pflanzen“ beschrieben. Sobald die Pflanze das fortpflanzungsfähige Alter erreicht hat, entwickeln sich aufgrund endogener (Wasserhaushalt) oder exogener Faktoren (Tageslänge oder Temperatur) aus den Meristemen am Sprossende Blüten.

Entwicklungsbiologie der Tiere und des Menschen

Die Entwicklung der Tiere ist ein komplexer Vorgang. An dieser Stelle beschäftigen wir uns nur mit der Entwicklung der Landwirbeltiere. Diese ist in Abbildung 79 zusammengefasst und umfasst verschiedene Stadien, die im Folgenden nacheinander angesprochen werden. Der letzte Abschnitt bietet einen kurzen Überblick über die Embryonalentwicklung des Menschen.

Befruchtung

Die Embryonalentwicklung der Tiere beginnt in der Regel mit der Befruchtung (vgl. Abb. 79). Dabei verschmelzen zunächst die Ei- und Spermazelle miteinander (Plasmogamie), bevor es in einem zweiten Schritt zur Verschmelzung der Zellkerne (Karyogamie) kommt. Die so entstandene Zygote ist je nach Tierklasse unterschiedlich aufgebaut. Man erkennt in ihr häufig eine Ungleichverteilung des nährstoffreichen Dotters. Bei Amphibien ist er z. B. auf einer Seite der Zygote konzentriert. Diese Seite bezeichnet man als vegetativen Pol. Jene Seite, auf der der Zellkern liegt, bezeichnet man entsprechend als animalen Pol. Dazwischen erkennt man eine weitere Zone, die grauer Halbmond genannt wird.

Furchung

Auf die Befruchtung erfolgt nach einer gewissen Zeit die so genannte Furchung. Diese mitotischen Teilungen werden so genannt, da man die Zellgrenzen im Mikroskop als Furchen wahrnimmt. Da zwischen den ersten Furchungsteilungen kaum Zellwachstum erfolgt, sind die entstehenden Furchungszellen oder auch Blastomere relativ klein. Die ersten beiden Teilungen werden Meridionalteilungen genannt, da die Teilungsebene häufig durch die beiden Eipole verläuft. Verläuft die dritte Teilung durch den Äquator, so wird sie als Äquatorialteilung bezeichnet – man unterscheidet nun vier kleinere Mikromere und vier größere Makromere. Bis zu diesem achten Zellstadium sind alle Zellen noch totipotent, d. h., aus ihnen können noch jeweils alle Zelltypen des späteren Organismus hervorgehen bzw. aus jeder einzelnen lässt sich theoretisch ein vollständiger Organismus erzeugen. Die Furchungszellen lagern sich im weiteren Verlauf der Teilungen an der Oberfläche des Keims an. Sie bilden die so genannte Blastula mit einem inneren Hohlraum, dem Blastocoel.

Gastrulation

Der nächste Schritt wird Gastrulation genannt. Entsprechend findet hier die Bildung eines doppelwandigen, becherähnlichen Gebildes, der Gastrula, statt. Ihre äußere Wand bezeichnet man als Ektoderm, die innere ist das Entoderm. Das

Entoderm umfasst einen Hohlraum, der als Urdarm bezeichnet wird und den späteren Verdauungstrakt bildet. Außer bei Schwämmen und Hohltieren beginnt nun die Bildung des dritten Keimblattes, des Mesoderms, aus einer Zellschicht am Randbereich des Urmundes bzw. der so genannten Urmundlippe, d.h. der Öffnung des Hohlraums in der Gastrula. Diese drei Schichten, auch Keimblätter genannt, differenzieren sich bei allen Tierarten zu einander entsprechenden Organen (vgl. Tab. 11).

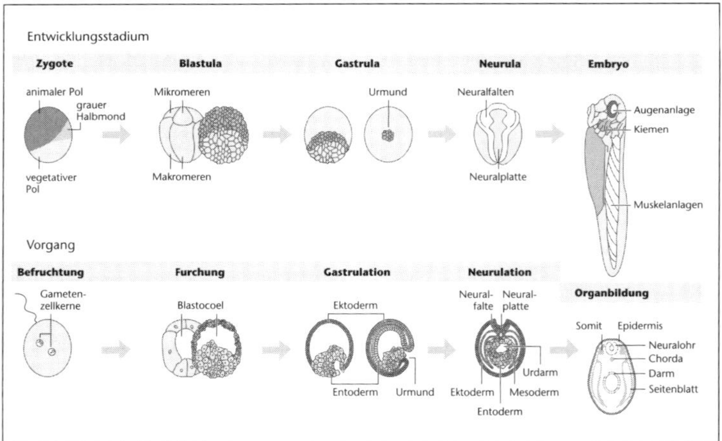

Abb. 79: Entwicklungsstadien der Embryonen

Ektoderm	**Entoderm**	**Mesoderm**
Oberhaut mit Drüsen	Mitteldarmepithel mit Drüsen	Innenskelett
Anhangsgebilde (z. B. Nägel)	Leber	Chorda/Wirbelsäule
Anfang und Ende des Darmkanals mit Drüsen	Bauchspeicheldrüse	Muskeln
Nervensystem mit Sinneszellen	Lungen	Bindegewebe
Außenskelett	Schilddrüse	Blutgefäßsystem
		Lymphsystem
		Ausscheidungs- und Geschlechtsorgane

Tab. 11: Übersicht über die Organbildungen aus den drei Keimblättern

Neurulation

Bei den Amphibien erfolgt nach der Gastrulation die Neurulation (vgl. Abb. 79). Dabei differenzieren sich Zellen des Ektoderms zu Zellen des Neuroektoderms, die nachfolgend die Neuralplatte bzw. Neuralfalte bilden. Hieraus entwickelt sich durch Einstülpung ein einschichtiges Rohr, das den ganzen Körper der Länge nach durchzieht und im weiteren Verlauf das Zentralnervensystem bildet.

Aus Zellen des Mesoderms wird zwischen Urdarm und Neuralrohr eine längliche Struktur, die so genannte Chorda dorsalis gebildet. Aus ihr entwickeln sich im weiteren Verlauf bei allen Wirbeltieren die Zwischenwirbelscheiben.

Seitlich neben der Chorda bilden sich aus dem Mesoderm die Somiten oder auch Ursegmente. Auf der Bauchseite entsteht aus dem Mesoderm die durch Seitenplatten umgebene sekundäre Leibeshöhle, auch Coelom genannt. Aus den Seitenplatten gehen in der weiteren Entwicklung das Bindegewebe, die Muskulatur der Eingeweide, das Herz und die Blutgefäße hervor. Das Coelom wird zur echten Leibeshöhle, das die inneren Organe umschließt. Seitenplatten und Somiten werden durch die Somitenstiele miteinander verbunden. In diesem Bereich bilden sich im späteren Verlauf die Ausscheidungs- und Geschlechtsorgane. Mit diesem Entwicklungsschritt ist die Neurulation beendet.

Organbildung

Die inneren und äußeren Organsysteme aller Tiere mit sekundärer Leibeshöhle waren ursprünglich segmental angelegt. Das bedeutet, dass alle Tiere, so wie man es heute beispielsweise noch bei Regenwürmern findet, früher in hintereinander geschaltete Kammern gegliedert waren, in denen jeweils alle zum Überleben wesentlichen Organe vorhanden waren. Bei den Wirbeltieren kann man dies noch an der aus den Somiten hervorgegangenen Wirbelsäule erkennen, deren Wirbel eine segmentale Anordnung zeigen.

Nach der Neurulation gliedert sich der Organismus in die Bereiche Kopf, Rumpf und Schwanz. Anschließend erfolgt die Organbildung. Da der Urmund zum After wird, muss der eigentliche Mund bei dieser Organismengruppe neu gebildet werden. Man bezeichnet diesen Entwicklungstyp als Neumundtiere oder Deuterostomier. Zu ihnen werden außer den Chordatieren auch die Stachelhäuter gezählt. Dem gegenüber stehen die Urmundtiere oder Protostomier, die den Urmund behalten und den After neu anlegen. Zu ihnen zählen alle Wurmformen, die Gliederfüßer und die Weichtiere.

In dieser Form sind alle Organe und Körperstrukturen in ihrer Anlage vorhanden. In den folgenden Wochen und Monaten entwickeln sich diese weiter und der Embryo wächst zum Erwachsenenstadium heran. Je nach Tierart findet diese Entwicklung wie beim Menschen im mütterlichen Körper oder wie beispielsweise bei Fröschen über Zwischenstufen (Kaulquappe) außerhalb des Körpers in Form von Larvenstadien statt.

8.3 Entwicklungsbiologie des Menschen

Die Keimesentwicklung des Menschen ist mit der aller anderen Säugetiere vergleichbar. Die etwa 0,2 mm große Eizelle ist dotterlos und polar aufgebaut. Auf dem Weg durch den Eileiter finden die Furchungsteilungen der Zygote statt und die Blastocyste wird gebildet. Sie besteht aus einer äußeren einzelligen Schicht, dem so genannten Trophoblasten, der die Blastocystenhöhle umgibt, sowie dem Embryoblast (Embryonalknoten). In dieser Form nistet sich der Embryo in die Gebärmutter ein. Aus dem Embryoblasten geht durch die Abspaltung von Zellen das Entoderm hervor. Dieses lagert sich an der Innenseite des Trophoblasten an. Aus Teilen des Trophoblasten wird das Chorion gebildet, das aus zottenartigen Ausstülpungen besteht, die über Blutgefäße den Stoffaustausch (Nährstoffe und Gasaustausch) zwischen dem Embryo und seiner Mutter ermöglichen.

Aus dem Embryoblasten gehen im weiteren Verlauf drei Strukturen hervor: Das Amnion, der nährstoffreiche Dottersack und die Keimscheibe (vgl. Abb. 80, 12. Tag). Aus der Keimscheibe geht der Embryo hervor. Zusätzlich stülpt sich seitlich der embryonale Harnsack, auch Allantois genannt, aus. Dieser ist später an der Plazentabildung beteiligt. Die weitere Embryonalentwicklung führt über das bereits beschriebene Gastrulationsstadium zur Ausbildung der drei Keimblätter –

Ektoderm, Mesoderm und Entoderm (vgl. Abb. 80, 15. Tag). In der Neurulation bildet auch hier ab der dritten Woche das Neuroektoderm die Neuralplatte, die sich später zum Neuralrohr faltet.

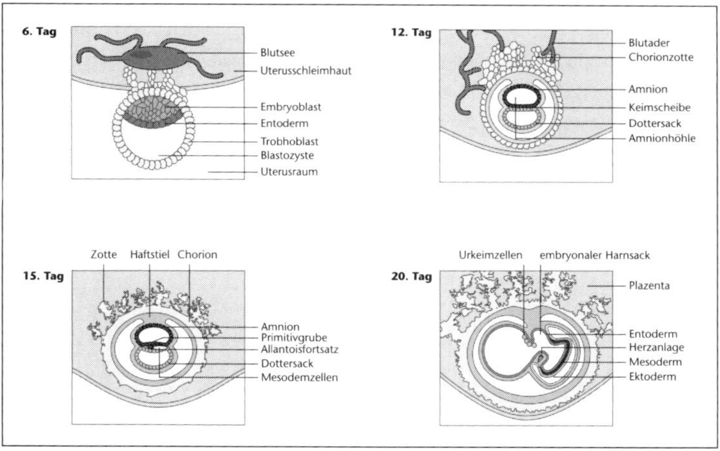

Abb. 80: Embryonalentwicklung 6. bis 20. Tag

In der fünften Woche sind bereits das Nervensystem, die Lunge, die Leber und das Herz angelegt. Das jetzt noch ungekammerte, schlauchförmige Herz beginnt zu schlagen und versorgt das einfache Kreislaufsystem. Danach erfolgt die Bildung des Nabelstrangs und der flüssigkeitsgefüllten Fruchtblase. Die Nabelschnur übernimmt die Versorgung mit Nährstoffen und Sauerstoff bzw. die Entsorgung der Abfallstoffe. Zwischen Mutter- und Tochterorganismus wird eine scheibenförmige Plazenta ausgebildet, die aus einem embryonalen (Zottenhaut) und aus einem mütterlichen Teil (Uterusschleimhaut) besteht. Der Dottersack, der bisher Blut bildende Funktion hatte, verliert langsam seine Bedeutung. Parallel erfolgt die Anlage der Extremitäten und der Kopf beginnt intensiv zu wachsen. Ab der sechsten Woche ist der Kopf fast genauso groß wie der restliche Körper. Es findet eine starke Vermehrung der Nervenzellen statt (jede Minute ca. 100.000) und das Herz schlägt zwischen 140 und 150-mal pro Minute. In der siebten Woche werden die fünf Abschnitte des Gehirns angelegt und es findet eine Verlängerung der Extremitäten statt. Bereits in der achten Woche erfolgt die Anlage der äußeren Geschlechtsorgane. Ab der neunten Woche wird der Embryo als Fetus bezeichnet und es dominiert ein starkes Körperwachstum. Die Proportionen werden zunehmend menschlicher und man erkennt eine sich intensivierende Tätigkeit der Organe. Mit der 15. Woche beginnt die Ausbildung der Gesichtzüge. Die Augen sind fertig entwickelt, bleiben allerdings bis zum siebten Monat durch die Lider verschlossen. Ab dem fünften Monat ist das Baby in der Lage, Geräusche wahrzunehmen. Ab der 18. Woche beginnt das Baby sich so stark zu bewegen, dass die werdende Mutter dies wahrnimmt. Im siebten Monat ist die Entwicklung so weit vorangeschritten, dass es in der Gebärmutter langsam eng wird. Das Baby bereitet sich auf die Geburt vor, indem es sich dreht und nun mit dem Kopf nach unten liegt. Mit dem Reißen der Fruchtblase und dem Abgang des Fruchtwassers beginnt die Geburt nach ca. neun Monaten.

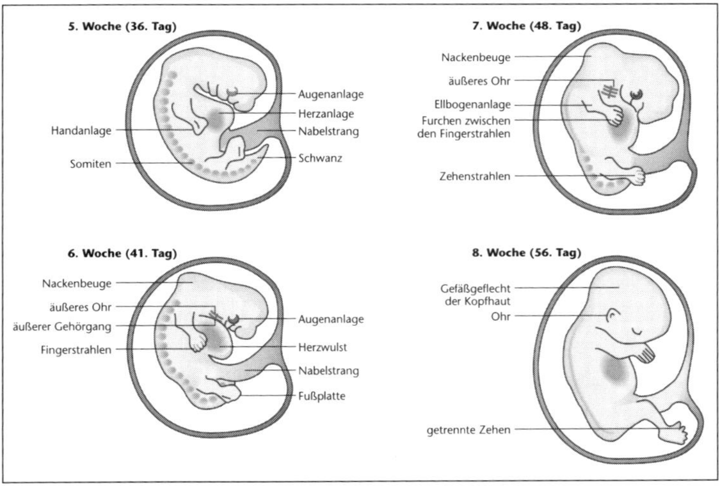

Abb. 81: Embryonalentwicklung 5. bis 8. Woche

Nach insgesamt neun Monaten ist die Entwicklung des Organismus im Mutterleib abgeschlossen, allerdings ist die Entwicklung des Gehirns noch nicht beendet. Dies dauert noch mindestens ein weiteres Jahr. Die Geschlechtsreife wird beim Menschen erst mit Beginn der Pubertät mit ca. zwölf Jahren erreicht.

IX. Immunbiologie

9.1 Funktion unseres Immunsystems

Als Zoonosen bezeichnet man Krankheiten, die von Tieren auf den Menschen oder von Mensch zu Mensch übertragen werden. Die dafür verantwortlichen Krankheitserreger können Bakterien, Viren, Prionen oder Pilze sein.

Ein Beispiel aus jüngster Zeit ist die Vogelgrippe (vgl. S. 149), die durch einen Virus hervorgerufen wird und zunächst nur für Vögel gefährlich war. Durch den nahen Kontakt zwischen Menschen und Vögeln und dem damit verbundenen Virenbefall der Menschen erhöhte sich die Wahrscheinlichkeit, dass ein mutiertes Virus auch für den Menschen gefährlich werden würde.

Bei der Vogelgrippe befürchtete man den Ausbruch einer Pandemie. Darunter versteht man die länderübergreifende bzw. weltweite Verbreitung einer Krankheit; diese kann zeitlich begrenzt oder unbegrenzt sein. Ein Beispiel für eine zeitlich unbegrenzte Pandemie ist AIDS (vgl. S. 255). Unter den Begriff der Epidemie fallen dagegen Erkrankungen, die in ihrem Auftreten sowohl räumlich als auch zeitlich begrenzt sind. Als Beispiele dafür kann man Kinderkrankheiten wie Masern oder Windpocken anführen.

Es ist die Aufgabe des menschlichen Immunsystems, den Organismus vor Krankheitserregern zu schützen. Dazu muss es die Erreger frühzeitig erkennen und zerstören. Aufgrund der Vielzahl der Krankheitserreger und ihrer höchst unterschiedlichen Angriffsstrategien ist die Tätigkeit des Immunsystems äußerst komplex. Die Fremdkörper, die in den Organismus eindringen und vom Immunsystem als solche erkannt werden, werden als Antigene bezeichnet.

9.2 Komponenten des Immunsystems

Das Immunsystem besteht aus sechs Hauptkomponenten: drei Zelltypen und drei Formen wasserlöslicher Proteine. Alle sechs Komponenten sind im Blut nachweisbar und werden im Folgenden jeweils kurz beschrieben.

Immunzellen – Granulo-, Mono- und Lymphozyten

Innerhalb der Gruppe der Leukozyten (weiße Blutkörperchen) unterscheidet man die drei Haupttypen Granulozyten, Monozyten/Makrophagen und Lymphozyten.

Die Granulozyten phagozytieren Antigene. Phagozytose ist eine Spezialform der Endozytose, bei der Feststoffe durch Membraneinstülpung ins Zellinnere gebracht werden. Die phagozytierten Antigene werden durch Enzyme zerlegt.

Monozyten verändern ihre Gestalt, wenn sie ins Gewebe gelangen, und werden dann Makrophagen genannt. Genau wie Granulozyten phagozytieren sie Antigene und interagieren mit Immunglobulinen und Komplementproteinen (vgl. S. 247). Darüber hinaus präsentieren sie zersetzte Teilstücke der Antigene an ihrer Oberfläche.

Lymphozyten sind die wichtigsten Zellen des Immunsystems. Es werden die B-Lymphozyten und die T-Lymphozyten unterschieden. Beide Typen werden im Knochenmark gebildet. Ins Kreislaufsystem gelangte Antigene werden von ihnen erkannt und mithilfe der übrigen Komponenten des Immunsystems zerstört. B-Lymphozyten vermitteln die so genannte humorale oder Serumimmunität. Sie bzw. die aus ihnen hervorgehenden Plasmazellen (Gedächtniszellen) produzieren Serumkomponenten, die Immunglobuline oder Antikörper (vgl. S. 245). T-Lymphozyten vermitteln die Zellimmunität. Man unterscheidet die T-Helferzellen und die T-Killerzellen. Letztere greifen die Antigene direkt an und vernichten sie. Die Kommunikation mit den anderen Zellen des Immunsystems läuft über Botenstoffe, die als Zytokine (s. u.) bezeichnet werden. Auch die T-Lymphozyten sind in der Lage, Gedächtniszellen auszubilden.

Proteine des Immunsystems

Die humorale Immunität wird durch Serumproteine vermittelt. Man unterscheidet drei Typen, die Immunglobuline/Antikörper, die Zytokine und die Proteine des Komplementsystems.

Immunglobuline
Immunglobuline sind besser bekannt als Antikörper, die bereits bei der Besprechung der Blutgruppen (vgl. S. 94) erwähnt wurden. Antikörper werden von B-Lymphozyten gebildet. Sie bestehen insbesondere aus einer konstanten Region, die bei allen Antikörpern desselben Typs die gleiche Aminosäuresequenz und damit Primärstruktur (vgl. S. 30) aufweist. Man unterscheidet in ihrem Aufbau eine leichte und eine schwere Proteinkette.

Darüber hinaus besitzt jeder Antikörper noch eine variable Region, also Proteine mit unterschiedlichen Aminosäuresequenzen, die die Andockstelle für ein Antigen formen. Jeder Antikörper besitzt mehrere dieser identischen Andockstellen für ein Antigen bzw. eine Oberflächenstruktur des Antigens (vgl. Abb. 82). Nach der Bindung an einen Antikörper ist das Antigen als Fremdstoff erkannt und wird durch die übrigen Komponenten des Immunsystems zerstört.

Das menschliche Immunsystem bildet Millionen verschiedener Antikörper. Jeder dieser Antikörper hat andere Andockstellen und bindet ein anderes Antigen. Jede B-Lymphozyte bildet viele Antikörper, die jedoch alle die gleiche Andockstelle besitzen. Die Antikörper werden zufällig gebildet und nicht erst, nachdem das entsprechende Antigen bereits in den Organismus eingedrungen ist. Dementsprechend durchforschen Millionen von B-Lymphozyten und Milliarden von Antikörpern unseren Körper auf der Suche nach möglichen Erregern.

Man unterscheidet insgesamt fünf Antikörpertypen, die jeweils ihren speziellen Wirkungsbereiche und Spezialisierungen haben. Sie sind in Abbildung 82 kurz zusammengefasst.

Um Antigene wirksam bekämpfen zu können, verfügt der menschliche Körper über Millionen von Antikörpern mit immer anderen variablen Proteinketten, die unterschiedlichste Antigene binden können. Diese große Vielfalt der variablen Proteinketten beruht auf ca. 250 hintereinander liegenden, verschiedenen Genabschnitten auf der DNA einer Knochenmarkzelle. Nur jeweils zwei bis drei dieser Abschnitte liefern die Information für den Aufbau der variablen Proteinkette. Bei der Entwicklung einer B-Lymphozyte werden alle diese 250 Abschnitte

Klasse	IgG	IgM	IgA	IgD	IgE
Bau	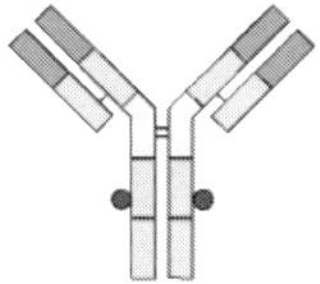		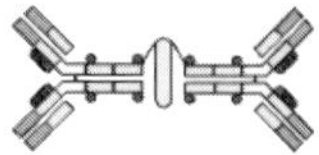	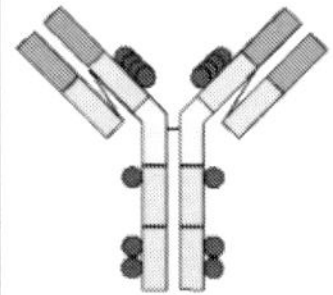	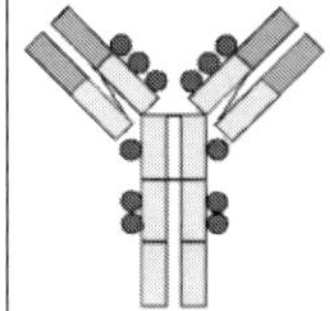
Aggregation	Monomer	(Monomer) Pentamer	Dimer	Monomer	Monomer
Vorkommen	im Blut und Lymphe	im Blut	in Körpersekreten (Speichel, Schweiß, Tränenflüssigkeit, Darm)	auf der Oberfläche der B-Lymphozyten	auf der Oberfläche von Mastzellen
Hauptfunktionen	IgG ist der häufigste Antikörper. Er schützt insbesondere vor zirkulierenden Bakterien, Viren und Toxinen und spielt bei der Aktivierung des Komplementsystems eine wichtige Rolle.	IgM bildet durch den Zusammenschluss von fünf Monomeren mit je zwei Bindungsstellen ein Pentamer. Damit hat es eine sehr hohe Effizienz und stellt daher das Notfallkommando zu Beginn einer Infektion mit Antigenen dar.	IgA hat aufgrund der insgesamt vier Bindungsstellen eine relativ hohe Effizienz und ist damit in der Lage, schnell an Viren oder Bakterien anzuheften und diese unschädlich zu machen. Verhindert das Anheften von Viren und Bakterien auf den Schleimhäuten und im Darm.	IgD verfügt nur über zwei Bindungsstellen. Er bleibt auf der Oberfläche der B-Zelle. Damit vermittelt er für die Differenzierung zu Plasma- und Gedächtniszellen.	IgE ist größer als IgG. Er verfügt über eine spezialisierte Fußregion. Damit bindet er an Mastzellen, die bei Antigenkontakt zur Ausschüttung von Histaminen angeregt werden.
Konzentration im Serum	12 mg/ml	1 mg/ml	3 mg/ml	0,1 mg/ml	0,001 mg/ml
„Lebensdauer“	21 Tage	5 Tage	6 Tage	3 Tage	2 Tage

Abb. 82: Charakterisierung der unterschiedlichen Antikörpertypen

bis auf zwei oder drei zufallsgemäß aus der DNA herausgeschnitten. Nur die zwei bis drei neu kombinierten Genabschnitte werden transkribiert bzw. translatiert. Dadurch bildet jede B-Zelle ihre individuellen variablen Antikörperproteine mit spezifischer Aminosäuresequenz. Durch eine bis zu 1000fach erhöhte Mutationsrate wird die Vielfalt der B-Lymphozyten zusätzlich erhöht.

Zytokine

Zytokine sind die Botenstoffe des Immunsystems, die ähnlich wie Hormone zwischen den Zellen des Immunsystems vermitteln.

Es handelt sich um wasserlösliche Proteine, die von Lymphozyten oder von Monozyten ausgeschieden werden bzw. an Rezeptoren dieser Zellen binden (vgl. Abb. 83). Genau wie bei allen anderen Systemen des Körpers muss auch beim Immunsystem eine Feinregulation stattfinden, sodass es zwar im Bedarfsfall aktiv wird, es aber nicht zu einer pathologischen Überreaktion kommt.

Die Proteine des Komplementsystems

Das Komplementsystem besteht aus einer Reihe von Proteinen, die helfen, Krankheitserreger im Blut zu eliminieren. Ihre Aktivierung erfolgt entweder spontan bei einem Pathogenbefall oder aber durch die Bindung von Antikörpern an einen Erreger (vgl. Abb. 83). Die Komplementproteine umhüllen die Krankheitserreger und erleichtern somit die Zerstörung durch Makrophagen. Doch auch schon die Komplementproteine allein sind in der Lage, die Erreger, i. d. R. durch Zerstörung ihrer schützenden Hüllen, unschädlich zu machen.

Eine wichtige Funktion des Komplementsystems nehmen die Komplementrezeptoren auf den Oberflächen von unterschiedlichen Körperzellen wahr. Sie dienen dazu, bereits an einen Krankheitserreger angedockte Komplementproteine zu erkennen und zu binden. Komplementrezeptoren, die sich wiederum auf den Makrophagen befinden, ermöglichen diesen Zellen, mit Komplementproteinen umhüllte Krankheitserreger zu erkennen und zu vernichten.

9.3 Ablauf der Immunantwort

Unser Körper verfügt über verschiedene Barrieren gegen Antigene. Die Immunabwehr gliedert sich grob in drei Bereiche: Lokalisation, Identifizierung und Zerstörung der Krankheitserreger.

Unspezifische (allgemeine) Immunantwort

Die erste Barriere, die ein Antigen überwinden muss, bildet unsere Haut. Besonders anfällig gegen den Befall durch Erreger sind unsere Körperöffnungen wie z. B. die Nase oder der Mund. Hier sorgen aus den Drüsenzellen der Schleimhäute ausgeschiedene Sekrete sowie feine Härchen für einen wirkungsvollen Schutz.

Überwindet ein Bakterium diese erste allgemeine Barriere unseres Körpers, so stürzen sich die Granulozyten und Monozyten (selektive Immunantwort) darauf. Sie phagozytieren die Erreger. Antikörper und Proteine des Komplementsystems unterstützen ihre Arbeit, indem sie an die Antigene binden und sie als fremd markieren. Die bisherige Immunantwort bezeichnet man auch als unspezifisch oder angeboren. Sie bietet eine erste, schnelle Eingreiftruppe, die den Feind lokalisiert und so gut es geht zerstört. Eine völlige Eliminierung der Angreifer erfolgt schließlich durch die spezifische Immunantwort.

Ablauf der spezifischen Immunantwort

Eine effektivere, dafür aber auch langwierigere Immunreaktion stellt die spezifische oder auch erworbene Immunantwort dar. Aufgrund der unterschiedlichen Angriffsstrategien von Bakterien und Viren werden im Folgenden die Abläufe der Immunantwort auf eine bakterielle Infektion sowie eine Virusinfektion separat dargestellt.

Abwehr einer Bakterieninfektion
Hat ein Bakterium die ersten Barrieren überwunden, setzt die spezifische Immunantwort ein (vgl. Abb. 83).

1. Nachdem die Antigene bei der unspezifischen Immunantwort entdeckt wurden, begeben sich Makrophagen und B-Lymphozyten an den Ort des Geschehens. Beide phagozytieren das Antigen, z. B. das Bakterium, und zersetzen es.
2. Die Makrophagen präsentieren später Bruchstücke des Bakteriums auf der Membranoberfläche über den MHC-II-Rezeptor. Die B-Lymphozyten tun dies über ihren MHC-I-Rezeptor.
3. T-Lymphozyten, die einen T-Zellrezeptor besitzen (CD8), der an den MHC-II-Rezeptor mit Antigen der präsentierenden Makrophage spezifisch binden kann, werden durch diese Interaktion aktiviert.
4. Die aktivierten T-Zellen werden zur Zellteilung (vgl. S. 53) und Differenzierung stimuliert. Sie differenzieren sich zu T-Helferzellen und Gedächtniszellen.
5. Die T-Helferzelle binden an jene B-Lymphozyten, die das gleiche Antigen über ihren MHC-II-Rezeptor präsentieren, stimulieren diese über Zytokine zur Vermehrung und differenzieren zu Plasma- und Gedächtniszellen aus.
6. Die Plasmazellen produzieren nun Antikörper, die an das Bakterium binden.
7. Dadurch wird das Bakterium markiert und Makrophagen bzw. die Proteine des Komplementsystems sorgen für eine schnelle Vernichtung des Erregers.

Sowohl der grippale Infekt als auch eine Grippe führen zu ähnlichen Symptomen wie Fieber, Kopf- und Gliederschmerzen. Trotz der Gemeinsamkeiten bei den Symptomen werden diese beiden Krankheiten von unterschiedlichen Erregern ausgelöst. Der grippale Infekt kann durch den Befall mit unterschiedlichen Viren, wie z. B. Adeno- oder Rhinoviren, hervorgerufen werden. Selten wird der grippale Infekt auch durch ein Bakterium ausgelöst.

So genannte Influenzaviren sind dagegen für die „echte Grippe“ verantwortlich. Diese ist sehr viel gefährlicher als der grippale Infekt. Jedes Jahr sterben weltweit ca. 12.000 Menschen an den Folgen dieser Virusgrippe (vgl. S. 148).

Abwehr einer Virusinfektion

Für das Immunsystem ist es wesentlich schwieriger, eine Virusinfektion erfolgreich zu bekämpfen als eine Bakterieninfektion. Handelt es sich um einen Virus, der seine DNA in das Wirtsgenom einbaut, so ist er für das Immunsystem zunächst unsichtbar. Allerdings verfügen viele Zellen des Körpers und damit auch die von Viren befallenen Wirtszellen über MHC-I-Rezeptoren. Über diese können Bruchstücke eines im Zellinneren befindlichen Erregers auf der Zelloberfläche präsentiert werden. Die resultierende Immunantwort läuft folgendermaßen ab (vgl. Abb. 83):

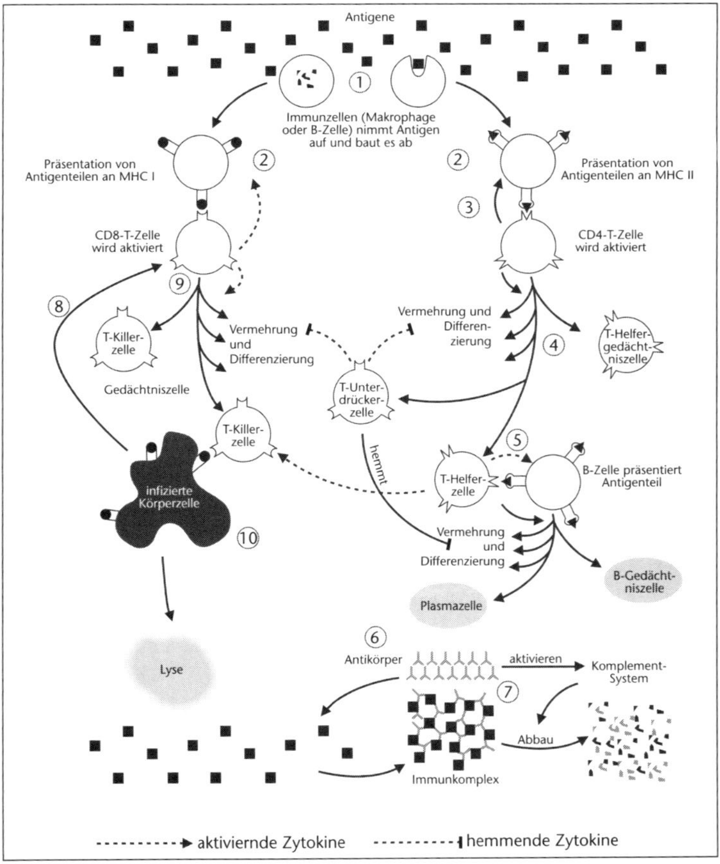

Abb. 83: Ablauf der spezifischen Immunantwort

Zunächst wird die Virusinfektion auf die gleiche Weise bekämpft wie eine Bakterieninfektion. Neben den ersten sieben identischen Schritten (vgl. S. 249) kommen bei der Abwehr einer Virusinfektion allerdings noch die folgenden drei Phasen hinzu:

8. Die befallene Körperzelle ist also ebenfalls in der Lage, Bruchstücke des Virus über ihren MHC-I-Rezeptor zu präsentieren. Eine spezifische CD-8-T-Lymphozyte bindet mit ihrem zu diesem Bruchstück passenden T-Zell-Rezeptor an den präsentierenden MHC-I-Antigen-Komplex und wird dadurch aktiviert.
9. Durch die Aktivierung wird genau wie bei der Bakterieninfektion nun die Vermehrung und Differenzierung zu einer T-Killerzelle oder T-Killer-Gedächtniszelle ausgelöst.
10. Die T-Killerzelle bewirkt die Lyse der infizierten Zelle durch Zerstörung der Membran. Zusätzlich stimulieren T-Helferzellen die Arbeit der T-Killerzellen über Zytokine.

Nach einer erfolgreichen Immunantwort sorgen T-Unterdrückerzellen für die Beendigung der Immunreaktionen.

Wirkung der Gedächtniszellen und Immunisierung

Die Antikörper der unspezifischen, selektiven Immunantwort sind nicht sehr effizient bei der Identifizierung des Erregers. Wesentlich wirkungsvoller sind jene Antikörper, die bei der spezifischen Immunantwort gebildet werden. Die B-Lymphozyten, die diese Antikörper produzieren, differenzieren sich wie oben beschrieben u. a. zu Gedächtniszellen. Diese sind in der Lage, das Antigen auch später wiederzuerkennen. Gleiches gilt für die T-Helfer- und T-Killerzellen, die sich bei der Abwehr der Infektion als nützlich erwiesen haben.

Bei der aktiven Immunisierung im Rahmen einer Impfung werden dem Patienten zunächst abgeschwächte bzw. abgetötete Antigene oder Teile eines Antigens gespritzt, die nicht mehr in der Lage sind, die Krankheit auszulösen. Danach läuft die spezifische Immunantwort (vgl. S. 248) ab. Die in diesem Zusammenhang gebildeten Gedächtniszellen sorgen für einen anhaltenden Schutz.

Bei der passiven Immunisierung werden abgeschwächte Antigene, z. B. der Erreger der Diphterie, einem Fremdorganismus (z. B. Pferd) injiziert (= aktive Immunisierung). Die gebildeten Antikörper filtert man aus dem Blutserum des Fremdorganismus heraus und injiziert sie dem an Diphterie erkrankten Menschen. Im Organismus des Patienten läuft nun die humorale Immunantwort ab. Der Vorteil der passiven Impfung ist die wesentlich schnellere Wirkung. Von Nachteil ist, dass sie keinen anhaltenden Schutz bietet, da keine Gedächtniszellen gebildet werden. Die Antikörper werden selbst als Fremdkörper erkannt und bekämpft.

Leider ist es gerade bei den alljährlichen Grippewellen nicht ausreichend, sich nur in mehrjährigen Abständen impfen (aktive Immunisierung) zu lassen. Das Erbgut von Grippeviren ist aufgrund von Mutationen und dem ständigen Austausch von Erbinformation untereinander einem ständigen Wandel unterlegen. Die Folge sind neue Virustypen. Wird ein Mensch durch ein solches Virus befallen, muss sein Immunsystem zunächst die spezifische und die unspezifische Immunreaktion ablaufen lassen, da hierfür noch keine Gedächtniszellen gebildet wurden. Aufgrund der permanenten Veränderungen der Viren befindet sich die Pharmaindustrie in einem ständigen Wettlauf mit den sich im Umlauf befindenden Virustypen. Sie muss ihre Impfstoffe ständig anpassen. Deshalb ist es gerade für anfällige Personen notwendig, sich jedes Jahr mit dem aktuellsten Impfstoff neu impfen zu lassen.

9.4 Störungen der Immunantwort

Trotz der sehr ausdifferenzierten Abwehrstrategien funktioniert das menschliche Immunsystem nicht immer in der gewünschten Art und Weise bzw. kann es, wie im Fall der Immunschwächekrankheit AIDS, von Krankheitserregern ausgetrickst werden (vgl. S. 255).

Auch bei der Transplantation von Organen kann es zu Schwierigkeiten kommen, weil das Immunsystem das transplantierte Organ als Fremdkörper erkennt und eine Abstoßungsreaktion einleitet. Dies ist darauf zurückzuführen, dass die Zellen des Spenderorgans nicht die HLA-Antigene des Organempfängers auf der Oberfläche tragen, die es dem Immunsystem ermöglichen, zwischen körpereigenem und körperfremdem Material zu unterscheiden.

Bei der so genannten Xenotransplantation werden Organe, Gewebe oder Zellen von Tieren (z. B. Schweineherzen bzw. -lebern) auf einen Menschen übertragen. Damit soll versucht werden, langfristig den Mangel an Spenderorganen zu beheben. Momentan befindet sich diese Technik aber noch im Anfangsstadium. Um unerwünschte Abstoßungsreaktionen zu verhindern, versucht man die tierischen Organe mithilfe der Gentechnik anzugleichen. Allerdings besteht bei Xenotransplantationen die Gefahr, dass durch die Übertragung tierischer Erreger auf den Menschen neue Seuchen ausgelöst werden.

Ebenfalls zu Störungen bzw. Fehlfunktionen des Immunsystems führen die Autoimmunerkrankungen. Im Fall einer solchen Erkrankung gehen die Zellen des Immunsystems nicht nur auf eingedrungene Krankheitserreger und Fremdstoffe los, sondern greifen auch körpereigene Zellen bzw. ihre Bestandteile an. Diese Autoantikörper schädigen dadurch eigenes Gewebe bzw. eigene Organe. Die Ursachen dieser Erkrankungen konnten bislang nicht eindeutig bestimmt werden. Man geht davon aus, dass erbliche Faktoren, aber auch mangelhafte Ernährung sowie Virusinfektionen eine Rolle spielen. Bei der Autoimmunkrankheit MS (Multiple Sklerose) greifen beispielsweise körpereigene Antikörper die Myelinscheiden des zentralen Nervensystems an und stören damit die Steuerung der Körperfunktionen.

Allergien – überschießende Immunantwort

Weltweit wird eine drastische Zunahme von Allergikern insbesondere in Industrieländern festgestellt. In Deutschland leiden ca. 24 Millionen Menschen unter diversen Allergien wie z. B. Hausstaub- oder Pollenallergien. Ohne dass man die Ursachen wirklich versteht, reagieren Allergiker überempfindlich auf Stoffe aus ihrer Umwelt, die eigentlich keine Beschwerden hervorrufen sollten.

Ablauf einer allergischen Reaktion auf Pollen

Der zukünftige Allergiker hat ersten Kontakt mit dem so genannten Allergen, z. B. durch das Einatmen von Gräserpollen. Aus bisher nicht bekanntem Grund läuft nun eine intensive spezifische Immunantwort (vgl. S. 248) ab. Antigenpräsentierende Zellen der Haut oder (Nasen-)Schleimhaut phagozytieren das Allergen und präsentieren Bruchstücke an ihrer Oberfläche. Dadurch werden passende T-Helferzellen aktiviert, die dafür sorgen, dass B-Zellen allergenspezifische Antikörper herstellen. Bei Allergikern geschieht das im Übermaß.

In den peripheren Bereichen des Körpers, wie beispielsweise der Nasenschleimhaut, befinden sich spezielle Typen von Antikörpern, die IgE-Antikörper (vgl. Abb. 82). Diese sind in der Lage, sich wie Antennen an die Oberfläche von Mastzellen zu heften. Mastzellen sind ein weiterer Immunzellentyp. Durch die Bindung der Antikörper werden die Mastzellen aktiviert und setzen entzündungsfördernde Botenstoffe frei.

Bei erstem Kontakt mit dem Allergen, in der Sensibilisierungsphase, treten allerdings noch keine Beschwerden auf. Erst beim zweiten Kontakt mit dem Allergen findet eine allergische Reaktion statt. Die IgE-Antikörper der Mastzellen binden das Allergen und setzen die entzündungsfördernden Botenstoffe (u. a. Histamine) frei. Diese erweitern die Blutgefäße und lassen die Schleimhäute anschwellen. Bei Heuschnupfen schwellen z. B. die Nasenschleimhäute an und lösen so einen Niesreiz aus. Außerdem leiden die vom Heuschnupfen betroffenen Allergiker unter geschwollenen Augen.

Medikamente und Therapieansätze gegen Allergien

Entzündungsfördernde Botenstoffe können mithilfe von Medikamenten blockiert werden. So verhindern Antihistaminika, dass Histamine an Rezeptoren binden können. Dadurch kann eine allergische Reaktion gemindert oder in manchen Fällen sogar ganz vermieden werden.

Bei der Hyposensibilisierung versucht der Arzt durch die Verabreichung steigender Mengen des Allergens innerhalb kurzer Abstände den Patienten langsam an den Stoff zu gewöhnen, der die allergische Reaktion hervorruft. Ziel ist, das Immunsystem so zu beeinflussen, dass es bei einem späteren Kontakt mit dem Allergen keine oder zumindest nur eine abgemilderte allergische Reaktion auslöst. In der Regel dauert eine solche Behandlung zwischen drei und fünf Jahre.

AIDS – ein Virus überlistet unser Immunsystem

Die Autoimmunschwächekrankheit AIDS (*Acquired Immune Deficiency Syndrome* = Erworbenes Immunschwäche-Syndrom) wird durch die Infektion mit dem HIV (*Human Immunodeficiency Virus* = Menschliches Immunschwäche-Virus) hervorgerufen.

AIDS tritt weltweit auf. Die Gesamtzahl der HIV-Infektionen und AIDS-Erkrankungen wird auf ungefähr 17 bis 22 Millionen geschätzt. In Deutschland geht man derzeit von ca. 60.000 HIV-infizierten Menschen, ca. 19.000 AIDS-Kranken und ca. 11.790 Todesfällen aus. Pro Jahr kommen deutschlandweit ca. 2000 Neuinfektionen und ca. 500 Neuerkrankungen hinzu.

Die Folge einer HIV-Infektion ist eine Schwächung des Immunsystems. Der Infizierte erkrankt bzw. stirbt an Krankheiten, die durch Erreger ausgelöst werden, die normalerweise für unser Immunsystem keine Bedrohung darstellen. Bei HIV handelt es sich um einen so genannten Retrovirus, der statt DNA RNA (vgl. S. 34 ff.) als Erbgut besitzt.

AIDS bewirkt, dass das Immunsystem des Organismus zusammenbricht. Dadurch können andere Krankheitserreger nicht mehr abgewehrt werden. Typisch sind Symptome wie Gewichtsverlust, Müdigkeit und Nervenstörungen aufgrund einer Schädigung von Gehirnzellen. Auch bestimmte Formen von Krebs wie Lymphdrüsenkrebs und B-Zell-Lymphome (Krebserkrankungen weißer Blutzellen) kommen vor.

Allgemein entsteht Krebs entweder spontan oder wird durch Umwelteinflüsse ausgelöst. Allen Krebsarten ist gemein, dass die Zellen eines Tumors Mutationen in der DNA aufweisen. Diese Mutationen finden in Bereichen statt, die den Zellteilungszyklus (vgl. S. 53) stören. Dadurch vermehren sich diese Zellen unkontrolliert, wobei die Tochterzellen ebenfalls die schädigenden Mutationen besitzen. Auf diese Weise wächst der Tumor stetig weiter. Bei gutartigen Tumoren verbleiben die Zellen im betroffenen Gewebe. Lösen sich einzelne metastasierende Zellen vom Tumor und breiten sich im gesamten Körper aus, spricht man von einem bösartigen Tumor.

Ablauf einer AIDS-Infektion

HI-Viren befallen einen der wichtigsten Immunzelltypen, die T-Helferzellen (vgl. S. 244) und zerstören sie. Die Infektion der T-Zellen wird durch ein passendes Schlüsselmolekül, den CCR-5-Rezeptor ermöglicht. Durch diesen gelangen die Viren durch die Membran in die T-Helferzellen. Bevor die DNA ins Wirtsgenom eingebaut wird (lysogener Zyklus, vgl. S. 147), muss die virale RNA zunächst durch die Reverse Transkriptase in doppelsträngige DNA umgeschrieben werden.

Nach der HIV-Infektion und dem Einbau des Viruserbguts in das Wirtsgenom kann es bis zu 15 Jahre dauern, bevor die ersten Symptome auftreten. Untersuchungen zufolge fördert Stress das Auftreten der Symptome. Die Vermehrung der HI-Viren dauert so lange, bis die T-Zellen daran zugrunde gehen (vgl. Abb. 84). Die T-Helferzellenpopulation wird so stark dezimiert, dass die spezifische Immunantwort (vgl. S. 248) nicht mehr durchgeführt werden kann. Der Patient erkrankt und stirbt häufig an einer weniger gefährlichen Infektion wie z. B. an einer Lungenentzündung.

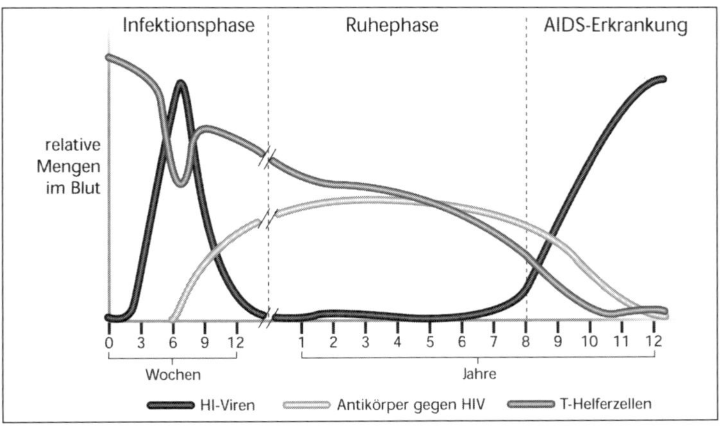

Abb. 84: Ablauf einer HIV-Infektion

Therapieansätze gegen AIDS

AIDS verläuft i. d. R. tödlich. Mittlerweile sind aber einige Fälle beschrieben, bei denen der Körper die HI-Viren erfolgreich bekämpfen konnte. Die medizinische Forschung versucht nach wie vor, Therapiemöglichkeiten gegen das HI-Virus zu entwickeln. Zur Bekämpfung des HI-Virus werden im Moment u. a. die folgenden Therapieansätze vorgeschlagen:

- *Membran-Rezeptorblocker* verhindern, dass die HI-Viren an die Zelle andocken und eindringen können.
- *Reverse-Transkriptase-Hemmer* blockieren das Enzym, sodass die Erbinformation in Form von RNA nicht in DNA umgeschrieben und das Erbgut des HIV nicht ins Wirtsgenom eingebaut werden kann.
- *Integrase-Hemmer* verhindern, dass die virale Erbinformation in das Genom der Wirtszelle eingebaut wird.
- *Protease-Hemmer* verhindern, dass die synthetisierten Virusbausteine zu einem funktionstüchtigen Virus zusammengebaut werden können.

Trotz dieser Therapiemöglichkeiten ist es bisher nicht gelungen, ein wirkungsvolles Medikament gegen HIV zu entwickeln. Eine Heilung, also die vollständige Elimination aller HI-Viren, ist bislang nicht möglich. Dies liegt u. a. daran, dass offenbar sehr viele Subtypen und zahlreiche Stämme des HI-Virus existieren. Die Erreger verändern häufig durch Mutationen ihre genetische Ausstattung und damit auch die Struktur ihrer Membranoberfläche, gegen die das Immunsystem Antikörper produzieren kann. Dies bedeutet, dass traditionelle Impfungen (vgl. S. 251) wirkungslos sind.

Außerdem können sich die Erreger jahrzehntelang in den Lymphozyten verstecken, sodass die Wirkstoffe von den Patienten sehr lange eingenommen werden müssen.

X. Morphologie und Physiologie der höheren Pflanzen

Das folgende Kapitel beschäftigt sich mit der Organisationsform der höheren Pflanzen, den so genannten Kormophyten. Dabei sollen vor allem der Aufbau (die Anatomie) und die Funktionen der drei Grundorgane Wurzel, Sprossachse und Blätter erläutert werden, die einen Kormophyten typischerweise kennzeichnen.

Zu den höheren Pflanzen (Kormophyten) gehören die Moose, die Farnpflanzen und die Samenpflanzen.

Letztere sollen dabei im Speziellen betrachtet werden, wobei das Augenmerk vor allem auf die Bedecktsamer (Angiospermae) gerichtet ist, zu denen u. a. alle Blütenpflanzen und Gräser gehören. In den Wäldern sind die Kormophyten die beherrschende Gruppe. Ein Laubbaum wie die Buche ist ein typisches Beispiel für eine bedecktsamige Blütenpflanze.

Systematik	**Bezeichnung**	**Beispiele**	Baumformen	normales sekundäres Dickenwachstum
Organisationstyp	Embryophyta (Kormophyten)			
Abteilung	Bryophyta (Moose)		keine	nein
Abteilung	Pteridophyta (Farne)		**ja**	nein
Abteilung	Spermatophyta (Samenpflanzen)			
Unterabteilung	Coniferophytina	Nadelbaum	**ja**	**ja**
Unterabteilung	Cycadophytina	Cycadeen	**ja**	nein
Unterabteilung	Angiospermae (Bedecktsamer)			
Klasse	Dicotyledoneae (Zweikeimblättrige)	Laubbaum	**ja**	**ja**
Klasse	Monocotyledoneae (Einkeimblättrige)	Palmen	**ja**	nein

Tab. 12: kurzer systematischer Überblick über die Kormophyten

10.1 Die Sprossachse der Kormophyten

Die Sprossachse zählt zu den drei Grundorganen des Kormophyten. Je nach Dicke bzw. Stärke der Sprossachse wird sie auch als Stamm, Stängel oder Halm bezeichnet. Die Sprossachse ist die Verbindung zwischen Blättern und Wurzeln und dient der Stabilisierung der Pflanze, dem Stofftransport sowie der Stoffspeicherung.

Im Folgenden soll am Beispiel des Stammes eines Laubbaumes der Aufbau der Sprossachse erläutert werden.

Bau und Wachstum der primären Sprossachse

Als primäre Sprossachse bezeichnet man die erste Ausprägung eines Stammes, Stängels oder Halms.

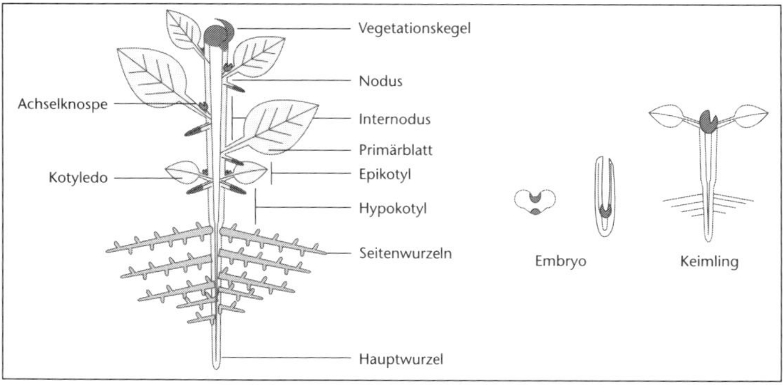

Abb. 85: Aufbau eines Kormophyten

Sie entwickelt sich im Laufe des Lebens einer Pflanze permanent weiter. Man kann sie in verschiedene Abschnitte unterteilen (vgl. Abb. 85):

- Hypokotyl: Abschnitt zwischen dem Wurzelansatz und dem Ansatz der Keimblätter

- Epikotyl: Abschnitt zwischen dem Ansatz der Keimblätter und dem Ansatz der Primärblatter
- Nodus: Verdickung an den Ansatzstellen der Blätter
- Internodus: Abschnitt zwischen zwei Nodi

Im oberen Abschnitt der primären Sprossachse befindet sich der Vegetationskegel. Seine Spitze bildet das apikale Meristem (Bildungsgewebe), dessen Zellen sich fortwährend teilen und damit der Zellvermehrung dienen.

Darunter schließt sich die Determinationszone an. Hier erfolgt die erste Spezialisierung der Zellen in das äußere Abschluss- und Rindengewebe und den zentralen Strang des zukünftigen Markgewebes. Zwischen diesen Geweben bleibt nur bei Dikotyledonen (Zweikeimblättrige) ein kleiner Ring von noch teilungsfähigen (= meristematischen) Zellen erhalten, die den Meristemzylinder (Prokambium) bilden.

Auf die Determinationszone folgt die Differenzierungszone. Durch Zellteilungen am Prokambium entstehen die primären Elemente der Versorgungsstränge der Pflanze. Innen bildet sich das Wasser- und Nährsalze transportierende Holz (Xylem), außen der die Produkte der Fotosynthese verteilende Bast (Phloem, vgl. Abb. 86). Beide Elemente liegen dicht beieinander und ihre Einheit bezeichnet man als Leitbündel. Auch die Anlage der Seitenäste und Blätter erfolgt bereits in der Differenzierungszone. Der Übergang zwischen den verschiedenen Zonen ist fließend und deshalb nicht exakt festzulegen. Die äußerste Schicht der Rinde differenziert sich zur Epidermis, die als erstes äußeres Abschlussgewebe vor Wasserverlust und Krankheitserregern schützt. Außerdem werden bereits hier spezielle Gewebe mit Stütz- und Festigungsfunktion angelegt, wie z. B. die Sklerenchymhaube über den Leitbündeln.

Die Zellen des Mark- und Rindenparenchyms dienen vorwiegend der Stoffspeicherung. Bei einer Pflanze findet man diesen Zustand nur in der obersten Spitze des Stammes oder der Äste. Je weiter man sich von ihr entfernt, desto stärker sind die Zellen differenziert und der Pflanzenkörper geht in den sekundären Aufbau über.

Das primäre Dickenwachstum und Streckungswachstum der Sprossachse
Wie bereits erwähnt, wächst ein junger Spross durch stetige Zellteilungen an seiner Spitze, dem Vegetationskegel. Die Zellen, die sich hier am apikalen Meristem befinden, durchlaufen fortwährend Mitosen (vgl. S. 54), wodurch die Pflanze in die Höhe wächst.

In die Breite wächst die junge Zelle vor allem durch eine starke Volumenzunahme der Zellen. Sie nimmt aus der Umgebung Wasser auf und die anfangs noch elastischen Zellwände geben dem resultierenden inneren Druck nach. Dieser Vorgang ist vergleichbar mit einem Luftballon, der mit Wasser gefüllt wird.

Weil sowohl die im Querschnitt inneren als auch die äußeren Zellen größer werden, drohen die äußeren Zellen im weiteren Verlauf auseinander zu reißen. Bevor dies geschieht, wird das primäre Dickenwachstum eingestellt. Die Zellwände verlieren ihre Elastizität und die Pflanzen (v. a. Bäume) vergrößern ihren Durchmesser mittels eines anderen Mechanismus: dem sekundären Dickenwachstum (vgl. S. 262).

Die treibende Kraft des Streckungswachstums der Zellen ist wie bereits erwähnt die Wasseraufnahme. Diese erfolgt insbesondere in der Vakuole (vgl. S. 46). Sie nimmt Wasser auf, weil jeder Stoff (auch Wasser) von Orten hoher Konzentration (großer Menge dieses Stoffes) zu Orten niedriger Konzentration strebt. Bewegt er sich passiv dorthin, so wird dieser Vorgang als Diffusion (vgl. S. 48) bezeichnet. Die Vakuole enthält viele gelöste Stoffe (Salze, Ionen, Zucker), die das Wasser verdrängen. Die Konzentration des Wassers in der Vakuole ist also geringer als jene der Umgebung; für die gelösten Stoffe ist dies gerade umgekehrt.

Die Salze haben also das Bestreben, aus der Vakuole (bzw. der Zelle) hinauszugelangen, während das die Vakuole umgebende Wasser hineinmöchte. Die Membran der Vakuole (Tonoplast) ist für Wasser durchlässig, nicht aber für die Salze – diesen Membrantyp bezeichnet man als semipermeabel. Daher strömt Wasser in die Vakuole hinein, das Salz kann aber nicht heraus. Die Folge ist eine Volumenzunahme der Vakuole. Die Zellwand ist in der jungen Zelle zunächst noch elastisch und kann sich unter dem Druck der Vakuolenmembran (Tonoplast) ausdehnen. Dieses primäre Dickenwachstum endet mit der Verfestigung der Zellwand.

Bau und Wachstum der sekundären Sprossachse

Die Vertreter der Gruppe der Angiospermae gehören häufig zu den mehrjährigen Pflanzen. Kiefern in Kalifornien können z. B. bis zu 4000 Jahre alt werden. Ihre Baumformen werden erstaunlich groß. Der kalifornische Mammutbaum (Sequoiadendron giganteum) oder der australische Eukalyptus werden beispielsweise bis 120 m hoch. Um diese Größe, die ihnen einen sicheren Platz an der Sonne garantiert, zu erreichen, verfügen sie über spezielle Wachstumsmechanismen und Festigungselemente.

Die mehrjährigen Arten wachsen nach dem Stadium des primären Dickenwachstums (vgl. S. 261) weiter. Mit zunehmender Höhe des Sprosses wird die Belastung in den unteren Bereichen immer größer. Deshalb wächst die Pflanze nicht nur in die Höhe, sondern in den unteren Bereichen durch das sekundäre Dickenwachstum auch in die Breite. Um nicht unter der Belastung ihres eigenen Gewichts zusammenzubrechen, wird dabei vor allem ein effizientes Festigungsgewebe gebildet – das Holz (vgl. S. 265).

Ausgehend vom primären Aufbau des Sprossachsenquerschnitts dient das sekundäre Dickenwachstum der Verbreiterung des Sprossumfangs. Im primären Sprossquerschnitt liegen die Leitbündel radial und symmetrisch angeordnet (Eustele). In den offenen kollateralen Leitbündeln sind das primäre Phloem und das primäre Xylem durch das Kambium getrennt, einen Ring teilungsfähiger (meristematischer) Zellen.

Denjenigen Kambiumabschnitt, der innerhalb der Leitbündel liegt und das Phloem vom Xylem trennt, nennt man faszikulär. Den Abschnitt, welcher zwischen den Leitbündeln bzw. zwischen Mark- und Rindenparenchym liegt, bezeichnet man als interfaszikulär. Letzterer ist entweder bereits im primären Zustand vorhanden oder wird erst mit Beginn des sekundären Dickenwachstums durch Reembryonalisierung von Markstrahlparenchym gebildet. Dadurch wird der Kambiumring geschlossen. Reembryonalisierung bedeutet, dass ausdifferenzierte und nicht mehr zur Teilung befähigte Zellen nun wieder neue Zellen bilden können.

Im weiteren Verlauf des sekundären Dickenwachstums bildet dieser Kambiumring nach innen sekundäres Xylem (Holz) und nach außen sekundäres Phloem (Bast). Dabei wird das primäre Xylem nach innen und das primäre Phloem nach außen verdrängt. Der Umfang der Sprossachse wird erweitert.
Ähnlich wie beim primären Dickenwachstum der Epidermis droht hier nun der Kambiumring durch die Zunahme des inneren Xylems zu zerreißen. Deshalb bildet der Kambiumring nicht nur nach innen und außen Bast- bzw. Holzzellen, sondern auch Kambiumzellen zu den Seiten hin. Diese seitlichen Zellteilungen zur Erweiterung des Ringumfangs nennt man Dilatation.

Durch das sekundäre Dickenwachstum erhält der Sprossquerschnitt jedes Jahr einen neuen Bast- bzw. Holzring. Ein Bastring ist i. d. R. nur ein Jahr funktionsfähig und wird dann ersetzt. Holz verliert dagegen, je nach Pflanzenart, frühestens nach zwei, spätestens nach 20 Jahren seine Wasserleitfähigkeit und dient auch der notwendigen Festigung.

Auch das für den horizontalen Assimilattransport zwischen Mark und Rinde verantwortliche primäre Markstrahlparenchym wird im Laufe des sekundären Dickenwachstums verlängert. Wird der Bast- bzw. Holzteil sehr umfangreich, so sorgen hier sekundär angelegte Bast- bzw. Holzstrahlparenchyme für den Horizontaltransport.

Jahresringe und Dendrochronologie
Die im Stammquerschnitt erkennbaren Jahresringe entstehen im Laufe des sekundären Dickenwachstums im Holzteil der Laub- und Nadelbäume. Im Frühjahr bildet das Kambium nach innen weitlumige Tracheenelemente, die vor allem dem im Frühjahr viel stärkeren Wassertransport dienen. Im Laufe des Jahres werden mehr und mehr englumige Tracheiden gebildet, die mit ihren dicken (lignifizierten, s. u.) Zellwänden der Festigung dienen. Beim plötzlichen Stopp der Wachstumsaktivität im Spätjahr entsteht eine scharfe Grenze – der Jahresring. Dagegen werden die alten Bastringe, die keine wesentliche Festigungsfunktion

erfüllen, von den neuen Bastringen zerdrückt. Sie sind im sekundären Spross, ebenso wie das primäre Xylem und Phloem, bei den meisten Arten kaum noch zu erkennen.

Der nach innen verdrängte Teil des Holzes verliert, je nach Pflanzenart, nach zwei bis 20 Jahren seine Wasserleitfähigkeit, stirbt ab und wird als Kernholz bezeichnet. Um Fäulnis zu verhindern, lagern sich Gerbstoffe und Harze in diesen Holzteil ein, wodurch er dunkler erscheint. Den äußeren, voll funktionsfähigen und vor allem dem Wassertransport dienenden Teil nennt man Splintholz.

Durch unterschiedliche Umwelteinflüsse wie Hitze, Kälte, Trockenzeiten oder Vulkanausbrüche wird die Wachstumsaktivität eines Baums beeinflusst. Ist sie aufgrund von negativen Einflüssen gering, so fällt der entsprechende Jahresring nur dünn aus. Dadurch ergeben sich charakteristische Jahresringmuster, anhand deren man mit der computergestützten Dendrochronologie die Altersbestimmung von bis zu 8000 Jahre alten Baumstämmen vornehmen kann.

Funktionen der Sprossachse

Zu den zentralen Aufgaben der Sprossachse eines Kormophyten zählen der Transport von Wasser und Assimilaten, die Stabilisierung der Pflanze und die Stoffspeicherung.

Wasser- bzw. Nährsalztransport und Stabilität der Pflanze

Aufgrund der engen Verquickung der Transport- und Stabilitätsfunktionen von Pflanzen sollen an dieser Stelle beide Funktionen gemeinsam betrachtet werden. Vor mehr als 400 Millionen Jahren wurde es den Pflanzen möglich, das Festland zu besiedeln, da sie begannen, Festigungsgewebe auszubilden, und insofern den fehlenden Auftrieb des Wassers ersetzen konnten. Die Stabilität der jungen Sprossachse wird zum einen durch den hohen Wassergehalt der Pflanzenzellen – durch ihre Turgeszenz – erreicht, zum anderen durch spezialisierte Zellen mit stark verdickten Wänden, die zu einem Gewebe (Zellverband) zusammengelagert sind, wie z. B. Kollenchyme (lebendige Zellen) oder Sklerenchyme (tote Zellen). Auch die Zellen der Leitgewebe und hier vor allem die sklerenchymatischen Zellen des Xylems dienen der Festigung. Bei Sprossachsen im sekundären Zustand wird dies hauptsächlich durch verholzte Gewebe bewirkt (s. u.).

Der Transport von Wasser und den Fotosyntheseprodukten der Blätter (Assimilate) erfolgt in spezialisierten Zellverbänden (Leitgeweben, vgl. Abb. 86). Dabei werden das Wasser und die darin gelösten Ionen in den Tracheen und Tracheiden des Xylems (= Holzteil des Sprosses) nach oben geleitet. Der Transport entgegen der Schwerkraft erfolgt durch den an den Blättern entstehenden Transpirationssog. Die dipolaren Wassermoleküle werden durch Adhäsions- und Kohäsionskräfte (vgl. S. 17) zusammengehalten, die durch die Wasserstoffbrücken gebildet werden, und bilden einen kontinuierlichen Wasserfaden. Aufgrund der wichtigen Leitfunktion des Holzes, dominiert dieser Teil im Stammquerschnitt eines mehrjährigen Baums.

Man unterscheidet im Holzgewebe verschiedene Zelltypen mit charakteristischen Eigenschaften, die neben der Transportfunktion auch eine Stabilitätsfunktion haben. Die beiden wichtigsten werden an dieser Stelle kurz vorgestellt.

Tracheiden sind 1 bis 5 mm lange, tote Röhrenzellen. Die spitz zulaufenden Zellenden sind über Tüpfelfelder miteinander verbunden. Es handelt sich um so genannte Hoftüpfel, die den Transport zwischen den Zellen ermöglichen. Tracheidenzellen dienen zum einen dem Wassertransport, wobei die maximale Strömungsgeschwindigkeit bei 0,4 mm pro Sekunde liegt, zum anderen der Festigung. In ihre Zellwände ist Lignin eingelagert – jene Substanz, die, neben Zellulose, für die hohe Stabilität der Sprossachse sorgt und damit den Landgang der Kormophyten ermöglichte. Lignin ist ein Polymer dreier Alkohole (Kumaryl-, Koniferyl- und Sinapylalkohol), die in die Zellwand eingelagert werden. Zellulose ist dagegen ein Polymer aus zahlreichen aneinander geketteten Glukoseeinheiten.

Bei dem zweiten wichtigen Zelltyp handelt es sich um die Tracheen. Dies sind tote Röhrenzellen, die jedoch wesentlich weitlumiger (bis zu 0,5 mm Durchmesser) als Tracheiden sind und nur dem Wassertransport dienen. Die einzelnen Tracheenzellen sind kürzer als Tracheiden und ihre Zellwände sind weniger verdickt (lignifiziert). Die Querwände sind stark durchbrochen und z. T. ganz aufgelöst. Dadurch werden Strömungsgeschwindigkeiten von ca. 15 mm pro Sekunde erreicht, in Extremfällen (z. B. bei Lianen) sogar bis über 40 mm pro Sekunde. Die fast durchgängige Röhre aneinander gereihter Tracheenelemente bezeichnet man als Trachee oder Gefäß. Tracheen liegen nur in Angiospermenholz vor.

Assimilattransport

Der im Leitbündel außen liegende Bastteil (sekundäres Phloem) hat, neben dem Assimilattransport (durch Sieb- und Geleitzellen), auch Speicherfunktion (Bastparenchym). Die Produkte der Fotosynthese (Assimilate) werden durch Siebröhren bzw. Siebzellen des Phloems (= Bastteil des Sprossquerschnitts) transportiert, um z. B. Blüten und Früchte mit Energie und Baustoffen zu versorgen.

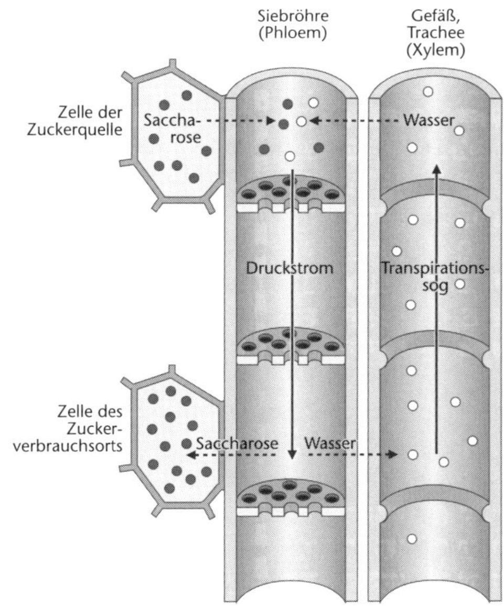

Abb. 86: Stofftransport in Xylem und Phloem der Sprossachse

Die Transportform der Fotosynthese ist der Zweifachzucker Saccharose. Aus den fotosynthetisch aktiven Zellen wird die Saccharose durch einen sekundär aktiven Transport in die Siebröhren verfrachtet (vgl. Abb. 86). Zunächst werden mithilfe einer ATPase aktiv Protonen aus den Siebröhren heraustransportiert. Aufgrund des erzeugten Protonengradienten strömt die Saccharose gemeinsam mit den Protonen durch einen von einem Membranprotein erzeugten Kanal in die Siebröhre hinein (Symport). Eine weitere Möglichkeit der Beladung der Siebröhren ist der passive Transport der Saccharose entlang ihrem Konzentrationsgradienten durch die Plasmodesmen (vgl. S. 46). Die Saccharose wird dann im Wasser gelöst zu den Zielzellen transportiert. Beide Leitgewebe sind i. d. R. in Leitbündeln zusammengefasst.

Stoffspeicherung

Die Speicherung von Substanzen, welche für die Funktion der Pflanzenzellen notwendig sind, erfolgt im relativ undifferenzierten Grundgewebe (z. B. Markparenchym) und in spezialisierten Geweben, z. B. der Sprossknolle der Zwiebel. Die Stoffspeicherung erfolgt innerhalb dieser Zellen in Plastiden (Organellen). Man unterscheidet drei Typen: Amyloplasten (Stärkespeicherung), Elaioplasten (Fettspeicherung), Proteinoplasten (Proteinspeicherung, vgl. S. 47).

10.2 Das Blatt der Kormophyten

Das Blatt ist ein Seitenorgan der Sprossachse. Mit seiner flächigen Gestalt, seinem hohen Chloroplastengehalt und den Spaltöffnungen ist es perfekt an seine Funktionen angepasst. Das Blatt ist das Organ der Fotosynthese, des Gasaustauschs und der Transpiration.

Das Blatt erfüllt – ebenso wie die Sprossachse – lebenswichtige Funktionen einer Pflanze. Je nach Standortbedingungen, wie z. B. Trockenheit oder hohe Feuchtigkeit, kommt es zu den unterschiedlichsten morphologischen Ausprägungen von Blättern. Diese Anpassungen ermöglichen der Pflanze an ihrem Standort zu überleben. Der folgende Abschnitt beschäftigt sich mit einem typischen Vertreter der gemäßigten Breiten: dem Laubblatt (vgl. Abb. 87).

Bau und Wachstum eines typischen Laubblatts

Man gliedert das Laubblatt in drei Abschnitte:

a) in die flächige, meist dünne *Blattspreite* (Fotosynthese, Transpiration);

b) den achsenartigen *Blattstiel* (Wasserzufuhr, Assimilatableitung, Tragen und Drehen der Spreite zum Licht);

c) den *Blattgrund,* der als Blattscheide (Schutz der Knospe) ausgebildet ist, Nebenblätter trägt oder unauffälliges Verbindungsstück zwischen Blattstiel und Sprossachse ist.

Äußerlich sind die Leitbündel, die die gesamte Blattspreite durchziehen und direkt in die Sprossleitbündel münden, als Adern oder Rippen zu erkennen. Die dicken sklerenchymatischen Bündel sorgen mit ihren vorgewölbten Blattrippen für die Stabilität der Blattspreite. Über das Xylem (Holzteil) werden Wasser und Mineralsalze in die Blätter transportiert. Im Phloem (Bastteil) fließen die bei der Fotosynthese entstandenen Assimilate in die verschiedensten Teile der Pflanze.

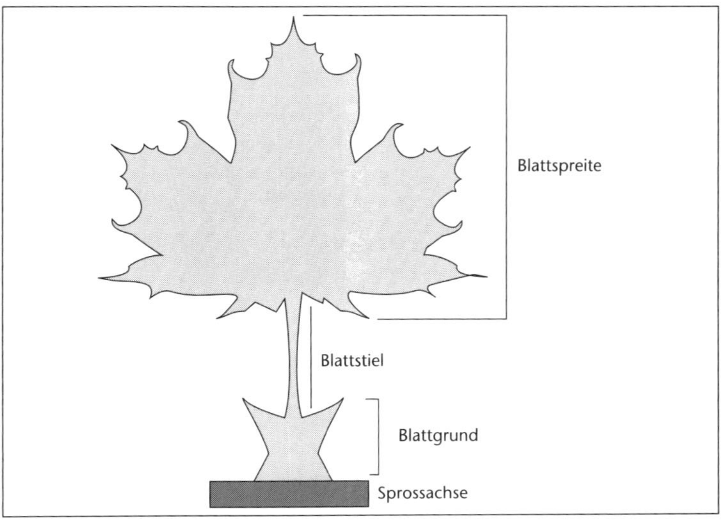

Abb. 87: Aufbau eines Laubblatts

Der Querschnitt der Blattspreite eines Laubblattes

Wie die primäre Sprossachse ist auch die Blattspreite auf beiden Seiten von einer meist chloroplastenfreien Epidermis (Abschlussgewebe) abgegrenzt (vgl. Abb. 88). Diese ist ihrerseits von einer wasser- und luftundurchlässigen Schicht überzogen, der so genannten Kutikula. In die Epidermis sind Spaltöffnungen (Stomata, vgl. S. 273) integriert, über die der Stoffaustausch zwischen dem Blattinneren und der Atmosphäre erfolgt.

Zwischen der (häufig nur eine Zellschicht dicken) oberen und unteren Epidermis liegt das fotosynthetisch aktive Gewebe, das Mesophyll (spezialisiertes Parenchym). Dieses ist im Laubblatt meist in zwei Gewebe unterschiedlicher Funktion und Morphologie unterteilt: in das im Blattquerschnitt oben liegende Palisadenparenchym und das darunter liegende Schwammparenchym.

Das Palisadenparenchym besteht meist nur aus einer Zellschicht von mehr oder weniger lang gestreckten Zellen, die senkrecht zur Blattoberfläche stehen. Zwischen den Zellen bilden sich nur kleine Interzellularräume (Hohlräume) aus. Ihre Hauptfunktion ist die Fotosynthese (vgl. S. 71). Dementsprechend enthalten sie viele Chloroplasten und ca. 70 % des gesamten Blattchlorophylls.

Zwischen den locker verzweigten Zellen des Schwammparenchyms liegen dagegen große Interzellularräume, in denen die für die Pflanze wichtigen Gase wie Wasserdampf (H_2O), Kohlendioxid (CO_2) und Sauerstoff (O_2) frei diffundieren können (vgl. S. 272). Deshalb wird das Schwammparenchym auch als Atmungs- oder Transpirationsgewebe bezeichnet. Dennoch hat es auch Fotosynthesefunktion und enthält ca. 30 % des gesamten Blattchlorophylls in seinen Chloroplasten.

Zwischen Palisaden- und Schwammparenchym liegen die Leitbündel, die für den Wasser- bzw. Assimilattransport sorgen. Der Leitbündelaufbau in der Blattspreite und im Blattstiel entspricht grundsätzlich jenem der Sprossachse. Da die Leitbündel des Blatts die nach außen gebogene Fortsetzung der Sprossachsenleitbündel sind, weist das im Stamm innen liegende Xylem zur Blattober- und das im Stamm außen liegende Phloem zur Blattunterseite. Mit der zunehmenden Verzweigung der Leitbündel zu den Spreitenrändern hin vereinfacht sich auch ihr Aufbau. Die

Anzahl der Leitelemente (wie Tracheiden bzw. Siebzellen) pro Leitbündel nimmt ab. Dadurch verjüngen sie sich und enden schließlich blind im Mesophyll.

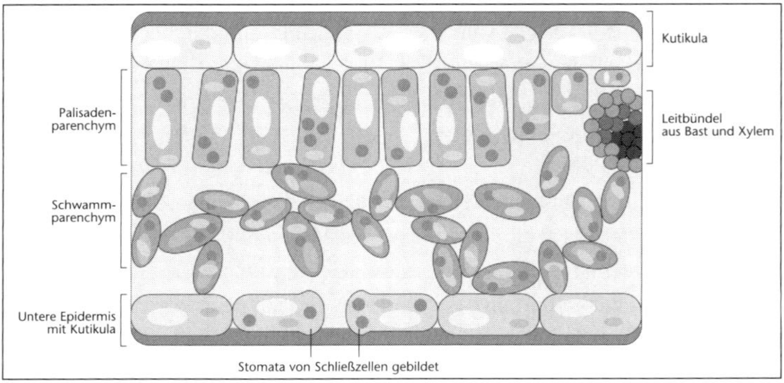

Abb. 88: Querschnitt eines Laubblatts

Funktionen eines Blatts

Die drei wesentlichen Funktionen des Blatts sind 1. die Bereitstellung von Nährstoffen durch die Fotosynthese, 2. die Aufnahme von Kohlenstoffdioxid und Abgabe von Sauerstoff (Gasaustausch) bzw. von Wasserdampf (Transpiration) und 3. die Gewährleistung der erfolgreichen Fortpflanzung durch die Blüte als spezialisierten Bestandteil des Blatts.

Das Blatt ist so aufgebaut, dass es diesen drei z. T. in Zusammenhang stehenden Aufgaben gerecht wird.

Anpassungen der Blätter an die Fotosynthese

Die Fotosynthese wurde bereits in Kapitel 2.2 „Aufbau energiereicher Moleküle" auf Seite 71 eingehend erläutert und wird deshalb an dieser Stelle nur kurz zusammengefasst. Sie ist jener Stoffwechselweg, der die Pflanzen von den Tieren unterscheidet. Die Pflanze nutzt die über die Blattspreite aufgefangene Lichtenergie, um CO_2-Moleküle der Atmosphäre aneinander zu ketten. Die dabei entstehenden Kohlenhydratverbindungen wie z. B. Zucker [$C_6H_{12}O_6$] bzw. Stärke werden als

Assimilate bezeichnet. Sie dienen der Pflanze zum einen, um den Energiebedarf ihrer Zellen zu decken, zum anderen als Baustoffe, damit die verschiedenen Gewebe bzw. Organe gebildet werden können. Durch die Fotosynthese erfolgt also die Umwandlung von anorganischen (CO_2) in organische Moleküle (CH_2O). Diese sind wiederum die Lebensgrundlage aller Tiere.

Pflanzen bzw. ihre Zellen sind i. d. R. nicht mobil. Um sich dennoch den wechselnden Umweltbedingungen, vor allem dem Licht, anzupassen, stehen ihnen zwei Wege offen: innerzelluläre Bewegungen oder Flexibilität bei ihrer Entwicklung.

Ein Beispiel für eine innerzelluläre Bewegung ist der sich je nach Lichtstärke drehende Chloroplast der Grünalge Mougeotia. Bei Schwachlicht wendet er dem Licht seine breite Fläche zu, bei Starklicht die schmale Kante. Die Änderung der Stellung der Chloroplasten erfolgt mittels intrazellulärer Strömungen des Zytoplasmas. Diese werden durch Motormoleküle erzeugt. Durch das Drehen der Chloroplasten schützt die Pflanze bei starker Lichtintensität ihren sehr empfindlichen Fotosyntheseapparat. Sie kann aber auf diesem Wege auch die Ausbeute der eingefangenen Lichtquanten bei Schwachlicht verbessern. Aber nicht nur die Chloroplasten richten sich nach dem Licht aus, auch bei den Blättern kann man Bewegungen verfolgen, die der Optimierung der Lichtabsorption dienen.

Bei Kartoffeln findet dagegen eine flexible, d. h. lichtabhängige Entwicklung statt. Sie bilden im Dunkeln – auf der Suche nach Licht – lange fädige Ausläufer (Stolonen) aus. Haben sie das Licht erreicht, so entstehen Luftsprosse mit flächigen Blättern, um möglichst viel Licht einzufangen.

Die Speichergewebe der Pflanzen

Für die Stoffspeicherung, insbesondere die der Assimilate, verfügen Pflanzen über verschiedene spezialisierte Gewebe und Organe. Beispiele dafür sind die Sprossknolle der Kartoffel, die Wurzelknolle der Dahlie oder die Speichercotyledonen der Erdnuss. Die Speicherstoffe liegen in ihnen jedoch nicht frei im Zytoplasma, sondern sind in speziellen Organellen verpackt, z. B. in Amyloplasten (Kohlenhydrate), Elaioplasten (Öle und Fette) oder Proteinoplasten (Proteine, vgl. S. 44). In den Amyloplasten speichern die Pflanzen die bei der Fotosynthese entstandenen Kohlenhydrate in Form von Stärke. Essen wir eine Kartoffel, so zerlegen wir die großen Stärkemoleküle mittels spezieller Verdauungsenzyme (vor allem Amylasen), die sich in unserem Speichel befinden.

Regulation des Gasaustauschs und der Transpiration

Durch die Spaltöffnungen (Stomata) in der Epidermis steht das Interzellularsystem des Blatts mit der Außenluft in Verbindung (vgl. Abb. 89). Die Spaltöffnungen treten im Allgemeinen an der Blattunterseite gehäuft auf (ca. 100 bis 800 Stück pro mm^2). Das entspricht einem Porenareal von 0,5 bis 2 % der Blattoberfläche. Durch das Öffnen bzw. Schließen der Stomata können die Pflanzen den Gasaustausch, d. h. die CO_2-Aufnahme bzw. die O_2-Abgabe, regulieren.

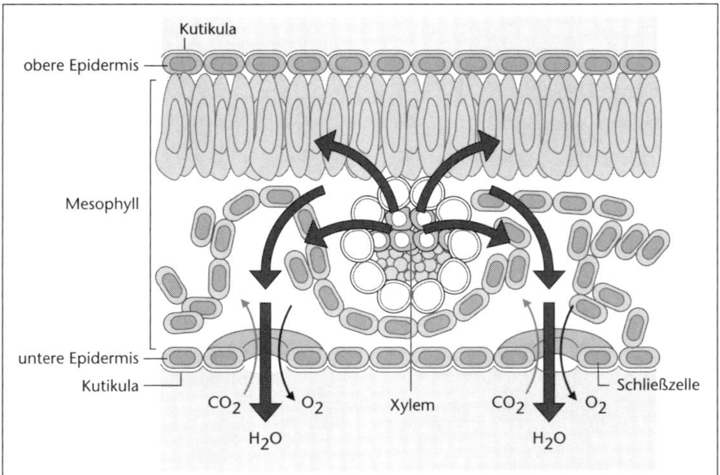

Abb. 89: Gasaustausch und Transpirationssog

Eine Pflanze darf vor allem bei Trockenheit nicht zu viel Wasser an die Umwelt verlieren. Das Blatt wird durch ihre Epidermis und Kutikula vor unkontrolliertem Wasserverlust geschützt. Für die kontrollierte Wasserdampfabgabe (Transpiration) sorgen die Spaltöffnungen. Der Wasserstrang steht über das Leitbündelsystem des Xylems auch zwischen den verschiedenen Organen in durchgehendem

Kontakt, der durch Adhäsionskräfte stabilisiert wird. Damit bewirkt die Abgabe von Wasserdampf (H_2O) an den Blättern, dass Wassermoleküle über die Leitelemente bzw. über die Wurzeln aus der Erde angesaugt werden. Adhäsionskräfte zwischen den dipolaren Wassermolekülen und die Kohäsionskräfte mit den Xylemwänden (vgl. S. 17) sorgen dafür, dass der durchgehende Wasserstrang nicht auseinander reißt. Aufgrund dieser Bindungskräfte ist eine Wasserversorgung bis in Baumwipfel von maximal 120 m Höhe möglich.

Der Spaltöffnungsmechanismus

Die Regulation der Spaltöffnungen erfolgt durch externe Faktoren. Ist die Wasserversorgung der Pflanze gut und scheint die Sonne, so öffnen die Pflanzen die Spaltöffnungen, um zusätzliches Kohlenstoffdioxid für den Calvin-Zyklus der Fotosynthese (vgl. S. 71) zu erhalten bzw. das „Abfallprodukt“ Sauerstoff an die Atmosphäre abzugeben.

Scheint die Sonne nicht bzw. ist die Wasserversorgung der Pflanze aufgrund anhaltender Trockenheit schlecht, so schließt die Pflanze den Porus. Dazu verfügen die Schließzellen über eine spezielle Struktur. Auf der dem Porus zugewandten Seite verfügen sie über Verdickungsleisten, von denen Zytoskelettelemente zur gegenüberliegenden Zellseite führen. Erhöht sich das Volumen der Zellen aufgrund eines passiven Wassereinstroms, so dehnt sich die dem Porus abgewandte Zellseite nach außen hin und zieht die Verdickungsleisten mit. Der Porus öffnet sich (vgl. Abb. 89). Der Wassereinstrom erfolgt aufgrund aktiver Transportprozesse über die Zellwand. Die Zelle pumpt aktiv Ionen (K^+) in die Zelle, woraufhin das Wasserpotenzial der Zelle abnimmt bzw. ein osmotisches Gefälle entsteht, dem die Wassermoleküle passiv folgen. Der Ausstrom von K^+-Ionen bewirkt den gegenläufigen Prozess und der Porus schließt sich.

Anpassung der Blätter an die Fortpflanzung – die Blüte

Unter morphologischen Gesichtspunkten bestehen Blüten aus einem Teil des Sprosses und umgewandelten Blättern (vgl. Abb. 90). Letztere sind in Blütenkreisen zu so genannten Wirteln angeordnet. Ganz im Inneren der Blüte befindet sich der Blütenboden, der den Fruchtknoten mit der Samenanlage trägt. In ihm reifen die weiblichen Geschlechtszellen heran. Über die Narbe und den Griffel erfolgt die Befruchtung über den aus den Pollen herauswachsenden Pollenschlauch (vgl. Abb. 78). Als Gesamtheit bezeichnet man diese Struktur als Fruchtblatt. Um das Fruchtblatt herum sind die Pollen tragenden Staubblätter angeordnet. Sie bestehen aus den Antheren mit den Pollen und dem Filament. Den äußersten Kreis bilden die Kelchblätter, die i. d. R. grün sind. Ihre Aufgabe ist, zusammen mit den Kronblättern als Blütenhülle die Knospe zu schützen, bis sich die Blüte vollständig entfaltet hat. Die Kronblätter dienen zusätzlich der Anlockung von bestäubenden Insekten. Sie unterscheiden sich daher in Farbe und Form ziemlich stark von gewöhnlichen Blättern.

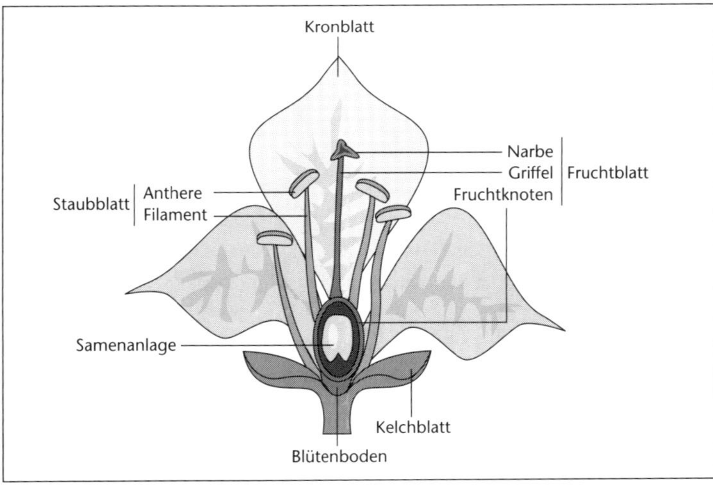

Abb. 90: Aufbau einer Blüte

Die Blüten dienen der sexuellen Form der Fortpflanzung. Bei ihr kommt es in der Meiose (vgl. S. 96) und bei der Verschmelzung der männlichen und weiblichen Geschlechtszellen zur Rekombination des Erbguts. Neben dieser geschlechtlichen Form der Fortpflanzung sind Pflanzen aber auch in der Lage, sich ungeschlechtlich, d. h. vegetativ (vgl. S. 232) zu vermehren. Bekanntes Beispiel ist die Kartoffel, bei der aus dem Speicherorgan eine neue, genetisch identische Pflanze heranwächst. Ein anderes Beispiel ist die ungeschlechtliche Vermehrung über Tochterzwiebeln oder Brutknospen.

Pollen übertragen das männliche Erbgut der Pflanze. Von einer Pflanze zur anderen gelangen sie je nach Art entweder durch den Wind oder mithilfe von Insekten. Bei der Windbestäubung wird die Befruchtungswahrscheinlichkeit durch die Produktion von Millionen von Pollen erhöht. So liefert z. B. eine einzige Roggenähre bereits über vier Millionen Pollen. Bei der Tierbestäubung werden weniger Pollen gebildet, allerdings investieren die Pflanzen in eine mehr oder weniger aufwändige Blüte, die der Anlockung dient.

Die Färbung von Pflanzenblättern

Die Färbung von Zellen und damit der von ihnen gebildeten Strukturen kann verschiedene Gründe haben. Sie kann z. B. dem Schutz junger oder exponierter Blätter vor zu starker Sonneneinstrahlung dienen oder der Anlockung von Bestäubern bzw. Verbreitern mittels gefärbter Blüten und Früchte.

Die für die Farben verantwortlichen Pigmente liegen entweder in den Chromoplasten oder in den Vakuolen. Die Farben Gelb, Orange und Rot werden dabei durch die lipophilen Karotinoide in den Chromoplasten erreicht. Blau, Violett oder Braun dagegen entstehen durch das wasserlösliche Anthozyan der Vakuolen. Die Färbung des Herbstlaubs rührt daher, dass die Bäume im Herbst vor dem Abwerfen ihrer Blätter damit beginnen, den grünen Blattfarbstoff (Chlorophyll) abzubauen, um ihn für das nächste Jahr einzulagern. Dadurch kommen die bisher durch das Chlorophyll überdeckten gelben und orangefarbenen Farbpigmente (Karotinoide und Xantophylle) zum Vorschein. Die rot färbenden Anthocyane sind bereits in den Vakuolen der Blätter vorhanden oder werden im Herbst neu gebildet.

Laubbäume werfen ihre Blätter im Herbst ab, um sich vor dem bevorstehenden Frost und Wassermangel zu schützen. Über die Blätter verlieren die Pflanzen große Mengen an Wasser. Bei ausreichender Wasserversorgung dient dies, wie bereits erwähnt, dem Nährsalz- und Assimilatetransport. In der kalten Jahreszeit gefriert der Boden und über die Wurzeln kann kein Wasser mehr aufgenommen werden. Würde die Verdunstung über die Blätter weiterlaufen, müssten die Bäume quasi verdursten. Um dies zu verhindern, wird nach dem Abtransport der wertvollen Ressourcen aus den Blättern eine Trennschicht am Blattstiel gebildet und die Blätter werden abgeworfen. Signale für diesen Vorgang sind die abnehmende Tageslänge und die sinkenden Temperaturen im Jahreszeitenklima der gemäßigten Breiten.

Anpassungen an Trockenheit (Xeromorphie)
Pflanzen, die an Standorten hoher Sonneneinstrahlung und Trockenheit vorkommen (Extremfall Wüste), schützen sich vor starkem Wasserverlust. Die Gesamtheit der Anpassungen an Trockenheit wird als Xeromorphie bezeichnet. Dabei findet man vor allem an den Blättern unterschiedliche Möglichkeiten, den Wasserverlust durch Transpiration zu verringern. Beispiele sind:

- Ausbildung einer dicken Kutikula auf der Epidermis (beim Nadelblatt)
- Reduktion der Blattoberfläche bis hin zum völligen Verlust der Blätter; die grüne Sprossachse übernimmt die Fotosynthesefunktion (bei Kakteen)
- Reduktion oder Einsenkung der Stomata in die Epidermis (beim Nadelblatt)
- Modifikationen an anderen Organen der Pflanze: Ausbildung großer Wasser speichernder Zellen in der Sprossachse (bei Kakteen); Ausbildung tief reichender Wurzelsysteme (beim Weizen)

10.3 Die Wurzel der Kormophyten

Die Wurzel als Verbindungsglied zwischen Pflanze und Erde ist bei den verschiedenen Vertretern der Kormophyten unterschiedlich gegliedert. Bei allen Pflanzen sorgt sie jedoch für eine feste Verankerung im Boden, für die lebenswichtige Wasser- und Nährsalzaufnahme bzw. deren Weiterleitung sowie für die Speicherung von organischen Molekülen.

Bau und Wachstum der Wurzel

Der vertikale Aufbau der primären Wurzel
An der in den Boden eindringenden Spitze der Wurzel befindet sich eine Kappe parenchymatischer Zellen, die so genannte Kalyptra oder Wurzelhaube. Sie

umgibt und schützt das Apikalmeristem der Wurzel. Ihre äußersten und damit ältesten Zellen lösen sich auf – man spricht von „verschleimen" – und bilden so eine Art Schmierfilm, der es der Wurzel erleichtert, in den Boden einzudringen. Durch diesen Vorgang gehen ständig Zellen verloren, die entweder vom Apikalmeristem oder von einem speziellen Bildungsgewebe, dem Kalyptrogen nachgebildet werden (vgl. Abb. 91).

Das durch die Kalyptra verdeckte Apikalmeristem der Wurzel weist meist keine ausgeprägte Zellteilungsaktivität (vgl. S. 54) auf und wird als „ruhendes Zentrum" bezeichnet. Im Gegensatz dazu weisen die an das Apikalmeristem direkt anschließenden, ebenfalls meristematischen Zellen eine sehr hohe Teilungsaktivität auf. Diese Prokambium, Grundmeristem und Protoderm genannten Gewebe sind im Wesentlichen für die Zellbildung in der primären Wurzel verantwortlich. Jenen Bereich der Wurzel aus Apikalmeristem, Prokambium und Grundmeristem nennt man Zellteilungszone.

Dahinter befindet sich die Streckungszone – jene Region, in der durch Vergrößerung des Zellvolumens, vor allem durch Vergrößerung der Vakuole (vgl. primäres Wachstum des Sprosses, vgl. S. 261), der Vortrieb der Wurzel in den Boden erreicht wird. Sie ist nur wenige Millimeter lang. In ihr gehen die zunächst noch embryonalen, also noch teilungsfähigen Zellen in Dauerzellen über.

An die Streckungszone schließt sich die Differenzierungszone an. Hier erfolgt die Ausdifferenzierung der meisten Zellen der primären Gewebe (s. u.) Die primäre Wurzel wird von der Rhizodermis, der Wurzelepidermis (primäres Abschlussgewebe), umgeben. Aus ihren Zellen gehen in der Differenzierungszone röhrenförmige Ausstülpungen, die Wurzelhaare (Trichome) hervor. Deshalb wird diese Zone auch als Wurzelhaarzone bezeichnet. Die Aufgabe der Wurzelhaare ist, die Oberfläche der Wurzel zu vergrößern und damit die Wasser- und Nährstoffaufnahme zu verbessern (vgl. Abb. 92). Die Wurzelhaare sind sehr kurzlebige Gebilde, sie sterben rasch ab und werden fortlaufend in dem Maße, in dem die Wurzel wächst, durch neue ersetzt.
Allgemein gilt, dass die Übergänge zwischen den einzelnen Zonen fließend verlaufen und man daher keine scharfe Grenze zwischen ihnen ziehen kann. In den

Bereichen dahinter werden Seitenwurzeln angelegt und es beginnt die Zone des sekundären Dickenwachstums der Wurzel (s. u.).

Der Querschnitt einer primären Wurzel

Die primäre Wurzel gliedert sich in das äußere (primäre) Rindengewebe und den inneren Zentralzylinder. Die äußerste Schicht des Rindenparenchyms, die Rhizodermis (Wurzelepidermis), ist ein primäres, nur eine Zelllage dickes Abschlussgewebe mit dünnen Außenwänden, ohne Kutikula oder Stomata (vgl. Abb. 91). Wie bereits erwähnt, bilden einzelne Zellen der Rhizodermis in der Differenzierungszone Wurzelhaare aus.

Die Rhizodermis geht rasch zugrunde und wird noch vor ihrem völligen Zerfall durch ein sekundäres Abschlussgewebe, die Exodermis (Hypodermis) ersetzt. Die Exodermis geht aus einer oder mehreren Zelllagen des äußeren Rindenparenchyms hervor. Die Wände ihrer äußersten Zellschicht sind häufig verkorkt.

Der größte Teil der darunterliegenden Rinde besteht aus Parenchym (Grundgewebe), das große Interzellularen aufweist. Nach innen wird die Rinde durch die Endodermis abgeschlossen, einen einschichtigen Zellring lückenlos aneinander schließender Zellen (inneres Abschlussgewebe). Sie hat bei der Aufnahme von in Wasser gelösten Substanzen große Bedeutung (vgl. S. 282, Casparischer Streifen).

Direkt auf die Endodermis folgt das Perizykel oder Perikambium als erste Zellschicht des Zentralzylinders. Der Zentralzylinder, der die Gesamtheit der Leitbündel der Wurzel darstellt, ist im Querschnitt durch ein zentral liegendes, strahlen- oder sternförmiges (primäres) Xylem gekennzeichnet. Dazwischen liegen, durch Parenchymzellen getrennt, die (primären) Elemente des Phloems.

Die Elemente des Leitbündelsystems sind also im Kreis (radial) angeordnet. Je nach Anzahl der aus dem Zentrum nach außen zum Perizykel verlaufenden Xylemstränge unterscheidet man oligoarche oder polyarche Leitbündelsysteme, d. h. Leitbündelsysteme mit mehreren oder sehr vielen Xylemsträngen. Letzteres findet man häufig bei Monokotyledonen. Das Zentrum der Wurzel kann, statt von sehr weitlumigen Xylemelementen, auch von Sklerenchym oder Speicherparenchym eingenommen werden.

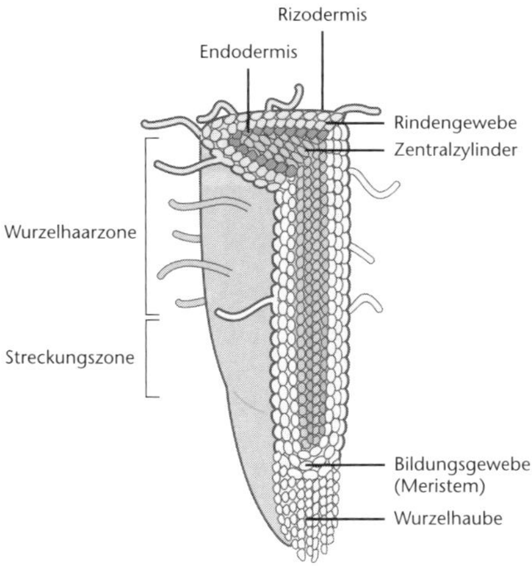

Abb. 91: Vertikaler und horizontaler Bau der primären Wurzel

Der sekundäre Bau der Wurzel

Beim sekundären Dickenwachstum der Wurzel reembryonalisiert das Gewebe (d. h., es wird wieder meristematisch), das die Xylem- und Phloemelemente im Zentralzylinder trennt, und bildet schließlich ein durchgehendes, sternförmiges Kambium, an dem auch Abschnitte des Perizykels (Perikambiums) beteiligt sind.

Da der Kambiumstern zunächst vermehrt sekundäres Xylem auf der Höhe der Phloemelemente produziert, wandelt er sich zu einem kreisförmigen Kambium bzw. zu einem Kambiumring. Dieser bildet, analog zur Sprossachse, nach außen sekundäres Phloem und nach innen sekundäres Xylem. Außerdem werden auch hier Jahresringe sowie Markstrahlen gebildet (vgl. S. 263). Anhand des meist anstelle eines parenchymatischen Marks vorhandenen zentralen Xylemsterns und der weiträumigen Gefäße bleiben Wurzel- und Stammholz gut unterscheidbar.

Wesentliche Funktionen der Wurzel

Die wesentlichen Aufgaben der Wurzel im Gesamtsystem eines Kormophyten sind die Stoffspeicherung, die Aufnahme und der Transport von Wasser und Nährsalzen sowie die Befestigung der Pflanze an ihrem Standort.

Speicherung
Die Wurzel dient bei vielen Pflanzenarten als Speicherorgan für organische Nährstoffe. Die Speicherung findet im Allgemeinen im Parenchym statt; z. T. können Teilbereiche der Wurzel extreme Spezialisierungen erfahren wie z. B. die Wurzelknollen der Dahlie.

Aufnahme und Transport von Wasser und mineralischen Nährstoffen
Die Anzahl der für die Wasseraufnahme wichtigen Wurzelhaare beträgt z. B. bei einer ausgewachsenen Roggenpflanze über zehn Milliarden mit einer Oberfläche von über 400 m^2 und einer Gesamtlänge von 10.000 km. Die Pfahlwurzel der Tamarisken reicht angeblich bis zu einer Tiefe von 30 m.

Über die Oberfläche der Wurzel werden das Bodenwasser und darin gelöste Mineralstoffe aufgenommen. Als Triebkraft dient der in den Blättern aufgrund der Verdunstung des Wassers erzeugte Transpirationssog (vgl. S. 265). Der durchgehende Wasserfaden im Xylem der Leitbündel der Sprossachse sorgt dafür, dass dieser auch in den Wurzeln wirksam ist. Dazu verfügt die Wurzel mit den Wurzelhaaren über spezialisierte Zellen. Wie oben beschrieben, vergrößern diese die Oberfläche der Wurzel enorm und optimieren somit die Aufnahme. Das Wasser folgt dabei passiv seinem Konzentrationsgradienten zum Zentralzylinder hin.

Die Aufnahme von Mineralsalzionen (z. B. K^+, Ca^{2+}, Mg^{2+}, NO^{3-}) ist dagegen an besondere Transporteigenschaften der Biomembran der Wurzelhaare gebunden. Mithilfe einer ATPase werden Protonen aus der Wurzelhaarzelle aktiv durch die Membran ins Bodenwasser transportiert. Diese Protonen erfüllen zwei Aufgaben:

a) *Kationentausch:* Die Protonen verdrängen an der Oberfläche der Bodenpartikel gebundene Kationen (K^+, Ca^{2+} etc.), die somit in die Bodenlösung gelangen.

b) *Ionenaufnahme:* Die Protonen streben ihrem Konzentrationsgefälle folgend durch bestimmte Membranproteine (Carrier, vgl. S. 51) zurück in die Zelle. Dabei transportieren sie in Abhängigkeit vom jeweiligen Carrier bestimmte Anionen wie z. B. PO_4^{3-} in die Zelle (sekundär aktiver Cotransport; Symport). Zusätzlich sorgt das aus dem Protonentransport resultierende elektrische Membranpotenzial dafür, dass die Kaliumionen durch spezielle Transportproteine der Membran der Ladungsverteilung folgend (innen negativ) ins Zellinnere transportiert werden. Aufgrund der Spezifität der Membranproteine erfolgt die Aufnahme in den so genannten Symplast (Zytoplasma) selektiv.

Wasser und Mineralstoffe können allerdings nicht nur durch den Symplast bzw. die Plasmodesmen durch die Wurzelrinde zum Zentralzylinder gelangen, sondern bis zur Endodermis auch unkontrolliert durch den Apoplast. Als Apoplast bezeichnet man die stark durchlässigen Räume zwischen den Plasmamembranen der einzelnen Zellen. Damit schädliche, über die Wurzelhaare aufgenommene Substanzen wie Schwermetalle nicht unkontrolliert in den Zentralzylinder gelangen können, dient die Endodermis als selektierender Filter. Hier müssen alle aufgenommenen Substanzen aufgrund der strukturellen Eigenschaften aus dem Apoplast in den Symplast übertreten und werden damit kontrolliert.

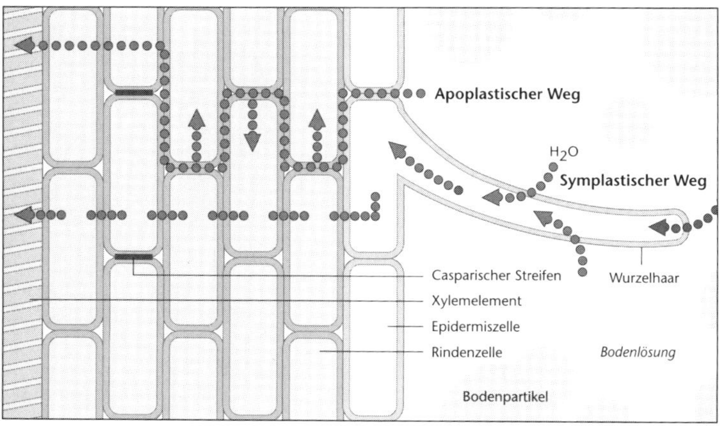

Abb. 92: Wasseraufnahme an der Wurzel

Je nach Pflanzenart liegt die Endodermis in verschiedenen Differenzierungen vor: Bei der primären Endodermis sind in die Radial- und Horizontalwände der Zellen Suberin (Korkstoffe) und Lignin an- bzw. eingelagert. Dadurch ist hier die Durchlässigkeit für wässrige Lösungen stark eingeschränkt. Der radiale Transport zu den Leitelementen ist nun nur noch durch die Zellen selbst möglich. Aber nur bestimmte „gute“ Minerale können die Plasmamembran durchdringen. Diese als Casparischer Streifen bezeichnete primäre Differenzierung der Endodermis erlaubt der Pflanze, die Aufnahme von Substanzen zu kontrollieren.
Ist die Endodermis überwunden, gelangen das Wasser und die Nährsalze über das Xylem des Zentralzylinders in alle Bereiche der Pflanze.

Verankerung

Eine der wichtigsten Funktionen der Wurzel ist die Verankerung der Pflanze im Substrat bzw. Boden. Die Verholzung und die Fasern im Phloem tragen dabei maßgeblich zur Standfestigkeit bei.

XI. Grundlagen der Ökologie und des Umweltschutzes

Die Ökologie beschäftigt sich mit den Wechselbeziehungen der Lebewesen untereinander und zu ihrer unbelebten Umwelt.

Der Untersuchungsbereich der Ökologie umfasst die Einheit von Lebensraum (Biotop) und den darin lebenden Organismen (Biozönose), das so genannte Ökosystem.

Ein Ökosystem ist ein komplexes, dynamisches System, in dem es zahlreiche Wechselbeziehungen zwischen den dort vorkommenden belebten Faktoren – wie Pflanzen, Tieren, Bakterien und Pilzen – und den Faktoren des unbelebten Lebensraums – wie Luft, Temperatur und Wasser – gibt.

Im Folgenden soll zunächst auf die einzelnen in Ökosystemen wirksamen Umweltfaktoren eingegangen werden, bevor anhand der Beispiele „Moor" und „See" komplexe Ökosysteme genauer betrachtet werden. Der letzte Teil des Kapitels befasst sich mit der Einflussnahme des Menschen auf Ökosysteme.

11.1 Umweltfaktoren und das biologische Gleichgewicht

Toleranzbereich und ökologische Potenz

Einflüsse der unbelebten Umwelt wie Wasser, Licht und Temperatur nennt man abiotische Umweltfaktoren (Ökofaktoren). Einflüsse, die auf Lebewesen zurückzuführen sind (z. B. Konkurrenz oder Symbiose), werden als biotische Umweltfaktoren bezeichnet.

Je nach Eigenschaft können die einzelnen Umweltfaktoren unterschiedliche Einflüsse auf ein Lebewesen haben. Dabei wird der günstigste Wert Optimum genannt; die Grenzwerte, innerhalb deren ein Organismus gerade noch leben kann, heißen Minimum und Maximum.

Der zwischen den Grenzwerten liegende Toleranzbereich gibt die ökologische Potenz eines Lebewesens für den jeweiligen Umweltfaktor an. Stenöke Arten haben eine enge, euryöke Arten eine weite ökologische Potenz. Für einen Organismus ist der günstigste Standort dort, wo sich die Optima der Umweltfaktoren überschneiden. Dabei wird die Individuenzahl einer Art durch den ungünstigsten Umweltfaktor begrenzt (Wirkungsgesetz der Umweltfaktoren oder Pessimum-Gesetz).

Unter dem Begriff „extremophil“ fasst man jene Organismen zusammen, die sich Umweltbedingungen angepasst haben, die aus menschlicher Sicht als lebensfeindlich betrachtet werden. I. d. R. können an den Orten ihres Vorkommens keine anderen Lebewesen existieren, sodass es nur Konkurrenz zwischen den Individuen der gleichen Art gibt. Ein Beispiel für extremophile Organismen sind die Archaebakteria. Es handelt sich dabei um noch sehr einfache Prokaryoten, die in der Frühzeit der Erdgeschichte (archaische Zeit) entstanden sind und sich seither nur wenig verändert haben. Sie sind perfekt an die jeweiligen extremen Umweltbedingungen angepasst. Allgemein sind es insbesondere Bakterien, die als extremophil bezeichnet werden. Man unterscheidet u. a. thermophile Bakterien, die z. B. bei Temperaturen über 40° C existieren können, und hyperthermophile Bakterien, die sogar Temperaturen zwischen 60 und 115 °C standhalten. Des Weiteren gibt es azidophile, d. h. Säure liebende Organismen, die auch extreme pH-Werte überstehen, und halophile Organismen, die hohe Salzgehalte tolerieren.

Auch der kleinste bekannte Organismus unserer Erde ist ein hyperthermophiles Bakterium. Das winzige Bakterium mit dem Namen „Nanoarchaeum equitans“ ist nur 400 nm (400 Millionstel mm) groß und lebt in Tiefen von bis zu 120 m im Meer vor Island. Hier wächst es bei Temperaturen von ca. 100 °C heran. Die Übersetzung seines Namens aus dem Lateinischen lautet „Urzwerg, der die Feuerkugel reitet“. Er deutet darauf hin, dass das Bakterium nicht allein, sondern auf einem anderen Bakterium, eben der Feuerkugel (Ignicoccus), lebt.

Abiotische Umweltfaktoren

Einflüsse der unbelebten Umwelt bezeichnet man, wie bereits erläutert, als abiotische Umweltfaktoren (Ökofaktoren).

Im Folgenden wird auf einige wichtige abiotische Faktoren und ihre Bedeutung für die Organismen eingegangen.

Temperatur als ökologischer Faktor

Innerhalb des Toleranzbereichs bewirkt eine Temperaturerhöhung um 10 °C etwa eine Verdoppelung der Reaktionsgeschwindigkeit der Stoffwechselprozesse (RGT-Regel, vgl. S. 66). Poikilotherme (wechselwarme) Tiere haben keine Regulationsmechanismen, die ihre Körpertemperatur konstant halten, sodass diese mit der Umgebungstemperatur schwankt. Folglich sind sie stark abhängig vom Umweltfaktor Temperatur. Tiere mit einem weiten Temperaturtoleranzbereich nennt man eurytherm, solche mit engem Toleranzbereich stenotherm.

Beim Absinken der Temperatur unter einen kritischen Wert tritt bei diesen Tieren zuerst eine reversible Kältestarre ein, die in den Kältetod übergeht, wenn die Temperatur weiter sinkt. Übersteigt die Temperatur einen kritischen Wert, kommt es zu einer irreversiblen Wärmestarre, die aufgrund der Koagulation (Denaturierung) der Proteine immer zum Hitzetod führen muss.

Homoiotherme (gleichwarme) Tiere können mithilfe von Regulationsmechanismen ihre Körpertemperatur weit gehend unabhängig von der Außentemperatur konstant halten, sodass es ihnen im Laufe ihrer Entwicklung möglich war, auch in dauerkalte Biotope vorzudringen, beispielsweise in die Arktis. Bei der Beziehung zwischen Temperatur und Aussehen eines Tiers lassen sich bestimmte Gesetzmäßigkeiten – so genannte Klimaregeln – beobachten:

a) *Bergmann'sche Regel:* Homoiotherme Tiere einer Art sowie Arten desselben Verwandtschaftskreises werden in kälterem Klima größer als in warmen Gebieten. Im Verhältnis zum Volumen haben größere Tiere einen geringeren Oberflächenanteil, was für den Wärmehaushalt vorteilhaft ist.

Ein typisches Beispiel für die Bergmann'sche Regel ist die Körpergröße von Pinguinen in verschiedenen Regionen der Erde. So wird beispielsweise der Galapagos-Pinguin, der in Äquatornähe lebt, nur etwa 50 cm groß, während der Kaiserpinguin aus der Antarktis eine Körpergröße von bis zu 120 cm erreicht.

b) *Allen'sche Regel* (Proportionsregel): Tiere einer Art und Arten eines Verwandtschaftskreises haben in kälteren Klimazonen kleinere Körperanhänge (Extremitäten, Ohren, Schwanz) als in wärmeren Regionen, da sie aufgrund ihrer relativ großen Oberfläche leicht auskühlen.

Als Beispiel für die Allen'sche Regel lassen sich die Ohren von Füchsen anführen: So hat der in arktischen Regionen heimische Polarfuchs sehr kleine Ohren, während die des Rotfuchses aus der gemäßigten Zone eine „normale" Größe besitzen und die des Wüstenfuchses (Fennek) ungewöhnlich groß sind.

Licht und Wasser als ökologische Faktoren

Besonders für Pflanzen sind Licht und Wasser wichtige ökologische Faktoren. Licht wird als Energiequelle für die Fotosynthese (vgl. S. 71) benötigt, wobei Sonnenpflanzen sehr viel Sonne benötigen. Halbschattenpflanzen oder Schattenpflanzen können das vorhandene Licht besser nutzen, sodass sie auch an weniger hellen Standorten wachsen.

Im Zusammenhang mit Wasser als ökologischem Faktor sollen hier die Xerophyten (Trockenpflanzen) erwähnt werden, zu denen beispielsweise die Kakteen gehören. Dank sehr kleiner so genannter xeromorpher (vgl. S. 276) Blätter mit einer verdickten Kutikula mit Wachsschicht und eingesenkten Spaltöffnungen ist bei ihnen die Wasserverdunstung viel geringer als etwa bei Sumpfpflanzen, die einen weniger ausgeklügelten Verdunstungsschutz benötigen, da in diesem Lebensraum Wasser kein Mangelfaktor ist.

Biotische Umweltfaktoren

Einflüsse auf die Biozönose, die auf Lebewesen zurückzuführen sind, werden als biotische Umweltfaktoren bezeichnet.

Konkurrenz

Unter dem Begriff „Konkurrenz" versteht man den Wettkampf der Organismen um limitierte Ressourcen (Nahrung, Lebensraum).

Man unterscheidet zwischen innerartlicher Konkurrenz, bei der Individuen einer Art um die von ihnen genutzten Faktoren ihrer Umwelt kämpfen, und der zwischenartlichen Konkurrenz. Zu Letzterer kommt es, wenn zwei Arten ähnliche Bestandteile des Ökosystems nutzen und sich diese gegenseitig streitig machen.

Wie bei den Tieren kann es auch bei Pflanzen zu Konkurrenz kommen. Sie haben deshalb zum Teil unterschiedliche Strategien entwickelt, wie sie sich gegen Konkurrenten behaupten können. Dazu setzen sie u. a. chemische Botenstoffe ein, die i. d. R. auf Individuen anderer oder der gleichen Art eine hemmende Wirkung ausüben. Man bezeichnet diese Art der Bekämpfung von Konkurrenten als Allelopathie. Manche Pflanzen setzen sich gegen Mikroorganismen zur Wehr, indem sie fungizide Stoffwechselprodukte freisetzen, also Substanzen, die eine pilzabtötende Wirkung besitzen.

Räuber-Beute-Beziehung (Episitismus)

Bei Tieren kann die Dominanz einer Art zu einer Räuber-Beute-Beziehung führen. In solchen Fällen nutzt die dominante Art (Räuber) die Individuen einer unterlegenen Art (Beute) als Nahrung. Dabei entsteht hinsichtlich der Populationsdichte eine Abhängigkeit zwischen Räuber und Beute. Obwohl Räuber die jeweilige Beutepopulation dezimieren, bleibt deren Gesamtbestand dennoch ungefährdet, weil die Population der Beutetiere auf eine Bestandsverminderung normalerweise mit einer hohen Vermehrungsrate reagiert. Voraussetzung ist allerdings, dass das Nahrungsangebot des jeweiligen Lebensraums dies zulässt.

Für diese Zusammenhänge formulierte der Biomathematiker Volterra bestimmte Gesetzmäßigkeiten, die Volterra'sche Regeln oder Volterra'sche Gesetze genannt werden und im Folgenden erläutert sind:

a) *Gesetz der periodischen Zyklen:* Auch bei konstanten Außenbedingungen treten bei Räubern und Beutetieren periodische Populationsschwankungen (Fluktuationswechsel, Populationswellen, Massenwechsel) auf. Dabei sind die Maxima der beiden Wachstumskurven aufgrund einer gewissen Verzögerung (Totzeit) phasenverschoben (vgl. Abb. 93). Dies trifft besonders für solche Räuber-Beute-Systeme zu, bei denen sich der Räuber vorwiegend von nur einer Beuteart ernährt.

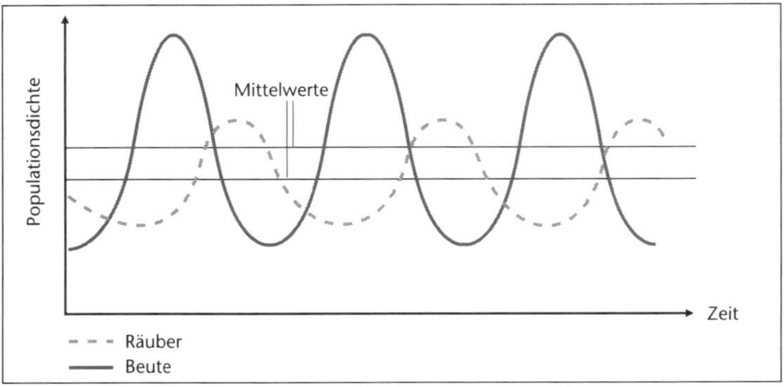

Abb: 93: Schwankungen der Räuber- und Beutepopulationen

b) *Gesetz der Erhaltung der Durchschnittszahlen:* Bei gleich bleibenden Bedingungen liegen die Populationsdichten von Räubern und Beute trotz der Populationsschwankungen konstant bei einem Durchschnittswert.

c) *Gesetz von der Störung der Durchschnittszahlen:* Werden Räuber und Beutetiere proportional zu ihrer Populationsdichte mit gleicher Intensität vernichtet, steigt nach Ausschaltung des Störfaktors die Zahl der Beutetiere schneller als die der Räuber, da Letztere wegen des Nahrungsmangels sekundär zusätzlich reduziert werden. Ein Beispiel hierfür ist der Einsatz von Insektiziden, die sowohl Schädlinge als auch deren natürliche Feinde töten.

Symbiosen und Parasitismus

Das Zusammenleben von Organismen kann entweder unabhängig voneinander erfolgen oder aber in gegenseitiger Beeinflussung, wie wir es bereits bei der Räuber-Beute-Beziehung kennen gelernt haben. Die Symbiose stellt eine Win-win-Beziehung dar, da beide Partner voneinander profitieren. Dagegen nutzt beim Parasitismus der Parasit seinen Partner, den Wirt, auf dessen Kosten aus.

Symbiose

Unter Symbiose versteht man das Zusammenleben artverschiedener Organismen zum gegenseitigen Nutzen. Flechten gehören sicher zu den bekanntesten

Symbiosen. Als Doppelorganismen bestehen sie aus einem Pilz und einer Alge. Die Alge bringt die energiereiche Glukose in die Gemeinschaft ein, die der Pilz als Nährstoff benötigt. Im Gegenzug liefert der Pilz mineralische Stoffe an die Alge. Zusätzlich bietet der Pilz der Alge das wässrige Umgebungsmilieu, das sie vor dem Austrocknen schützt. Er ermöglicht ihr damit das Wachstum in einem Lebensraum, der ihr sonst nicht zugänglich wäre. Die Lebensgemeinschaft Flechte ist sehr widerstandsfähig. Sie erträgt Temperaturschwankungen zwischen – 55 bis + 70 °C. Für die Ökologen dienen Flechten als verlässlicher Indikator für Umweltverschmutzung, da sie aufgrund des sehr störanfälligen Gleichgewichts zwischen den Partnern sehr empfindlich auf schädliche Umwelteinflüsse reagieren und dann Veränderungen zeigen.
Auch die so genannte Mykorrhiza bezeichnet eine symbiontische Lebensgemeinschaft. In diesem Falle leben höhere Pflanzen zum gemeinsamen Vorteil mit Pilzen zusammen. Dazu umschließen die Hyphen der Pilze die Feinwurzeln vieler Bäume. Durch die damit erzeugte Oberflächenvergrößerung der Wurzel optimieren die Pilze die Nährstoff- und Wasseraufnahme der Bäume. Zusätzlich verbessern sie die Abwehr von Krankheitserregern und Schadstoffen. Der Vorteil für die Pilze besteht darin, dass sie von den Bäumen mit photosynthetisch erzeugten Kohlenhydraten versorgt werden, zu deren Produktion sie selbst nicht in der Lage sind.
Auch im Bereich der Tiere gibt es diese enge Form des Zusammenlebens, etwa zwischen Einsiedlerkrebsen und Seeanemonen.

Parasitismus

Ein Parasit, auch Schmarotzer genannt, ist ein Lebewesen, das seine Nahrung von einem anderen Lebewesen (Wirt) bezieht und vorübergehend oder dauerhaft mit ihm lebt. Die im Körper des Wirts lebenden Parasiten wie Bandwürmer werden als Endoparasiten bezeichnet, die außerhalb des Körpers schmarotzenden Lebewesen wie Flöhe, Zecken oder Läuse als Ektoparasiten. Häufig sind Parasiten sehr eng an einen bestimmten Wirt gebunden und haben sich ihm perfekt angepasst.
Zecken sitzen meist nur kurz oberhalb des Bodens an Gräsern oder Büschen und fallen nicht von den Bäumen. Tiere – oder auch Spaziergänger – streifen die Parasiten im Vorübergehen ab, die dann am Körper nach einer geeigneten Stelle suchen, an der sie nicht weggebissen oder abgekratzt werden können. Beim

Menschen bohren Zecken beispielsweise ihre Mundwerkzeuge bevorzugt in die Kniekehlen oder Achselhöhlen. Dort können sie sich vollkommen ungestört festsaugen, da sie nicht so leicht entdeckt werden.
Misteln sind Pflanzen, die auf Bäumen parasitieren. Ihre Samen werden durch Vögel verbreitet, die sich von den weißen Beeren der Pflanzen ernähren. Nachdem sie mit dem Vogelkot auf anderen Bäumen gelandet sind, keimen die Samen aus und durchwachsen mit ihren Wurzeln die Rinde der Wirtspflanze. Anschließend dringen Ausläufer der Wurzeln zu den Wasser und Ionen transportierenden Gefäßen des Baums vor. Da die Mistel mit ihren immergrünen Blättern auch Fotosynthese betreibt, lebt sie nicht ausschließlich auf Kosten des Wirts. Sie zählt daher zu den Halb- oder Hemiparasiten.

Populationsdichte
Die Anzahl der Individuen einer Art in einem Lebensraum (man spricht von Dichte) wird durch das Zusammenwirken von dichteabhängigen und dichteunabhängigen biotischen Faktoren bestimmt:

a) *Dichteabhängige Faktoren:*
- Innerartliche Konkurrenz
- Feinde (Parasiten, Räuber)
- Ansteckende Krankheiten
- Sozialer Stress

b) *Dichteunabhängige Faktoren:*
- Zwischenartliche Konkurrenz
- Klimaeinflüsse und ihre Folgen

Biologisches Gleichgewicht

Durch gegenseitigen Wettbewerb, durch ständigen Zu- und Abgang von Individuen und durch das Abhängigkeitsverhältnis der Arten untereinander kommt es in einer Lebensgemeinschaft zu einem dynamischen biologischen Gleichgewicht, das umso stabiler wird, je artenreicher eine Lebensgemeinschaft ist.

Katastrophen wie Wald- oder Steppenbrände, aber auch menschliche Eingriffe, etwa der Stickstoffeintrag in einen See oder auch Kultivierungsmaßnahmen, können ein solches System nachhaltig schädigen oder gar zerstören.

Ökologische Nische

Die Gesamtheit aller biotischen und abiotischen Umweltfaktoren, die für eine Art wichtig sind, bezeichnet man als ökologische Nische dieser Art.

Der Begriff beschreibt also keinen Raum, sondern die jeweiligen Wechselbeziehungen. Die Besetzung verschiedener ökologischer Nischen im selben Ökosystem wird durch zwischenartliche (interspezifische) Konkurrenz reguliert, wobei das Konkurrenzverhalten umso größer ist, je ähnlicher sich zwei Arten sind.

Einnischung

Die Einnischung ist eine wirkungsvolle Methode zur Vermeidung interspezifischer Konkurrenz (vgl. S. 286); sie ermöglicht also die Koexistenz vieler Arten im gleichen Biotop. Gelegentlich findet man auch innerhalb einer Art eine Einnischung, welche die innerartliche (intraspezifische) Konkurrenz herabsetzt. Intraspezifische Konkurrenz vergrößert die Nische, interspezifische Konkurrenz verringert hingegen ihren Umfang.

Eine Einnischung kann durch verschiedene Faktoren erfolgen, beispielsweise durch unterschiedliche Hauptaktivitätszeiten (Tag- und Nachtaktivität), unterschiedliche Nahrungsgröße, verschiedene Orte der Nahrungssuche (vgl. Beispiel Einnischung), unterschiedliche Temperaturoptima, unterschiedliche Zeiten für Fortpflanzung und Brutpflege usw.

Das Konkurrenzausschlussprinzip besagt, dass im gleichen Lebensraum niemals zwei Arten mit völlig gleichen ökologischen Nischen vorkommen. Verschiedene geografisch getrennte Arten können jedoch ähnliche ökologische Nischen (ökologische Planstellen) besetzen. Man spricht dann von Stellenäquivalenz. Die damit verbundene Ausbildung von ähnlichen Formen, Organen und Lebensweisen nennt man Konvergenz (z. B. ähnliche Körperform von Fischen und wasserlebenden Säugetieren wie Delfinen, vgl. S. 315).

Als Beispiel für die Einnischung kann der Nahrungserwerb bei Entenvögeln dienen:

- Die Graugans weidet hauptsächlich Pflanzen an Land ab.
- Die Krickente sucht feinste pflanzliche und tierische Nahrung an der Wasseroberfläche.
- Stockente, Spießente und Höckerschwan gründeln nach Wasserpflanzen und Kleintieren, wobei wegen der unterschiedlichen Größe und der Länge des Halses unterschiedliche Wassertiefen erreicht werden.
- Die Reiherente jagt hauptsächlich nach Kleintieren (z. B. Muscheln und Schnecken) am Gewässergrund.
- Der Gänsesäger macht Jagd auf frei schwimmende Nahrungstiere.

11.2 Ökosysteme

Ein Ökosystem umfasst alle Organismen eines Lebensraums (Biozönose) sowie ihre abiotische Umwelt (Biotop).

Aufgrund der zahlreichen Wechselbeziehungen zwischen den in ihnen vorkommenden Organismen (biotische Faktoren wie Pflanzen, Tiere, Pilze und Bakterien) und ihrem unbelebten Lebensraum (abiotische Faktoren wie Luft, Temperatur oder die komplexen Wetter- und Klimabedingungen) handelt es sich um ein komplexes dynamisches System. Bei ihrer Klassifikation ist nicht die Größe der Wohn- und Lebensgemeinschaften entscheidend, denn sowohl sehr kleine Gebiete wie Wasserlöcher als auch größere Einheiten wie Moore, Wälder, Seen oder ganze Meere können als eigenständige Ökosysteme angesehen werden. Die Grenzen der einzelnen Ökosysteme sind dabei aber nicht immer völlig eindeutig festzulegen.

Energiekreisläufe in Ökosystemen

Wie in Abbildung 94 dargestellt, gliedert sich die Biozönose in:

a) *Produzenten* (Erzeuger): Grüne Pflanzen und autotrophe Bakterien, die aus anorganischen Stoffen organische Verbindungen (Biomasse) herstellen, von denen alle anderen Organismen im Ökosystem leben (siehe u.a. Fotosynthese, S. 71).

b) *Konsumenten* (Verbraucher): Pflanzenfresser, die unmittelbar auf die Syntheseleistung der Produzenten angewiesen sind (primäre Konsumenten), sowie kleinere und größere Fleischfresser (sekundäre und tertiäre Konsumenten). (Siehe u.a. Zellatmung, S. 83.)

c) *Destruenten* (Zersetzer, Reduzenten): Bakterien und Pilze, die organische Lebewesen zu H_2O, CO_2 sowie Mineralstoffen abbauen, die dann wieder als Nährstoffe zur Verfügung stehen.

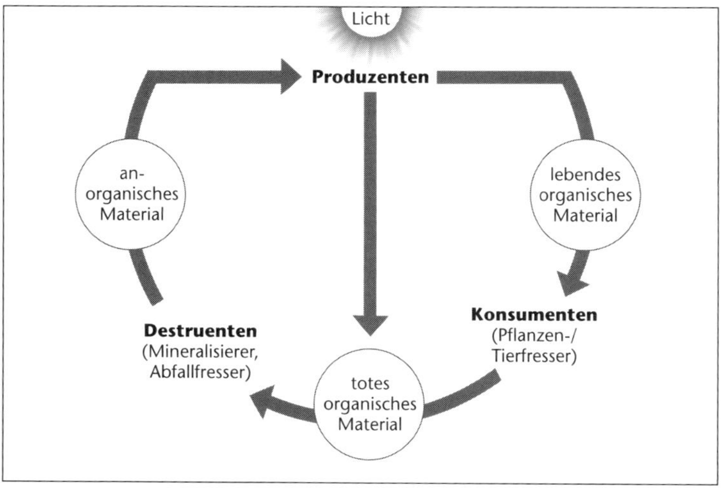

Abb. 94: Gliederung der Biozonöse

Abbau durch Pilze

Pilze spielen eine sehr wichtige Rolle beim Abbau organischer Substanzen. Dazu sind sie in der Lage, weil sie mit ihrem Myzel, einem Geflecht aus winzigen

Fäden (Hyphen, vgl. S. 338), oft große Areale des Erdbodens auf der Suche nach Nährstoffen durchwuchern. Wie Untersuchungen in den Vereinigten Staaten ergeben haben, können die Hyphen eines einzigen Hutpilzes ein Gebiet von mehr als 15 ha besiedeln und dabei ein geschätztes Gewicht von etwa 10.000 kg erreichen. Damit gehören solche Exemplare zu den ältesten und größten Lebewesen der Erde.

Stoffproduktion

Nur Produzenten erzeugen neue Biomasse (Primärproduktion). Die von autotrophen (d. h. sich nur von anorganischen Stoffen ernährenden) Organismen pro Fläche innerhalb einer Zeiteinheit neu gebildete organische Substanz nennt man Bruttoprimärproduktion. Davon verbraucht die Pflanze selbst einen Teil, um mit der gewonnenen Energie ihre Lebensvorgänge aufrechtzuerhalten. Der Rest der organischen Substanz dient dem Zuwachs der Pflanze oder wird für eine spätere Verwendung gespeichert. Diesen Teil bezeichnet man als Nettoprimärproduktion. Sie dient als primäre Nahrungsquelle der Konsumenten.

Nahrungskette, Nahrungsnetz, Energiefluss

Organismen, die durch Produktion und Konsum von Biomasse miteinander verknüpft sind, bilden so genannte Nahrungsketten:

Produzent → Konsument erster Ordnung → Konsument zweiter Ordnung → Konsument dritter Ordnung → usw.

In der Regel ernährt sich eine Art aber nicht ausschließlich von einer einzigen anderen Art, sondern hat ein breiteres Beutespektrum, sodass ein ganzes Nahrungsnetz entsteht. In einer Nahrungskette steigt das Gewicht des Fressenden nur um etwa ein Zehntel der aufgenommenen Nahrungsmenge, d. h., der Verlust von einer Nahrungsebene zur nächsten beträgt ca. 90 %. Dafür gibt es folgende Gründe:

a) Ein großer Teil der Nahrung dient der Energiegewinnung und nicht der Zunahme an Masse.
b) Ein Räuber frisst oft nicht die gesamte Biomasse des Beutetieres.

c) Beim Umbau in körpereigene Substanz geht ein Teil der Biomasse als Wärme verloren.
d) Ein Teil der Beute wird als unverdaulich wieder ausgeschieden.

Aufgrund dessen haben Nahrungsketten selten mehr als fünf Glieder, denn je länger die Kette ist, desto weniger bleibt von der ursprünglichen Nahrungsenergie für den Endkonsumenten übrig (vgl. Abb. 95).

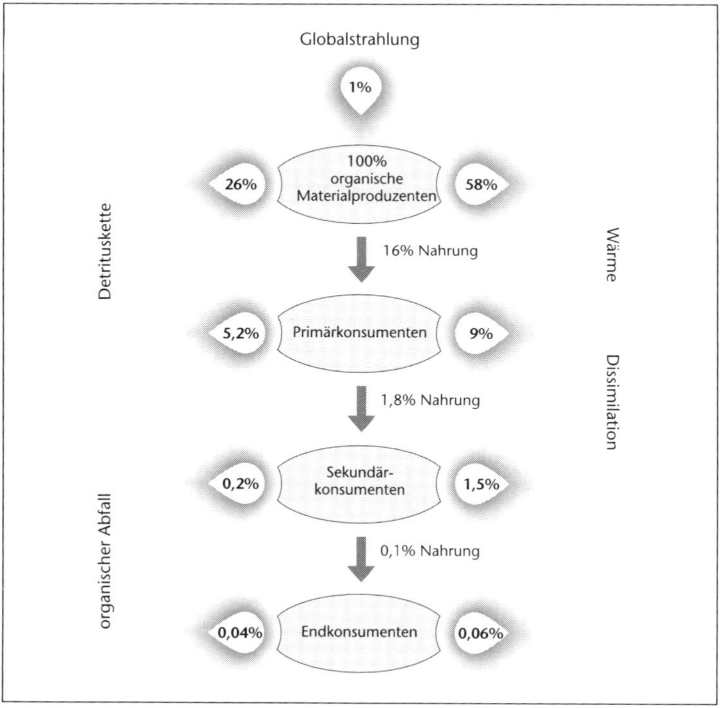

Abb. 95: Energiefluss im Ökosystem

Der Energiefluss, also die Energie, die von einem Glied zum nächsten weitergegeben wird, treibt die Stoffkreisläufe eines Ökosystems an. Ausgangspunkt ist die Sonnenstrahlung, von der die Pflanzen nur etwa 1 % zur Herstellung von Biomasse nutzen können. Die beim Energiefluss anfallende Wärme ist für die Organismen nicht verwertbar, sie geht an die Umgebung verloren (vgl. Abb. 95). Der Energietransfer in einer Biozönose verläuft nur in eine Richtung (Einbahnstraße der Energie). Endpunkt des Energieflusses ist die Remineralisierung der organischen Verbindung.

Stoffkreisläufe

Im Gegensatz zum einseitig gerichteten Energiefluss mit Wärmeverlusten, die nicht umkehrbar sind, ermöglichen Stoffkreisläufe als zyklische Prozesse eine Rückführung von Materie in die Nahrungskette. Das bedeutet, dass ein Ökosystem hinsichtlich des Stoffumsatzes zwar von einer Stoffzufuhr von außen unabhängig sein kann, nicht aber von der Energiezufuhr wie etwa der Sonneneinstrahlung.

Kreislauf des Kohlenstoffs und des Sauerstoffs

Kohlenstoff und Sauerstoff sind zwei Grundelemente des organischen Lebens, die im Ökosystem Kreisläufe bilden, wobei der insbesondere von den Lebewesen regulierte Sauerstoffkreislauf eng an den Kohlenstoffkreislauf gekoppelt ist. Deshalb werden beide Kreisläufe hier gemeinsam erklärt (vgl. Abb. 96).

Kohlenstoff wird auf der Erde permanent auf-, ab- und umgebaut. So nehmen Pflanzen anorganisches Kohlendioxid bei der Fotosynthese aus der Atmosphäre auf und erzeugen mithilfe des Sonnenlichts energiereiche organische Moleküle. Bei der lichtabhängigen Reaktion der Fotosynthese (vgl. S. 71) wird dabei Sauerstoff freigesetzt. Konsumenten nehmen diesen Sauerstoff auf, um ihn bei der Endoxidation (vgl. S. 86) als Elektronenakzeptor zu nutzen. Bei dieser Dissimilation bauen sie energiereiche organische Kohlenwasserstoffverbindungen zu Kohlendioxid ab, den sie wieder an die Atmosphäre abgeben. Neben den genannten Aufbau- und Abbauprozessen liegen große Kohlenstoffmengen in Form von Karbonaten in den Ozeanen oder als fossile Brennstoffe wie Öl oder Kohle vor.

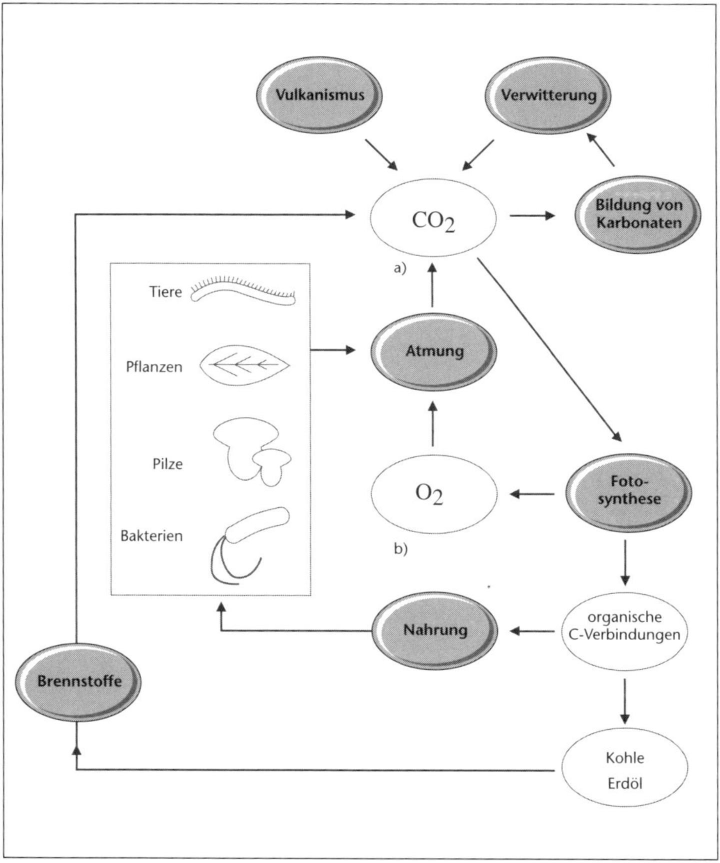

Abb. 96: Kohlenstoff- und Sauerstoffkreislauf

Unter natürlichen Bedingungen ist die Bilanz von Kohlenstoffproduktion und -verbrauch ausgeglichen. Durch die zunehmende anthropogene Nutzung der fossilen Brennstoffe wird im Augenblick jedoch mehr Kohlenstoff freigesetzt als gebunden. In Abbildung 96 sind die wichtigsten Zusammenhänge schematisch dargestellt.

Der Stickstoffkreislauf

Stickstoff ist für alle Organismen eine lebenswichtige Substanz, weil er für die Synthese von Proteinen und Nukleinsäuren benötigt wird. Damit er in ausreichender Menge zur Verfügung steht, werden die einzelnen Formen des Stickstoffs ständig ineinander überführt. Das geschieht in einer Art Kreislauf, dem so genannten Stickstoffkreislauf (vgl. Abb. 97).

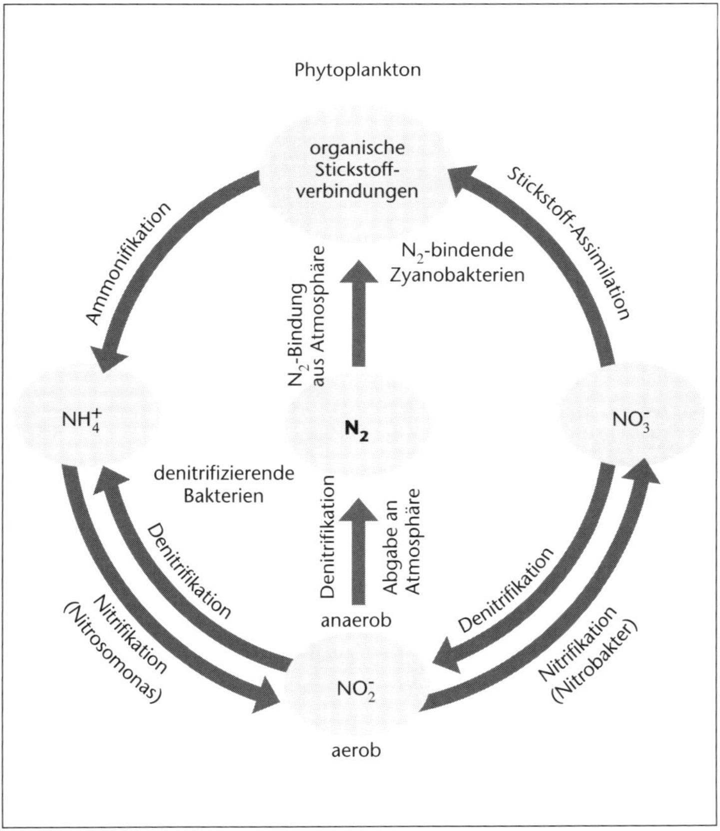

Abb. 97: Stickstoffkreislauf

Stickstoffverbindungen gelangen durch Ausscheidungen der Lebewesen (Harnsäure, Harnstoff in Gülle, Mist), aber auch durch Tierkadaver und Pflanzenreste in den Boden. Dort werden diese Stoffe durch Mikroorganismen zersetzt (Ammonifikation oder Proteolyse), wobei Stickstoff als Ammoniak (NH_3) frei wird. Anschließend oxidieren nitrifizierende Bakterien in einem Nitrifikation genannten Vorgang den Stickstoff über Nitrit (NO_2^-) zu Nitrat (NO_3^-), das die grünen Pflanzen dann aufnehmen und in organische Verbindungen (Proteine, Nukleinsäuren) einbauen (Stickstoffassimilation).

Die pflanzlichen Proteine und Nukleinsäuren werden anschließend von Pflanzen fressenden Tieren zum Aufbau körpereigener Proteine verwendet. Tiere können anorganischen Stickstoff nicht assimilieren und sind daher auf die Aufnahme organischer Stickstoffverbindungen angewiesen. Gehen die Pflanzen oder Tiere zugrunde, gelangen die Stickstoffverbindungen wieder in den Boden und der Kreislauf beginnt von vorn.

Da der meiste Stickstoff in der Atmosphäre vorhanden ist (Luft besteht zu 78 % aus N_2), wäre es praktisch, wenn Pflanzen diese reichhaltige Quelle direkt verwerten könnten. Dazu sind die meisten von ihnen jedoch nicht in der Lage. Eine Ausnahme bilden bestimmte Schmetterlingsblütler (Leguminosen), die mit Knöllchenbakterien (Bakterien der Gattung „Rhizobium“) in einer Symbiose leben. Letztere können Luftstickstoff fixieren, den die Pflanzen dann verwenden. Im Gegenzug werden die Bakterien von der Pflanze mit Assimilationsprodukten versorgt.

Sukzession und Klimax

Einen bei gleich bleibenden Umweltbedingungen stabilen Endzustand in einem Ökosystem bezeichnet man als Klimaxzustand oder Klimaxgemeinschaft. Die Aufeinanderfolge verschiedener Organismengruppen (Biozönosen) während der zeitlichen Entwicklung zum Klimax in diesem Ökosystem heißt Sukzession. Unter Primärsukzession versteht man die Erstbesiedlung eines Gebietes durch Organismen, unter Sekundärsukzession die Wiederbesiedlung eines Gebietes.

Ökosystem Hoch- und Niedermoor

Hoch- und Niedermoore entstehen in Gebieten, in denen sich abgestorbene pflanzliche Stoffe bei extrem feuchten Bedingungen anhäufen. Je nach Entwicklungstyp unterscheidet man Hochmoore und Niedermoore. Die Wasserversorgung von Hochmooren besteht ausschließlich aus dem Regenwasser von Niederschlägen. Dies hat zur Folge, dass Hochmoore im Vergleich zu Niedermooren sehr nährstoffarm sind, da Letztere durch die Verlandung von Seen entstehen und daher normalerweise reich an Nährstoffen sind.

Entsprechend der Nährstoffversorgung entwickeln sich unterschiedliche Vegetationen. In Niedermooren sind sie relativ vielseitig und werden beispielsweise von Schilf, Rohrkolben und Riedgräsern gebildet. In Hochmooren dominieren die Torfmoose, die dichte Moospolster bilden.

Der Torf entsteht bei der Zersetzung abgestorbener Pflanzenreste. Durch Überwachsung und Absinken werden die pflanzlichen Abbauprodukte nach und nach vom Sauerstoff abgeschlossen. Aufgrund des Sauerstoffmangels wird der Kohlenstoff des Pflanzengewebes nicht zu Kohlendioxid, sondern zu elementarem Kohlenstoff abgebaut. Damit ist diese Vertorfung ein Übergangsprozess zur Verkohlung und der resultierende braunschwarze Torf eine primitive Kohlenart. Er findet als Blumenerde und wegen seines guten Brennwerts als Heizmaterial Verwendung.

Ökosystem See

Seen lassen sich auf verschiedene Weise gliedern. So kann man einen typischen mitteleuropäischen See beispielsweise in Ufer- und Freiwasserbereiche unterteilen (vgl. Abb. 98). Die einzelnen Zonen sind dann:

- *Litoral:* lichtdurchflutete Uferzone
- *Pelagial:* Freiwasserzone
- *Profundal:* lichtlose Tiefe der Bodenregion
- *Benthal:* Seeboden

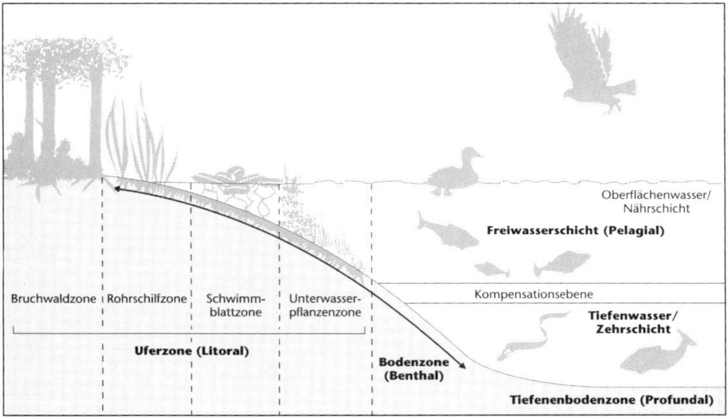

Abb. 98: Aufbau des Ökosystems See

Eine andere Möglichkeit besteht darin, verschiedene Temperaturbereiche zu unterscheiden. So liegt auf größeren Seen im Sommer stets eine warme lichtdurchflutete Deckschicht (Epilimnion) über einer kalten lichtlosen Tiefenschicht (Hypolimnion). Getrennt sind Epilimnion und Hypolimnion durch eine Sprungschicht (Metalimnion).

Außerdem kann man eine Unterteilung in energetisch verschiedene Bereiche vornehmen. So ist die obere Zone immer ausreichend mit Licht versorgt, mit dem Ergebnis, dass dort Wasserpflanzen und Phytoplankton wachsen können (trophogene Zone oder Nährschicht). Den unteren Bereich, in dem keine Fotosynthese mehr stattfinden kann, nennt man tropholytische Zone (Zehrschicht). Hier werden die energiereichen Stoffe von Konsumenten und Destruenten abgebaut. Der Bereich dazwischen heißt Kompensationsebene.

Während der verschiedenen Jahreszeiten ist die Wasserzirkulation in einem See ganz unterschiedlich. So zeigt das Wasser der Deckschicht im Sommer eine ziemlich einheitliche Temperatur, weil es durch Wellen und durch Absinken des sich nachts abkühlenden Oberflächenwassers ständig durchmischt wird.

In der Sprungschicht nehmen O_2-Gehalt und Temperatur dann sprunghaft ab und in der Tiefenschicht hat das Wasser schließlich nur noch eine Temperatur von 4 °C und damit seine größte Dichte. Dieses schwerere Tiefenwasser nimmt nicht an der Zirkulationen der Deckschicht teil, sodass im Sommer kein Austausch zwischen Oberflächen- und Tiefenwasser stattfindet. Den Zustand dieser stabilen thermischen Schichtung nennt man Sommerstagnation (vgl. Tab. 13).

Kühlt sich im Herbst das Oberflächenwasser immer stärker ab, sinkt es bis zum Tiefenwasser gleicher Temperatur nach unten. Wärmeres Tiefenwasser steigt nach oben, kühlt sich ab und sinkt wieder nach unten. Zusätzlich werden auch tiefere Schichten durch Herbststürme regelrecht umgepflügt. Dadurch gleichen sich Temperaturunterschiede langsam aus, bis das gesamte Wasser des Sees eine Temperatur von 4 °C besitzt (vgl. S. 16). Diese Herbstzirkulation, auch Vollzirkulation genannt, durchmischt das Wasser fast vollständig. Dadurch gelangt Sauerstoff bis in die tieferen Zonen. Die durch Zersetzung von totem organischen Material entstandenen Mineralstoffe gelangen mit dem Tiefenwasser nach oben.

Im Winter sinkt die Temperatur des Oberflächenwassers bis zum Gefrierpunkt ab. Dieses spezifisch leichtere Wasser bleibt als kalte Deckschicht an der Oberfläche. Der See friert dann von der Oberfläche her zu, während das Tiefenwasser eine Temperatur von 4 °C behält. Diesen Zustand nennt man Winterstagnation.

Im Frühjahr wird das Oberflächenwasser mit ansteigender Temperatur zunächst wieder schwerer und sinkt so lange ab, bis es eine Temperatur von 4 °C überschreitet (Frühjahrszirkulation). Die weitere Durchmischung des Wassers übernimmt eine vom Wind auf der Wasseroberfläche erzeugte Strömung, die am Ufer umgeleitet wird und in tiefere Schichten zurückfließt.

Im Sommer ist der Sauerstoffgehalt in der Deckschicht relativ hoch im Gegensatz zur Tiefenschicht, die keine Verbindung zur Luft hat und in der auch keine O_2-produzierenden Organismen vorkommen. Die dort heimischen Konsumenten und Destruenten sind also auf Sauerstoffreserven angewiesen, die während der Frühjahrszirkulation zugeführt werden. Für ihre Ernährung sorgen aus der Deckschicht nach unten sinkende tote Pflanzen und Tiere (Detritus), die die Bodenzone – je nach Tiefe des Sees – in mehr oder weniger abgebautem Zustand erreichen.

Biozönosen in Seen

In den verschiedenen Biotopen eines Sees findet man charakteristische Tier-, Pflanzen- und Mikrobenbiozönosen. Sie werden normalerweise unterschieden in:

a) *Plankton:* Mikroskopisch kleine, frei im Wasser schwebende Lebewesen mit geringer oder fehlender Eigenbewegung. Weiter unterteilen lässt sich das Plankton in Phytoplankton (z. B. Kiesel- und Grünalgen), Bakterioplankton (z. B. Zyanobakterien) sowie Zooplankton (z. B. Protozoen und Kleinkrebse).

b) *Nekton:* Sich aktiv, also unabhängig von der Wasserströmung fortbewegende Wasserorganismen (z. B. Fische).

Oligotrophe und eutrophe Seen

Seen lassen sich bezüglich ihres Nährstoffangebots bzw. Nährstoffeintrags in oligotrophe (nährstoffarme), eutrophe (nährstoffreiche) und hypertrophe (sehr nährstoffreiche) Seen unterteilen, die folgende Hauptmerkmale aufweisen:

Oligotropher See: In einem oligotrophen See ist das Verhältnis des Volumens vom Epilimnion zum Volumen des Hypolimnions kleiner oder gleich eins. Es gibt nur wenige Nährstoffe (geringer Trophiegrad) – oft ein tiefes Becken und eine schmale Uferbank mit geringem Bewuchs. Die Primärproduktion in der trophogenen Zone ist gering und wird in der tropholytischen Zone vollständig mineralisiert. Die Sauerstoffzehrung in der Tiefe ist während der Stagnationsphasen gering, sodass auch in Bodennähe relativ viel Sauerstoff vorhanden ist. Der Seeboden besteht aus einer Schlammschicht mit nur wenigen organischen Stoffen.

Eutropher See: In einem eutrophen See ist das Verhältnis des Volumens vom Epilimnion zum Volumen des Hypolimnions größer als eins. Es herrscht ein hoher Trophiegrad. Man findet meist ein flaches Becken und eine breite Uferbank mit üppigem Bewuchs. Die Primärproduktion in trophogener Zone ist so groß, dass

		Was mit dem Seewasser passiert im Hinblick auf:				
Jahreszeit	**Wasserschicht**	**Temperatur**	**Dichte/spezifisches Gewicht**	**Zirkulation**	**Sauerstoffgehalt**	**Zusammenfassung**
Sommer	Epilimnion	Erhöhung	verringert	ja	Zunahme (PS)	Temperaturunterschied groß, daher Ausbildung einer Sprungschicht → keine Durchmischung zwischen Epi- & Hypolimnion; aufgrund großer Temperaturunterschiede zwischen Tag & Nacht → Wasserdurchmischung des Epilimnions
	Hypolimnion	geringe Erhöhung	wenig verringert	nein	Abnahme (Abbauprozesse)	
Herbst	Epilimnion	Erniedrigung	erhöht	ja	Ausgleich	Temperatur bzw. Dichte ca. gleich → Wasserdurchmischung zwischen Epi- & Hypolimnion, wird durch Winde unterstützt
	Hypolimnion	geringe Erniedrigung	weniger erhöht			
Winter	Epilimnion	Erniedrigung (Eisschicht)	ab < 4 °C verringert	nein	keine Veränderung	großer Temperaturunterschied → Ausbildung einer stabilen Schichtung = Winterstagnation
	Hypolimnion	geringere Erniedrigung	weniger verringert	nein	Verringerung	
Frühjahr	Epilimnion	Erwärmung	erhöht	ja	Ausgleich	Temperatur bzw. Dichte ca. gleich → Wasserdurchmischung zwischen Epi- & Hypolimnion, wird durch Winde unterstützt
	Hypolimnion	geringere Erwärmung	weniger erhöht			

Tab. 13: Zirkulationsbewegungen und Folgen für den See

sie in der tropholytischen Zone nicht vollständig abgebaut werden kann. Der Sauerstoff wird während der Stagnationsphasen in der Tiefe aufgezehrt, sodass absinkender Detritus nicht mehr vollständig mineralisiert werden kann. Es kommt zur Faulschlamm-Bildung auf dem Seeboden.

Hypertropher See: In einem hypertrophen See intensivieren sich die beim eutrophen See geschilderten Veränderungen noch weiter. Unter extremen Bedingungen bildet sich am Boden so viel schwarzer Faulschlamm, dass es zu einem Fischsterben kommt. Es kann zum Umkippen des Sees (vgl. S. 306) kommen.

See	oligotroph	eutroph	hypertroph
Fotosyntheserate in Bezug auf die Wassertiefe	PS-Rate auf geringem Niveau, aber bis in große Wassertiefe (100 m)	relativ hohe PS-Rate bis in eine Wassertiefe von 25 m, dann stark abnehmend	hohe PS-Rate nur bis zu einer Wassertiefe von 5 – 10 m
Phosphatgehalt	gering	hoch	sehr hoch (> 100 mg/l)
Algenwachstum	gering	hoch	sehr hoch
Färbung	klar	maximal 2 m Sicht	dunkelgrün
Fotosynthese bis in welche Tiefe	große Tiefe	geringe Tiefe	fast nur an der Oberfläche
tote Biomasse am Boden	wenig	viel	sehr viel
O_2-Konzentration am Boden	sehr hoch	gering, v. a. im Sommer	O_2-frei
Besonderheiten	Fotosynthese bis in große Tiefen; Aufbau = Abbau	viel Biomasse am Boden; z. T. Algenteppich Aufbau > Abbau	schwarzer Faulschlamm; H_2S → Tiersterben Aufbau > Abbau
Artenvielfalt	hoch	mittel bis gering	gering
Individuenzahl	gering	mittel bis hoch	hoch

Tab. 14: Charakteristika der unterschiedlichen Stadien eines Sees

Aufgrund der vorherrschenden Bedingungen ergeben sich die Werte für die Artenvielfalt bzw. die Zahl der Individuen einer Art im See. Bietet der See viele ökologische Nischen, wie dies beim oligotrophen See der Fall ist, so kommen viele unterschiedliche Arten vor. Aufgrund der geringen Größe der Nischen ist die Individuenzahl der einzelnen Arten allerdings sehr begrenzt. In einem See mit extremen Bedingungen kommen nur wenige Organismen vor, die an diese Bedingungen angepasst sind. Diese existieren dann jedoch in großer Individuenzahl, da die zwischenartliche Konkurrenz verringert ist (vgl. Tab. 14).

Selbstreinigungskraft von Gewässern
Ihre wichtige Fähigkeit zur Selbstreinigung verdanken Flüsse und Seen im Wasser lebenden Bakterien und anderen Mikroorganismen, die organische Verbindungen – auch solche, die beispielsweise aus Abwässern oder Düngemitteln stammen – abbauen. Dabei entstehen Kohlendioxid (CO_2), Sulfat (SO_4^{2-}), Nitrat (NO_3^-) und Phosphat (PO_4^{3-}), die sich anschließend wieder verwerten lassen.

Allerdings sind alle Gewässer nur begrenzt belastbar. Gelangen beispielsweise zu viele organische Substanzen in einen See, vermehren sich die Destruenten dort so stark, dass der vorhandene Sauerstoff im Wasser schnell verbraucht ist. Dies führt zu einer starken Zunahme anaerober Bakterien, die organische Verbindungen zu Methan, Schwefelwasserstoff und Ammoniak abbauen. Übertreffen die anaeroben schließlich die aeroben Abbauprozesse, spricht man vom Umkippen eines Gewässers. Fische und andere Tiere können in solchen Flüssen und Seen nicht mehr leben.

11.3 Umweltbelastung und Umweltschutz: Eingriffe des Menschen in Ökosysteme

Umweltbelastungen

Aufgrund der vielfältigen Aktivitäten des Menschen sind die Ökosysteme unserer Erde intensiven Belastungen unterworfen. Im folgenden Abschnitt sind die Auswirkungen der menschlichen Eingriffe in die Natur anhand einiger Beispiele dargestellt.

Umkippen eines Sees
Zum Umkippen eines Sees kann es kommen, wenn im Sommer bei hohen Temperaturen zu viele organische Stoffe (z. B. aus der Landwirtschaft oder der chemischen Industrie) in einen See gelangen.

Die Folge dieses Nährstoffüberangebots und der intensiven Sonneneinstrahlung ist eine starke Vermehrung des Phytoplanktons. Aufgrund des Überangebots der Produzenten steht den tierischen Konsumenten des Sees ein vergrößertes Nahrungsangebot zur Verfügung und sie können sich ungehindert fortpflanzen. Aufgrund der stark zunehmenden aeroben Dissimilationsprozesse (vgl. S. 83) kommt es bald zu einem Sauerstoffmangel. Die Folge ist ein Absterben der tierischen Organismen im See, d. h. des Zooplanktons, der Insekten, der Muscheln und der Fische. Das anfallende tote organische Material kann unter diesen Bedingungen allerdings nur noch sehr ineffektiv durch anaerobe Bakterien am Boden des Gewässers abgebaut werden. Dabei werden unangenehm riechende Faulgase gebildet, die in Blasen an die Wasseroberfläche gelangen.

Schädigung von Wäldern

Neben den Gewässern zählen auch die Wälder zu den Ökosystemen, die durch die Eingriffe des Menschen schwer belastet werden. Seit den 1970er-Jahren ist Deutschland zunehmend mit dem Problem des Waldsterbens konfrontiert. Als Hauptursache dafür werden vor allem die von Industrieanlagen erzeugten Abgase genannt. Daneben sind aber auch Kraftwerke, Haushalte und Verkehr für die Erzeugung giftiger Endprodukte verantwortlich. Um die Luftverschmutzung durch die Industrie- und Autoabgase und den daraus resultierenden sauren Regen zu verringern, werden in diesen Bereichen heute immer bessere Filteranlagen eingebaut.

Bei der Verwendung fossiler Brennstoffe wie Öl und Kohle als Energiequelle gelangen giftige Schwefeldioxide (SO_2), Kohlenmonoxid und Stickstoffoxide in die Atmosphäre. Diese giftigen Substanzen steigen in höhere Luftschichten auf und lösen sich dort in den Wassertröpfchen der Wolken, wodurch diese angesäuert werden. In dieser Form werden sie z. T. auch in weit entfernte Regionen Deutschlands bzw. Europas transportiert, wo sie als saurer Regen niedergehen. Auch in Form von Nebel und Tau gelangen die Säuren auf die Oberfläche der Erde.

Die Säuren werden von den Pflanzen mit den Wurzeln über die Wurzelhaare (vgl. Abb. 92) aufgenommen oder gelangen über Regen und Tau direkt auf die Blätter. Die Folgen sind vielfältig. Zum einen werden die Wachsschicht (Kutikula) der Blätter und die Spaltöffnungen zerstört (vgl. Abb. 89), wodurch die Blätter austrocknen und abfallen. Der anhaltende Säureeintrag bewirkt zudem eine Versauerung des Bodens, sodass die Wurzeln der Bäume angegriffen werden. Durch diese Schädigungen kann der Baum seinen Wasserhaushalt nicht mehr regulieren. Es kommt zu Wachstumsstörungen, die letztlich das Absterben des Baums zur Folge haben kann. Insgesamt betrachtet steht der Begriff des Waldsterbens nicht nur für die Erkrankung einzelner Bäume oder Wälder, sondern für nachhaltige Störungen der Beziehungen zwischen Baum, Boden und Luft.

Neben dem sauren Regen bedrohen insbesondere die hohen Stickstoffeinträge aus der Landwirtschaft das empfindliche ökologische Gleichgewicht der Wälder. Den Waldschadensberichten zufolge ist heute nur noch etwa ein Drittel der deutschen Wälder gesund.
Ein weiteres Problem ist die Gefährdung der Pflanzenartenvielfalt im Ökosystem Wald durch die Existenz von Monokulturen, d. h. den Anbau nur einer einzigen Pflanzenart auf einer bestimmten Nutzfläche (z. B. Nadelwälder).

Ozonbelastung
Ein immer größeres Problem – gerade in den Innenstädten – ist der sommerliche Anstieg der Ozonkonzentration der Luft. An sonnigen Tagen werden Luftschadstoffe insbesondere von Autoabgasen durch die intensive Sonneneinstrahlung u. a. in Ozon (O_3) umgewandelt. Das stark reaktive Molekül greift insbesondere unsere Atemwege an. Während das Ozon also in höheren Schichten der Atmosphäre die kurzwelligen UV-Wellen absorbiert und uns damit vor dieser energiereichen Strahlung schützt, die zu Mutationen und Hautkrebs führen kann, ist es auf der Erdoberfläche sowohl für den Menschen als auch für die Umwelt schädlich.

Weitere Eingriffe des Menschen in Ökosysteme
Neben den geschilderten Belastungen der natürlichen Ökosysteme durch die Folgen menschlichen Handelns sollen an dieser Stelle kurz einige weitere Eingriffe genannt werden, die zum Teil schwer wiegende Auswirkungen auf das Gleichgewicht unserer Umwelt haben:

a) Schädlingsbekämpfung mit Insektiziden, Fungiziden, Herbiziden, verbunden mit der Gefahr von Pestizidanreicherungen in der Nahrungskette

b) Ausrottung bestimmter Pflanzen- und Tierarten
c) Zerstörung oder starke Belastung des Bodens durch Asphaltierung, Flurbereinigung oder illegale Müllbeseitigung; Verlust der humushaltigen Bodenschicht durch Erosion auf großräumigen Landwirtschaftsflächen; Verschmutzung durch Mineralöle, Streusalz etc.
d) Gewässer- und Grundwasserverschmutzung durch Abfälle, Dünge- und Schädlingsbekämpfungsmittel aus der Landwirtschaft; Abwässer aus Industrie und Haushalten etc.
e) Luftverschmutzung – neben den erwähnten Schwefeloxiden, Stickoxiden, Kohlenmonoxiden auch Fluorchlorkohlenwasserstoffe (z. B. aus Sprühflaschen), die die Ozonschicht zerstören
f) Lärmbelastung durch Verkehr und Maschinen
g) Unnatürlich hohe Strahlenbelastung, beispielsweise durch Experimente mit Nuklearwaffen
h) Giftstoffe in beispielsweise Luft, Wasser, Boden und teilweise sogar in Nahrungsmitteln.
i) Raubbau an Rohstoffen und Energie

Besonders von Umweltschutzverbänden wird immer wieder darauf hingewiesen, dass solche umweltschädigenden Eingriffe langfristig fatale Folgen für das Leben auf der Erde haben können. Als Beispiele seien hier die zeitweise unnatürlich geringe Ozonkonzentration über den Polargebieten (Ozonloch) genannt, die mit dem übermäßigen Gebrauch von Fluorchlorkohlenwasserstoffen in Verbindung gebracht wird, sowie die Erhöhung der Globaltemperatur (Abschmelzen der Polkappen) oder die Abholzung großer Flächen tropischen Regenwalds, die langfristig zu einer Veränderung des globalen Klimas führen könnte.

Die Rote Liste bedrohter Tier- und Pflanzenarten

Tiere oder Pflanzen, die i. d. R. durch das Eingreifen des Menschen in ihren Lebensraum vom Aussterben bedroht sind, werden seit 1977 in einer Roten Liste für besonders gefährdete Arten aufgenommen. Vorbild ist das „Red Data Book“ der Internationalen Union für Naturschutz: Die Organismen werden in fünf Bedrohungsgrade eingeteilt:

Kategorie 0: ausgestorben oder verschollen
Kategorie 1: vom Aussterben bedroht
Kategorie 2: stark gefährdet
Kategorie 3: gefährdet
Kategorie 4: potenziell gefährdet

Im Augenblick umfasst Kategorie 0 der ausgestorbenen oder verschollenen Spezies in Deutschland u. a. zehn Säugetier-, 30 Vogel-, fünf Reptilien- und zehn Fischarten. Ein Beispiel für eine ausgestorbene Vogelart ist der Riesenalk. Er war der größte flugunfähige Vogel der Nordhalbkugel, der ursprünglich auch an der Nordsee vorkam.

Umweltschutz

Nicht nur die Schaffung der Roten Liste bedrohter Organismen beweist, dass zumindest ein Teil der Menschheit begriffen hat, dass wir unsere Umwelt schützen müssen, um die Lebensgrundlagen für Pflanzen, Tiere und Menschen langfristig zu erhalten. Ausdruck dieses Bewusstseins ist beispielsweise die Agenda 21, die auf der Rio-Konferenz der Vereinten Nationen 1992 von 180 Staaten verabschiedet wurde. Hierin legten die Länder fest, was im 21. Jahrhundert getan werden muss, um die Erde vor einer ökologischen Katastrophe zu bewahren. Ziel ist eine Politik der nachhaltigen und umweltverträglichen Entwicklung.

Gesetzliche Maßnahmen

Will man eine natürliche Umwelt für zukünftige Generationen erhalten, so muss die Politik also aktiv tätig werden, d. h., Gesetze und Richtlinien zum Natur- und Umweltschutz entwickeln. In Deutschland dient dazu das Bundesnaturschutzgesetz (BNatSchG), das den Rahmen für die Naturschutzgesetze der Bundesländer bildet und einige Bereiche bereits unmittelbar regelt. Das Bundesnaturschutzgesetz definiert den Naturschutz als übergreifende, das ganze Land betreffende Aufgabe. Durch das Gesetz werden die einheimischen Tier- und Pflanzenarten sowie ihre Lebensräume geschützt. Es enthält darüber hinaus auch Vorschriften zu Landwirtschaft, Umweltbeobachtung, Landschaftsplanung und anderen Eingriffen in die Natur.

Neben den Naturschutzbehörden der Länder, die für die Überwachung kon kreter Maßnahmen verantwortlich sind, übernimmt das Bundesamt für Naturschutz (BfN) die fachliche und wissenschaftliche Beratung des Bundesumweltministeriums. Zum Schutz von Luft, Wasser und Boden wurden vom Bund verschiedene Gesetze erlassen, so z. B. das Immissionsschutzgesetz, das Wasserhaushaltsgesetz, das Abfallgesetz, das Chemikaliengesetz und das Gentechnikgesetz.

Naturschutzgebiete

Wie bereits erwähnt, regelt das Bundesnaturschutzgesetz auch die Einrichtung und den Erhalt von Naturschutzgebieten. In diesen Schutzgebieten werden Lebensgemeinschaften und Lebensräume seltener Tier- und Pflanzenarten vor dem schädlichen Einfluss des Menschen geschützt und mehr oder weniger sich selbst überlassen. Das Bundesnaturschutzgesetz definiert dabei mehrere Kategorien von Schutzräumen, die jeweils unterschiedlich groß sind und in denen unterschiedlich strenge Vorschriften gelten:

a) *Naturschutzgebiete* sind die am strengsten geschützten Gebiete in Deutschland. Das Betreten und die Nutzung dieser Gebiete ist nur unter strengen Auflagen erlaubt.

b) *Nationalparks* sind großräumige Schutzgebiete von mindestens 10.000 ha Größe. Sie bestehen aus naturnaher Landschaft und ihre Kerngebiete sind frei von menschlicher Nutzung. Eine landwirtschaftliche, forstwirtschaftliche oder fischereiwirtschaftliche Nutzung ist in festgelegten Bereichen i. d. R. gestattet.

c) *Landschaftsschutzgebiete* sind aufgrund ihrer Schönheit oder besonderen Bedeutung besonders erhaltenswerte Gebiete, in denen die Schutzbestimmungen weniger streng sind als in Naturschutzgebieten. Dennoch darf der Charakter eines Landschaftsschutzgebiets nicht durch Eingriffe des Menschen verändert werden.

Als weitere schützenswerte Gebiete werden in den §§ 25 bis 30 des BNatSchG das Biosphärenreservat, der Naturpark, das Naturdenkmal, geschützte Landschaftsbestandteile und das Biotop voneinander abgegrenzt.

Kläranlagen

Einen wichtigen Beitrag zum Umweltschutz leistet heute auch die Technik, z. B. in Form von modernen Kläranlagen. Zum Schutz der Gewässer und des Grundwassers ist unbedingt notwendig, die in großen Mengen anfallenden Abwässer sorgfältig zu reinigen. Moderne Kläranlagen arbeiten zu diesem Zweck i. d. R. in drei Stufen:

1. *Mechanische Reinigung:* Die durch Rechen, Siebe und Filter von gröberen Verunreinigungen befreiten Abwässer werden in ein Beruhigungsbecken (Sandfang) geleitet. In diesem Becken setzen sich Schwebstoffe und schwimmende Stoffe ab, wie zum Beispiel Öle und Fette, die per Ölabscheider entfernt werden. Der sich bildende Schlamm wird in einem Faulturm oder Faulraum einer Methangärung unterworfen. Dabei entsteht methanhaltiges Faulgas, das man als Heizgas nutzen kann, sowie ausgefaulter Klärschlamm, der sich als Dünger verwenden lässt, sofern er nicht durch Infektionserreger, Schwermetalle oder Giftstoffe verseucht ist.

2. *Biologische Reinigung:* Das vorgeklärte Abwasser wird über große Oberflächen in Belüftungsbecken verrieselt. Alternativ kann auch Luft eingeleitet werden, damit Schlammflocken aus aeroben Destruenten und organischen Stoffen entstehen, in denen ein intensiver Schmutzabbau stattfindet (Belebungsverfahren). Anschließend werden im Nachklärbecken die Flocken abgeschieden (sie kommen ebenfalls in den Faulturm) und das geklärte Abwasser wird in Bäche und Flüsse (Vorfluter) geleitet.

3. *Chemische Reinigung* (starke Verschmutzung): Hier werden vor allem Nitrate und Phosphate entfernt, um eine Eutrophierung (Überdüngung, vgl. S. 303) der natürlichen Gewässer durch Mineralsalze zu verhindern.

Biologische Lösungen

Neben diesen technischen Lösungen des Schutzes und der Regeneration der Umwelt setzen Wissenschaftler mittlerweile auch verstärkt biologische Mittel ein. So versuchen sie beispielsweise mithilfe von Pflanzen in der so genannten Phytoremediation Böden zu sanieren. Bisher mussten diese Böden, die mit Umweltgiften wie Schwermetallen belastet sind, normalerweise abgetragen und aufwändig gereinigt werden. Es gibt aber Pflanzenarten, die von Natur aus die Eigenschaft besitzen, Schwermetalle aus dem Boden zu resorbieren und in die Gewebe ihrer Blätter oder Stiele einzulagern. So ist der Gebänderte Saumfarn (Pteris vittata) in der Lage, große Mengen an Arsen zu akkumulieren, und auch der indische Senf kann verschiedene Schwermetalle aufnehmen. Haben sie dies durchgeführt, so können diese geerntet und entsorgt werden. Inzwischen überlegt man in der Forschung sogar, ob es möglich ist, die Metalle durch die Verbrennung der Pflanzen zurückzugewinnen.

Darüber hinaus wird versucht, die für die Aufnahme und Einlagerung der Metalle verantwortlichen Gene zu identifizieren. Sind diese einmal bekannt, könnten sie isoliert und in andere Pflanzen eingebaut werden.

XII. Vielfalt und Evolution der Lebewesen

Die heute sichtbare Vielfalt an lebenden Organismen ist das Ergebnis einer langen stammesgeschichtlichen Entwicklung von einfachsten Organisationsstufen zu hoch differenzierten Formen. Welche Gesetzmäßigkeiten und Ursachen dieser Entwicklung zugrunde liegen und welche verwandtschaftlichen Beziehungen zwischen den unzähligen Lebewesen bestehen, versucht die Evolutionsforschung herauszufinden. Diese wird im ersten Teil dieses Kapitels behandelt. Der zweite Teil gibt dann einen kurzen Überblick über die biologische Vielfalt und Systematik der Lebewesen.

12.1 Belege für die Evolution

Für die stammesgeschichtliche Abstammung der Lebewesen gibt es eine ganze Reihe von Belegen und Indizien, auf die in den folgenden Abschnitten näher eingegangen wird.

Morphologisch-anatomische Belege

Vergleicht man den Aufbau von Organismen, erhält man Rückschlüsse auf ihren Verwandtschaftsgrad. Allerdings beinhaltet diese Methode auch Fallstricke.

Homologie

Homologe Organe lassen sich auf einen gemeinsamen Grundbauplan zurückführen, auch wenn sie infolge von Anpassung an verschiedene Funktionen ein recht unterschiedliches Aussehen haben können.

Oft lassen sich für solche Organe Entwicklungsreihen (Progressionsreihen) vom Einfachen zum Komplexeren aufstellen, aber es gibt auch die Rückbildung von Organen (Regressionsreihen). Aus Homologien kann man Rückschlüsse auf eine Stammesverwandtschaft ziehen, da sie Folge einer ursprünglich identischen genetischen Information sind. Homologie lässt sich mithilfe von drei Kriterien (Homologiekriterien) nachweisen:

a) *Kriterium der Lage:* Strukturen verschiedener Organismen sind homolog, wenn sie die gleiche Lage in einem vergleichbaren Gefügesystem einnehmen.

b) *Kriterium der spezifischen Qualität:* Wenn kompliziert gebaute Organe im Hinblick auf spezielle Merkmale auffallend übereinstimmen, sind sie trotz eventuell veränderter Lage homolog.

c) *Kriterium der Stetigkeit* (Kontinuität): Verschieden gelagerte oder in ihrer Gestalt stark abgewandelte Organe sind dann homolog, wenn sie über Zwischenformen verbunden sind, die einen gleitenden Übergang von einer Struktur zur anderen erkennen lassen.

Nach der Korrelationsregel finden sich bei verschiedenen Organismen noch andere homologe Organe, wenn ein Organ sich bereits als homolog erwiesen hat.
Homologe Organe sind beispielsweise die Vorderextremitäten von Amsel (Flügel), Delfin (Vorderflosse), Maulwurf (Grabbeine) und Mensch (Arme), auch wenn diese auf den ersten Blick recht unterschiedlich aussehen. Untersucht man sie genauer, stellt man allerdings schnell fest, dass Oberarmknochen, Speiche, Elle, Handwurzelknochen etc. die gleiche Anordnung haben.

Analogie
Anders als Homologien lassen Analogien keine Rückschlüsse auf eine Stammesverwandtschaft zu.

Analoge Organe können die gleiche Funktion und auch eine rein äußerliche Ähnlichkeit haben, aber sie weisen stets einen unterschiedlichen Grundbauplan auf. Die Ausbildung einer ähnlichen Gestalt infolge gleicher Funktion oder Lebensweise nennt man Konvergenz.

Ein Beispiel für analoge Organe sind die Ranken verschiedener Pflanzen, die zumeist sehr ähnlich aussehen, in der Regel auch die gleiche Funktion besitzen, sich aber aus verschiedenen Grundorganen der Pflanze entwickelt haben können. So sind es bei der Erbse die vorderen Fiederblättchen, die zu Ranken umgewandelt wurden, während es sich beim Wein um Teile der Sprossachse handelt und bei der

Vanille um umgebildete Wurzeln (Wurzelranken). Analoge Organe sind aber beispielsweise auch die Flügel eines Insekts und eines Vogels, oder das Linsenauge von Tintenfisch und Wirbeltier.

Rudimente und Atavismen

Rudimente und Atavismen können ebenfalls als Hinweise für eine gemeinsame Evolution herangezogen werden.

Rudimentäre Organe entstehen durch Rückbildung von Organen, deren ursprüngliche Funktion dabei normalerweise verloren geht.

Beispiele sind das menschliche Steißbein (Reste des Schwanzes) oder die Weisheitszähne, die bei manchen Menschen überhaupt nicht mehr angelegt werden.

Von einem Atavismus (Rückschlag) spricht man, wenn bei Organismen plötzlich Merkmale auftreten, die im Laufe der Stammesgeschichte bereits verschwunden waren.

So kann man bei manchen Menschen eine sehr starke Ganzkörperbehaarung oder ein verlängertes, schwanzartiges Steißbein beobachten.

Als Belege für die Evolutionstheorie gelten aber auch gemeinsame Parasiten bei unterschiedlichen Tierarten, homologe Verhaltensweisen, ständige Entstehung neuer Sorten bei Pflanzen- und Tierzucht, geografische Indizien, etwa die Folgen des Kontinentaldrifts, klimatische Veränderungen oder die spezielle Entwicklung bei endemischen Formen.

Paläontologische Belege – Fossilienfunde

Als Fossilien bezeichnet man Überreste und Abdrücke von Organismen, die in vorgeschichtlicher Zeit lebten.

Fossilien können ebenfalls als Belege für die Evolution herangezogen werden. Diese versteinerten Überreste von Pflanzen und Tieren lassen sich mit unterschiedlichen Verfahren zeitlich datieren, beispielsweise mit der Radiokarbonmethode (^{14}C-Methode, vgl. S. 318), und anschließend verschiedenen erdgeschichtlichen Epochen zuordnen. Aus den gewonnenen Erkenntnissen kann man dann häufig auf allgemeine Gesetzmäßigkeiten schließen und für viele Organismengruppen Stammbäume aufstellen, die ihre Entwicklung widerspiegeln.

Übergangsformen

Einige Fossilien erhalten ihre Bedeutung dadurch, dass sie Übergänge zwischen einer Stammform und daraus hervorgegangenen Organismen darstellen, wobei sie noch Merkmale beider Gruppen besitzen. Sie werden als Übergangsform, Missing Link oder Brückentier bezeichnet.

Ein Beispiel für eine derartige Übergangsform ist der Urvogel Archaeopteryx (vgl. Abb. 99). Er weist sowohl Merkmale von Vögeln (Federn, Flügel) als auch solche von Reptilien (Kegelzähne, Krallen an den Vordergliedmaßen) auf.

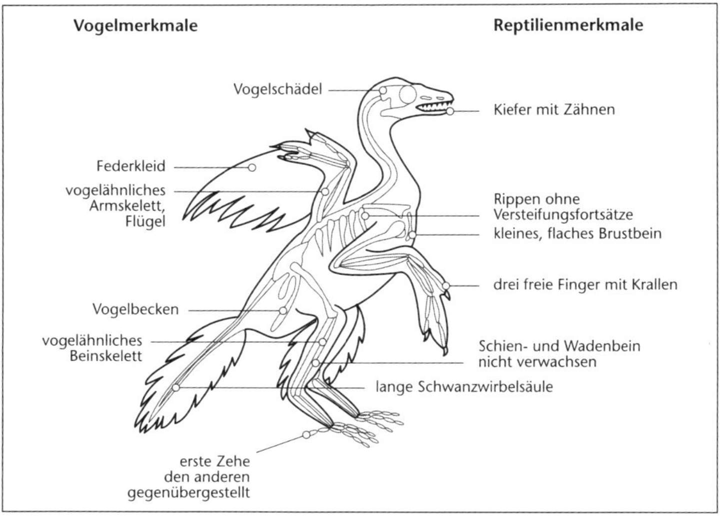

Abb. 99: Brückentier Reptilien und Vögel – Archaeopteryx

Altersdatierung von Fossilien mithilfe der Halbwertszeit

Die wissenschaftlichen Erkenntnisse über den Zerfall natürlicher Nuklide können dazu genutzt werden, um das Alter von Materie oder von Organismen zu bestimmen.
Für die Altersbestimmung von Mineralien kann man auf die Zerfallsreihen von radioaktivem Uran zurückgreifen. Die Uran-Radium-Zerfallsreihe verläuft von ^{238}U über 14 Schritte bis hin zum ^{206}Pb, einem stabilen Blei-Nuklid. Aus dem Verhältnis von ^{238}U zu ^{206}Pb in uranhaltigen Mineralien lässt sich das Alter des Minerals bestimmen. Der langsamste Schritt ist der erste Zerfallschritt von ^{238}U zu ^{226}Ra mit einer Halbwertszeit von $4{,}51 \cdot 10^{-9}$ Jahren. Dieser Schritt ist geschwindigkeitsbestimmend und daher entscheidend für die Berechnung des Mineralienalters. Aufgrund der hohen Halbwertszeit kann das Alter von Mineralien für sehr lange Zeiträume bestimmt werden. Man kann beispielsweise das Mindestalter der Erde und das Alter von Meteoriten mit dieser Methode abschätzen.

Die Altersbestimmung abgestorbener Pflanzen oder Tiere basiert auf der ^{14}C-Methode. Das Kohlenstoffnuklid ^{14}C wird durch kosmische Strahlung aus Stickstoff gebildet. Es ist ein β-Strahler mit einer Halbwertszeit von 5730 Jahren, der unter Emission eines β-Teilchens wieder zu Stickstoff zerfällt.
In der Atmosphäre gibt es eine konstante Konzentration von Kohlenstoffdioxid, die das radioaktive Nuklid ^{14}C enthält. Radioaktives Kohlenstoffdioxid $^{14}CO_2$ wird also in einem bestimmten Verhältnis zu stabilem $^{12}CO_2$ von lebenden Organismen aufgenommen und in den Stoffkreislauf eingeführt. In abgestorbenen Organismen wird kein Kohlenstoffdioxid mehr aufgenommen. Aus dem Verhältnis von stabilem Kohlenstoff zu radioaktivem Kohlenstoff lässt sich schließen, wie viel des Kohlenstoffnuklids ^{14}C zerfallen sein muss. Aus dieser Größe kann man darauf schließen, wann der Organismus abgestorben ist. Mit der ^{14}C-Methode wird unter anderem das Alter von Skeletten oder von Holzpfählen bei Ausgrabungen ermittelt.

Entwicklungsphysiologische Belege

Wirbeltierembryonen ähneln sich in einem frühen Entwicklungsstadium sehr stark und besitzen dann oft auch noch Merkmale, die erst im Laufe der weiteren Entwicklung verschwinden (beim Menschen sind das beispielsweise Kiemenbögen oder ein röhrenförmiges Herz). Auf Grundlage dieser Beobachtungen stellte Ernst Haeckel (1843 – 1919) seine biogenetische Grundregel auf, die besagt, dass die Ontogenese (Individualentwicklung) eines Lebewesens eine kurze und schnelle Wiederholung seiner Phylogenese (Stammesentwicklung) ist. Diese Theorie gilt jedoch nach dem Stand der heutigen Forschung als wenig aussagekräftig.

Biochemische und molekularbiologische Belege

Wie in den Kapiteln 1.3 „Zellbiologie" und 3.1 „Klassische Genetik" dargestellt, besitzen alle Organismen die gleichen chemischen Grundbausteine und den gleichen genetischen Code. Sie nutzen Enzyme als Katalysatoren und ATP für die Energieübertragung, bauen Kohlenhydrate über die Glykolyse ab und Proteine aus Aminosäuren auf. Daher kann angenommen werden, dass sie sich aus gemeinsamen Vorfahren entwickelt haben.

Zwischen den Biomolekülen der einzelnen Organismen gibt es andererseits aber graduelle Unterschiede, die zur Aufstellung von Stammbäumen verwendet werden können, denn je geringer die Abweichungen sind, desto näher sind die einzelnen Lebewesen miteinander verwandt.

Die am häufigsten verwendeten biochemischen und molekularbiologischen Methoden zur Feststellung verwandtschaftlicher Verhältnisse zwischen einzelnen Organismengruppen sind:

- *Vergleich des GC-Gehalts der DNA,* also die Feststellung des prozentualen Anteils an Guanin (G) und Zytosin (C) an der Gesamtmenge der vier DNA-Basen.
- *DNA/DNA-Hybridisierung,* also die künstliche Bildung eines DNA-Doppelstrangs aus zwei Einzelsträngen verschiedener Organismen, wobei die Verwandtschaft umso größer ist, je mehr komplementäre Basen Wasserstoffbrückenbindungen ausbilden (hybridisieren).
- *Die Sequenzierung von Nukleinsäuren,* bei der die Basensequenz von RNA- oder DNA-Molekülen ermittelt und verglichen wird (bei nahe verwandten Organismen ist die Sequenz ähnlicher).

Hilfreich kann darüber hinaus der Vergleich von Aminosäuresequenzen bestimmter Proteine sein. So werden beispielsweise die Sequenzen des Zytochrom c, das bei sehr vielen Lebewesen vorkommt, miteinander verglichen. Auch mit immunologischen Untersuchungen, bei denen die Reaktion von Antikörpern auf verschiedene im Blut (vgl. S. 168) vorhandene Serumproteine geprüft wird, können verwandschaftliche Verhältnisse näher bestimmt werden.

12.2 Evolutionstheorien

Cuvier

Die Vorgänge bei der Entwicklung der Lebewesen wurden in der Vergangenheit auf recht unterschiedliche Weise interpretiert. So ging der französische Naturforscher Georges Baron de Cuvier (1769 – 1832) noch von der grundsätzlichen Unveränderlichkeit der Arten aus.

Die in Versteinerungen (vgl. S. 316) dokumentierte Entwicklung der Lebewesen führte er auf weltweite Katastrophen (z. B. Sintfluten) zurück, die einen Großteil der lebenden Pflanzen und Tiere auslöschten (Katastrophentheorie). Unterschiede zwischen den heutigen Lebensformen und den Fossilien erklärte Cuvier mit der sich jeweils anschließenden neuerlichen Schöpfung.

Lamarck

Jean Baptiste de Lamarck (1744 – 1829) nahm an, dass Lebewesen einen inneren Trieb zur Vervollkommnung besitzen, der sie veranlasst, sich an die Umwelt und an Umweltveränderungen anzupassen. Durch einen verstärkten Gebrauch (oder auch den Nichtgebrauch) bestimmter Körperteile sollte es bei diesen zu einer individuellen Veränderung kommen, die anschließend an die Nachkommen vererbt wurde.

Umweltänderung > innerer Trieb > Gebrauch/Nichtgebrauch > Weiterentwicklung/Verkümmerung > Vererbung der erworbenen Eigenschaften

Ein von Lamarck selbst gewähltes Beispiel für seine Theorie ist der ungewöhnlich lange Hals bzw. der Körperbau der Giraffe. Als Ausgangspunkt für sein Modell nahm er eine Antilope an, die gern Blätter fraß. Um auch in Trockenzeiten noch satt zu werden, müsse das Tier den Hals stets mit aller Kraft nach oben recken, um die oberen Blätter erreichen zu können. Durch die ständigen Bemühungen hätten sich die betroffenen Körperteile nach und nach verlängert und die neu entstandenen Anpassungen seien dann weitervererbt worden. Daher hat Lamarck zufolge schon die nächste Generation einen Vorteil bei der Nahrungssuche. Auch diese nächste Generation würde dann den gleichen Entwicklungsprozess durchlaufen, sodass sich Hals, Beine und Zunge von Generation zu Generation verlängern würden, bis schlussendlich aus der Antilope eine Giraffe geworden sei.

Heute wissen wir, dass Lamarcks Theorie nicht zutrifft. Erworbene Eigenschaften werden nicht vererbt, und daher scheiterten auch alle Versuche, diese Hypothese experimentell nachzuweisen. Allerdings wird der Lamarckismus heute als ein wichtiger Vorläufer des Darwinismus angesehen, welcher heute allgemein als anerkannte Evolutionstheorie gilt.

Darwin

Charles Darwin (1809 – 1882) baute seine Evolutionstheorie auf folgenden Beobachtungen auf:
a) Obwohl die Lebewesen viel mehr Nachkommen erzeugen, als zur Erhaltung der Art notwendig sind, bleibt die Individuenzahl einer Art bei gleich bleibenden Umweltbedingungen dennoch über längere Zeit hinweg konstant (Überproduktion).
b) Die Nachkommen eines Elternpaares variieren in ihren Erbmerkmalen (Variabilität).
c) Die Lebewesen stehen untereinander in ständigem Wettbewerb, etwa um Nahrung, Geschlechtspartner usw. In diesem Kampf ums Dasein *(struggle for life)* überleben die Individuen, die am besten an ihre Umwelt angepasst sind *(survival of the fittest)*. Diese pflanzen sich auch am erfolgreichsten fort. Der Kampf ums Dasein findet innerartlich, aber auch zwischenartlich statt, falls ähnliche ökologische Nischen (vgl. S. 291) besiedelt werden, also unterschiedliche

Arten die gleichen Anforderungen an die Umwelt stellen. Dies führt dazu, dass sich auf Dauer nur die am besten angepasste Art in einer ökologischen Nische behaupten kann. Diese natürliche Auslese *(natural selection)* bedingt ständig die Anpassung an bestimmte Umweltverhältnisse und führt zu einer allmählichen Veränderung der Arten.

Die wissenschaftliche Karriere des englischen Naturforschers Charles Darwin begann, als er 1831 an einer Expedition der britischen Marine nach Südamerika teilnahm. Dabei kam er auch auf die Galapagos-Inseln. Diese zehn Inseln liegen nicht nur relativ isoliert im Pazifik, sondern sind auch jeweils weit voneinander entfernt. Für seine spätere Theorie war vor allem die Beobachtung von Bedeutung, dass auf den einzelnen Inseln zwar die gleichen Pflanzen und Tiere vorkamen, dass es aber oft deutliche Variationen innerhalb derselben Gruppe von Organismen gab. Das berühmteste Beispiel dafür sind sicher die 14 Finkenarten auf den unterschiedlichen Inseln (vgl. S. 327). Es dauerte allerdings sehr lang, bis Darwins Ideen allgemein akzeptiert wurden. Besonders heftige Gegenwehr kam von der Kirche, die an der universellen Gültigkeit biblischer Texte wie der Schöpfungsgeschichte keinen Zweifel aufkommen lassen wollte. Heute gehört die Vorstellung einer Evolution durch Mutation und natürliche Selektion allerdings zu den Grundlagen der modernen Biologie.

Synthetische Evolutionstheorie – Populationsgenetik

Diese neuere Theorie beruht auf Darwins Evolutionstheorie, berücksichtigt aber zusätzliche Ergebnisse aus Genetik und Populationsgenetik.

Populationsgenetik: Hardy-Weinberg-Gesetz

Um diese Theorie nachvollziehen zu können, muss man zunächst einmal Folgendes wissen: Nach dem Hardy-Weinberg-Gesetz von der Erbkonstanz bleibt ein Gen-Pool – also die Gesamtheit aller Gene in einer Population – immer dann konstant, wenn:

a) keine Mutationen auftreten,
b) alle Genotypen gleich gut an die Umwelt angepasst sind, also die Selektion fehlt,

c) die Population sehr groß ist,
d) die Wahrscheinlichkeit für die Paarung beliebiger Partner gleich groß ist,
e) Individuen weder ab- noch zuwandern.

Solche idealisierten Bedingungen kommen in natürlichen Populationen allerdings nicht vor, sodass sich mathematisch nur Annäherungen betrachten lassen. Durch Rekombination während der geschlechtlichen Fortpflanzung entstehen immer wieder andere Genotypen und damit auch andere Phänotypen, darunter solche mit besonders vorteilhaften Eigenschaften. Diese (besser an die Umwelt angepassten) Phänotypen kommen vermehrt zur Fortpflanzung (reproduktive Fitness), d. h., sie bringen ihre Gene häufiger in den Gen-Pool der Folgegeneration ein.

Als Evolutionsfaktoren bezeichnet man sämtliche Einflüsse, die den Gen-Pool einer Population verändern. Solche Faktoren sind Mutationen, Rekombinationen und die verschiedenen Formen der Selektion.

Mutationen und Rekombination

In einem Genpool entstehen durch (Gen-)Mutationen (vgl. S. 99) ständig neue Allele, die sich für einen Organismus unter Umständen als positiv erweisen können. Durch Rekombination und Crossing-over (vgl. S. 98) werden vorhandene Allele anders kombiniert, sodass einige Nachkommen möglicherweise besser an ihre Umwelt angepasst sind.

Selektion

Die Selektion – die natürliche Auslese durch die Umwelt – wirkt der Zunahme von Mutationen entgegen, d. h., sie schränkt die genetische Variabilität ein. Die Selektion betrifft ausschließlich den Phänotyp und damit den Genotyp nur indirekt.

Ein gewisser Prozentsatz von Individuen jeder Generation geht ein, bevor er sich fortpflanzen kann. Der Grund dafür sind die so genannten Selektionsfaktoren. Von diesen gibt es abiotische (Einflüsse der unbelebten Umwelt wie Luftfeuchtigkeit, Temperatur, Lichtverhältnisse, Chemikalien) und biotische Selektionsfaktoren

(Einflüsse der belebten Umwelt wie Feinde, Parasiten, eigene Artgenossen als Konkurrenten). Je nach Auswirkung unterscheidet man zwischen stabilisierender, gerichteter und aufspaltender Selektion (vgl. Abb. 100).

Stabilisierende Selektion: lebende Fossilien

Ist eine Population sehr gut an die Umwelt angepasst, werden abweichende Mutanten durch die am Phänotyp ansetzende Selektion ständig eliminiert. Diese stabilisierende Selektion ist beispielsweise verantwortlich für die relative Konstanz der so genannten lebenden Fossilien – also Pflanzen oder Tiere, die sich über einen sehr langen Zeitraum phänotypisch kaum verändern.

Das bekannteste Beispiel für ein lebendes Fossil ist der Quastenflosser. Wie man aus Versteinerungen weiß, kam dieser primitive Fisch vor etwa 400–360 Millionen Jahren sehr häufig vor, bevor er dann nach und nach von besser angepassten Fischen verdrängt wurde. Die letzten fossilen Funde stammen aus der Zeit von vor ungefähr 100 Millionen Jahren – danach galt der Quastenflosser als ausgestorben. Umso überraschender war es, als 1938 plötzlich ein anderthalb Meter langes Exemplar auf einem Fischmarkt in Südafrika auftauchte. Wie sich später herausstellte, hatte die Art in ganz speziellen Biotopen (an den Abhängen vulkanischer Inseln mit auf- und absteigenden Strömungen) in etwa 200 m Tiefe überlebt, wo die behäbigen Räuber wenig Konkurrenz zu fürchten hatten. Heute weiß man, dass es vom Quastenflosser weltweit immerhin noch einige hundert Exemplare gibt.

Gerichtete Selektion: Haustierrassen

Ist eine Population weniger gut an die Umgebung angepasst, werden abweichende Phänotypen von der Selektion begünstigt, wobei der einseitige Selektionsdruck eine Veränderung der Genfrequenz (Häufigkeit eines Gens in einer Population) zur Folge hat. Diese gerichtete Selektion kann zu einem allmählichen Artenwandel – einer Veränderung der Population insgesamt – führen.

Als Beispiel für eine gerichtete Selektion können die unzähligen Rassen vieler Haustiere herangezogen werden. Ihre Anzahl ist deshalb so groß, weil es unter den unnatürlichen Zuchtbedingungen besonders rasch zu Veränderungen kommt, denn es werden ja zumeist bestimmte, für den jeweiligen Zweck besonders geeignete

Varianten für die Weiterzucht ausgewählt (starker Selektionsdruck). Dadurch war es möglich, dass sich innerhalb vergleichsweise kurzer Zeit aus einer gemeinsamen Stammform, dem Wolf, so unterschiedliche Hunderassen entwickelt haben wie Schäferhund, Pekinese, Bernhardiner, Dackel usw.

Aufspaltende Selektion

Werden die häufigsten Formen einer Population (beispielsweise durch Parasiten oder Infektionskrankheiten) stärker dezimiert als die „Randformen" mit extremen Merkmalen, so spaltet sich eine Population in zwei Arten auf (aufspaltende Selektion).

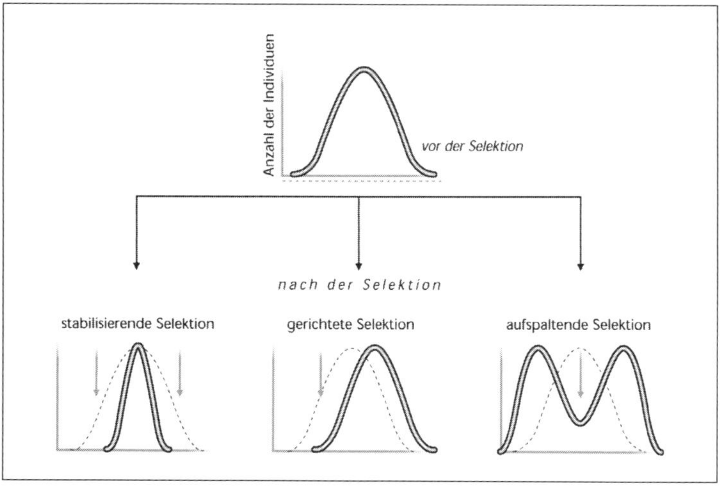

Abb. 100: Wirkung der Selektion

12.3 Artbildung – Entstehung neuer Arten durch Isolation

Werden Gruppen von Individuen einer Art (Populationen) so voneinander getrennt, dass zwischen ihnen keine geschlechtliche Fortpflanzung mehr möglich und damit der Genfluss unterbrochen ist, können sie keinen gemeinsamen Gen-Pool mehr bilden (Separation). In den getrennten Populationen treten unterschiedliche Mutationen auf, die zuerst zu Individuen führen, die sich nur in wenigen, oft unauffälligen Merkmalen von der Nachbarpopulation unterscheiden und mit dieser noch fruchtbare Nachkommen zeugen können. Man spricht dann von Unterarten, Varietäten, Rassen usw.

Im Laufe der Zeit werden die Merkmalsunterschiede allerdings größer, sodass es zur Bildung einer Fortpflanzungsschranke kommen kann. Eine Paarung ist nun nicht mehr möglich: Es sind zwei unterschiedliche Arten entstanden. Gründe für eine Separation können dabei sein:

- geografische Isolation: z. B. ein geologischer Grabenbruch, Vereisung eines Areals, eine sich bildende Landbrücke, Kontinentaldrift etc.,
- Isolation durch Verhaltensunterschiede: z. B. ein verändertes Balzverhalten (wie z. B. Balzgesang),
- jahreszeitliche Isolation: beispielsweise unterschiedliche Blütezeit bei Pflanzen oder unterschiedliche Balzzeit,
- anatomische Isolation: etwa anatomische Veränderung und damit Inkompatibilität der Begattungsorgane,
- ökologische Isolation: beispielsweise durch eine unterschiedliche Einnischung im gleichen Gebiet,
- genetische Isolation: z. B. durch Polyploidie (vgl. S. 100), d. h., aufgrund eines Fehlers in der Zell- oder Reifeteilung kommt es zu einer Vervielfältigung der Chromosomensätze.

Adaptive Radiation

Wie bereits in Kapitel 11 „Grundlagen der Ökologie und des Umweltschutzes" beschrieben, versteht man unter dem Begriff „ökologische Nische" (vgl. S. 291) die Gesamtheit aller biotischen und abiotischen Umweltfaktoren, die für eine Art wichtig sind. Die Besetzung verschiedener ökologischer Nischen im selben Ökosystem wird durch zwischenartliche (interspezifische) Konkurrenz reguliert.

Unter Stellenäquivalenz versteht man dabei, dass verschiedene geografisch getrennte Arten ähnliche ökologische Nischen besetzen können. Die damit verbundene Ausbildung von ähnlichen Formen, Organen und Verhaltensweisen bezeichnet man als Konvergenz (vgl. Darwin-Finken, s. u.).

Kommt es zu einer Neubesiedelung von Großnischen, etwa einer gerade entstandenen Vulkaninsel, kann die Auffächerung einer Ausgangsart in viele abweichende Arten stattfinden (durch Anpassung an vielerlei Nischen), wobei jede Art den ausgewählten Lebensraum auf ihre Weise nutzt (ökologische Isolation). Man spricht in diesem Fall von adaptiver Radiation.

Einer der bekanntesten Belege für dieses Phänomen sind die Darwin-Finken auf den Galapagos-Inseln.

Darwins Finken – Einnischung

Als der englische Naturforscher Charles Darwin (vgl. S. 321) auf die Galapagos-Inseln kam, fielen ihm dort die Finkenvögel auf, die zwar den Finken des südamerikanischen Festlandes sehr ähnelten, aber andere Lebens- und Nahrungsgewohnheiten hatten. Wie Darwin herausfand, gab es auf den Galapagos-Inseln 14 verschiedene Finkenarten, die sich neben der Größe vor allem in ihrer Lebensweise unterschieden. So gab es Boden-, Kakteen- und Baumbewohner, die sich von Samen, Früchten oder Insekten ernährten, während die Festland-Finken ausschließlich Körnerfresser waren. Sichtbar wurden diese unterschiedlichen Anpassungen vor allem durch unterschiedliche Schnabelformen, die der jeweiligen Nahrungsquelle angepasst waren – von an Laubsänger erinnernde Formen bis zu kernbeißerähnlichen Schnäbeln. Darwin vermutete, dass sich alle Galapagos-Finken auf eine Stammform zurückführen ließen, die sich bei der Besiedlung der neu entstandenen Inseln durch adaptive Radiation an die jeweiligen Lebensbedingungen angepasst hatten. Diese Beobachtungen der Finken auf den Galapagos-Inseln gelten heute als eines von Darwins Schlüsselerlebnissen für die Aufstellung seiner Evolutionstheorie.

Gen-Drift

Unter diesem Begriff versteht man die zufällige Veränderung von Gen-Frequenzen, die dadurch zustande kommen kann, dass nur wenige Individuen einer großen Population ein neues Gebiet besiedeln.

Diese Gründerindividuen stellen eine zufällige Auswahl von Genotypen dar. Je kleiner diese Population ist, desto wahrscheinlicher ist eine zufällige Veränderung des Gen-Pools.

12.4 Evolution des Menschen (Anthropologie)

Die Anthropologie ist jene Teildisziplin der Biologie, die sich insbesondere mit der Evolution des Menschen beschäftigt.

Aussagen über die genaue Evolution des Menschen sind allerdings schwierig, da immer neue Fossilfunde das Bild ständig verändern. Es gibt aber einige Dinge, die heute als sehr wahrscheinlich gelten. So gab es vermutlich einen gemeinsamen Ahnen des Menschen, der Menschenaffen und der Gibbons im frühen Oligozän (vor 30–40 Millionen Jahren). Er wird Propliopithecus genannt. Den in Ägypten gefundenen Aegyptopithecus (Alter etwa 25 Millionen Jahre) und die vor 20 Millionen Jahren in Asien, Afrika und Europa heimischen Dryopithecus-Formen – darunter der Proconsul – betrachtet man als gemeinsame Vorfahren von Mensch und Menschenaffen. Als möglicherweise letzte gemeinsame Stammform von Mensch und Menschenaffen wird heute häufig der Ramapithecus genannt, von dem acht bis 16 Millionen Jahre alte Fossilien in Afrika, Asien und Europa entdeckt wurden.

Die eigentliche Menschwerdung (Hominisation) fand nach heutiger Ansicht vor vier bis sieben Millionen Jahren statt. Dabei handelte es sich vermutlich um eine mehrere Millionen Jahre andauernde Entwicklung, wobei es keine scharfe Grenze zwischen „noch Tier" und „schon Mensch" gibt (vgl. TMÜ – Tier-Mensch-Übergangsfeld, Abb. 101).

Am Ende dieser Phase stehen die Australopithecinen, die vor ungefähr 3–4 Millionen Jahren in Afrika lebten und als Vormenschen (Praehominiden) bezeichnet werden. Von ihnen spalteten sich dann vermutlich irgendwann die echten Menschen (Euhominiden) ab, zu denen auch die Gattung „Homo" gerechnet wird.

Die Australopithecinen, die bereits Werkzeuge gebrauchten, starben vor etwa 700.000 Jahren aus, während die Entwicklung der Euhominiden weiterging und über den Homo habilis (Werkzeuggebrauch), den Homo erectus (aufrechter Gang, Vergrößerung des Hirnvolumens, vermutlich Entwicklung einer Symbolsprache, Gebrauch des Feuers) schließlich zum Homo sapiens führte, von dem normalerweise drei verschiedene Formen unterschieden werden:

- *der Homo sapiens steinheimensis* („Steinheimer"),
- *der Homo sapiens neandertalensis* („Neandertaler"),
- *der Homo sapiens sapiens* („Jetztmensch").

Der Neandertaler trat vor etwa 100.000 Jahren erstmals auf, verschwand dann aber vor ungefähr 35.000 Jahren scheinbar spurlos von der Erde, ähnlich wie auch der Homo sapiens steinheimensis. Die ältesten Jetztmenschen-Funde sind etwa 150.000 Jahre alt. Sie stammen aus Afrika und man nimmt an, dass die Ursprünge des Homo sapiens sapiens ebenfalls in Afrika zu suchen sind. In Europa tauchte der Homo sapiens sapiens vermutlich vor rund 100.000 Jahren auf.

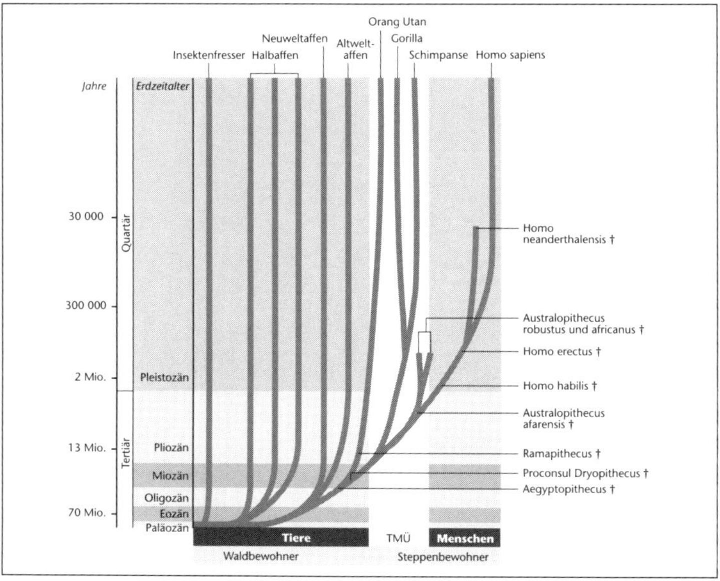

Abb. 101: Die Entwicklung des Menschen

Ursprung des Homo sapiens sapiens

Darüber, aus welcher Form der Homo sapiens sapiens nun letztlich hervorgegangen ist, wird in der Wissenschaft bis heute gestritten. Dabei konkurrieren zwei Erklärungsmodelle: a) das multiregionale Modell und b) das Arche-Noah-Modell.

a) Das multiregionale Modell

Das multiregionale Modell geht davon aus, dass der Homo erectus, wie die Abbildung 102 zeigt, aus Afrika nach Südafrika, Europa und Asien auswanderte. Aus den verschiedenen Populationen entwickelte sich dann parallel unter beständigem Gen-Austausch (vgl. Schaubild unten in Abbildung 102) der Homo sapiens.

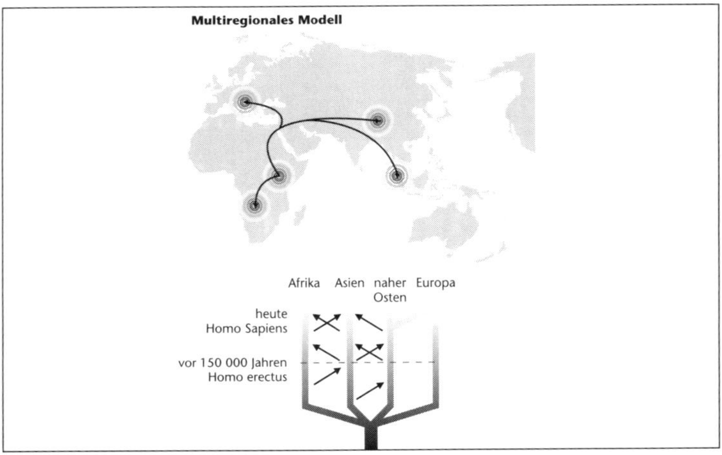

Abb. 102: Das multiregionale Modell

b) Das Arche-Noah-Modell

Auch nach dem Arche-Noah-Modell, das auch als „Out of Africa“-Modell bekannt ist, wanderte der Homo erectus zunächst nach Europa und Asien aus. Allerdings entwickelte sich nur aus der in Afrika ansässigen Homo-erectus-Population eine Homo-sapiens-Population. Diese wanderte dann selbst nach Europa und Asien aus. Die zuvor ausgewanderten Homo-erectus-Formen wurden, wie das Schaubild unten in der Abbildung 103 zeigt, durch den Homo sapiens verdrängt oder starben aus anderen Gründen aus.

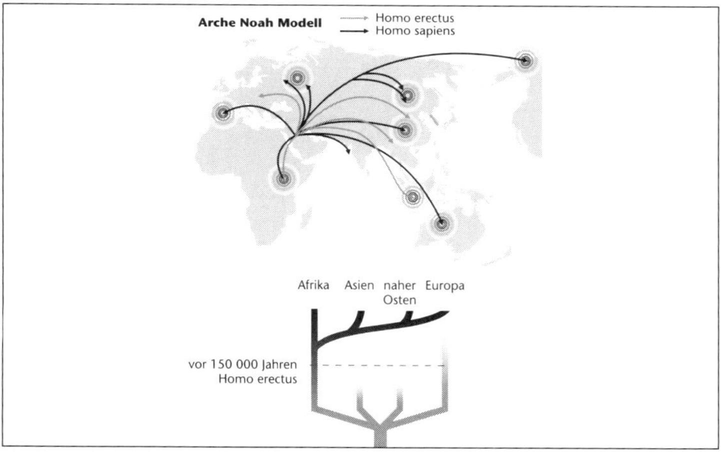

Abb. 103: Das Arche-Noah-Modell

12.5 Entwicklungsgeschichte und biologische Vielfalt der höheren Lebewesen

Unter dem Begriff der biologischen Vielfalt versteht man die Variabilität der in einem Ökosystem oder auf der ganzen Erde vorkommenden Arten. Betrachtet man die Erde, so leben auf ihr grob geschätzt 4000 Säugetierarten. Bei der Angabe der Gesamtzahl der weltweit vorkommenden Arten tut man sich allerdings schwer. Die Zahlen schwanken zwischen drei und 100 Millionen. Ein besonders vielfältiges Ökosystem sind diesbezüglich die Tropen.

Ingesamt beobachtet man seit einigen Jahren einen starken Rückgang der Artenvielfalt, was insbesondere auf die Aktivitäten des Menschen zurückzuführen ist, die die Rückzugsgebiete vieler Arten zerstören. Um sich der Artenvielfalt ansatzweise anzunähern, erfolgt im Folgenden zunächst eine kurze Zusammenfassung der Entwicklungsgeschichte der heutigen Lebewesen, bevor ein grober

Überblick über die Vielfalt und die systematische Einteilung der Lebewesen gegeben wird.

Entwicklungsgeschichte der Organismen auf unserer Erde

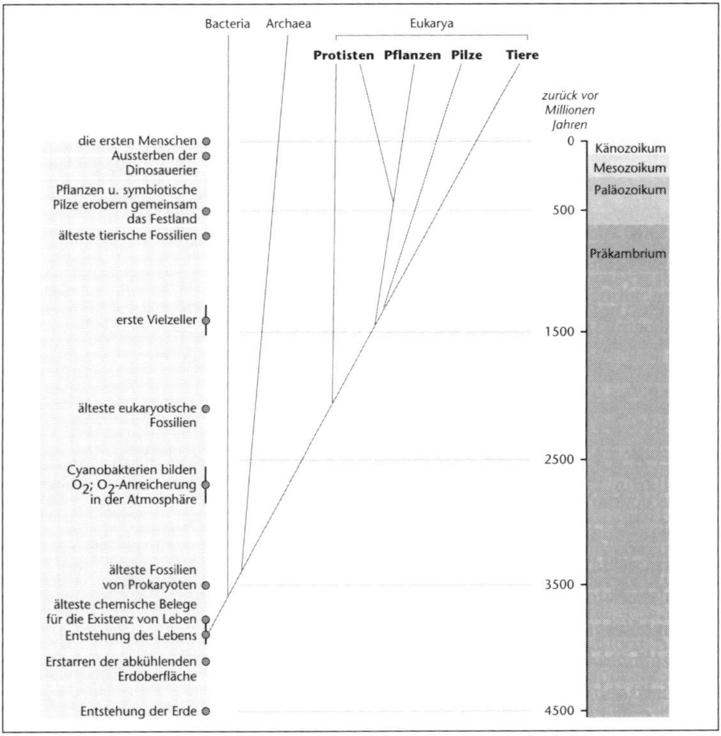

Abb. 104: Entwicklungsgeschichte der Organismen

Nach dem heutigen Kenntnisstand geht man davon aus, dass die Erde vor etwa 4,5 Milliarden Jahren entstanden ist und sich das Leben auf der Erde in einer chemischen, vorbiologischen Evolution selbst entwickelte (vgl. Abb. 104). Organische Moleküle entstanden dabei durch das Einwirken von Energie, die sich infolge von Vulkanausbrüchen und Blitzen aus anorganischen Molekülen entwickelte. Im Folgenden kam es zur Ausbildung von Makromolekülen, so z. B. von Polypeptidketten, die durch die Verkettung von Aminosäuren unter Wasserabspaltung entstanden.

Der nächste Schritt bestand in der Ausbildung membranumhüllter Mikrosphären („Vesikel"), in denen sich die Makromoleküle akkumulierten. Aufgrund der nachfolgenden Entwicklung informationstragender Moleküle (Nukleotide lagern sich zu DNA-Strängen zusammen) und ihrer Verdopplung entstanden Gebilde, die durch die Zusammenarbeit von Nukleinsäuren und Proteinen die Möglichkeit zur identischen Vermehrung hatten. In Kombination mit einem vergleichsweise unabhängigen Stoffwechsel besaßen sie damit die Voraussetzung für die ersten lebenden Systeme auf der Erde.

Die ersten nachgewiesenen Fossilienfunde prokaryotischer Lebewesen werden auf ca. 3,5 Milliarden Jahre vor unserer Zeit datiert (vgl. Abb. 104). Im weiteren Verlauf entwickelten sich fotosynthetisch aktive Prokaryoten – die Zyanobakterien. Diese werden für die Entwicklung einer sauerstoffreichen Atmosphäre verantwortlich gemacht. Die ersten Eukaryoten, d. h. Lebewesen mit der Euzyte als Grundbaustein (vgl. S. 38 ff.), erschienen den Fossilienfunden zufolge vor etwa 2 Milliarden Jahren. Bis dahin bestand das Leben nur aus einzelligen Organismen. Vor etwa 1,5 Milliarden Jahren erschienen die ersten pflanzlichen Vielzeller auf der Erde.

Erste tierische Fossilien können auf ca. 750 Millionen Jahre vor unserer Zeit datiert werden. Die bis dahin stattfindende Entwicklung hatte ausschließlich im Wasser stattgefunden. Vor mehr als 440 Millionen Jahren besiedelten die ersten Pflanzen gemeinsam mit den Pilzen das Festland. Damit war auch für Tiere die Nahrungsgrundlage für das Landleben geschaffen. Bei den ersten Landtieren handelte es sich um wirbellosen Gliedertiere, die aufgrund ihres Chitinpanzers vor dem Austrocknen geschützt waren. Der Landgang der Wirbeltiere, deren erste Vertreter vor ca. 500 Millionen Jahren das Licht der Welt erblickten, erfolgte dann ca. vor etwa 400 Millionen Jahren. Es handelte sich um Vertreter der Quastenflosser (Gruppe der Knochenfische, vgl. Abb. 106). Diese Gruppe besaß für den

Landgang bereits eine zur Luftatmung befähigte Schwimmblase und vier durch Knochen gestützte Flossen. Ein bekannter Vertreter der Quastenflosser ist der amphibienähnliche Ichthyostega. Zur gleichen Zeit entwickelten sich auch die ersten Kormophyten (Farne und Schachtelhalme, vgl. Abb. 105), die bereits gut an das Landleben angepasst waren.

Vor ca. 340 Millionen Jahren herrschten die Amphibien über das Festland. Zu dieser Zeit traten auch die ersten Insekten, Reptilien und Nacktsamer auf. Letztere wurden in der Folgezeit aufgrund ihrer größeren Unabhängigkeit von der Wasserversorgung zur dominierenden Pflanzengruppe. Vor ca. 230 Millionen Jahren entwickelten sich die ersten Säugetiere, während in der Folgezeit die Reptilien an Formenvielfalt stark zunahmen und die Saurier zur beherrschenden Tiergruppe wurden. Aus ihnen entwickelten sich vor ca. 160 Millionen Jahren die ersten Vögel. Der bekannteste bisher gefundene Vertreter ist das Brückentier Archeopterix (vgl. S. 317), das sowohl Merkmale von Reptilien als auch von Vögeln besitzt. Ferner traten die ersten Bedecktsamer auf, die vor ca. 100 Millionen Jahren zur bedeutendsten Pflanzengruppe aufstiegen. Große Saurier beherrschten das Land und die Säugetiere teilten sich in die Gruppen Kloakentiere, Beuteltiere und Plazentalier auf.

Gegen Ende der Kreidezeit vor etwa 67 Millionen Jahren kam es zu einem Klimawechsel und die mittlere Jahrestemperatur sank. Aufgrund bisher ungeklärter Ursachen kam es zu einem Massenaussterben, dem auch die bis dahin dominierenden Reptilien zum Opfer fielen. In der Folgezeit fand eine rasante Entwicklung der Säugetiere statt, die die von den Reptilien frei gewordenen ökologischen Nischen rasch besetzten. Die Beuteltiere wurden jedoch von den Plazentatieren verdrängt und konnten sich nur in Australien halten, da dieser Kontinent nie von den Plazentasäugern erreicht wurde. Fossilien von den Vorfahren der ersten Menschenaffen lassen sich auf ca. 20 Millionen Jahre vor unserer Zeit datieren. Später fand man dann die ersten Fossilien der Vormenschen (vgl. S. 328). Wie man ganz deutlich sieht, wurde das Wissen über die grobe Entwicklungsgeschichte der Organismen durch zahlreiche Fossilienfunde aufgebaut. Im Folgenden beschäftigen wir uns nun mit der systematischen Einteilung und Vielfalt der rezenten, d. h. lebenden Arten.

Vielfalt und systematische Einordnung der höheren Lebewesen

Die Vielfalt und Systematik der Bacteria, Archea und Protista wurde bereits in Kapitel 4 „Grundlagen der Mikrobiologie“ vorgestellt. In diesem Kapitel sollen die höheren rezenten, d. h. noch lebenden Vertreter der Pflanzen, Pilze und Tiere betrachtet werden. Zunächst wird jedoch ein kurzer Überblick über die systematische Einteilung der Organismen gegeben.

Systematische Gliederung der Lebewesen

Die Systematik versucht als Teildisziplin der Biologie die rezenten und fossilen Arten in ein hierarchisches System einzuteilen. Es umfasst als kleinste Einheit die Art und setzt sich dann bis zur gröbsten Einteilung der Domänen der Prokaryota, Archea und Eukaryota fort. Das Einteilungsschema sieht im Einzelnen wie folgt aus:

Domäne → Reich → Stamm → Abteilung → Klasse → Ordnung → Familie → Gattung → Art

Um das hierarische System zu erstellen, ordnet man die einzelnen Organismen anhand der Übereinstimmung bestimmter Merkmale in Gruppen ein. In diesen Gruppen (Klasse, Ordnung, Familie etc.) weisen alle Mitglieder jeweils eine bestimmte Anzahl an übereinstimmenden Merkmalen auf. Je mehr Merkmale übereinstimmen, desto näher sind die Organismen miteinander verwandt und desto näher befindet sich die Gruppe im Bereich der Art. Ziel ist, dass die anhand dieser Einteilungen aufgestellten Stammbäume die Entwicklungsgeschichte bis zum heutigen Tag möglichst genau widerspiegeln. Dabei spielt insbesondere die Aufdeckung homologer Merkmale (vgl. S. 314) eine bedeutende Rolle.

Eine eng mit der Systematik verknüpfte Disziplin der Biologie ist die Taxonomie, deren wesentliches Aufgabengebiet die Benennung (Nomenklatur) der Arten ist. Diese erfolgt mit einem zweiteiligen Namen (Binominalnomenklatur). Das erste Wort ist der Name der Gattung, während das zweite die einzelne Art bezeichnet. Die Binominalnomenklatur geht auf den schwedischen Naturforscher Linné zurück. Er gab dem Menschen den Gattungsnamen „Homo“ für „Mensch“ und die Artbezeichnung „sapiens“ für „weise“. Beispielhaft wird im Folgenden die taxonomische Einteilung der Gartenbohne demonstriert:

Domäne: Eukarya
Reich: (Land-)Pflanzen
Stamm: Kormophyta
Abteilung: Spermatophyta *(Samenpflanzen)*
Unterabteilung: Magnoliophytina (= Angiospermae = *Bedecktsamer*)
1. Klasse: Magnoliatae (= Dikotyledoneae = *Zweikeimblättrige*)
Ordnung: Rosales
Familie: Fabaceae (= *Schmetterlingsblütler*)
Gattung: Phaseolus
Art: Phaseolus vulgaris (Gartenbohne)

Auf den nächsten Seiten wird mithilfe der Stammbäume der Pflanzen, Pilze und Tiere ein grober Überblick über die biologische Vielfalt und systematische Einteilung der höheren Organismen vermittelt.

Vielfalt und Systematik der Landflanzen

Zu Beginn der Entwicklung der Landpflanzen stand mit den Algen eine Organismengruppe Pate, die zunächst das Wasser als Lebensraum besiedelt hatte. Im Zuge der Anpassung an das Landleben entwickelten sich dann verschiedene Strukturen wie z. B. das Leit- und Festigungsgewebe (vgl. Kapitel 10 „Morphologie und Physiologie der höheren Pflanzen“). Wichtig war vor allem die Schaffung von Strukturen, die den Wasserverlust verminderten, wie z. B. eine wasserundurchlässige Kutikula auf der Epidermis der Blattorgane. Zusätzlich musste sich eine neue Methode der Befruchtung entwickeln, die zunehmend unabhängig vom wässrigen Milieu funktionierte. Diese Entwicklung gipfelte in der Bildung von Samen, bei denen der Tochterorganismus von einer harten Schale umschlossen ist.

Nach heutigen Erkenntnissen entstanden die ersten Landpflanzen vor mehr als 440 Millionen Jahren. Wie bereits in Kapitel 8 „Grundlagen der Entwicklungsbiologie“ erwähnt, findet man bei allen Pflanzen einen Generationswechsel (vgl.

S. 232) zwischen einem haploiden Gametophyten und einem diploiden Sporophyten. Übereinstimmende Merkmale der Landpflanzen sind u. a. die eukaryotische Pflanzenzelle, die sich durch Plastiden, Zellwand, Vakuole, Plasmodesmen und eine fototrophe Ernährungsweise auszeichnet.

Der Stammbaum vermittelt einen groben Überblick über den zeitlichen Ablauf und die Systematik der Pflanzen. Zum Reich der Landpflanzen zählt man die Bryophyten (Moospflanzen), die Pteridophyten (Farnpflanzen), die Gymnospermen (Nacktsamer) und die Angiospermen (Bedecktsamer).

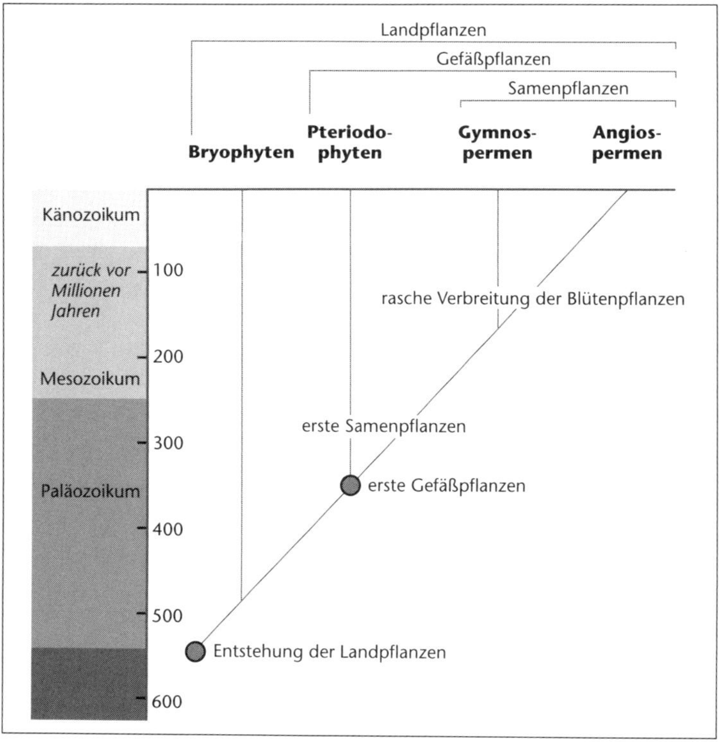

Abb. 105: Evolution und Stammbaum der Pflanzen

Vielfalt und Systematik der Pilze

Pilze sind ebenso wie Pflanzen eukaryotische Lebewesen. Da sie jedoch über keine Pigmentierung zur Fotosynthese bzw. über keine Chloroplasten verfügen und ihre Zellwände Chitin enthalten, werden sie nicht zu den Eukaryoten gezählt. Genau wie tierische Organismen müssen Pilze aus ihrer Umgebung organische Nährstoffe aufnehmen, d. h., sie ernähren sich heterotroph. Dazu geben sie Enzyme an die Umgebung ab, sodass die Nährstoffe bis auf Molekülgröße zerlegt und in dieser Form aufgenommen werden.

Aufgebaut sind Pilze aus Zellfäden, den so genannten Hyphen. Diese bilden stark verzweigte Geflechte (Mycelien). Die einzellreihigen Hyphen ermöglichen den Pilzen, den Waldboden oder die oberste Bodenschicht von Wiesen zu durchwuchern. Damit stehen ihnen ausreichend Sauerstoff und Nährsubstanzen zur Verfügung.

Als Fortpflanzungseinheiten dienen einzellige oder mehrzellige Sporen, die zu ihrem Schutz über verstärkte Wände verfügen. Sie werden von Fruchtkörpern abgesondert, in denen die Mycelien zu einem dichten Flechtengewebe zusammengelagert sind.

Der größte Teil der Pilzarten ist landlebend, nur ca. 2 bis 3 % der Pilze dienen Süßwasser bzw. Meer als Lebensraum. Man unterscheidet bei den Pilzen (Fungi) vier Abteilungen: die Geißelpilze (Chytridiomycota), die Jochpilze (Zygomycota), die Schlauchpilze (Askomykota) und die Ständerpilze (Basidiomycota).

Vielfalt und Systematik der Tiere

Das Reich der Tiere ist unglaublich vielfältig (1,5 Millionen bekannte Arten), weshalb an dieser Stelle auch nur auf die wichtigsten der ca. 35 Tierstämme eingegangen werden soll.

Bevor es die Möglichkeit gab, mithilfe molekularbiologischer Methoden Verwandtschaftsverhältnisse aufzudecken, beschränkte man sich auf den Vergleich des Körperbaus, um verschiedene Gruppen einzuteilen. Im Stammbaum aus Abb. 106 sind einige dieser anatomischen Unterschiede angegeben. So besitzen die Porifera oder Schwämme als Porazoa noch keine echten Gewebe – die Eumetazoa allerdings schon. Die einfachste Form von Geweben findet man bei den Cnidaria oder Nesseltieren. Das markanteste Merkmal dieser Tiergruppe sind die Nesselzellen. Genau wie die Rippenquallen (Cenophora) gehören die Cnidaria zu den Radiata, d. h., ihr Körper besitzt einen radiärsymmetrischen Grundriss.

Die Gruppe der Radiata besitzt nur zwei Keimblätter (Ento- und Ektoderm), während die Gruppe der Bilateria über drei Keimblätter (Ento-, Ekto- und Mesoderm) verfügt. Zusätzlich sind die Bilateria, wie der Name schon sagt, bilateralsymmetrisch aufgebaut.

Während die Coelomata eine echte Leibeshöhle besitzen, in der sich alle inneren Organe befinden, besitzen die Plathelminthes (Plattwürmer) als Acoelomatadies noch keine. Bei den Pseudocoelomata findet man zwar eine Leibeshöhle, allerdings ist diese nur teilweise mit Mesoderm umhüllt. Zu den Pseudocoelomata gehören die Rotatoria (Rädertierchen) und die Nematoda (Fadenwürmer).

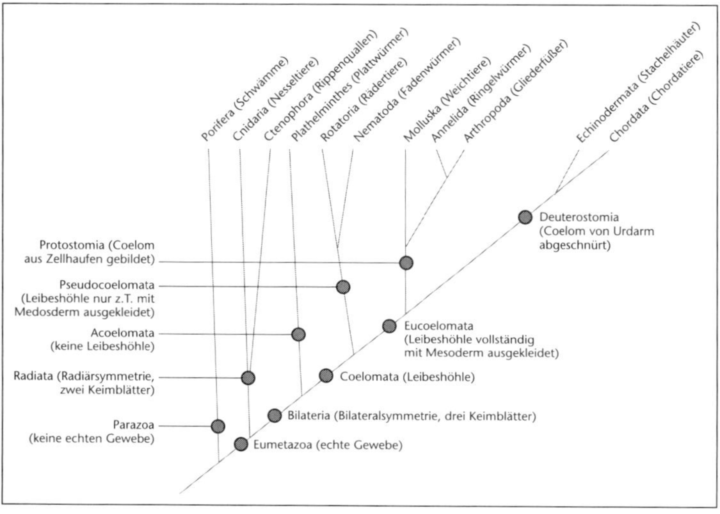

Abb. 106: Vielfalt der Tiere

Ein vollständig mit Mesoderm ausgekleidetes Coelom besitzen die Protostomia und Deuterostomia. Bei Ersteren entsteht das Coelom (sekundäre Leibeshöhle) in der Ontogenese aus einem Zellhaufen, bei Letzteren geschieht dies, indem sich das Coelom vom Urmund her abschnürt.
Zu den Protostomia gehören die Weichtiere (Molluska), die Annelida (Ringelwürmer) und die Arthropoda (Gliedertiere). Die Weichtiere gliedern sich in die Kopffüßler, deren bekannteste Vertreter die Tintenfische sind, die Schnecken und die Muscheln. Der Regenwurm gehört zu den Annelida, aber auch die Blut saugenden Egel sind dieser Gruppe zuzuordnen. Die Arthropoda umfassen die Insekten, die Krebstiere, die Spinnentiere und die Tausendfüßler.
Die Deuterostomia gliedern sich in die Tiergruppen der Echinodermata (Stachelhäuter), zu denen unter anderem die Seesterne und Seeigel gehören, und die Chordata. Letztere umfassen unter anderem die Wirbeltiere, die im Folgenden noch genauer betrachtet werden sollen.

Wirbeltiere
Das charakteristische Merkmal der Wirbeltiere ist, wie der Name schon sagt, die Wirbelsäule. Sie umfasst im Wesentlichen sechs Tierklassen (vgl. Abb. 107). Zu den Knorpelfischen, deren Innenskelett noch knorpelig ist, gehören insbesondere die Haie und die Rochen. Bei der Gruppe der Knochenfische ist das Skelett bereits verknöchert. Sie umfasst die meisten uns bekannten Fische.

Die Land bewohnenden Wirbeltiere sind die Amphibia (Lurche). Sie verfügen über Extremitäten und sind in der Lage, Luftsauerstoff zu atmen. Ihre Fortpflanzung und ihr gesamtes adultes Leben ist allerdings noch stark vom Wasser abhängig. So laichen sie z. B. noch wie Fische im Wasser und die sich entwickelnden Larven tragen noch Kiemen. Im Weiteren durchlaufen die Larven allerdings eine Metamorphose zu lungenatmenden Landtieren. Zu ihnen gehören die Frösche, Molche oder Salamander.

Durch die Verlegung der Larvalentwicklung in das Ei wurde eine zunehmende Unabhängigkeit vom Wasser erzielt. Dazu musste sich eine spezielle Eihülle bilden. Dieses so genannte Amnion, das man bei Reptilien, Vögeln und Säugern findet, umschließt die mit Flüssigkeit gefüllte Amnionhöhle, die wiederum das

Embryo enthält. Das Chorion liegt bei den Reptilien und Vögeln direkt unter der Eischale. Seine Funktion ist vor allem der Gasaustausch. Eine weitere Anpassung an das Landleben ist eine vor intensivem Wasserverlust schützende Haut.

Den Lebensraum Luft haben die Vögel durch die Umwandlung der Vorderextremitäten zu Flügeln und durch die Ausprägung von Federn erobert. Weitere Anpassungen an diesen Lebensraum, der ihnen viele neue ökologische Nischen (vgl. S. 291) eröffnete, sind leichte, aber dennoch stabile Knochen und die Ausbildung eines Schnabels.

Bei den lebend gebärenden Säugetieren bildet das Chorion gemeinsam mit der Schleimhaut der Gebärmutter die Plazenta. Zusätzlich besitzen sie als Anpassungen an das Landleben ein Fell und die weiblichen Individuen Drüsen zur Säugung der Nachkommen. Zu den Säugetieren zählt auch der Mensch. Die „Evolution des Menschen" ist im gleichnamigen Kapitel 12.4 dargestellt.

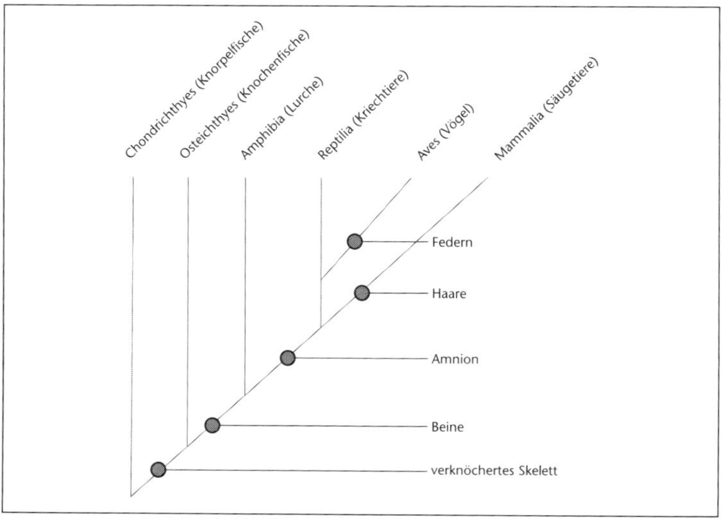

Abb. 107: Stammbaum der Wirbeltiere

Aufgaben

Die folgenden Aufgaben ermöglichen, den Wissensstand zu den einzelnen Kapiteln zu überprüfen und gleichzeitig die wichtigsten Themen und Begriffe zu wiederholen.

Die Aufgaben sind aus Gründen der Übersichtlichkeit zwar den einzelnen Kapiteln zugeordnet, vereinzelt ist in den Aufgaben aber auch Grundwissen aus anderen Kapiteln gefragt, sodass übergreifende Zusammenhänge zwischen den einzelnen Wissensgebieten hergestellt werden können.

Grundbausteine des Lebens – Wasser, Makromoleküle und die Zelle

1) Wie nennt man die Verknüpfung, die zwei Aminosäuren miteinander verbindet, und wie kommt sie zustande?

2) Welche Bedeutung haben Wasserstoffbrückenbindungen für den Aufbau von Proteinen und Nukleinsäuren?

3) Welche Bedeutung haben die Vakuole und die Zellwand für eine ausdifferenzierte Pflanzenzelle?

4) Inwieweit unterscheidet sich der Aufbau eines Phospholipiden der Biomembran von dem der Fettmoleküle?

5) Wie lagern sich Phospholipide spontan an, wenn sie sich im Wasser bzw. an der Wasseroberfläche befinden?

6) Welche Rolle spielen die Mikrotubuli bei der Mitose bzw. Meiose?

7) Welche biologische Bedeutung hat die Kompartimentierung der Euzyte?

Zellstoffwechsel und Energiehaushalt

1) Inwieweit beeinflussen die Außenfaktoren Temperatur, pH-Wert und Schwermetalle die Enzymaktivität?

2) Welche Aufgabe erfüllen die Mitochondrien im Zellstoffwechsel?

3) Weshalb kann die ATP-Produktion beim Menschen bei intensiver Muskelarbeit nicht mehr ausschließlich über die Zellatmung erfolgen?

4) Welches Problem tritt in dieser Situation bei der Glykolyse auf, was wäre die Folge und wie wird das Problem gelöst?

5) Wie wird das „schädliche" Produkt der Milchsäuregärung wieder abgebaut?

6) Wie lassen sich die Vor- bzw. Nachteile der anaeroben und aeroben Energiebereitstellung tabellarisch gegenüberstellen (drei Nennungen)?

7) Weshalb ist es sinnvoll, dass sich gerade in Muskelfaserzellen sehr viele Mitochondrien befinden?

Genetik

1) Wie lassen sich die Begriffe „Gen" und „Allel" definieren?

2) Wie sieht die schematische Skizze von Nukleotiden eines DNA-Abschnitts aus, der aus zwei Basenpaaren besteht?

3) Wie sieht der kodierende DNA-Doppelstrang der gegebenen Aminosäuresequenz aus?
Gly – Val – Ser – Thr – Asn

4) Was versteht man unter der Degeneriertheit des genetischen Kodes?

5) Welche Funktion hat das Didesoxynukleotid bei der DNA-Sequenzierung nach Sanger?

6) Welche Proteinsequenz ergibt sich bei der Biosynthese des gegebenen DNA-Fragments?
ACGTAGCCGGTATTGTTACGC

7) Inwieweit verändert sich das Biosyntheseprodukt, wenn durch eine Punktmutation das zweite Adenin des nachfolgenden DNA-Einzelstranges durch ein Zytosin ersetzt wird?
ACGTAGCCGGTATTGTTACGC

8) Inwieweit verändert sich das Biosyntheseprodukt, wenn das dritte Guanin des nachfolgenden DNA-Einzelstrangs durch ein Adenin ersetzt wird?
ACGTAGCCGGTATTGTTACGC

9) Was passiert, wenn das zweite Adenin des nachfolgenden DNA-Einzelstrangs einer Deletion zum Opfer fällt?
ACGTAGCCGGTATTGTTACGC

10) Welche Funktion haben Sticky-ends in der Gentechnologie?

11) Welche Arbeitsschritte müssen Proteine durchlaufen, bevor eine Gelelektrophorese mit ihnen durchgeführt werden kann, und was passiert dabei?

12) Wie ist es möglich, die Proteine mithilfe der SDS-Polyacrylamid-Gelelektrophorese aufzutrennen und wie muss die Spannung bei der Gelelektrophorese angelegt werden?

13) Welche einzelnen Schritte laufen bei der PCR ab?

14) Es gibt drei verschiedene Blotting-Methoden. Welche sind dies und wie unterscheiden sie sich?

15) Wie hätte das Ergebnis des Experiments von Meselson/Stahl ausgesehen, wenn es sich bei der Replikation um einen konservativen Mechanismus gehandelt hätte?

Grundlagen der Mikrobiologie

1) Wie nehmen Einzeller (z. B. Paramecium) große Moleküle auf?

2) Welche Möglichkeit haben Bakterien, ihr Erbgut neu zu kombinieren?

3) Welche Indizien belegen die Endosymbiontentheorie?

4) Weshalb sollten Antibiotika nur dann eingesetzt werden, wenn es unbedingt notwendig ist?

5) Wie erfolgt die Aktivierung des Lac-Operons bei E-coli-Bakterien?

6) Welche Formen der Infektionszyklen der Bakteriophagen unterscheidet man?

7) Wie unterscheidet sich der Bau der Procyte von jenem der Euzyte?

Stoffwechsel vielzelliger Tiere

1) Warum müssen Proteine vor der Aufnahme in die Zelle verdaut werden?

2) Welche Aufgaben haben Wasser, Proteine, Zucker, Mineralsalze und Vitamine im menschlichen Körper?

3) Welche Ursache und Auswirkung hat der Verschluss einer Herzkranzarterie?

4) Welche können die Ursachen für blutigen Harn sein?

5) Welche Funktion hat die Magensäure?

6) Welche Stationen des Herzkreislaufsystems des Menschen durchfließt ein rotes Blutkörperchen? Welche Sauerstoffsättigung liegt in den jeweiligen Bereichen vor?

7) Wie funktioniert die Verkürzung der Sarkomere einer Muskelfaserzelle?

Neurobiologie

1) Welche Eigenschaften eines Axons beeinflussen die Fortleitungsgeschwindigkeit? In welcher Tiergruppe wurde welche Strategie zur Erhöhung der Erregungsleitgeschwindigkeit umgesetzt?

2) Bei der Messung der Erregungsleitgeschwindigkeit in einem Axon wurde bei einem Abstand der Elektroden von 5 mm eine Zeitdifferenz von 0,0000833 s ermittelt. Wie hoch ist die Erregungsleitgeschwindigkeit in m/s in dieser Nervenzelle?

3) Welche Eigenschaften haben alle Sinneszellen gemeinsam?

4) Welche Hormontypen unterscheidet man?

5) Welche Möglichkeiten der Hormonwirkung innerhalb einer Zelle gibt es?

6) Wie wirken Steroidhormone auf ihre Zielzellen?

7) Wie verändert sich die Kurvenform eines Aktionspotenzials bei Anwesenheit
a) eines irreversiblen Hemmers der K^+/Na^+-Pumpe?
b) eines reversibel bindenden Hemmers der spannungsgesteuerten Kaliumkanäle, der die Öffnung dieser Kanäle verzögert?
c) eines irreversibel bindenden Hemmers der Natriumkanäle?

Verhaltensbiologie

1) Welche Bedeutung haben angeborene Reflexe in unserem Leben?

2) Was versteht man unter einer Attrappe?

3) Wie lässt sich der Hundeversuch nach Pawlow in Stichworten beschreiben?

4) Was versteht man unter einer Übersprungshandlung?

5) Was versteht man unter Habituation?

6) Welche Fragestellungen kann man mithilfe eines Kaspar-Hauser-Versuchs klären?

Entwicklungsbiologie

1) Welche Formen der ungeschlechtlichen Fortpflanzung unterscheidet man bei Pflanzen?

2) Wie lässt sich der Generationswechsel der Landpflanzen beschreiben?

3) Welche Vorteile brachte die Entwicklung des Samens?

4) Welche Strukturen gehen aus den drei Keimblättern der Wirbeltiere hervor?

5) Welche Prozesse durchläuft ein Wirbeltier in seiner Embryonalentwicklung?

6) Welche Differenzierung erkennt man bei der befruchteten Zygote der Wirbeltiere?

7) Was versteht man unter Plasmogamie und Karyogamie?

Immunbiologie

1) Aus welchen chemischen Bausteinen ist ein Antikörper zusammengesetzt?

2) Wie kommt die große Antikörpervielfalt zustande?

3) Welche Unterschiede zwischen der humoralen und zellvermittelten Immunantwort gibt es bezüglich der beteiligten Zelltypen, der ausgelösten Immunreaktion, der gegenseitigen Abhängigkeit, der Wirkorte?

4) Wie läuft die aktive Immunisierung ab?

5) Welche allgemeinen Prinzipien der Schutzimpfung gibt es?

6) Wie läuft eine allergische Reaktion vom Erstkontakt mit dem Pollen bis zur Histaminfreisetzung ab?

7) Welche Eigenschaften müssen IgE-Moleküle besitzen, um eine allergische Reaktion auszulösen?

Physiologie höherer Pflanzen

1) Wie nehmen Laubbäume nach der Winterruhe im Frühjahr Wasser auf?

2) Inwieweit unterscheidet sich die Wasseraufnahme der Laubbäume im Frühjahr und Sommer?

3) Weshalb speichern Pflanzen die Kohlenhydrate nicht in Form von Saccharose?

4) Welche Gewebe kann man in einem bifazialen Laubblatt unterscheiden und welche Funktion haben diese jeweils?

5) Welche Funktion hat die Endodermis der Wurzel?

6) Inwieweit sind die Vakuole und die Zellwand an der Aufrechterhaltung der Stabilität von krautigen Pflanzen beteiligt?

7) Wie kommt es zur Färbung der Blütenblätter?

Ökologie und Umweltschutz

1) Wie kann man am Beispiel der Anatomie der verschiedenen Pinguinarten und ihrer geografischen Verteilung die Bergmann'sche Regel bestätigen?

2) Was versteht man unter dem Konkurrenzausschlussprinzip?

3) Durch welche Maßnahmen gefährdet der Mensch die Artenvielfalt und wie geht er vor, um dem entgegenzuwirken?

4) Wie wirken sich die durch den Menschen verursachten Baumschäden auf das Ökosystem „Wald" aus?

5) Wie wirkt sich ein erhöhter Nährstoffeintrag auf das Ökosystem „See" aus?

6) Welche Alternativen gibt es zum Einsatz von Pflanzenschutzmitteln?

7) Warum werden Flechten von den Ökologen als Indikatoren für den Grad der Umweltverschmutzung bezeichnet?

Vielfalt und Evolution der Lebewesen

1) Welche Erkenntnisse gewann Darwin auf seiner Reise mit der Beagle bezüglich der Evolution?

2) Wie fügen sich die von Darwin auf seiner Reise mit der Beagle gewonnenen Erkenntnisse in seine Evolutionstheorien ein?

3) Was sorgt für die „Richtung" in der Evolution?

4) Schildern Sie das Verfahren der DNA-DNA-Hybridisierung.

5) Wie lässt sich mithilfe der Darwin'schen Evolutionstheorie und des Fachbegriffs der Homologie die Entstehung der Vielfalt unterschiedlichster Ausprägungen ein und desselben Merkmals erklären?

6) Weshalb ist davon auszugehen, dass auf den Galapagos-Inseln, bevor sie von Finken besiedelt wurden, keine Vögel vorkamen?

7) Wie kann man den Begriff „adaptive Radiation" definieren?

Lösungen

Grundbausteine des Lebens – Wasser, Makromoleküle und die Zelle

1) Es handelt sich um eine Peptidbindung (vgl. S. 29). Dabei verbindet sich unter Wasserabspaltung die Karboxylgruppe der einen mit der Aminogruppe der nächsten Aminosäure.

2) Bei Proteinen sind Wasserstoffbrücken für die Stabilisierung der Sekundär-, Tertiär- und Quartärstruktur von großer Bedeutung (vgl. S. 30). In der DNA sorgen Wasserstoffbrücken zwischen den komplementären Basen Adenin und Thymin bzw. Zytosin und Guanin für den Zusammenhalt der beiden gegenläufigen Einzelstränge. Bei der Replikation, Transkription und Translation bilden sie das erste noch lockere Gerüst, bevor die Polymerasen für die kovalenten Bindungen zwischen den Nukleotiden sorgen (vgl. S. 34).

3) Die Vakuole kann unterschiedliche Funktionen erfüllen. In der Regel werden in ihr Produkte des Stoffwechsels eingelagert. Beispiele sind Alkaloide oder aber Kalziumoxalat. Die eingelagerten Stoffe können als Fraßschutz dienen. In die Vakuole von Blütenblättern sind häufig Farbstoffe wie z. B. Anthozyane eingelagert, die den Blüten ihre arttypische Lockfarbe geben (vgl. S. 275). Zusätzlich dient sie der Stabilität der Zelle.
Die Zellwand ist im Gegensatz zur Plasmamembran starr und gibt der Zelle mechanische Stabilität bzw. ihre Form. Sie besteht überwiegend aus Zellulose. Durch die Auflagerung zusätzlicher Schichten erhöht sich die Reißfestigkeit. Die Verstärkung der Kanten bewirkt eine hohe Biegefestigkeit. Beispiele sind die Schließzellen der Spaltöffnungen, deren dem Porus zugewandte Zellwände verstärkt sind, um den Öffnungsmechanismus zu ermöglichen (vgl. S. 273).

4) Bei Fettmolekülen (vgl. S. 23) sind alle drei Alkoholgruppen des Glyzerins mit Fettsäuren verbunden. Bei Phospholipiden ist eine Stelle mit einer Phosphorsäure belegt. In bestimmten Fällen, wie beispielsweise beim Lezithin, kann eine weitere polare Gruppe angehängt sein.

5) Die „Köpfe“ der Phospholipide sind hydrophil. Sie bilden Wasserstoffbrücken mit den polaren Wassermolekülen. Die langen Schwänze aus unpolaren Fettsäureresten werden dagegen so weit wie möglich vom Wasser fern gehalten.
Das bedeutet, dass sich die Phospholipide im Wasser zu runden Vesikeln zusammenschließen, mit den Lipidschwänzen nach innen; während sie sich auf dem Wasser zu einem Phospholipidfilm zusammenlagern, mit den Phospholipidschwänzen in der Luft.

6) In der Interphase (G1-, Synthese- und G2-Phase, vgl. S. 54) liegen die Mikrotubuli in der Regel als Zytoskelett stützend auf der Zellmembran auf.
Während der Mitose bilden sie den Spindelapparat. Sie sorgen für die Positionierung der Chromosomen in der Äquatorialebene, in dem sie am Zentromer anlagern. Um die Chromatiden zu den Zellpolen zu „ziehen“, verkürzen sie sich durch Abspalten einzelner Tubuline.
In der späten Telophase bzw. der beginnenden Zellteilungsphase (Zytokinese) findet man Mikrotubuli in der Äquatorialebene (Zellmembranbildung).

7) Die Membranen der Organelle unterteilen die Zelle in verschiedene Kompartimente. Durch diese Trennung können aufbauende und abbauende Stoffwechselwege gleichzeitig in einer Zelle ablaufen. Diese gegenläufigen Prozesse benötigen in der Regel unterschiedliche Milieus, unter denen die verschiedenen Enzyme arbeiten. Beispielsweise gehen Verdauungsenzyme erst im sauren Milieu in ihre aktive Form über, damit sie erst am richtigen Ort ihre zerstörerischen Eigenschaften erhalten. Insgesamt wird also die Regulierbarkeit der Zellvorgänge durch die Kompartimentierung verbessert.

Zellstoffwechsel und Energiehaushalt

1) Temperaturschwankungen bewirken eine Veränderung der Umsatzgeschwindigkeit eines Enzyms. Bei niedrigen Temperaturen arbeitet das Enzym langsamer. Hohe Temperaturen bewirken eine Erhöhung, da sich nach der RGT-Regel (vgl. S. 66) die Geschwindigkeit von biochemischen Reaktionen bei einer Temperaturerhöhung um 10 °C um das zwei- bis vierfache erhöht. Über 45 °C beginnen

die Proteine allerdings zu denaturieren und die Reaktionsgeschwindigkeit geht wieder zurück.
Veränderungen des pH-Werts aus dem neutralen (pH-Wert 7 bis 8) Bereich heraus bewirken oft eine Verringerung der Enzymaktivität, da die Enzyme häufig hier ihr Optimum besitzen. Manche Enzyme, wie beispielsweise Verdauungsenzyme, gehen aber gerade in saurem Milieu erst in ihre aktive Form über. Dies ist notwendig, damit sie erst im Magen aktiv werden und nicht die körpereigenen Zellbestandteile verdauen.
Schwermetalle können irreversibel an das aktive Zentrum von Enzymen binden und damit ihre Funktionsfähigkeit zerstören.

2) Mitochondrien sind im normalen Sprachgebrauch als die Kraftwerke der Zelle bekannt. D. h., sie sind in der Lage, den universellen Energieträger ATP herzustellen. Dazu gelangen aktivierte Brenztraubensäuren aus der Glykolyse des Zytoplasmas in die Mitochondrien. Über die oxidative Dekarboxylierung, den Zitronensäurezyklus und die Endoxidation werden mithilfe von Sauerstoff ca. 36 ATP pro Glukosemolekül hergestellt (vgl. S. 83 ff.).

3) Die ATP-Produktion kann nicht mehr ausschließlich über die Zellatmung erfolgen, da die Sauerstoffaufnahme in der Lunge bzw. der Sauerstofftransport über das Blut zu den Muskelzellen zu gering ist. Dadurch fehlt am Ende der Atmungskette der Endoxidation (vgl. S. 86) der Sauerstoff, um die Elektronen aufzunehmen. Es bildet sich ein Rückstau, wodurch NADH nicht mehr oxidiert werden und NAD^+ als Elektronenakzeptor u. a. im Zitratzyklus (vgl. S. 84) fehlt.

4) Auch die in der Glykolyse (vgl. S. 83) gebildeten NADH + H^+ können ihre Elektronen nicht mehr an die Elektronentransportkette der Atmungskette abgeben. Dadurch fehlen NAD^+-Moleküle bei der Glykolyse als Elektronenakzeptoren. Um NAD^+ wieder zu regenerieren, gibt NADH + H^+ Elektronen an das Endprodukt der Glykolyse, die Brenztraubensäure (Pyruvat), ab. Dadurch entsteht Milchsäure (Laktat) und eine weitere ATP-Produktion durch die Glykolyse ist auch unter anaeroben Bedingungen möglich.

5) Milchsäure führt bei längerfristiger höherer Belastung zur Übersäuerung der Muskulatur und damit zum Leistungseinbruch. Ist eine ausreichende Sauerstoffversorgung wieder gewährleistet, kommt es zur Oxidation von Milchsäure zu Brenztraubensäure bzw. zur Reduktion von NAD^+ zu $NADH + H^+$ (vgl. S. 90). Die beiden Endprodukte können wieder in den Zitronensäurezyklus eingehen bzw. in der Atmungskette verbraucht werden.

6)

	anaerob	aerob
ATP pro Glukosemolekül	2	ca. 36
Sauerstoffbedarf	nein	ja
Zeit bis zum Start	sofort	langsam

7) Die Mitochondrien sind die Kraftwerke der Zellen. Insbesondere durch die aerobe Energiegewinnung (Endoxidation, vgl. S. 86) wird in den Mitochondrien viel ATP gebildet. Dies ist sinnvoll, da ATP für die Trennung von Myosin und Aktin nach dem Ruderschlag sorgt. Um eine kraftvolle Kontraktion zu ermöglichen, sind viele Ruderschläge notwendig, die durch die hohe ATP-Produktion durch die vielen Mitochondrien gewährleistet wird.

Genetik

1) Gene definieren Merkmale eines Organismus, indem ihre Basenabfolgen für bestimmte Aminosäuresequenzen kodieren (vgl. S. 105). Jedes Gen hat bestimmte Ausprägungsmöglichkeiten aufgrund von leicht variierenden Nukleotidabfolgen, die man Allele nennt. Jeder Mensch besitzt je zwei Allele (von Vater und Mutter) eines jeden Gens.

2) Vgl. hierzu S. 34 in Kapitel 1 „Zellbiologie“.

3) Gly – Val – Ser – Thr – Asn   gegebene Aminosäuresequenz, z. B.
CCA-CAA-AGA-TGA-TTA   tRNA

GGU-GUU-UCU-ACU-AAU	mRNA
CCA-CAA-AGA-TGA-TTA	DNA
GGT-GTT-TCT-ACT-AAT	Doppelstrang

4) Unter der Degeneriertheit des genetischen Kodes versteht man, dass verschiedene Kodons für dieselbe Aminosäure kodieren. Häufig verändert die Variation der dritten Base im Triplett die resultierende Aminosäure nicht.

5) Bei der DNA-Sequenzierung nach Sanger simuliert man in vitro die DNA-Replikation der zu untersuchenden DNA-Fragmente. Dort, wo durch die DNA-Polymerase statt eines normalen komplementären Nukleotids ein Didesoxynukleotid eingebaut wird, findet keine weitere Replikation mehr statt. An der 3´-OH-Stelle der Desoxyribose, an die normalerweise die Phosphatgruppe bindet, befindet sich keine OH-Gruppe, sondern lediglich ein Wasserstoffatom. Aufgrund der Substrat- und Wirkungsspezifität der DNA-Polymerase ist keine weitere Verlängerung des neuen DNA-Strangs mehr möglich und die Replikation endet.

6) ACG-TAG-CCG-GTA-TTG-TTA-CGC	**kodogener Matrizen-DNA-Strang** Zellkern Transkription prä-mRNA spleißen
UGC-AUC-GGC-CAU-AAC-AAU-GCG	**mRNA mit Kodons (Basentriplett)** Zytoplasma Translation
ACG-UAG-CCG-GUA-UUG-UUA-CGC	**t-RNA** mit Antikodons und entsprechenden Aminosäuren an Ribosomen zur
Cys – Ile – Gly – His – Asn – Asn – Ala	**Aminosäuresequenz**/Protein Zytoplasma

7) Durch die Mutation (vgl. S. 99) kommt es zum Austausch der zweiten Aminosäure Isoleuzin durch Asparagin, wodurch das Proteinprodukt sehr wahrscheinlich seine Funktion einbüßt. Durch den Austausch verändern sich die Primärstruktur bzw. alle weiteren Strukturebenen, sodass das aktive Zentrum vermutlich sein Substrat nicht mehr binden bzw. seine biokatalytischen Eigenschaften nicht verwirklichen kann.

8) Durch die Mutation wird die Aminsosäuresequenz aufgrund der Degeneriertheit des genetischen Kodes (vgl. S. 105) nicht verändert. Das Protein behält seine Funktion.

9) Eine Deletion bedeutet, dass ein Nukleotid aus der DNA-Sequenz entfernt wird. Dadurch verändert sich die Abfolge der Basentripletts. Dies ist eine der gravierendsten Mutationsformen, da dadurch die Kodons völlig durcheinander geraten. Im schlimmsten Fall kann das entstehende Biosyntheseprodukt sogar schädigende Wirkung auf die Zelle haben.

10) Sticky-ends dienen als Klebestellen, um zwei Nukleotidsequenzen künstlich neu zu kombinieren. Dafür müssen die beiden Sequenzen mit dem gleichen Restriktionsenzym geschnitten werden (vgl. S. 114).

11) Zunächst müssen die Proteine in eine lineare Primärstruktur (= Aminosäuresequenz) überführt werden, damit sie durch das Gel hindurchpassen. Das bedeutet, dass durch Erhitzung zuerst die Quartärstruktur (verschiedene Peptidstücke), dann die Tertiärstruktur (u. a. Disulfid- und Wasserstoffbrücken) und dann die Sekundärstruktur (Beta-Faltblatt- und Helix-Struktur) aufgelöst wird.

12) Die Proteine werden durch das wie ein Molekularsieb wirkende Gel der Größe nach aufgetrennt, d. h., kleine Moleküle wandern schneller als große. Die negativ geladenen SDS-Anionen (sodium dodecyl sulfate) bilden einen Komplex mit den Proteinen und verleihen diesen eine negative Ladung, die der Masse des Proteins ungefähr proportional ist. Die Komplexe wandern aufgrund ihrer negativen Ladung in Richtung des positiven Pols (Anode).

13) 1. Erhitzung und damit Trennung des DNA-Doppelstrangs; 2. Anlagerung der Primer an den Anfängen der zu vervielfältigenden DNA-Sequenz; 3. DNA-Replikation durch die hitzestabile Taq-Polymerase mithilfe der zugegebenen Nukleotide; 4. Erhitzung und damit Trennung des DNA-Doppelstrangs.

14) Die drei Blotting-Methoden unterscheiden sich aufgrund der Substanzen, die sie untersuchen, und aufgrund des entsprechenden Nachweises (vgl. S. 117):
a) Southern-Blotting untersucht DNA. Der Nachweis der DNA und auch der RNA (s. u.) erfolgt durch Anfärbung bzw. durch spezifische Sonden, die radioaktiv markiert sind (Autoradiografie).
b) Northern-Blotting untersucht mRNA.
c) Western-Blotting untersucht Proteine. Der Nachweis erfolgt mit Hilfe von spezifischen Antikörpern, die mit einem Enzym gekoppelt sind, das aus seinem Substrat ein fluoreszierendes Produkt herstellt.

15) Beim fiktiven konservativen Mechanismus der Replikation (vgl. S. 101) ergibt sich in der F1-Generation 50 % leichte und 50 % schwere DNA. Das liegt daran, dass in diesem Fall aus einem schweren Strang ein komplett neuer Strang mit leichten Nukleotiden generiert wird und nicht 50 % des neuen Strangs aus dem alten, schweren Strang stammen.
Dies steht im Gegensatz zum Ergebnis von Meselson/Stahl, bei dem nach der F1-Generation 100 % halb schwere DNA vorlag, was auf einen semikonservativen Mechanismus hinwies. Bei diesem wird der Doppelstrang getrennt und die resultierenden Einzelstränge werden jeweils ergänzt.

Grundlagen der Mikrobiologie

1) Am so genannten Zellmund schnüren Einzeller wie das Pantoffeltierchen die Membran ein, um Nahrungspartikel aufzunehmen. Durch diese Endozytose gelangen die Partikel in Vesikeln ins Zellinnere. Im weiteren Verlauf verschmelzen diese Vesikel mit anderen, wodurch Verdauungsenzyme in das Nahrungsvesikel gelangen. Die Einzelbausteine wie Einfachzucker, Aminosäuren usw. gelangen durch die Vesikelmembran ins Zytoplasma des Pantoffeltierchens.

2) Konjugation: Bei der Konjugation verbinden sich zwei Bakterien über einen Plasmaschlauch, dessen Bau auf einem so genannten F-Plasmid kodiert ist. Über diesen können die Bakterien Abschnitte ihrer DNA austauschen.
Transformation: Bei der Transformation nehmen Bakterien nackte DNA aus der Umgebung auf (vgl. S. 138).
Transduktion: Bei der Transduktion übertragen Bakterieophagen (vgl. S. 140) die DNA zwischen verschiedenen Bakterien. Nach dem Befall integriert sich die Phagen-DNA zunächst in das Bakteriengenom. Später löst es sich wieder heraus und kann einen Teil des Bakteriengenoms mitnehmen. Beim Befall anderer Bakterien kann dieser Teil übertragen werden.

3) Es gibt zahlreiche Indizien auf unterschiedlichen Ebenen, die darauf hinweisen, dass es sich bei Plastiden und Mitochondrien um ehemalige Prokaryoten handelt. So enthalten Plastiden und Mitochondrien genau wie Prokaryoten ein zirkuläres Chromosom. Sie besitzen eine Doppelmembran, deren Eigenschaften auf die einstige Endozytose hinweisen: Die innere hat prokaryotische, die äußere hat eukaryotische Eigenschaften. Außerdem vermehren sich Plastiden und Mitochondrien genau wie Prokaryoten nur durch einfache Zweiteilung und müssen bei der Zellteilung gleichmäßig auf die beiden Tochterzellen verteilt werden. Weitere Hinweise finden Sie auf S. 136.

4) Durch den intensiven Einsatz von Antibiotika werden zufällig resistente Bakterienstämme selektioniert. Sie vermehren sich stark, da die mit ihnen konkurrierenden, nicht resistenten Artgenossen getötet werden.

5) In Abwesenheit von Laktose ist ein Suppressor an den Operator des Lak-Operons gebunden, der die Transkription der Strukturgene verhindert. Die Aktivierung erfolgt durch das Substrat Laktose selbst, das sich an diesen Suppressor anlagert, wodurch sich seine Konformation verändert und vom Operator abfällt. Nun ist die RNA-Polymerase in der Lage, die Enzyme der Laktoseverdauung zu transkribieren (vgl. S. 142).

6) Beim Infektionszyklus der Bakteriophagen unterscheidet man zwischen dem lytischen und dem lysogenen Zyklus. Der lytische Infektionszyklus gliedert sich

in 1. die Anlagerung des Virus an den Wirt (Adsorption), 2. die Injektion der Phagen-DNA inklusive der Umprogrammierung des Biosyntheseapparates des Wirts und des Baus von Viren und 3. die Lyse, bei der die Viren freigesetzt werden. Beim lysogenen Zyklus erfolgt nach der Infektion der Einbau des Phagengenoms in das Wirtsgenom. Dort verbleibt der Phage zunächst als Prophage. Bei bestimmten Bedingungen kann der Phage dann in den lytischen Zyklus übergehen.

7) Vergleich des Bauplans der Prozyte mit dem der Euzyte:

Zelltyp	Prozyte	Euzyte	
	Bakterien	Tierzelle	Pflanzenzelle
ungefähre Größe	1 µm	25 µm und größer	
Zellwand	u. a. Murein	–	Zellulose
Ribosomen	70S	80S	
Kern	–	+	
Mitochondrien	–	+	+
Plastiden	–	–	+
Zellsaftvakuole	–	–	+
Diktyosomen	–	+	
ER	–	+	
Chromosomen	eines, meist zirkulär	mehrere, linear	

Stoffwechsel vielzelliger Tiere

1) Prinzipiell könnte man der Meinung sein, dass es energetisch gesehen effektiver wäre, gerade die Proteine der tierischen Nahrung als Ganzes in den Körper aufzunehmen und in den eigenen Zellapparat einzubauen (beispielsweise Aktin- und Myosinfilamente aus Muskelzellen). Allerdings sind diese Moleküle zu groß, um aus dem Verdauungstrakt in den Körper aufgenommen zu werden. Deshalb werden die Proteine in ihre Einzelbausteine, die Aminosäuren zerlegt. Diese werden über den Darm ins Blut aufgenommen und durch dieses an die Körperzellen verteilt (vgl. S. 163). Zusätzlich ist natürlich gerade die pflanzliche Protein-

zusammensetzung grundlegend von der tierischen verschieden. Essenzielle Aminosäuren – also jene, die nicht vom Körper selbst hergestellt werden – müssen in der Regel über tierische Nahrung aufgenommen werden.

2) Wasser spielt bei allen Lebensvorgängen als Lösungsmittel eine entscheidende Rolle. Dehydriert man, so erhöht sich zunächst vor allem die Viskosität des Blutes, was den Transport von Sauerstoff und Nährstoffen verschlechtert. Proteine sind die Aminosäurequelle für den Aufbau der körpereigenen Proteine. Bei Aminosäureüberfluss können sie auch als Energiequelle dienen und in der Zellatmung abgebaut werden. Zucker ist die Energiequelle Nummer eins des Körpers, die durch aerobe oder anaerobe Prozesse dem Aufbau von ATP dient. Mineralsalze bilden das Reservoir für die Ionenzusammensetzung des Körpers, die insbesondere bei Nervenzellen (vgl. S. 185) eine entscheidende Funktion hat. Außerdem verfügen viele Proteine über zentrale Ionen (z. B. Eisen bei Hämoglobin), die für die Funktion essenziell sind. Vitamine sind i. d. R. organische Verbindungen, die der Körper in kleinen Mengen für seinen Stoffwechsel benötigt. Häufig verbinden sie sich mit Proteinen, um gemeinsam ein stoffwechselaktives Enzym zu bilden.

3) Der Verschluss einer Herzkranzarterie kann durch einen Thrombus, d. h. durch eine Agglumeration von roten Blutkörperchen an einer Verengungsstelle der Arterie erfolgen. Die Verengung kann durch Arteriosklerose hervorgerufen sein, also eine Verletzung des Endothels beispielsweise durch Zigarettenrauch. Der Verschluss führt zu einer Mangelversorgung der nachfolgenden Herzmuskulatur, die je nach Größe des minderversorgten Bereichs zu einer mehr oder minder verringerten Kontraktions- und damit Pumpleistung des Blutes führt.

4) Befinden sich rote Blutkörperchen im Harn, so kann dies an einer Schädigung der Glomeruli in der Niere liegen (vgl. S. 176). Hier wird das Blut gefiltert, sodass im Normalfall nur kleine Moleküle in den proximalen Nierentubulus gelangen. Wenn sogar Zellen hier hindurchtreten, so muss die Membran bzw. das Bindegewebe geschädigt sein. Eine weitere Möglichkeit ist natürlich eine Verletzung im Bereich der Tubuli, der Henle'schen Schleifen, der Harnkanäle oder der Harnblase.

5) Im Magen herrscht ein pH-Wert von ca. 1,5. Neben dem Abtöten von Erregern hat die Magensäure auch die Funktion, die inaktive Vorstufe „Pepsinogen“ in ihre aktive Form „Pepsin“ umzuwandeln (vgl. S. 163).

6) Rechte Herzhauptkammer (⇓) → Lungenarterie (⇓) → Lungenkapillare (⇓) → ⇑ → Lungenvene (⇑) → linke Herzvorkammer (⇑) → linke Herzhauptkammer (⇑) → Körperarterie (⇑) → Körperkapillare (⇓) → Körpervene (⇓) → rechte Vorkammer (⇓).
(Legende: Sauerstoffsättigung: hoch ⇑ oder niedrig ⇓)

7) Die Verkürzung eines Sarkomers kann in vier Abschnitte unterteilt werden: 1. Nach der Spaltung von ATP in ADP und P_i kippt das Myosinköpfchen in energiereiche Konformation. 2. Das Ca^{++} aus dem SR bewirkt eine Konformationsänderung, sodass es unter Freisetzung von ADP und P_i zur Querbrückenbildung zwischen Aktin und Myosinköpfchen kommt. 3. Durch das Umklappen des Myosinköpfchens (Ruderschlag) wird das Aktinfilament in Richtung Sarkomermitte verschoben und die beiden Z-Streifen nähern sich an. 4. Durch die Anlagerung von ATP und die Spaltung von ATP löst sich das Myosinköpfchen vom Aktinfilament ab und kippt in eine energiereiche Stellung ab (vgl. S. 181).

Neurobiologie

1) Die erzielte Fortleitungsgeschwindigkeit wird durch den Durchmesser des Axons und seine Isolierung beeinflusst. Eine höhere Geschwindigkeit erzielt man durch einen geringeren Innenwiderstand, also großen Durchmesser, wie man ihn bei den Riesenaxonen von beispielsweise Regenwürmern findet. Eine gute Isolierung findet man bei Wirbeltieren durch die Myelinscheide (vgl. S. 184).

2) Zur Berechnung der Erregungsleitgeschwindigkeit (vgl. S. 190) muss zunächst der Abstand zwischen den beiden Elektroden in m umgerechnet werden: 5 mm = 0,005 m. Das bedeutet, dass der Nervenimpuls in 0,0000833 s genau 0,005 m zurücklegt. Um zu berechnen, wie viel Meter pro Sekunde zurückgelegt werden, muss eine Sekunde durch 0,000833 s dividiert und das Ergebnis mit 0,005 m multipliziert werden:

1 s: 0,0000833 s x 0,005 m = 60,024 m. Dementsprechend beträgt die Erregungsleitgeschwindigkeit dieser Nervenzellen 60,024 m/s.

3) Alle Sinneszellen haben Folgendes gemeinsam: Sie sind hochspezifisch für ihren adäquaten Reiz (vgl. S. 197). Sie verstärken alle die eintreffende Reizenergie um ein Vielfaches. Die eintreffenden Reize werden in elektrische Erregung umgewandelt und kodiert. Impulse werden dann über Nervenzellen an das Rückenmark bzw. das zentrale Nervensystem weitergeleitet.

4) Man unterscheidet: Steroidhormone (z. B. Sexualhormone wie Östrogen), Peptidhormone (z. B. Insulin oder Glukagon) und Aminosäurederivate (z. B. Adrenalin) (vgl. S. 211).

5) Man unterscheidet folgende Hormonwirkungsweisen: Veränderung der Membranpermeabilität, Veränderung der Proteinbiosynthese/Transkriptionsrate und Aktivierung von Proteinen (vgl. S. 212).

6) Das Steroridhormon gelangt vom Produktionsort durch Carriermoleküle über das Blut zur Zielzelle. Hier diffundiert es aufgrund seiner lipophilen Eigenschaften durch die Zellmembran und bindet an ein intrazelluläres Rezeptormolekül. Dieses wird dadurch aktiviert und gelangt in den Zellkern. Dort bindet er an eine regulative Einheit auf der DNA. Dadurch wird ein bestimmter Genabschnitt vermehrt oder vermindert abgelesen (vgl. S. 212).

7 a) Die Hemmung bleibt aufgrund des geringen Ionenflusses zunächst ohne große Wirkung. Nach vielen Aktionspotenzialen erfolgt ein immer stärkerer Konzentrationsausgleich der K^+- und Na^+-Ionen, sodass sich die Amplitude der Depolarisation verringert, bis kein Aktionspotenzial mehr ausgelöst werden kann.

b) Die Repolarisation beginnt später, sodass eine längere Depolarisation erfolgt.

c) Es findet keine Depolarisation des Membranpotenzials bzw. kein Aktionspotenzial statt.

Verhaltensbiologie

1) Reflexe ermöglichen dem Menschen (und natürlich auch Tieren), ohne Zeitverlust auf eine Umweltsituation zu reagieren (vgl. S. 218).

2) Attrappen enthalten in der Verhaltensbiologie die wesentlichen Schlüsselreize in künstlich übertriebener Form und sollen eine instinktive Verhaltensweise auslösen. In Attrappenversuchen kann man herausfinden, welche Reize als Schlüsselreize zur Auslösung des Instinktverhaltens wirken bzw. welche Bedeutung sie dafür haben (vgl. S. 221).

3) Bei Pawlow diente die Nahrung als unbedingter Reiz. Dieser ist beim Hund immer mit dem unbedingten Reflex „Speichelfluss" verknüpft. Pawlow kombinierte in seinem Versuch die Nahrungsgabe (unbedingter Reiz) mit dem bis dato neutralen Reiz „Glocke". Häufige Wiederholung dieser beiden Reize bewirkte, dass der neutrale Reiz „Glocke" zum bedingten Reiz wurde, der den unbedingten Reflex (Speichelfluss) zum bedingten Reflex werden ließ (vgl. S. 224).

4) Unter Übersprungshandlungen versteht man eine Konkurrenzsituation zweier Handlungsbereitschaften, die mit der Durchführung eines dritten Instinktverhaltens endet. Dieses hat gar nichts mit der aktuellen Situation zu tun und wird nur unvollständig durchgeführt. Ein bekanntes Beispiel ist die Konfliktsituation zweier Hähne. Beide schwanken zwischen Angriff und Flucht, was in einem Pickverhalten enden kann. Da jedoch keine Körner vorhanden sind, wird die Nahrungsaufnahme nur unvollständig durchgeführt (vgl. S. 223).

5) Unter Habituation versteht man das Phänomen, dass Tiere nach einer wiederholten Gabe eines Reizes, der weder positive noch negative Folgen hat, auf diesen nicht mehr reagieren. Man kann auch sagen, dass sich das Tier an den ständig wiederkehrenden bedeutungslosen Reiz gewöhnt hat.

6) Mithilfe eines Kaspar-Hauser-Versuchs kann man klären, ob die von einem Organismus gezeigte Verhaltensweise angeboren oder erlernt ist. Dazu isoliert

man ein Individuum der Art von seinen Artgenossen. Zeigt er das Verhalten dennoch, so ist es angeboren (vgl. S. 218).

Entwicklungsbiologie

1) Zur vegetativen Vermehrung der Pflanzen, d.h. zur Erzeugung genetisch identischer Nachkommen, zählen u.a. die Brutbecher der Lebermoose, die Brutknospen der Farne und Samenpflanzen oder die Sprossausläufer der Bedecktsamer (vgl. S. 232).

2) Der Generationswechsel ist der für Pflanzen charakteristische Entwicklungszyklus, bei dem sich eine mehrzellige diploide Form, der Sporophyt, und eine i.d.R. mehrzellige haploide Form, der Gametophyt, abwechseln.

3) Der Samen stellt sowohl die Fortpflanzungs- als auch die Verbreitungseinheit dar. In ihr befindet sich der noch ruhende Embryo hinter einer vor Austrocknung und mechanischer Beschädigung schützenden Samenschale. Zusätzlich wird der Samen vom Mutterorganismus mit einem Nährgewebe (Endosperm) für die Zeit des Auskeimens ausgestattet (vgl. S. 234).

4) Aus den drei in der Gastrulation gebildeten Keimblättern entwickeln sich bei den Wirbeltieren folgende Strukturen: Ektoderm → Oberhaut mit Drüsen, Anhangsgebilde, Anfang und Ende des Darmkanals mit Drüsen, Nervensystem mit Sinneszellen, Außenskelett; Entoderm → Mitteldarmepithel mit Drüsen, Leber, Bauchspeicheldrüse, Lungen, Schilddrüse; Mesoderm → Innenskelett, Chorda/Wirbelsäule, Muskeln, Bindegewebe, Blutgefäßsystem, Lymphsystem, Ausscheidungs- und Geschlechtsorgane (vgl. S. 238).

5) Ein Wirbeltier durchläuft in seiner Embryonalentwicklung die folgenden Prozesse: Befruchtung der Zygote, Blastulabildung durch Furchung, Ausbildung der Keimblätter in der Gastrulation, Bildung des Nervensystems in der Neurulation und die Organbildung im Embryo (vgl. S. 236).

6) In der Zygote der Wirbeltiere unterscheidet man den vegetativen und den animalen Pol. Am vegetativen Pol konzentriert sich der Dotter, während am animalen Pol die Zellkerne liegen (vgl. S. 236).

7) Unter Plasmogamie versteht man die Fusion des Zytoplasmas der Ei- und Spermazelle. Bei der Karyogamie erfolgt die Verschmelzung der Zellkerne.

Immunbiologie

1) Ein Antikörper ist aus einer konstanten und einer variablen Region zusammengesetzt. Die konstante Region ist aus einer leichten und einer schweren Proteinkette aufgebaut. Sie haben bei einem bestimmten Antikörpertyp immer die gleiche Aminosäuresequenz. Die variable Region ist aus Proteinen aus jeweils unterschiedlichen Aminosäuresequenzen aufgebaut.

2) B-Lymphozyten (vgl. S. 244) gehen aus Knochenmarksstammzellen hervor. Auf der DNA sind für die variablen Proteinketten ca. 250 verschiedene Genabschnitte kodiert. Bei der Zellentwicklung werden alle bis auf zwei oder drei zufallsgemäß aus der DNA herausgeschnitten. Die Biosynthese der variablen Ketten erfolgt nur aus diesen neu kombinierten Genen, sodass jeder B-Lymphozyt seine eigenen Antikörperproteine mit spezifischer Aminosäuresequenz ausbildet. Zusätzlich liegt bei den B-Lymphozyten eine bis zu 1000fach erhöhte Mutationsrate vor, die die Vielfalt zusätzlich steigert.

3)

	humorale Immunantwort	**zellvermittelte Inmunantwort**
a) Zelltypen	Lymphozyten und Makrophagen	v. a. T-Helferzellen, prinzipiell alle Immunzellen involviert
b) Immun-reaktion	erste spezifische Reaktion	zweite spezifische Reaktion
c) Abhängigkeit	z. T. von zellvermittelter Immunantwort	unabhängig
d) Wirkort	vor allem in den Körperflüssigkeiten	gegen Antigene in körpereigenen Zellen

4) Der erste Antigenkontakt löst die Antikörper- und Gedächtniszellbildung aus. Beim zweiten Kontakt kommt es neben der gleichen Reaktion zur raschen Aktivierung der Gedächtniszellen. Die Antikörperproduktion ist dementsprechend weit höher (vgl. S. 251).

5) Verabreichung künstlich abgeschwächter oder abgetöteter Erreger bzw. ihrer Bruchstücke. Präventive Bildung von Gedächtniszellen, die eine schnellere und intensivere Immunreaktion ermöglichen (vgl. S. 251).

6) Durch den Erstkontakt werden IgE-Moleküle gebildet, die an Mastzellen binden. Beim Kontakt der Mastzellen mit dem Allergen setzen sie Histamine frei.

7) Die IgE-Moleküle müssen sowohl über spezifische variable Regionen für die Allergene (Antigene) als auch über passende Bindungsstellen für eine Andockstelle auf der Membranoberfläche der Mastzellen verügen. Die Reaktion mit dem Allergen muss eine Veränderung im IgE-Molekül hervorrufen, die zur Aktivierung der Mastzelle führt (vgl. S. 253).

Physiologie höherer Pflanzen

1) Die Wasseraufnahme erfolgt an den Wurzelhaaren (vgl. S. 280). Über das Rindenparenchym und die Endodermis gelangt es in den Zentralzylinder der Wurzel. Der Wassertransport erfolgt passiv entlang eines Konzentrationsgradienten. Das Wasser diffundiert innerhalb der Zellwände bzw. von Zelle zu Zelle. Dies ist möglich, da der osmotische Wert des Zytoplasmas der Zellen in Richtung Zentralzylinder steigt. Dafür wird im Frühjahr aktiv (also unter Energieaufwand) Zucker in den Bereich des Zentralzylinders gepumpt, damit die Wasseraufnahme nach der Dormanz der Bäume wieder anläuft. Den beschriebenen Mechanismus bezeichnet man als Wurzeldruck.

2) Im Gegensatz zum Frühjahr besitzen Laubbäume im Sommer Blätter, mit denen sie Fotosynthese betreiben. Über ihre Spaltöffnungen sind sie in der Lage, einen Gasaustausch (O_2 hinaus, CO_2 hinein) zu betreiben und Wasserdampf abzu-

geben. Letzteres bezeichnet man als Transpiration. Der Transpirationssog ermöglicht den Pflanzen, das Wasser aus den bodennahen Bereichen bis in die Wipfel zu transportieren (vgl. S. 264).

3) Der Speicherstoff für Kohlenhydrate ist bei Pflanzen insbesondere die Stärke, da sie osmotisch inaktiv ist, d. h., durch die intensive Akkumulation dieses Stoffes wird nicht passiv Wasser nachgesogen. Dies wäre der Fall, falls die Kohlenhydrate in Form von Einfach- oder Zweifachzuckern gelagert würden.

4) Epidermis mit Kutikula und Spaltöffnungen → Regulation des Wasser- und Gashaushalts
Palisadenparenchym → Fotosynthese
Schwammparenchym → Fotosynthese und Wasser- bzw. Gashaushalt
Xylem → Wasser- und Nährsalztransport
Phloem → Assimilattransport

5) Die Endodermis der Wurzel reguliert die Stoffaufnahme aus der Bodenlösung. Können bisher die über die Wurzelhaare aufgenommenen Substanzen z. T. auch frei durch den apoplastischen Raum unselektiert in Richtung Zentralzylinder diffundieren, werden sie hier gezwungen, in den zytoplasmatischen Raum überzutreten. Der Übertritt wird durch Kanäle reguliert (vgl. S. 281).

6) Vakuole und Zellwand ergeben im Zusammenspiel den Turgor. Hier sorgen der Innendruck der wassergefüllten Vakuole gemeinsam mit der Gegenkraft durch die starre Zellwand für die Stabilität der Pflanzenzellen (vgl. S. 46). Bei krautigen Pflanzen wird die Rolle des Turgors sichtbar, wenn sie dehydrieren (entwässern). Die Pflanzen werden schlaff bzw. welken.

7) Die Pflanzen locken mithilfe der Blütenfarbe z. B. Insekten an, damit diese die Bestäubung vornehmen. Die Farben Gelb, Orange und Rot werden durch die lipophilen Karotinoide in den Chromoplasten erzeugt; Blau, Violett oder Braun durch angereicherte Anthozyanen in der Vakuole (vgl. S. 275).

Ökologie und Umweltschutz

1) Große Pinguine kommen in den kalten Regionen vor, beispielsweise der Kaiserpinguin am Südpol. Kleine Pinguine, wie der Galapagos-Pinguin kommen dagegen nahe dem Äquator vor. Dies kann dadurch erklärt werden, dass die Wärmeproduktion von der Körpermasse, die Wärmeabgabe aber von der Körperoberfläche abhängig ist. Das bedeutet, dass große Tiere in kalten Regionen einen Selektionsvorteil besitzen, da ihr Oberflächen-Volumen-Verhältnis günstiger ist (vgl. S. 285).

2) Das Konkurrenzausschlussprinzip besagt, dass zwei Arten, die die gleichen Ansprüche an die Umwelt erheben, also sehr ähnliche ökologische Nischen besetzen, auf Dauer nicht nebeneinander existieren können. Die Folge ist die Verdrängung der weniger angepassten Art oder die evolutive Veränderung mindestens einer der beiden Arten (vgl. S. 291).

3) Beispielsweise geht die Artenvielfalt der Ackerwildkräuter aufgrund des massiven Einsatzes von Pflanzenschutzmitteln zurück. Viele Vogelarten finden keine Nist- und Nahrungsplätze mehr durch die Entfernung von Hecken zwischen den Feldern. Die Trockenlegung von Feuchtgebieten führt zum Rückgang der dort heimischen Arten. Mögliche Gegenmaßnahmen sind die Einrichtung von Biotopen, die Förderung der ökologischen Landwirtschaft und Verminderung der Umweltverschmutzung, z. B. durch die Verbesserung von Filter- oder Kläranlagen (vgl. S. 310 ff.).

4) Aufgrund der Schädigung der Bäume verringert sich die Fähigkeit der Bäume bzw. ihrer Wurzeln, insbesondere an Hängen, der Erosion entgegenzuwirken. In größeren Höhenlagen können Lawinen die Folge sein. Der Ertrag von Nutzwäldern wird geringer, da die Wachstumsgeschwindigkeit und die Qualität des Holzes abnehmen. Durch den erhöhten Lichteinfall aufgrund der weniger dichten Baumkronen intensiviert sich die Krautschicht (vgl. S. 307).

5) Der verstärkte Eintrag von Nährstoffen aus der Landwirtschaft bzw. aus häuslichen Abwässern bewirkt im Sommer eine starke Zunahme der Fotosynthese-

leistung und damit Biomasseproduktion des Phytoplanktons. Die Folge ist eine Akkumulation von toter Biomasse am Seeboden, bei deren Abbau Sauerstoff verbraucht wird. Langfristig kann dies zu einem Sauerstoffmangel und zu einer Eutrophierung (vgl. S. 303) des Sees führen.

6) Häufig hat der Einsatz eines Pflanzenschutzmittels die Schädigung von Nützlingen zur Folge. Daher ist es sinnvoll, nach Alternativen zu suchen. Diese können u. a. darin bestehen: Einbringen von natürlichen Feinden der Schädlinge; Einbringen von artgerechten Sexuallockstoffen in Fallen, die die Schädlinge anlocken; Aussäen von Mischkulturen, die die weitere Ausbreitung der Schädlinge unterdrücken.

7) Flechten stellen eine Symbiose aus einem Pilz und einer Alge dar. Sie dienen den Ökologen als verlässlicher Indikator für den Grad der Umweltverschmutzung, da sie aufgrund des sehr störanfälligen Gleichgewichts zwischen den Partnern sehr empfindlich auf schädliche Umwelteinflüsse reagieren (vgl. S. 289).

Vielfalt und Evolution der Lebewesen

1)
- Alle Organismen (außer dem Menschen) zeugen mehr Nachkommen, als für den Bestand der Art eigentlich notwendig wäre.
- All diese Nachkommen unterscheiden sich mehr oder minder voneinander.
- Es herrscht ein beständiger Konkurrenzkampf zwischen den Lebewesen und der am besten Angepasste setzt sich durch (vgl. S. 321).

2) Zusammenfassend lässt sich sagen, dass Nachkommen, die besser an die aktuellen Umgebungsbedingungen angepasst sind, größere Überlebenschancen und i. d. R. mehr Nachkommen als die schlechter angepassten haben. Damit setzen sich langfristig jene Arten bzw. jene Individuen einer Art durch, die am besten an die gegebenen Umweltbedingungen angepasst sind; d. h. ihre Gene werden langfristig stärker im Gen-Pool der Art bzw. der Population vertreten sein (vgl. S. 321).

3) Die gegenwärtigen biotischen und abiotischen Umweltbedingungen legen fest, welche Individuen oder welche Art am besten angepasst ist und sich „durchsetzt". Die daraus folgende Selektion wird auf den Seiten 323 bis 325 ausführlich erklärt.

4) Um die DNA von zwei verschiedenen Arten zu vergleichen, wird zunächst die gereinigte DNA der beiden Arten getrennt fragmentiert und denaturiert. Dadurch brechen die Wasserstoffbrücken zwischen den beiden komplementären Strängen auf und wir erhalten zwei Einzelstränge. Danach bringt man die Einzelstränge der verschiedenen Arten zusammen und verringert die Temperatur. Die komplementären Bereiche der Einzelstränge der beiden Arten verbinden sich zu so genannten Hybrid-Doppelsträngen. Je ähnlicher sich die DNA der beiden Arten ist, desto mehr Wasserstoffbrücken bilden sich aus. Im nächsten Schritt erhöht man kontrolliert die Temperatur und beobachtet, wann die Hybridstränge wieder auseinander gehen. Diese Schmelztemperatur dient als Maß für genetische Ähnlichkeit. Je höher sie ist, desto ähnlicher ist die DNA der beiden Arten und desto näher sind die beiden Arten miteinander verwandt.

5) In allen Fällen liegt ein vergleichbarer Grundbauplan vor. Alle Vorderextremitäten der Wirbeltiere basieren auf der gleichen Erbinformation und sind somit homolog. Die Unterschiede stellen Abwandlungen des Grundbauplans dar, der eine Anpassung an die jeweiligen Lebensbedingungen darstellt. Homologie bedeutet, dass die gemeinsamen Vorfahren der Wirbeltiere bereits über Vorderextremitäten verfügten. Der Grundbauplan wurde im Verlauf der evolutiven Entwicklung, die mit der Artaufspaltung stattgefunden haben muss, abgewandelt. So entstanden Vorderextremitäten fürs Laufen, Fliegen, Hangeln oder Bearbeiten von Gegenständen. Ursächlich für die verschiedene Ausprägung waren unterschiedliche Selektionsbedingungen, unter denen sich die Arten entwickelten.

6) Man geht davon aus, dass die Galapagos-Inseln von einer kleinen Zahl von Finken besiedelt wurden. Da es auf der Insel keine Konkurrenz in Form anderer Vogelarten gab, konnten sich die ursprünglichen Finken zunächst stark vermehren (Überproduktion an Nachkommen). Aufgrund der nun auftretenden innerartlichen Konkurrenz wurden Individuen selektioniert, die neue Lebensräume und

Nahrungsquellen erschlossen (aufspaltende Selektion, vgl. S. 325). Die Folge war eine beginnende zwischenartliche Konkurrenz, die zu einer verstärkten transformierenden Selektion führte. Durch die Einnischung kam es zur Isolation und längerfristig zu getrennten Gen-Pools.

7) Die Auffächerung einer Ausgangsart in viele abweichende Arten, i. d. R. bei der Besiedlung eines neuen Lebensraums, bezeichnet man als adaptive Radiation (vgl. S. 326). Die Artaufspaltung erfolgt dadurch, dass Teile der Population phäno- und genotypisch variieren. Dadurch nutzen sie andere Bereiche der ökologischen Nische. Durch die Weiterentwicklung der individuellen Anpassungen im Verlauf der weiteren Generationen werden die Unterschiede verfeinert, falls zusätzlich Isolationsmechanismen die Übertragung von Genen zwischen den Populationen verhindern.

A

B

C

D

K

L